中国现代农业产业可持续发展战略研究

罗非鱼分册

国家罗非鱼产业技术体系 编著

中国农业出版社

图书在版编目（CIP）数据

中国现代农业产业可持续发展战略研究·罗非鱼分册/
国家罗非鱼产业技术体系编著 . —北京：中国农业出版
社 . 2014.4
　ISBN 978 - 7 - 109 - 18921 - 8

　Ⅰ. ①中⋯　Ⅱ. ①国⋯　Ⅲ. ①现代农业－农业可持续
发展－发展战略－研究－中国②罗非鱼－淡水鱼类　Ⅳ.
①F323②S965.125

中国版本图书馆 CIP 数据核字（2014）第 038733 号

中国农业出版社出版
（北京市朝阳区麦子店街 18 号楼）
（邮政编码 100125）
责任编辑　林珠英　黄向阳

中国农业出版社印刷厂印刷　新华书店北京发行所发行
2016 年 1 月第 1 版　2016 年 1 月北京第 1 次印刷

开本：787mm×1092mm 1/16　印张：20.5
字数：420 千字
定价：122.00 元
（凡本版图书出现印刷、装订错误，请向出版社发行部调换）

本书编写人员

主　　编　　杨　弘

副 主 编　　卢迈新　李来好　袁永明

编 著 者　　（按姓名笔画排序）

刁石强	王成辉	王茂元	王德强
文　华	乐贻荣	代云云	卢迈新
可小丽	叶　卫	甘　西	刘志刚
孙传恒	孙忠义	朱华平	朱佳杰
佟延南	吴　凡	宋　怿	张红燕
李大宇	李文笙	李　乐	李来好
李芳远	李瑞伟	杨少玲	杨　弘
杨　军	杨贤庆	肖　炜	邹芝英
陈家长	单航宇	罗永巨	祝璟琳
贺艳辉	赵金良	郝淑贤	钟全福
袁永明	袁　媛	袁新华	郭忠宝
高永超	梁拥军	梁浩亮	黄　磊
蒋　明	蒋高中	韩　珏	程　波
缪祥军			

出 版 说 明

　　为贯彻落实党中央、国务院对农业农村工作的总体要求和实施创新驱动发展战略的总体部署，系统总结"十二五"时期现代农业产业发展的现状、存在的问题和政策措施，进一步推进现代农业建设步伐，促进农业增产、农民增收和农业发展方式的转变，在农业部科技教育司的大力支持下，中国农业出版社组织现代农业产业技术体系对"十二五"时期农业科技发展带来的变化及科技支撑产业发展概况进行系统总结，研究存在问题，谋划发展方向，寻求发展对策，编写出版《中国现代农业产业可持续发展战略研究》。本书每个分册由各体系专家共同研究编撰，充分发挥了现代农业产业技术体系多学科联合、与生产实践衔接紧密、熟悉和了解世界农业产业科技发展现状与前沿等优势，是一套理论与实践、科技与生产紧密结合、特色突出、很有价值的参考书。

　　本书出版将致力于社会效益的最大化，将服务农业科技支撑产业发展和传承农业技术文化作为其基本目标。通过编撰出版本书，希望使之成为政府管理部门的政策决策参考书、农业科技人员的技术工具书及农业大专院校师生了解与跟踪国内外科技前沿的教科书，成为农业技术与农业文化得以延续和传承的重要馆藏书籍，实现其应有的出版价值。

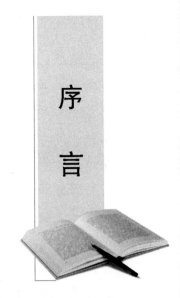

序言

　　罗非鱼是继三文鱼和对虾之后的第三大国际贸易水产品，是全世界范围内养殖最为广泛的优良水产品种之一。罗非鱼具有生长快、耐粗饲、生存能力强、易繁殖的特点，能快速地为人类提供优质的动物蛋白，因而被联合国粮农组织（FAO）选定为向全世界推荐的养殖品种，目前其养殖区域已遍布100多个国家和地区。我国罗非鱼养殖起步于20世纪50年代，90年代后进入快速发展期，产量大幅度递增。2012年，中国罗非鱼养殖总产量155.27万t，出口量36.2万t，出口额11.63亿美元，产量和出口量约占全球总产量和总贸易量的50%。罗非鱼养殖已成为我国出口创汇和渔民增收的重要途径。

　　我国罗非鱼产业发展取到了举世公认的成就，已开始从单纯追求产量向着产业可持续健康发展的方向转变。但我们也应该清醒地认识到，中国罗非鱼产业还存在着一些问题，构成了对产业发展的严重威胁。一是中国罗非鱼产业在国际市场上面临诸多挑战，尤其是主要进口国对中国罗非鱼产品不断设置新的技术壁垒；二是罗非鱼各生产区域发展不均衡，基础设施、技术力量、产业化程度等方面存在很大差距；三是种业、养殖、饲料、加工、流通等各子产业发展不平衡，结构不尽合理。因此，我们必须以发展为主题，以产业结构优化为主线，以科技创新为动力，协调人力、资源和环境之间的关系，实现罗非鱼产业可持续健康发展。

　　本书针对罗非鱼产业发展过程中存在的各种问题，开展产业可持续发展战略研究，应用产业经济发展理论，研究产业全局中各个部分与因素之间的相互制约关系，探索产业发展客观规律，通过定性与定量的研究方法寻找出影响中国罗非鱼产业各环节的宏观和微观影响因素，对罗非鱼产品的供给与需求、成本与效益、流通与贸易、比较优势与出口竞争力等重要环节和问题进行分析，提出中国罗非鱼产业可持续发展政策建议，使罗非鱼产业能够充分利用国内外的资源和条件，发挥比较优势，促进产业结构的优化升级、产业布局和组织的合理化。

国家罗非鱼产业技术体系的全体岗位专家、试验站站长及其团队骨干参与了本书的编撰工作，具体人员如下（按姓名笔画排序）：刁石强、王成辉、王茂元、王德强、文华、乐贻荣、代云云、卢迈新、可小丽、叶卫、甘西、刘志刚、孙传恒、孙忠义、朱华平、朱佳杰、佟延南、吴凡、宋怿、张红燕、李大宇、李文笙、李乐、李来好、李芳远、李瑞伟、杨少玲、杨弘、杨军、杨贤庆、肖炜、邹芝英、陈家长、单航宇、罗永巨、祝璟琳、贺艳辉、赵金良、郝淑贤、钟全福、袁永明、袁媛、袁新华、郭忠宝、高永超、梁拥军、梁浩亮、黄磊、蒋明、蒋高中、韩珏、程波、缪祥军。此外，许多水产业专家、学者和生产一线人员提供了大量基础数据和技术资料，为本书的编写提供了很大帮助，在此一并表示最衷心的感谢。

由于编者水平有限，加之时间仓促，书中错误和疏漏之处在所难免，敬请广大读者批评指正。

本书得到"现代农业产业技术体系专项资金"（CARS‐49）的资助。

编著者

2016 年 1 月

目 录

序言

战略研究篇

战略对策篇

概　　论

第一节　研究意义

一、可持续发展战略

1983 年 12 月，联合国成立了世界环境与发展委员会，该委员会于 1987 年 4 月出版了其最终报告《我们共同的未来》，报告首次采纳可持续发展的概念，把环境与发展紧密地结合在了一起。该报告给出的经典定义为：可持续发展是指既满足当代人需求，又不危及后代人满足其需求能力的发展。

可持续发展战略是指从牟取长远利益角度出发，寻求促进人与自然双方的协同进化，互利共生，要求人与自然和谐共处的一系列综合的、协调的约定、谋略、方案、对策和行动。可持续发展战略的目标是一代更比一代和谐，为此当代人必须为后代人提供至少和自己从前一辈人那里继承的一样多甚至更多的财富，因为当代人对后代人生存和发展的持续性负有不可推卸的责任。在可持续发展战略的指导下，以农业与农村经济和社会全面、持续发展为目标，坚持不断创新以保持自身的活力和竞争优势，在确保市场份额扩大和利润增长的同时，与外界环境变化相适应，优化内部资源配置，合理利用自然资源和能源。

二、渔业的可持续发展

按照国家统计局关于《三次产业划分规定》的内容，我国第一产业包括农业、林业、畜牧业、渔业和农林牧渔服务业，通常也称为大农业。而渔业是大农业的重要组成部分。随着渔业产业的不断发展，渔业在国民经济中的功能也发生着相应的变化，由过去单一的产品供给功能逐步发展为集生产、经济、生态、政治、文化等功能于一体的综合性产业，通过向各级消费市场提供水产品，不仅满足人类社会生存和发展的食物需要，尤其是为人类提供优质蛋白源，还为相关产业发展提供加工原料。这一功能是渔业的传统功能也是最基本的功能，对维护我国食物安全、促进社会经济稳定等具有重要作用。通过促进渔（农）民就业，增加渔民收入，繁荣农村经济；渔业在农业产业各领域中具有明显的比较优势，效益相对较高，增收作用明显，通过产品出口增加外汇收入。水生生物和水体本身都是构成水域生态环境的有机部分，通过增殖放流等人工手段恢复水生生物资源，改善水体质量，局部修复水域生态环境，缓解水域生态环境问题。

三、蓬勃发展的中国罗非鱼产业及其重要性

罗非鱼具有生长速度快、肉质细嫩、营养价值高、无肌间刺、适应性强、食性杂、病害少、繁殖迅速、产量高等优点，又因其是温水性鱼类的特性，极其适合在我国水系发达而水温终年温暖的南方地区进行养殖。罗非鱼经我国引种并经几代育种科学家对其进行选育后，形成了多个各具特色的新品种，目前优良的罗非鱼品种当年春繁的苗种经过几个月的养殖即可达到 500 g 以上的上市规格，我国两广及海南等地区因此创造性地形成了"一年两造""两年三造"的养殖模式，在养殖管理得当的情况下，池塘每 667m² 产量可达 1t 以上，在我国北方地区利用热电厂余热流水养殖模式高密度养殖罗非鱼，每 667m² 产量更可达到 4～5t，这样的产量是其他鱼类养殖品种难以达到的。对于养殖户来说，与其他养殖品种相比，养殖罗非鱼增产增收的效果是非常显著的。

由于罗非鱼具有无肌间刺、出肉率高的特性，非常适合加工成冰鲜或冷冻罗非鱼片，其烹饪和食用方便、卫生的特性深受欧美等国家消费者喜爱，也由此催生了我国罗非鱼加工出口产业，增加了罗非鱼产品的经济附加值，这些加工企业的出现和茁壮成长在服务罗非鱼养殖业者的同时，也为一大批农村和城镇居民提供了大量的就业机会，在出口创汇的同时一定程度上也缓解了农村和城镇人口就业难的问题，增加了人民的经济收入，从而减轻了社会负担，这也是目前我国其他鱼类养殖品种没有做到的，也正是罗非鱼深受我国南方水产养殖业者及水产品加工出口企业欢迎的原因之一。

经过将近半个世纪的蓬勃发展，罗非鱼现已成为我国南方水产养殖业的支柱性产业。罗非鱼也是继三文鱼和对虾之后的第三大国际贸易水产品，是一直以来全世界范围内养殖最为广泛的优良品种之一。因为它具有生长速度快、耐粗饲、生存能力强、繁殖快速的特点，能快速地为人类提供优质的动物性蛋白，从而快速地为世界上贫困落后地区人口解决一部分食物来源问题，使这些地区人民的温饱问题得到缓解，被联合国粮农组织（FAO）选定为向世界各国推荐养殖的主要品种，目前罗非鱼养殖已经遍布世界 100 多个国家和地区。

我国罗非鱼养殖起步于 20 世纪 50 年代末，从 80 年代开始，特别是进入 90 年代以后，我国罗非鱼养殖业进入了快速发展期，罗非鱼养殖产量大幅度递增，我国罗非鱼养殖业发展迅速，养殖产量稳居世界首位。2004 年我国罗非鱼产量已近 90 万 t，居世界第一位。"十五"期间产量增长 65.3%，年均增长 10.5%，2006 年时我国大陆罗非鱼产量已达 107 万 t，出口 16.45 万 t，出口额约为 3.692 亿美元，其中，广东

省的出口量占全国出口量的67％。2007年我国罗非鱼的产量约为113.4万t，到2008年年底，我国罗非鱼产量已经占全球罗非鱼总产量的一半，2010年全国罗非鱼总产量达到133.1万t，出口额突破10亿美元，2011年全国罗非鱼总产量达144万t，出口33.03万t，创汇11.1亿美元，罗非鱼养殖已成为我国出口创汇和渔民增收的重要途径。

四、罗非鱼产业发展战略研究的重要意义

21世纪以来，我国罗非鱼产业发展得到了举世公认的成就，产业发展的任务开始从以数量扩张为主转向为以素质提高为主的新阶段。中国罗非鱼产业已经进入了通过结构调整才能促进产业发展的新阶段。然而我们同时也应该清醒地认识到，中国罗非鱼产业存在着一些问题，构成了罗非鱼产业发展的严重威胁。从外部环境来看，中国罗非鱼产业在国际市场上面临着诸多挑战，尤其是主要进口国对中国罗非鱼产品不断设置新的技术壁垒；从区域分布来看，罗非鱼的生产区域分布不均衡，即使在罗非鱼主产区也存在着地区、部门等之间非常大的差距或差异；从行业来看，苗种与成鱼养殖生产、产品加工、流通运输、市场贸易以及相关行业的环境、资源条件制约因素非常大；从经济运动过程来看，产业生产各个环节（生产、分配、交换、消费）结构不合理。因此，我们必须以发展为主题，以产业结构优化为主线，以体制创新和科技创新为动力，协调人力、资源和环境之间的关系，实现罗非鱼产业可持续发展的战略目标。

产业发展战略对于产业发展的成功与否具有决定性的意义，经济工作中所造成的最大失误莫过于战略决策所造成的失误，正确的决策来源于正确的发展战略思想。罗非鱼产业发展战略与我国渔业经济的发展关系十分密切，研究的主要内容是确定罗非鱼产业发展的指导思想和基本原则。在现阶段，面对罗非鱼产业发展过程中存在的各种问题，应用产业经济发展理论，研究罗非鱼产业全局中各个部分与因素之间的相互制约关系，探索罗非鱼产业发展的客观规律，通过定性与定量的研究方法寻找出影响中国罗非鱼产业各环节的宏观影响因素和微观影响因素，对罗非鱼产品的供给与需求、成本与效益、流通与贸易、比较优势与出口竞争力等重要环节和问题进行研究分析，提出中国罗非鱼产业可持续发展政策建议，使罗非鱼产业能够充分利用国内外的资源和条件，发挥本国的比较优势，促进产业结构优化升级、产业布局和产业组织合理化，实现产业的可持续发展。因此，开展对罗非鱼产业可持续发展战略的研究，不仅具有重要的理论意义，更具有现实的政策指导意义。

第二节　研究框架

罗非鱼养殖业和加工企业随着国际市场需求正在不断调整与完善，国家对于我国

罗非鱼产业投入力度也在不断加大。罗非鱼产业生产方式已经开始由传统散户养殖模式开始向规模化、集约化、工厂化、标准化的生产模式转变，产品品质也有所提高。集约化、工厂化养殖促使养殖管理必须更加科学合理和规范，使资源的配置和利用更为合理有效。科学化、规范化的养殖管理可以有效节约成本，提升产品品质，提高产品竞争力，形成品牌优势，从而增加养殖效益。关于中国罗非鱼产业可持续发展战略研究的思路，本书将从三个大方向进行阐述，分别为发展概况、战略研究和政策选择。

发展概况篇主要分为中国罗非鱼产业发展和国外罗非鱼产业发展两部分进行阐述，在中国罗非鱼产业发展部分主要介绍了自 1956 年我国引进罗非鱼之后，罗非鱼产业在我国得到的长足发展，回顾了罗非鱼产业由萌芽到发展、再到各环节有机结合形成产业链的过程；国外罗非鱼产业发展部分主要阐述了罗非鱼作为世界主要养殖鱼类在国际水产品流通和贸易方面所占据的重要地位、目前世界流行的主要养殖品种、养殖模式、养殖国家、生产方式以及加工与贸易等相关内容，详细论述了世界罗非鱼产业的发展历史和现状。

战略研究篇主要从我国罗非鱼种业战略研究、养殖业战略研究、饲料业战略研究、加工业战略研究、质量控制及可追溯体系战略研究等五个方面进行阐述。

"国以农为本，农以种为先"，种业是农业发展的根本，罗非鱼产业也一样，没有性状优良的品种作支撑，产业的形成就无从谈起，良种对水产养殖业生产力的提升至关重要，是水产养殖业发展的基础，关于我国罗非鱼种业发展现状、存在问题、育种技术发展和战略思考等内容在本篇种业战略研究中将进行详细论述。

有了优良的品种，养殖技术则成为产品优质高产的关键，有关我国罗非鱼养殖技术发展现状、存在问题、养殖模式、病害防控、养殖设施、战略思考等相关内容在本篇养殖战略研究部分进行论述。

罗非鱼饲料产业是紧随我国水产饲料产业的发展而发展的，我国罗非鱼饲料产业同样是呈现起步晚、历史短和发展快的特点，有关罗非鱼发展现状、存在问题、营养与饲料技术的发展和战略思考等在本篇饲料业战略研究中进行论述。

我国罗非鱼产品的加工始于 20 世纪 90 年代末，是一个拉动性很强的产业，罗非鱼加工业的发展促进罗非鱼产业化进程，并使渔农增产增收，关于罗非鱼加工业发展的现状、存在问题、发展趋势和战略思考等内容请参看本篇加工业发展战略研究部分。

为了保障产品质量安全水平，促进罗非鱼产业健康、稳定、可持续的发展，从中央到各地各级主管部门、从科研推广单位到企业生产一线都对产品质量安全问题给予了高度的重视，采取各种措施加强罗非鱼等水产品的质量安全管理。本篇罗非鱼质量控制及可追溯体系发展战略研究部分，将从政府监督管理、养殖过程质量安全控制和可追溯体系建设以及战略思考几个方面对罗非鱼产业质量安全发展状况进行梳理。

政策选择篇主要从中国罗非鱼产业政策研究和产业可持续发展战略选择两个方面

进行阐述。农业产业"依赖自然、靠天吃饭",除此之外罗非鱼产业发展受到诸如经济、政策等多方面因素的综合影响最大,产业政策是政府为了实现一定的经济和社会目标而对产业的形成和发展进行干预的各种政策的总和,是国家促进市场机制发育、纠正市场机制的缺陷、对特定产业领域加以干预和引导的重要手段,罗非鱼产业之所以能发展成为我国水产品加工出口创汇排名第一及罗非鱼加工产业世界地位排名第一,这与我国制定的罗非鱼产业相关政策是密不可分的,政策的制定决定了罗非鱼产业的走向,本篇中国罗非鱼产业政策研究对此有详细的分析和讨论。产业可持续发展战略选择章节则从我国罗非鱼战略意义、战略定位、战略重点和战略选择等四个方面,为罗非鱼产业的未来发展指明了道路。

开展罗非鱼产业可持续发展战略研究,能更清楚地了解罗非鱼在中国和世界渔业发展历史中的地位和作用、判断其未来的发展方向和趋势,可以对整个罗非鱼产业链进行战略统筹和优化,提升产业地位,使其更加具有国际竞争力,扩大我国罗非鱼产业产品在国际罗非鱼市场上的影响力,为将我国罗非鱼产业做大做强指引方向。

发展概况篇

FAZHAN GAIKUANG PIAN

第一章　中国罗非鱼产业发展

第一节　生产发展历程及现状

一、罗非鱼的分类

罗非鱼（Tilapia）属于热带中小型鱼类，原产于非洲内陆及中东大西洋沿岸淡咸水海区，北部分布到西亚的以色列及约旦等地。在分类学上罗非鱼属硬骨鱼纲（Osteichthyes）、鲈形目（Perciformes）、鲈形亚目（Percoidei）、丽鱼科（Cichlidae），根据其孵化方式的差异分为 *Sarotherodon* 属（双亲口孵）、*Oreochromis* 属（单亲口孵）和非口孵育苗的 *Tilapia* 属，包括亚种在内共有 100 多个种。罗非鱼具有适应性强、食性杂、病害少、繁殖迅速、生长快、产量高、肉质细嫩、无肌间刺等优点，已成为联合国粮农组织（FAO）向全世界重点推广的水产品种之一，养殖范围遍布 100 多个国家和地区。

二、我国罗非鱼产业发展

（一）我国罗非鱼的引进史

台湾是我国最早引进罗非鱼的地区。1946 年，台湾吴振辉和郭启彰从新加坡引进莫桑比克罗非鱼，命名为吴郭鱼。1966 年，台湾又引进了尼罗罗非鱼，1969 年采用雄性尼罗罗非鱼与雌性莫桑比克罗非鱼进行杂交试验，并将杂交品种命名为"福寿鱼"。

我国内地最早于 1956 年从越南引进了莫桑比克罗非鱼。莫桑比克罗非鱼的特点是个体较小，但繁殖能力很强，群体产量不高，主要在广东省的西部地区进行养殖，没有大面积推广。1973 年，我国引入红罗非鱼在中国水产科学研究院珠江水产研究所进行试养。1978 年 7 月，中国水产科学研究院长江水产研究所从尼罗河苏丹境内引进 22 尾尼罗罗非鱼，同年又从泰国引进了尼罗罗非鱼，并以它为父本与莫桑比克罗非鱼为母本进行杂交试验，获得杂交一代福寿鱼，在广东省推广养殖。1981 年，广州水产研究所从台湾引进奥利亚罗非鱼和红罗非鱼品种。1983 年，由中国水产科学院淡水渔业研究中心从美国引入了奥利亚罗非鱼，并通过与尼罗罗非鱼杂交育成了奥尼杂交品种，开辟了奥尼杂交全雄鱼养殖，使得我国罗非鱼养殖取得了快速的发展。1985 年，湖南省水产局从埃及境内引进了 10 尾尼罗罗非鱼（俗称"85"品系），现主要在南方部分地区养殖；同年，山东省海水养殖研究所从菲律宾资源中心引进 42 尾红罗非鱼。1993 年，全国水产技术推广总站从美国奥本大学引进了尼罗罗非鱼若干尾（俗称"美国"品系）。1994 年，上海水产大学从菲律宾引进了第 4 代吉富罗非鱼品种，之后经过多个世代的群体选育到 2006 年通过国家原良种委员会的审定命名为"新吉富"罗非鱼。2001 年，挪威吉诺玛集团公司将第 10 代吉富罗非鱼品系引入中国，并在海南建场进行商业化生产。2004 年，海南宝路水产科技有限公司从挪威国家水产遗传研究中心（AKVAORSK）引进吉富罗非鱼第 14 代家系。吉富罗非鱼的引进及推广养殖，促进了我国罗非鱼产业的快速发展。2011 年，全球罗非鱼总产量 475.05 万 t，其中养殖产量 395.79 万 t，中国养殖产量 144.11 万 t，占全世界总产量的 30.34%，占世界养殖产量的 36.41%，连续多年成为世界罗非鱼生产第一大国。

（二）我国罗非鱼主要养殖品种

我国罗非鱼主要养殖品种有奥尼罗非鱼、吉富罗非鱼、红罗非鱼等品种。吉富罗非鱼养殖面积约占 60%，奥尼罗非鱼养殖面积约占 30%，红罗非鱼及其他品种养殖面积约占 10%。

吉富罗非鱼是由国际水生生物资源管理中心通过 4 个非洲原产地直接引进的尼罗罗非鱼品系（埃及、加纳、肯尼亚和塞内加尔）和 4 个亚洲养殖比较广泛的尼罗罗非鱼品系（以色列、新加坡、泰国和中国台湾）经混合选育获得的优良品系，具有生长快速、出肉率高等优点，适合池塘、网箱及水库大水面养殖。在我国广东、海南、广西、福建和云南等地区得到了大规模推广养殖，已成为我国罗非鱼养殖的主导品种。

奥尼罗非鱼是以尼罗罗非鱼为母本、奥利亚罗非鱼为父本进行种间杂交而获得的杂交子一代，具有雄性率高、生长速度快、抗病力强、抗逆性好（耐低氧、耐低温）等特点。奥尼罗非鱼的生长速度比母本尼罗罗非鱼快 11%～24%，比父本奥利亚罗非鱼快 17%～72%，雄性率达 92% 以上。奥尼罗非鱼是最适合池塘高密度精养及越冬养殖的品种。

红罗非鱼又称为彩虹鲷，是由尼罗罗非鱼与体色变异的莫桑比克罗非鱼杂交，经多代选育而成的优良品种，因鱼体为红色，称为红罗非鱼。红罗非鱼属热带广盐性鱼类，对盐度适应范围广，可在盐度 0～30% 生活，适温范围 15～37℃，体色有粉红、红色、儒红、橘黄等，红罗非鱼的生长速度与体色有关，粉红色生长最快，橘红次之，橘黄最慢。因红罗非鱼体色纯红，型似真鲷，体腔无黑膜，肉质鲜嫩，颇受消费者喜爱，主要是在饭店或菜市场销售，但红罗非鱼的生长速度较慢，养殖病害较多，养殖面积不大。

（三）我国罗非鱼产业发展情况

我国罗非鱼的养殖大致可划分为以下几个时期：

1956—1978 年，产业发展起步摸索期。这时期养殖品种以莫桑比克罗非鱼为主，其特点是生长慢、个体小、体色黑、易繁殖，养殖规模不大，消费市场较局限，基本属于自产自销式生产。在此期间中国仍不断进行罗非鱼品种引进，大多是尼罗罗非鱼品系以及奥利亚罗非鱼，以期寻找到适合中国养殖环境的养殖品种。

1978—1985 年，新品种引进推广期。主要养殖品种为尼罗罗非鱼、福寿鱼和莫桑比克罗非鱼。经历了长时间的鱼种引进及养殖技术改良，同时联合国粮农组织在世界范围内进行了罗非鱼养殖推广，加速了罗非鱼本土化的进程。中国罗非鱼养殖在该阶段进入规模化发展期，在该时期中国实行农村家庭联产承包责任制，我国南方地区个体罗非鱼鱼苗场迅速发展。同时该时期国家对罗非鱼育种及养殖的科研投入增加，从技术上促进罗非鱼养殖产业发展的同时也极大地调动了农户及专业水产养殖人员的工作积极性。

1985—2000 年，技术创新期。随着人工育苗技术的完善，规模化罗非鱼种苗繁殖场及养殖场呈现雨后春笋之势。此时期尼罗罗非鱼基本完全取代了莫桑比克和福寿鱼，同时奥尼杂交鱼的养殖也得到了快速发展。奥尼杂交鱼是尼罗罗非鱼（雌）与奥利亚罗非鱼（雄）的杂交种，雄性率稳定在 95％ 左右。雄鱼比雌鱼生长快，杂交鱼又比双亲生长快 20％～30％，单性养殖雄性罗非鱼大大提高了罗非鱼的产量，是罗非鱼养殖发展方向，逐渐替代了尼罗罗非鱼的养殖。

2000—2009 年，发展顶峰期。随着罗非鱼产业的快速发展，越来越多的企业和科研院所加入到罗非鱼产业的研发链中，用科研成果与国际前沿的现代生物技术和传统的遗传育种技术相结合，不断改良优选，培育出具有中国特色的罗非鱼良种。先后育成了"新吉富"和"夏奥 1 号"罗非鱼。此时期吉富罗非鱼逐渐取代了奥尼罗非鱼，其养殖面积约占罗非鱼养殖总面积的 60％，中国罗非鱼达到了产业巅峰时期。

2009 年至今，产业发展波动期。2009 年以后由于养殖面积的扩大，养殖密度的增加，导致罗非鱼链球菌病大面积暴发，且其危害呈逐年加重趋势，再加上鱼价低迷，罗非鱼养殖面积随市场需求产生波动。此时期奥尼罗非鱼的养殖面积比前几年略有增加，但主要还是以吉富罗非鱼为主。

目前，我国除了宁夏、青海等个别省份外，其余省份均养殖罗非鱼。罗非鱼属于热带鱼类，不耐寒，其养殖区域主要在我国南方地区，如广东、海南、广西、福建和云南等地。这些地区得益于有利的气候和丰富的淡水资源，罗非鱼养殖发展迅速，已成为我国罗非鱼养殖的主产区，其养殖产量约占全国总产量的 90％ 以上。此外在北方地区，如山东、辽宁、天津和北京等地通过利用地热、发电厂废热水或是夏季 6～9 月份高温期间养殖罗非鱼，其产量约占 10％。近 20 年来，我国罗非鱼养殖业发展迅速，产量由 20 世纪 70 年代末的 1 万 t，到 2012 年增至 155.27 万 t，呈逐年增加趋势。特别是近十多年来，我国罗非鱼养殖业得到了巨大的发展，产量和出口量稳居世界第一位，养殖罗非鱼已成为我国出口创汇和农民增收致富的重要途径。罗非鱼养殖业的发展同时带动了种苗、饲料、运输、加工、贸易等相关产业的发展，已形成了一条完整的产业链。

三、我国罗非鱼产业面临的问题

我国罗非鱼产业经历了近 10 年来的飞速发展，已形成较为完整的产业链，但在一些环节还存在着急需研究解决的问题，主要表现如下：

（一）良种体系急需完善与加强管理，良种覆盖率有待提高

到目前为止，获得全国水产原良种审定委员会审定通过的品种有尼罗罗非鱼、奥尼罗非鱼、吉富品系尼罗罗非鱼、"新吉富"罗非鱼、"夏奥 1 号"奥利亚罗非鱼、"鹭雄 1 号"罗非鱼等，均已在生产中得到应用。但由于各养殖地区间环境、资源、技术等存在较大差异及国际市场竞争加剧，良种选育研究还远不能满足产业快速发展的需求，急需大力加强国家级罗非鱼遗传育种中心的建设，加快良种选育步伐；同时必须强化对国家级良种场、省级良种场及各类中小苗种场的监管力度，理顺良种推广渠道，提高良种覆盖率，杜绝伪劣苗种进入市场。

（二）养殖技术、养殖模式不适应国际市场竞争要求，大规格罗非鱼比重低

目前，罗非鱼养殖仍主要依靠一家一户的分散经营，而罗非鱼产品要进入国际市场参与竞争，就必须发展集约化生产，扩大养殖规模，才能批量供应加工企业加工鱼片，使外贸公司组织到足够数量货源用于出口。而相当长时期内，分散经营的生产方式仍将占据主要地位，协调养殖户、企业、公司间的关系问题，将是我国罗非鱼产业发展的关键。这就要求研究建立适应国际市场的养殖技术体系及养殖模式，提高大规格商品鱼的比重。

（三）加工率低，加工工艺落后，加工品种单一

目前，罗非鱼国际贸易的发展正向规模化、集团化方向发展，少数实力雄厚的大型进出口公司占据了主导地位，形成了养殖、加工、出口的产业链，具有供应均衡、价格稳定的特点，也适应国际市场的要求，具有影响市场走势、防范市场风险的能力。而我国加工企业虽多，但生产能力差，没有形成真正具有雄厚实力的龙头企业，但总体的加工能力已远远超过出口需求，这势必造成对内争原料、对外压价格的局面，产生产量越高、效益越差的结果；同时，加工产品仍以全冻鱼为主，冻鱼片、冰鲜鱼片比重低，高附加值产品更少，影响了加工出口效益。

（四）产品质量检测技术落后，质量安全监管体系不健全

罗非鱼出口虽获得了飞速发展，但符合我国自身特点及国际市场要求的质量监测体系仍未完全建立，只能被动地适应各进口国对水产品质量检测要求的不断提高，并随时可能遭遇技术性贸易壁垒的限制。同时，实用化的药物残留快速检测技术及产品亟待开发，符合水产发展方向的可追溯系统也仍有待于加强研究与建立。

（五）营养及饲料研究基础薄弱

目前，罗非鱼养殖虽已从过去的肥水养殖方式向全价配合饲料投喂方式转变，但各地区间仍存在严重的技术不平衡；鱼苗鱼种培育期、养殖前后期等不同生长阶段营养素需求量的研究仍不深入，基础数据存在大量空白，饲料配方仍主要借鉴其他鱼类；符合水产可持续发展要求的低氮、磷排放饲料配方技术、低鱼粉配方配制技术、饲料原料有毒有害物质去除技术、功能性绿色饲料添加剂应用技术等尚未建立；饲料加工和应用环节中可能影响产品质量安全的因素仍未确定。

（六）药物残留监管薄弱

虽然罗非鱼抗病力较强，在养殖生产中发病率较低，但由于养殖、流通、加工各环节中质量控制规范研究制定的滞后及监管力度的薄弱，特别是缺乏各衔接环节的质量监管措施，造成违禁药物使用、药物残留等问题时有发生，影响到出口贸易。

（七）罗非鱼价格持续低迷，养殖面积逐年缩减

近几年，罗非鱼产业经历了寒潮、链球菌病爆发等灾害，罗非鱼养殖业损失惨重。此外，一直以来，中国罗非鱼过于依赖出口，容易受制于人。这种情况在低迷的环境下表现得更加突出，如 2012 年因受到经济危机的影响，美国经济复苏乏力，欧洲经济债务危机不断，整个国际经济环境持续低迷等诸多因素加剧了外贸环境的恶化，使鱼价持续低迷，严重挫伤了广大养殖户的积极性。2011 年和 2012 年，罗非鱼塘头收购价一直在平均养殖成本线 8 元/kg 上下波动，最高也只有 9 元/kg。与此同时，养殖生产要素如配合饲料、人工、塘租等继续大幅上涨，与 2010 年相比，人工配合饲料价格上涨了 10%～15%，人工工资上涨约 20%，其他生产物资普遍上涨 15%～20%。养殖者利润微薄，甚至亏本，造成养殖户的养殖积极性不高，养殖面积逐年减少，鱼苗需求量大幅减少。

第二节　科技发展历程及现状

罗非鱼是联合国粮农组织（FAO）向全世界推广养殖的国际性养殖鱼类和贸易

水产品,目前已在100多个国家和地区推广养殖。我国最早于1956年从越南引进罗非鱼,但真正大规模养殖是从1978年引进尼罗罗非鱼之后。经过30多年的努力,我国罗非鱼产业得到了快速发展,其养殖产量、产值和出口额均居世界第一位,罗非鱼养殖业已成为我国水产的支柱产业。罗非鱼为中国乃至全世界提供了大量营养丰富的动物蛋白,同时也创造了大量的农村劳动力就业机会,推动了我国农村经济的发展和农民致富。回顾我国罗非鱼产业的发展历程,不难发现科技的力量推动了罗非鱼产业的升级换代。

一、工厂化育苗技术

罗非鱼传统的育苗方式,类似于四大家鱼,主要是通过雌、雄亲鱼在池塘里配对自然繁殖,鱼苗孵出后再用捞网在池塘内进行人工捕捞,然后对鱼苗进行标粗培育。这种方法通常难以将鱼苗捞干净,并存在着大苗吃小苗的现象,严重影响种鱼的产苗效率和苗种培育的质量。此外,传统的育苗方式受天气影响较大,生产季节短,生产效率低,苗种规格不齐,难以达到大规模早春苗生产的需求。随着罗非鱼养殖业的不断扩大,越来越多的苗种场进行工厂化育苗的尝试。经过几年的摸索,目前工厂化育苗技术已经日趋成熟。罗非鱼工厂化育苗一般包括过滤加温装置、孵化装置和收集装置,采用网箱内亲鱼交配、人工取卵和人工流水孵化等步骤。工厂化育苗在人工控制温度、环境条件下,采用统一化的管理模式培育苗种,培育出的罗非鱼苗种大小均匀、成活率高、雄性率高,全年可供苗。目前工厂化育苗在广东、海南、广西等地的大型苗种场已普遍采用。

二、品种选育技术

我国先后引进莫桑比克罗非鱼、尼罗罗非鱼、奥利亚罗非鱼、吉富品系尼罗罗非鱼和红罗非鱼。经过几代人的努力,对其遗传性状进行改良,选育出了一批优良的品种和品系,为我国罗非鱼产业的飞速发展奠定了重要的基础。

通过选择育种手段,世界渔业中心对8个地理种群的尼罗罗非鱼经多个世代群体选育,培育出了吉富罗非鱼品种。在国内,中国水产科学研究院淡水渔业研究中心通过对引进的尼罗罗非鱼和奥利亚罗非鱼进行了多代人工选育,培育出高纯度的尼罗罗非鱼和奥利亚罗非鱼。上海海洋大学从国际水生生物资源管理中心引进吉富罗非鱼F$_3$代后,经过9代群体选育,选育出"新吉富"罗非鱼品种,在广东、海南、广西等地推广养殖,取得了显著的经济效益。

吉富罗非鱼是利用4个亚洲品系尼罗罗非鱼与4个非洲原种品系尼罗罗非鱼,采用家系选育进行种内杂交选育而成。高雄性率的奥尼罗非鱼(包括吉奥)以及新品种"吉丽"罗非鱼则由种间杂交培育而成,奥尼罗非鱼适合一般水体,尤其适合于粤西地区水质较肥水域养殖，具有生长快、抗病力强、耐低温等优良性状，而"吉丽"罗非鱼则适宜在沿海地区 15～25 盐度的池塘养殖。

三、成鱼养殖技术

通过数十年的发展，养殖方式已由原来的主要以粗、套养为主，逐步转向目前以池塘单、精养为主，网箱养殖、流水养殖、多品种混养等多种方式并存。通过池塘加深加大等改造，充分利用现有的土地资源；通过多品种混养，最大限度地利用水体资源；通过大规格鱼种的规模化培育，结合池塘分级养殖，一年两造、两年三造等养殖模式，可部分解决罗非鱼均衡上市的难题。池塘循环水养殖和流水养殖等工厂化养殖模式也取得了一定进展。

（一）充分利用土地资源和水体资源，提高养殖效益

通过对池塘加大加深及标准化改造，改善养殖生产条件和生态环境，单位面积产量可提高 30% 以上，提高了土地的利用率，解决了渔农争地的矛盾。合理的多品种混养，如罗非鱼与草鱼混养、罗非鱼与黄沙鳖混养、罗非鱼与凡纳滨对虾混养，既能提高饲料的利用率，又能充实池塘空缺生态位，充分发挥生态位效能，有利于水质调节、鱼类生长快速，病害少，并且能减少对养殖水体的污染。目前广西和广东地区政府均出台了措施，扶持池塘改造，提高养殖规模和效益。

（二）"均衡上市"的养殖模式

传统罗非鱼养殖模式造成鲜活鱼上市时间短期内高度集中，但现代加工业要求均衡地提供充足鱼源，市场更需要随时有各种产品来满足消费者的不同需求。这就造成现有养殖周期同加工、销售周期脱节。为此，必须从出口产品的加工要求及市场的需求特点来考虑调整养殖模式。

（三）池塘分级养殖

从大规格鱼种培育到养成，采用分级养殖的模式，随着鱼体的生长进行不定期的分疏养殖，最大限度地发挥水体的生产潜力，并提高了养成的规格和效益。目前这种养殖方式在较大规模的养殖场中经常使用。

（四）一年两造和两年三造养殖

通过分批放养大规格鱼种、降低养殖密度、水质调节、分批上市等方法，从环境、物理条件进行改变，缩短养殖周期，提高养殖成活率和商品鱼的上市规格，实现均衡上市，避免年底扎堆上市，能有效提高池塘产量和经济效益。目前一年两造和两年三造已分别成为广东和海南地区主要的养殖方式。

（五）池塘-人工湿地循环水养殖

该模式由养殖池塘和人工湿地净化区组成。养殖池塘在养殖罗非鱼的同时浮床栽培空心菜，空心菜浮床栽培面积占池塘面积的5%。利用浮床栽培空心菜，完善养殖生态系统的功能，达到物质流、能量流畅通，是一种环境友好型池塘养殖模式。同时，它结合了养殖和种植两种生产方式，实现一池多用、一水多用和养殖废物的资源化，既提高了经济效益，又净化了养殖水体。

（六）温泉流水养殖

我国早在20世纪80年代就开始了罗非鱼温流水养殖，利用工厂冷却水或温泉水等热水源，经过增氧或降温处理后进行罗非鱼养殖。要求池内水体保持一定流速、换水率和良好的自动排污性能，池进水口和出水口设防逃网栅，使用过的水不回收重复使用。其生产不受季节限制，既可采用群体同步繁殖技术，全年繁殖苗种，进行温流水鱼苗鱼种培育，又可做到全年罗非鱼成鱼养殖。目前广西壮族自治区的柳州、宜州、合山、来宾均进行了温流水养殖开发，效果很好，发展潜力很大。

（七）普通流水高密度养殖

利用我国南方地区多灌溉型中、小型水库和水力发电站的特点，依地形建成鱼塘，利用落差直接从沟渠引水入塘。通过合理设置进水口、排水口、增氧机、自动投饵机、大网箱、小网箱、自动筛鱼装置、吊鱼台和电动吊鱼机等，形成了一整套规范的操作流程。起捕上市采用大网箱诱捕，大网箱转小网箱过夜锻炼，通过小网箱上的自动筛鱼装置自动捕大留小，电动吊鱼机吊鱼上岸。通过工厂化养殖和管理，提高了鱼体在运输过程中的成活率，养成鱼活力强、肉质紧、鲜嫩，养殖用水仍可用于灌溉农田，并且鱼的粪便可以作肥料用。水体利用率高，周期短，养殖产量能比常规养殖增产2~10倍。

总体来说，除个别地区少数采用循环水、流水高密度养殖之外，大部分地区的养殖户仍采用池塘单养的方式，我国罗非鱼工业化养殖尚处于粗放型的初级阶段。温流水养殖和普通流水养殖比较依赖天然的水资源，设施设备比较简陋，只有一般的自动投饵机、增氧机、开放式流水管伐、一套捕捞上市的设备和方案，前无严密的水处理设施，后无废水处理设备而直接排放。这种养殖方式虽然产量较高（每667m² 产量可达25~30t），但耗能大、资源消耗高，与发达国家技术密集型的封闭式循环流水养鱼相比，在设备、工艺和环境效益等方面都存在着相当大的差距。

四、加工技术

目前，我国主要是以冻罗非鱼片的形式投放市场，因此开发多种形式的罗非鱼片具有重要的意义。随着人们生活水平的提高和生活节奏的加快，开袋即食食品越来越受到年轻消费者的青睐。我国科研人员利用熏制技术开发即食罗非鱼片，具有特有的烟熏风味、无刺、高营养、便捷性的特点，受到较多消费者的喜爱。也有利用栅栏技术优化研究即食罗非鱼片工艺技术，还有学者利用酶技术将罗非鱼肉水解成生物活性肽，水解后的短肽具有抗氧化性，可广泛应用于化妆品等应用领域。

目前，我国的罗非鱼加工以冻鱼片为主，产品加工处于初级阶段，产品的附加值并不高，残留的大量下脚料（约占全鱼重54%，其中内脏占6.8%、骨架占20%～30%）被廉价处理或直接丢弃，既浪费资源又污染环境。因此，开展罗非鱼内脏综合利用研究，可以提高罗非鱼的利用率和附加值，达到资源高效利用和环境保护的双重目的。以罗非鱼内脏为原料，研究内源蛋白酶酶学特性，具有成本低、活性高、与底物结合好的优点。因此，可利用罗非鱼内脏自身的特点为罗非鱼副产物的加工利用方面找到了一个新途径。

鱼排、鱼头和鱼尾是罗非鱼加工废弃物中的主要成分，其中鱼头占26.5%，鱼排占16.5%。据报道，利用鱼排和鱼头制得的骨粉中含有丰富的蛋白质，主要为胶原蛋白、骨胶原，具有加强皮层细胞代谢和防止衰老的作用，且含有8种必需氨基酸，骨中的钙磷含量高，其比值近似2:1，是人体吸收钙磷的最佳比例。但是由于鱼骨质地硬，难以嚼碎，使鱼骨的利用受到限制。因此，将新技术应用于鱼骨加工，对提高罗非鱼副产物利用率及产品附加值具有重要意义。

罗非鱼鱼皮及鱼鳞占罗非鱼下脚料的6%左右，其胶原蛋白的含量很高，而且脂肪含量低，是提取胶原蛋白的极好原料。鱼皮胶原蛋白和胶原多肽是一种应用前景很好的美容化妆品原料。据报道，从罗非鱼鱼皮及鱼鳞中提取胶原蛋白得到的胶原多肽，分子量较低，不会诱发抗体和免疫反应，而且更有利于皮肤的吸收。另外，胶原蛋白除了应用于化妆品外，还可以应用于功能食品、保健品、化工产品及药物，具有很大的前景。酶技术是应用于罗非鱼鱼鳞和鱼皮加工中较常用的技术，很多学者利用酶技术从罗非鱼鱼鳞及鱼皮中提取胶原蛋白，并且将罗非鱼鱼鳞胶开发成降血压胶原肽、将罗非鱼鱼皮胶原蛋白开发成胶原蛋白肽。

五、病害防控技术

（一）罗非鱼病原

罗非鱼病害种类主要有寄生虫类（车轮虫、指环虫和斜管虫等）、细菌类（链球菌、嗜水气单胞菌和假单胞菌等）以及真菌类（水霉）。罗非鱼最严重的病害仍属链球菌病，且具有发病区域扩大化、发病时间段延长、发病率和死亡率逐年升高的趋势。除此之外，罗非鱼绿色气球菌、温和气单胞菌和嗜水气单胞菌混合感染以及蜡状芽孢杆菌等病害也均有报道。综合分析发现罗非鱼新病原种类呈逐年增加趋势，常规病害如链球菌病则成逐年严重化趋势，这均使我国罗非鱼养殖业面临着严峻的考验。

（二）病原检测和诊断技术

常用的病原鉴定技术包括常规生理生化鉴定、商用试剂盒检测（API 和 ATB 鉴定系统）及基于 16S rRNA 序列特异性的分子鉴定。利用病原特异基因的快速鉴定技术也得到了很好地应用，通过特异扩增罗非鱼无乳链球菌的 cfb 基因片段，建立了一种环介导等温扩增（LAMP）快速检测无乳链球菌的方法；利用无乳链球菌 sip、$cpsE$ 这两个高度保守基因和 $cpsL$ 基因高度保守序列设计特异性引物，建立了一种无乳链球菌的三重 PCR 检测方法。

分子流行病学研究可对罗非鱼病原种类、基因型和血清型的地理分布和时间更替进行长期监控，有利于病原疫情暴发的预测和特定防治措施的制定。我国学者通过双重 PCR 方法检测了全国采集的 105 株罗非鱼流行病原菌，并用 PFGE 技术对病原菌进行基因型分析，结果表明在 2008 年以前流行病原菌以海豚链球菌为主，而 2008 年之后以无乳链球菌为主，且病原菌的基因型具有地理差异性和时间演替性，这为我国罗非鱼链球菌的有效防治提供了遗传背景。还有学者对广东及海南省患病罗非鱼体内采集到的多株无乳链球菌进行了耐药谱测定、分子分型以及分子血清型分析，结果表明，2007—2010 年分离到的无乳链球菌耐药谱基本相似，都为同一 MLVA 型分子，且血清型均为 I a 型，表面蛋白抗原均为 alpha-C 蛋白。这说明我国南方地区罗非鱼无乳链球菌暂未发生明显的遗传变异。

（三）病害防控技术

目前国内在罗非鱼病害防治技术方面，正从单纯依赖药物防治逐步转变为注重于药物、免疫、生态防治和抗病育种的综合防控，其中疫苗、中草药等添加剂、抗病育种等是目前研究的热点。我国学者通过在饲料中添加复合中草药制剂来观察罗非鱼免疫指标的变化，结果表明，中草药对罗非鱼血清、肝脏谷丙转氨酶和谷草转氨酶的活性有一定的降低诱导作用，但对罗非鱼溶菌酶无显著影响。我国学者公开了一种可以提高罗非鱼免疫力的复方中草药制剂：鱼腥草（40%）、黄芩（5%）、板蓝根（5%）、连翘（5%）、金银花（10%）、甘草（5%）、大黄（5%）、黄芪（10%）、当归（5%）、山楂（10%）。

六、饲料开发技术

（一）饲料添加剂

有关营养性添加剂的报道涉及了肌醇、铬、钙磷比。增加免疫力的添加剂有：中药复方、黄芪多糖、香菇多糖、低聚木糖、重组抗菌肽、天蚕素抗菌肽、谷胱甘肽、植酸酶等。同时，也有研究报道了有毒或是违禁物在罗非鱼饲料中的添加使用，如三聚氰胺的消除规律及镉在饲料中的添加。

（二）蛋白质营养

有关蛋白质营养的研究主要为氨基酸平衡技术的研究。我国学者在饲料中添加 DL-蛋氨酸，可以降低饲料蛋白水平；采用 5 种化学评价方法和养殖试验相结合，对无鱼粉罗非鱼实验配方及对照组中氨基酸的平衡和蛋白质营养价值进行评估；温度/饲料蛋白质水平最优组合为 29.9 ℃/40.3％。

（三）脂类营养

在脂类营养与饲料方面，我国学者利用添加鱼油、豆油、猪油和茶油的饲料，研究发现茶油和鱼油更有利于奥尼罗非鱼的健康；而有学者研究发现吉富罗非鱼饲料中使用鸡油的效果要优于鱼油、花生油、棕榈油、磷脂油。当饲料脂肪水平为 6.19％时能够起到促进吉富罗非鱼的生长，提高其抗低温应激的能力；过高的饲料脂肪水平（8.03％及以上）可导致血液转氨酶活性升高，加重低温应激下鱼类的代谢负担，不利于鱼体健康及生长；有研究表明初始体质量为（46.14±4.67）g 的尼罗罗非鱼饲料适宜的脂肪需要量为 8.30％～9.75％。

（四）投喂策略及其他

如何提高饲料的利用率，不仅需要考虑饲料的配方技术、加工工艺等因素，还需要利用科学合理的投喂技术。国内研究者将目光集中到投喂策略方面，根据最大相对增重率和最大饲料利用率，确定吉富罗非鱼在水温 33℃时适宜的投饲率为 2％。有学者利用 4 种饥饿-投喂循环模式研究发现，罗非鱼的补偿生长效应主要通过饥饿后食欲增强、摄食量增加来实现的，但饲料效率的提高对补偿生长也有一定的贡献。其他方面，研究发现蔗糖糖蜜可以完全取代罗非鱼饲料中的小麦粉。

第三节 流通发展历程及现状

一、中国罗非鱼流通体制发展历程

流通，即商品的运动过程。广义的流通是指商品买卖行为以及相互联系、相互交错的各个商品形态变化所形成的循环的总过程，包括商品生产及在商品流通领域中继续进行的生产过程，如商品的运输、检验、分类、包装、储存、保管等。它使社会生产过程永不停息周而复始地运动。狭义的流通是指商品从生产领域向消费领域的运动过程，由售卖过程（W-G）和购买过程（G-W）构成，它是社会再生产的前提和条件。一般指以货币作为交换媒介的商品交换，包括商品买卖行为以及相互联系、相互交错的各个商品形态变化所形成的循环的总体。在特定条件下，还指资本或社会资金的流通过程，它包括资本或社会资金在不断运动中所反复经历的两个流通阶段和一个生产阶段相统一的过程。

（一）鲜活水产品流通体制发展历程

从时间维度考察鲜活水产品流通在生产领域、零售领域和中间环节的发展变化情况，形成的基本模式有：

1. "养殖户"＋"农贸市场"模式 生鲜农产品流通体系改革初期，开放集市交易，允许养殖户将多余农产品拿到农贸市场去卖，这就形成了鲜活水产品流通的初级形式。在这种模式中，养殖户生产规模小，生产的目的不是交易，只是在自给自足之后，将生产剩余拿到集市交易，不论是生产环节还是交易环节都没有形成专业化分工。由于产品规模较小，市场的覆盖范围也很小，农贸市场一般距离产地较近，交易的都是附近养殖户的产品。

2. "养殖户"＋"批发市场"＋"农贸市场"模式 随着流通政策的放宽和农产品需求的增加，生产规模扩大，出现了以交易为目的进行生产的养殖户。由于农产品产量增加，超出了当地农贸市场的吸纳能力，就出现了批发市场、长途贩运商和批发商。农产品经过批发环节进入终端市场，出现了专门从事农产品零售业务的商人。各个环节的商人通过对产品的空间转移赚取差价。此时，水产品从生产到销售的专业分工形态基本形成。这种模式又分为多种实现形式："养殖户"＋"农村经纪人"＋"批发市场"＋"农贸市场"；"养殖户"＋"贩运商"＋"批发市场"＋"农贸市场"；"养殖户"＋"农村经纪人"＋"贩运商"＋"批发市场"＋"农贸市场"；"养殖户"＋"批发商"＋"批发市场"＋"农贸市场"。其中，批发市场又可以分为产地批发市场和销地批发市场，有的流通模式中只包括一个，有的两者都有。在以上实现形式中，农村经纪人、贩运商和批发商都是起到流通中介的作用，有时候他们之间区分并不明显，一些农村经纪人也具备长途运输能力，有的贩运商本身就从事批发业务。

3. "养殖户"＋"中介组织"＋"批发市场"＋"农贸市场"模式 在第二种模式形成之后，由于养殖户分散并且规模小，市场信息不对称，养殖户合法利益难以有效维护。为了增强抗风险能力和盈利能力，养殖户倾向于联合起来以应对市场，从而各种形式的中介组织逐渐发展起来。在"养殖户"＋"中介组织"模式中，养殖户负责初级水产品生产，生产资料供应、生产指导、收购和销售职能由中介组织承担。实际上中介组织中也可以实行职能专业化，现实中存在着多种多样的合作社，包括生产型、销售型、加工型及综合型合作社等。生产型合作社承担生产技术指导、种子供应等职能，销售型合作社承担交易职能，加工型合作社承担加工职能，而综合型合作组织则承担上述多项职能。在这种模式中，中介组织一个宽泛的概念，包括农村专业合作社、科研机构和农技站等事业单位。

4. "养殖户"＋"中介组织/超市供应商/批发市场"＋"超市"模式 随着人们生活水平的提高，人们对购物环境和食品安全提出了更高的要求。超市这种零售业态符合人们的消费需求，逐渐流行起来，大有取代农贸市场之势。超市的水产品采购有多种渠道，可通过批发市场、专门的供应商或者中介组织。无论超市采用哪种采购渠道，这种模式与前几种相比都存在巨大差异，零售环节的主体由实力较弱的农贸市场商贩转变为实力较强、销售规模较大的连锁超市，便具备了进行订单渔业的能力和潜在需求，由此订单渔业的雏形初见端倪。另外，连锁超市这种零售业态也与规模不断扩大的生产环节相匹配。

5. "养殖户"＋"超市"模式　随着农产品流通过程中的分工越来越完善，流通环节越来越多，生产、贩运、加工、销售、相关服务等各个方面不断细化，流通链条变长，交易费用逐渐增加。为了降低组织间的交易费用，必须减少交易环节，单个组织不得不涵盖更多的分工职能。只要交易环节减少的管理成本低于减少的交易费用，交易效率就是得到了提高。流通链条逐渐缩短，批发商最后退出流通链，养殖户直接面向零售商，就形成了"养殖户"＋"超市"模式。这种模式包括很多具体的实现形式："超市"＋"科研院所"＋"养殖户"模式、"超市"＋"大户"＋"小户"模式、"超市"＋"村委会"＋"养殖户"模式、"超市"＋"共建合作社"＋"养殖户"模式、"超市"＋"已有合作社"＋"养殖户"模式、"超市"＋"农产品公司"＋"共建基地"＋"养殖户"模式、"超市"＋"农产品公司"＋"养殖户"模式、"超市"＋"自有品牌基地"＋"合作社"＋"养殖户"模式、"超市"＋"物流中心"＋"养殖户"模式等。

6. 纵向一体化模式　纵向一体化是将渔业产业链上下游并入一个企业中。实际上，渔业产业链上下游各环节可以通过商品交易，也可以通过生产要素（劳动力）进行交易，当前交易效率低于后者时，就会出现纵向一体化模式。纵向一体化企业的实力较强，与劳动力进行交易的效率较高，能够克服渔业生产劳动监督成本高昂这一难题，使组织内部的管理费用降低到组织间的交易费用之下。已有研究表明，由于管理费用不可小视以及渔业劳动力定价困难，这种模式还没有发展为水产品流通的主流模式。

（二）中国罗非鱼流通体制发展历程

与一般鲜活水产品不同的是，加工厂主导了中国罗非鱼的流通体制，大部分罗非鱼由养殖户养殖后经过或不经过中间环节销售给加工厂，再由加工厂销售到国际市场，这些中间环节可能是贩运商也可能是批发商。罗非鱼销售到国内市场的流通体制与大部分鲜活水产品相同。按流通过程中各功能主体之间的联结方式（包括资本、协议、合同），可把我国罗非鱼的流通体制分成市场交易型、联盟合作型和产运销一体化型三种。我国罗非鱼流通组织结构见图1-1。

1. 市场交易型　市场交易型模式是指罗非鱼流通过程的各功能环节由不同主体承担，各主体之间没有协议或合同，以纯粹的市场关系为主。他们一般根据市场行情变化随机选择对手进行交易，交易过程多在塘边、加工厂以及水产品批发市场进行，

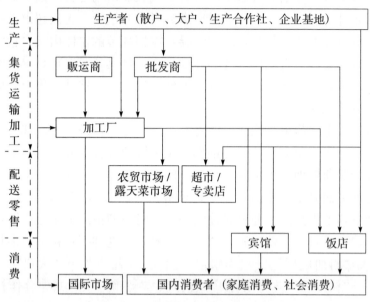

图 1-1 我国罗非鱼流通组织结构

这是我国目前罗非鱼流通组织模式最主要的类型。根据流通过程经过的渠道环节不同，我国罗非鱼市场交易型模式主要包括以下 4 种：

（1）养殖户→加工厂→国外经销商（国内市场）　该模式下养殖户直接将活鱼销售给加工厂，加工厂对罗非鱼进行加工后通过国外经销商销售到国际市场，或者超市、宾馆等国内市场。

（2）养殖户→销地批发商（水产贩运商）→加工厂→国外经销商（国内市场）该模式下养殖户通过批发商或者贩运商将活鱼交予加工厂加工，再由加工厂通过国外经销商出口给国际市场，销售给国外消费者，或通过农贸市场、超市、宾馆、饭店等销售给国内消费者。前两种流通模式是罗非鱼产业现阶段主要采用的方式。

（3）养殖户→批发商→零售商→消费者（国内市场）　该模式下养殖户一般是大户或水产生产合作社，由于实力较强，可以购置专用运输设备，通过自运或第三方物流运输等方式将罗非鱼出售给批发商，再转卖给零售商（主要是农贸市场/露天菜市场），最后销售给消费者。合作社内部农户之间及农户与合作社之间存在较正式的合作协议，但合作社与其他流通环节主体之间还是纯粹市场关系。

（4）养殖户→贩运商→批发商→零售商→消费者（国内市场）　该模式下，养殖户一般是小规模养殖户，由于没有专用运输设备，一般将罗非鱼卖给贩运商。贩运商则到塘头收购罗非鱼后，运送到批发市场卖给批发商，再卖给零售商，最后售给消费者。水产贩运商一般是多年从事水产品收购的个体商贩、水产经纪人或水产运销合作社。批发商与贩运商之间可能存在相对稳定的合作关系，但缺乏内在的利益关联，仍属市场交易。

2. 联盟合作型　联盟合作型模式是指罗非鱼流通过程中的各功能环节由不同主

体承担，各主体之间以某种协议或合同的形式明确各自分工，建立上下游功能主体之间的长期交易联盟关系，形成罗非鱼供应链风险和利益共担合作机制。这种模式也是我国目前罗非鱼流通组织模式的重要类型。根据流通过程中占据主导地位的联盟合作主体属性，联盟合作型模式可分为以下3种。

（1）加工厂主导型 该模式一般以加工厂为核心。加工厂是罗非鱼供应链最具实力的节点，拥有雄厚的资金实力和网络化的销售渠道，配备强大的信息系统，有实力派出大量采购员直接去产地批量采购或签订订单，其与国际市场之间的链接是当前罗非鱼产业的命脉，国际市场连续稳定的需求使之可以与养殖户、贩运商、批发商等形成稳定的长期联盟合作关系，以获得连续、稳定、安全的罗非鱼产品供应。这种模式中最重要的是加工厂罗非鱼产品的国际消费需求，国际市场对罗非鱼产品的需求越大，其主导的整条供应链的合作关系就越稳定。

（2）生产合作社主导型 该模式一般以当地罗非鱼生产合作社为核心。这些生产合作社是由养殖户自发组织而成的，或由当地饲料供应商、苗种厂等主体组织成立。这些水产合作社一般会利用自身独特品种、生产规模、技术服务、信息和品牌等方面的优势进行企业化经营，积极主动开拓市场，与下游水产品批发商、零售商、加工企业和餐饮企业形成稳定的契约化合作，并根据市场需求进行生产计划安排，在产品供给以及价格等方面具有主导地位。

（3）批发商主导型 该模式以批发市场（包括产地批发市场与销地批发市场）为核心，通过批发市场管理者提供的区域农产品集散、供求信息、产销对接、分级、配送、展示、会议洽谈及电子商务等服务功能，各批发商有效连接各自上游供货商（生产者、贩运商等）和下游零售餐饮企业，并通过协议或合同结成长期固定紧密的合作关系。

3. 产运销一体化型 产运销一体化型模式是指罗非鱼从生产到消费的全流通过程各功能环节均由同一个主体完成，中间无任何其他市场交易行为。这是水产品流通组织化程度最高的模式，在实际中并不多见。此种模式下一般由加工厂挑头，只包括生产主体和消费主体两类，生产环节一般实行集约化、规模化养殖，运输环节生产者自建物流配送中心，销售环节自建连锁专卖店或专卖区，甚至参股零售餐饮企业的经营，物流更快、更准、更优。在罗非鱼流通体制中此类模式极为少见。

（三）中国罗非鱼流通体制现状

中国罗非鱼的流通以国际市场为主，主要产地包括广东省、海南省、广西壮族自治区、福建省、云南省等，各地的流通体制大体相同但又略有不同之处。

1. 广东省 广东省作为中国最大的罗非鱼主产区和出口省份，2012年出口量达12.8万t，占全国总出口量的35.4%。加工出口所需用的原料鱼约占罗非鱼总产量的30%，有70%的产品需要由国内市场来消化。用于出口的罗非鱼，大多由经销商到塘边进行收购，并销售到加工厂，或由加工企业直接对其进行收购。由于罗非鱼具有个体适中、肉质厚、骨刺少等特点，在广东省内市场的销售一直比较活跃。省内销售的罗非鱼，基本上是活鲜产品，另外有少量加工制品，包括罐头。当地销售罗非鱼的规模普遍在 400～600g 之间。粗放、分散、小规模的传统养殖方式在不断向基地化、健康式养殖方向发展。在广东省的茂名、广州、湛江和肇庆等罗非鱼养殖主产区，由于一些有实力的公司加入，使这些地区的连片大面积养殖基地不断涌现，公司＋基地＋农户的现代农业产业化发展模式在罗非鱼产业中得到了充分的体现，目前，基地化健康养殖产量已占全省产量的 40％以上。

2. 海南省 海南省已形成了较为完整的从种苗、养殖、加工到出口贸易的产业链。图 1-2 显示了海南省的罗非鱼流通体系，主要包括上游品种选育、苗种生产及成鱼养殖和下游的专业捕捞运输及加工销售环节，配有饲料供应、检测防疫、罗非鱼协会等相关支持产业，产业链较为完整。合作社带头发展的流通模式在海南省得到了广泛的推广，这类合作社一般是由种苗厂、饲料经销商或饲料厂带头，一般由合作社统一为养殖户供应苗种、饲料，并为养殖户提供技术指导，最后统一收购罗非鱼，销往加工厂。一个完整的产业链条，有利于产业良性运行、健康发展，在一定程度上增强抗击市场风险的能力。

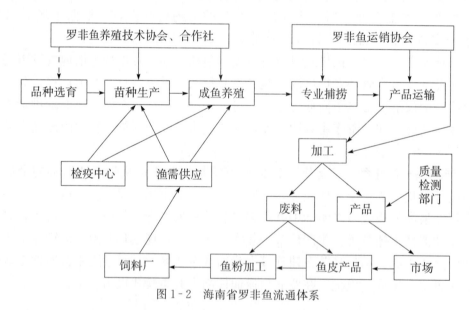

图 1-2　海南省罗非鱼流通体系

3. 广西壮族自治区 广西罗非鱼产业主要是以加工出口为主，以鲜活产品内销为辅。罗非鱼产品的市场供应已经形成了相对比较稳定的流通体系，主要呈现以下特点：一是形成以行业协会为主导、有效衔接加工企业和养殖户的流通网络。广西罗非鱼总产量 3/4 用于出口，成为加工出口型产业。以百洋集团牵头成立的广西罗非鱼协会，通过联合区内加工企业和养殖户，通过分级加工和销售，主导罗非鱼加工产品的出口。而小型的加工企业则直接入户收购小规模养殖户的罗非鱼用于加工出口和内销。二是在内销方面，罗非鱼以鲜活形式通过商贩塘口收购或直接进入水产品批发市场和农副产品批发市场、工厂食堂、火锅店或消费者家庭。在我国，消费者在食用鱼方面比较倾向鲜活的形式，再加上鲜储、运输等成本，广西的罗非鱼内销市场主要以区内和周边为主。

4. 福建省　由于早期阶段国家对水产品购销和价格实行计划管理，国营水产供销公司主要水产品的统购、派购、议购、计划调拨、定量供应和渔需物质计划供应等业务，国营水产供销公司成为流通中的主体。改革开放以后，水产品市场逐步放开，流通领域中出现国营、集体、私营个体等多种流通渠道，由于开放了水产品市场，个体养殖户还参与流通活动，自己运销。个体养殖户从放宽的水产品购销政策中得到大量实惠。20 世纪 90 年代，特别是进入 21 世纪以来，福建省各级政府加强了水产品市场建设，建立了具有相当规模的专业批发市场，拓展罗非鱼商品销售渠道，成立罗非鱼专业合作社，建立购销网点，开拓终端市场，批发市场体系的逐步完善，已成为罗非鱼产品流通的主渠道；同时通过攻克罗非鱼活鱼长途运输难关，开拓国内市场，将本省罗非鱼销售到全国各地。目前，通过专业运输销售合作社，福建罗非鱼主产区近 1/5 的罗非鱼通过活鱼运输方式销往北京、哈尔滨、沈阳、天津、上海、江苏、浙江等地，区域性罗非鱼产品市场正逐步形成。开拓国际市场是福建省罗非鱼销售流通的一个重要渠道，初步形成了多元化的国外出口市场。

5. 云南省　2005 年以前，云南省罗非鱼全部依靠内销市场消化，随着各级政府的日益重视，一批外向型加工企业的逐步建设投产，2011 年，全省罗非鱼加工量为 1.06 万 t，同比增长 6％。至 2012 年，云南罗非鱼总产量的 10 ％都用于加工出口。昆明等地相继建立诸多大型农产品市场，并日渐形成了一个连接城乡、覆盖产销两地的农产品大市场网络。尤其从 2005 年开始，云南开通了"绿色通道"，为鲜活农产品运输提供了便捷的通道，种类和覆盖范围逐步扩展，鲜活农产品市场供应得到了有效满足。水产品具有易腐性，无论是活体运输还是冷藏冷冻品运输都对物流提出了非常高的要求。云南省为了畅通水产流通的渠道，逐步建立了水产物流市场，水产仓储运输业有了较大的发展。云南省还在思茅、西双版纳、德宏等 3 个州市和漫湾、大朝山、小湾、万峰湖、百色枢纽富宁库区等电站库区罗非鱼优质开发区，打造罗非鱼优势产业带。通过农产品市场的建立，水产品流通环节费用降低，促进了农民增收和云南省罗非鱼产品市场的进一步发展。

6. 京津冀地区　京津冀罗非鱼产量远小于鲤、鲫、草鱼、鲢、鳙等大宗水产品，在产业发展初期，并无物流参与，只能满足极少数群体和科研需求，在 20 世纪 90 年代奥尼罗非鱼推广后，产量激增，罗非鱼开始进入批发市场，标志性的事件是红桥市场和天民市场的开业，特别是天民市场开业，开始确立了北京作为三北地区水产批发集散中心的地位，罗非鱼的流通开始有了明确分工，有专业的运输和零售批发商，从而带动了京津冀罗非鱼产业的发展，所有罗非鱼产量的 60％以上在这里进行交易。目前，天民市场已经关闭，京深海鲜批发市场、大洋路海鲜批发市场、回龙观海鲜批发市场成为罗非鱼主要销售地，罗非鱼价格主要由这 3 个批发市场形成，同时，自

2011 年后，随着运输技术和设备的进步，福建产罗非鱼开始进入京津市场。

二、中国罗非鱼流通体制特征

（一）多渠道流通格局初步形成

罗非鱼从生产到消费，一般要经过多个环节。目前中国罗非鱼的流通大致有以下几个级别的渠道：

一级渠道，养殖户—消费者，是指养殖户将生产出来的罗非鱼直接卖到消费者手中，这种交换方式大多发生在各地的农贸市场或集市上，规模小而且分散。

二级渠道，养殖户—加工企业—消费者，是指养殖户将罗非鱼出售给罗非鱼加工企业，企业将罗非鱼加工后，直接供应给消费者。

三级渠道，养殖户—加工企业—国际经销商—消费者、养殖户—批发商（贩运商）—加工厂—消费者、养殖户—批发商（贩运商）—零售商—消费者，养殖户将罗非鱼销售给加工企业，企业通过国外经销商销售到国际市场；或者由批发商（贩运商）销售给加工厂出售给国内消费者；或者由批发商（贩运商）出售给零售商销售给国内消费者。

四级渠道，养殖户—批发商（贩运商）—加工企业—国际经销商—消费者，罗非鱼由养殖户生产后由批发商或者贩运商销售到加工企业，并有加工企业销售给国际销售商到国际市场。

国内罗非鱼购销主体多元化，罗非鱼流通多渠道并存的格局也已经形成。但罗非鱼由加工企业销售给国外经销商，并销售到国际市场是罗非鱼流通中最普遍的形式。

（二）加工企业占据流通体系主导地位

由于现阶段罗非鱼市场仍然是以国际市场为主，超过了罗非鱼产量的五成，而国际市场对罗非鱼的需求主要是冻罗非鱼片、冻罗非鱼和制作或保藏的罗非鱼等加工产品，所以罗非鱼流通体系是以加工厂为核心，由加工厂带动罗非鱼产业的发展。由此也带来一系列的问题，养殖户产品的销售价格过分受加工厂限制，无法得到提高。

（三）产业缺乏国外自主经销渠道

受市场的控制，中国罗非鱼产业更多的是销售到国际市场，正是国际市场的发展，使中国罗非鱼产业产生了质的飞跃，也正是因为如此，中国罗非鱼产业从 2000 年开始就一直沿用依靠国际市场的发展模式，而在这种发展模式中，中国罗非鱼产业没有建立起独立的国外经销途径，部分加工厂建立了自有的经销渠道，但销售份额少，不能对整个产业产生重大的影响。加工厂更多的是根据国外经销商的订单量收购罗非鱼，对罗非鱼进行加工。国内加工厂互相之间压价。实际上，中国罗非鱼产业的命脉控制在国外经销商手中，这种情况下，中国罗非鱼产业的利润很大程度上被外商剥削，生产者和加工厂所占的份额很少。所以建立独立自主的经销途径，以及开拓国内市场就成了罗非鱼产业可持续发展的必要途径。

第四节　消费发展历程及现状

一、中国罗非鱼消费状况

（一）中国水产品消费状况

改革开放以来，中国经济迅速发展，人民生活水平显著提高，人民对食品的需求从满足温饱转变为对食品质量和营养成分的需求。水产品作为消费者食品消费的重要组成方面，是营养素含量非常均衡的一种食物。一方面，它的蛋白质含量非常丰富，品质良好，易为人体消化吸收；另一方面，它的脂肪含量甚低，而且胆固醇、钠的含量不高。含有人体所需的各种维生素和矿物质，特别是鱼的脂肪里富含 DHA 和 EPA 物质，对人体的大脑机能和降低血液胆固醇均有很好的作用。20 世纪 90 年代以来，中国水产品消费量持续增长。2011 年达到 1 361.9 万 t，比 1990 年增长 231.02%。2011 年，我国城镇居民水产品人均消费量为 14.62kg，农村居民为 5.36kg，占食品消费的比例从 1990 年的 1.4% 上升至 2011 年的 3.7%，年均增长率为 12.8%。

表 1-1　城镇与农村居民各类食品年度人均消费量（kg/人）

年份	区域	粮食	蔬菜	猪肉	牛羊肉	家禽	蛋及其制品	水产品
1990	城镇	130.72	138.70	18.46	3.28	3.42	7.25	7.69
	农村	262.08	134.00	10.54	0.80	1.25	2.41	2.13
1995	城镇	97.00	116.47	17.24	2.44	3.97	9.74	9.20
	农村	256.07	104.62	10.58	0.71	1.83	3.22	3.36
1999	城镇	84.91	114.94	16.91	3.09	4.92	10.92	10.34
	农村	247.45	108.89	12.70	1.17	2.48	4.28	3.82
2000	城镇	82.31	114.74	16.73	3.33	5.44	11.21	11.74
	农村	250.23	106.74	13.28	1.13	2.81	4.77	3.92
2001	城镇	79.69	115.86	15.95	3.17	5.30	10.41	10.33
	农村	238.62	109.30	13.35	1.15	2.87	4.72	4.12
2002	城镇	78.48	116.52	20.28	3.00	9.24	10.56	13.20
	农村	236.50	110.55	13.70	1.17	2.91	4.66	4.36
2003	城镇	79.52	118.34	20.43	3.31	9.20	11.19	13.35

（续）

年份	区域	粮食	蔬菜	猪肉	牛羊肉	家禽	蛋及其制品	水产品
	农村	222.44	107.40	13.78	1.26	3.20	4.81	4.65
2004	城镇	78.18	122.32	19.19	3.66	6.37	10.35	12.48
	农村	218.26	106.61	13.46	1.30	3.13	4.59	4.49
2005	城镇	76.98	118.58	20.15	3.71	8.97	10.40	12.55
	农村	208.85	102.28	15.62	1.47	3.67	4.71	4.94
2006	城镇	75.92	117.56	20.00	3.78	8.34	10.41	12.95
	农村	205.62	100.53	15.46	1.56	3.51	5.00	5.01
2007	城镇	77.60	117.80	18.21	3.93	9.66	10.33	14.20
	农村	199.48	98.99	13.37	1.51	3.86	4.72	5.36
2008	城镇		123.15	19.26	3.44	8.00	10.74	
	农村	199.07	99.72	12.65	1.29	4.36	5.43	5.25
2009	城镇	81.33	120.45	20.50	3.70	10.47	10.57	
	农村	189.26	98.44	13.96	1.37	4.25	5.32	5.27
2010	城镇	81.53	116.11	20.73	3.78	10.21	10.00	
	农村	181.44	93.28	14.40	1.43	4.17	5.12	5.15
2011	城镇	80.71	114.56	20.63	3.95	10.59	10.12	14.62
	农村	170.74	89.36	14.42	1.90	4.54	5.40	5.36

数据来源：历年中国统计年鉴。

（二）中国罗非鱼消费状况

罗非鱼的肉味鲜美，肉质细嫩，无论是红烧还是清烹，味道俱佳。经测定，尼罗罗非鱼每 100g 肉中含蛋白质 20.5g；脂肪 6.93g，热量 620kJ，钙 70mg，钠 50mg，磷 37mg，铁 1mg，维生素 B_1 0.1mg，维生素 B_2 0.12mg。罗非鱼已成为世界主要淡水养殖品种，被誉为未来动物性蛋白质的主要来源之一。

受饮食习惯的影响，中国的罗非鱼消费主要是以活鱼为主。罗非鱼在温度较高的淡水中生长繁殖较快，所以罗非鱼生产主要集中在广东、福建、广西、海南、云南等南方五省，我国罗非鱼消费市场也主要分布在主产区，除此之外还包括河北、山东、北京、天津、新疆、四川和东北等地。

中国由于具有适宜的罗非鱼养殖环境和低廉的养殖成本，一直以来是罗非鱼的主要生产国，在满足国内消费的同时，还为世界罗非鱼的需求提供着供应保障。2002

年开始中国罗非鱼大量出口，增长速度非常快，2002 年出口量为 3.10 万 t，2009 年增长为 13.67 万 t，年平均增长 23.61%。

为满足罗非鱼的国外消费，中国鱼片加工方面发展也比较快，随着加工技术的成熟，冰鲜罗非鱼片和冷冻罗非鱼片的产量急剧增加。冰鲜罗非鱼供给国内的餐饮部门，冷冻鱼片除了部分供应国内市场外，大部分出口美国、欧洲国家，供给国外消费。罗非鱼深加工技术在中国正步入发展阶段，加工的罗非鱼丝、罗非鱼干鱼片也广受国内外消费者的好评。

近十多年来，中国罗非鱼养殖业发展迅速，产量以平均每年 9.19% 的速度递增。随着加工技术推进，罗非鱼产品大量涌入国际市场，成为世界上最大的罗非鱼养殖生产、加工出口和产品消费的国家。中国的出口产品主要包括冻罗非鱼、冻罗非鱼片和制作或保藏的罗非鱼 3 种，见表 1-2。在罗非鱼刚刚引入我国的时期，国内市场消费占总产量的绝大部分，2002 年为 65.39 万 t，超过产量的 90%，2004 年为 72.57 万 t，2006 年为 73.28 万 t，2008 年为 56.56 万 t，2010 年为 53.66 万 t，2011 年为 67.75 万 t。尽管近年来国内市场罗非鱼消费量有所波动，但 2008 年以来国内消费总量基本维持在 60 万 t 左右，罗非鱼产品国内市场消费潜力巨大。随着国际市场对罗非鱼需求的不断扩大，中国罗非鱼出口量不断增加，出口消费比例呈逐年上升的趋势，中国罗非鱼产业已经是不折不扣的出口依赖型产业。

表 1-2　2002—2011 年罗非鱼国内消费量与出口消耗量（万 t）

年份	2002	2003	2004	2005	2006	2007	2008	2009	2010	2011
产量	70.659	80.586	89.728	97.814	111.146	113.361	111.030	125.798	133.189	144.105
出口量	3.163	5.964	8.725	10.737	16.447	21.536	22.436	25.895	32.283	33.028
冻罗非鱼片	0.912	1.901	3.624	5.349	3.123	0.515	0.796	13.494	18.659	15.811
冻罗非鱼	2.083	3.516	4.255	3.876	4.186	1.406	1.273	3.300	7.572	10.760
制作或保藏的罗非鱼	0.105	0.472	0.778	1.449	9.085	19.602	20.363	9.005	5.958	6.338
活罗非鱼	0.054	0.070	0.067	0.045	0.049	0.013	0.004	0.096	0.095	0.119
鲜冷罗非鱼	0.007	0.004		0.005	0.004					
盐腌及盐渍的罗非鱼			0.001	0.013						
出口消耗量（折算）	5.273	10.696	17.156	23.278	37.870	53.302	54.466	62.920	79.526	76.353
国内消费量	65.385	69.890	72.572	74.535	73.277	60.059	56.564	62.878	53.663	67.752
国内市场消费比例（%）	92.54	86.73	80.88	76.20	65.93	52.98	50.95	49.98	40.29	47.02

数据来源：历年中国统计年鉴、中国海关总署。

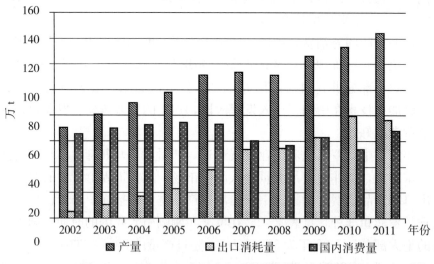

图 1-3   2002—2011 年罗非鱼国内消费量与出口消耗量

二、中国罗非鱼消费特点

（一）国内罗非鱼消费总量处于跌宕起伏状态

中国是世界上最大的罗非鱼生产国和出口国，国内罗非鱼消费量经历了"上升-下降-再上升"的过程，罗非鱼消费量从 2002 年的 65.39 万 t 增加到 2005 年的 74.54 万 t，这一消费量是历史最高值；随后从 2006 年开始罗非鱼国内消费量下降，到 2010 年下降至 53.66 万 t，年均下降 6.36%；此后罗非鱼消费量明显增长，2011 年罗非鱼消费量已达到 67.75 万 t。

（二）国内罗非鱼市场价格逐步下跌

随着罗非鱼养殖产量的逐渐增长，我国市场上罗非鱼供应略显过剩，尤其是 2006 年以后，国内市场消费量下降幅度较大。同时在内销市场得不到迅速拓展的情况下，罗非鱼国内市场价格呈下跌态势。2004 年罗非鱼国内市场价格达到 16.27 元/kg，为近几年的最高点。在当时的养殖成本下，这个价格使罗非鱼养殖户有较高的利润，养殖积极性高涨。但此后的几年中，由于养殖产量上涨，罗非鱼市场价格逐渐出现下跌状态。

表 1-3   2004—2009 年全国水产批发市场罗非鱼平均价格（单位：元/kg）

年　份	2004	2005	2006	2007	2008	2009
罗非鱼价格	16.27	13.46	14.15	13.77	15.05	13.53

资料来源：全国水产品价格采集系统。

（三）罗非鱼国内市场潜力较大

由于罗非鱼主要在华南地区养殖，其他地区的消费者对罗非鱼了解较少。同时，由于我国市场上的鲜活罗非鱼主要是由分散的养殖户生产和销售，不像河蟹一样有很多的知名品牌，这在一定程度上影响了我国罗非鱼产品的国内外知名度和综合效益。由于没有品牌和市场认知度，罗非鱼很难在国内市场上打开局面，只能以低端的淡水鱼身份廉价销售，甚至因为罗非鱼价格比普通淡水鱼（鲫鱼、草鱼等）低廉，给消费者造成品质不佳的误解。

我国现有的水产品消费水平较低，低于世界平均水平，是日本的 1/8～1/7。而近十年来人均收入水平增长速度较快，水产品的消费正在逐年增加。消费者因罗非鱼肉质鲜美，价格适中而易于接受，国内市场销售行情看好。随着罗非鱼加工产品的多样化，社会消费水平的整体提高，以及人们对罗非鱼产品了解的加深，将有助于市场消费量的增加。目前南方地区罗非鱼销售以活鱼为主，北方地区以加工冷冻品为主，冷冻后的条鱼在东北地区的黑龙江以及西北地区的兰州、乌鲁木齐等大中城市很受喜爱，但其他城市的销售有待进一步开拓，市场潜力较大。

三、中国罗非鱼消费影响因素

近年来，全世界罗非鱼不仅产量增长迅速，消费需求的数量和质量也逐年提高。作为世界最大的罗非鱼生产国和出口国，我国罗非鱼出口总量和养殖生产总量一直居于世界前列，外销一直带动着我国罗非鱼产业的发展。但由于国际市场和金融危机等因素的影响，造成了以美国为首的罗非鱼进口国家市场消费力低迷，导致罗非鱼出口受阻。在国际市场面临严峻挑战的形势下，罗非鱼国内市场的开拓问题备受关注。虽然国内市场的罗非鱼消费潜力巨大，但是罗非鱼的国内市场消费疲软，开拓力度不够。制约罗非鱼国内市场消费的因素大致可分为消费者、营销、产业和社会等四个层面。

（一）消费者因素

1. 消费习俗　消费习俗是人们在长期经济与社会活动中所形成、历代传递下来的一种消费风俗习惯。人类的消费偏好是其长期饮食文化培养出来的。我国沿海地区消费者偏好海产品，内地消费者偏好河鲜已众所周知。由于地域（地理位置和环境）差异，各地区的文化传统和消费习惯决定了我国居民对动物蛋白摄取的主要来源的差别。东部与南部各地区水产品丰富，水产品市场消费更多，更易于促进罗非鱼国内市场消费；而中西部内陆地区没有海洋资源，动物蛋白的摄取主要来自于畜产品，水产品市场消费较少，开拓罗非鱼市场的潜力更大。无论城镇还是农村，东部地区水产品消费水平都远远高于中西部地区。

2. 受教育程度　就消费者的受教育程度而言，受教育程度与罗非鱼的国内市场消费是没有直接联系的，但一般情况下，受教育程度高的人更容易认同和吸取新的消费理念，偏好购买新产品。另一方面，受教育程度高的人在各方面都会更讲求质量与新意，会随着消费环境的改善，消费习惯与消费观念更易在潜移默化中发生改变，需求的质量和需求内容方面也都会"升级换代"，从而使罗非鱼这条外来鱼及其新产品的需求不断扩张，而受教育程度低的人则相反。因此，罗非鱼的国内市场消费与消费者的受教育程度也是有着间接关系。

3. 认知度　消费地区及消费形式的受限必然导致消费群体受到影响。罗非鱼是外来品种，在消费文化上与四大家鱼等本地品种相比，处于劣势，认知程度也大为逊色。我国罗非鱼主要养殖在南部沿海，养殖区域过度集中，直到现在，除了罗非鱼主产区，罗非鱼在我国很多地区依然没有市场，有的甚至还不知道我国有这条鱼的存在。

提高国内消费者对罗非鱼的认知度还有很长的一段路要走，可利用媒体宣传、餐馆推广、超市促销等手段进行大力宣传，让消费者有更多的机会接触并接受这条鱼。

（二）营销因素

1. 产品价格　罗非鱼自身价格是制约罗非鱼国内市场消费较为敏感的影响因素之一。罗非鱼价格的高低是影响罗非鱼国内市场消费最关键、最直接的因素。根据需求定律，罗非鱼国内市场消费需求量的大小是随着罗非鱼价格的升降而成反方向变化的。影响罗非鱼价格的因素有很多，主要包括成本费用、市场供求状况、市场价格变动以及替代产品的价格等。假如罗非鱼价格不变，其替代品的价格下降，那么罗非鱼价格就变得相对较高，消费者就会减少对罗非鱼的消费，而增加对其替代品的需求，反之亦然。

2. 销售渠道　就销售渠道而言，渠道就是命脉。罗非鱼主要养殖区域集中在中国南部，产量以广东、海南、广西和福建居多，产地过度集中，没有建立顺畅的销售渠道，不利于拓展罗非鱼国内市场。尽管我国交通运输条件日渐完善、高速公路网络日趋便利，全国各级水产市场正在依据各地对水产品的市场需求，迅速选择市场流通方向，但在国内市场仍没有建立畅通的罗非鱼销售渠道。加强罗非鱼国内流通渠道多元化的建立，可增强市场辐射能力，引导罗非鱼国内市场的消费，是罗非鱼国内市场开拓的一个重要方面。

3. 产品形式　中国罗非鱼的加工工艺开发程度不够、产品附加值较低、产品的国内市场接受程度也不高，罗非鱼产品的研发与升级水平仍处在低级阶段。产品种类不丰富、单一化等因素制约着罗非鱼国内市场消费的步伐。结合精深加工，在罗非鱼规格分类、加工方式多样化和包装形式方面下功夫，开发速食新产品，尝试"南鱼北调"，避免只在主产区消费，在运输上，可采用"无水运输"等保鲜运输技术的方法。但是罗非鱼国内市场仍以活鱼为主，目前加工出来的产品，冻全鱼、加工鱼片等在国内不是很畅销，尚未形成市场。

（三）产业因素

1. 组织化程度 中国罗非鱼产业组织化程度较低，不利于规模经济的提高。罗非鱼养殖、加工、流通和贸易分割，组织化程度较低，形不成竞争合力。目前罗非鱼还没有形成完善的产业组织，产业链中几乎各个环节都还没有一个相对比较稳定的规模，任由其中某个环节无限发展。罗非鱼产业组织化程度较低，已经衍生出了许多问题，如资源分配不均、监管难和抢原料等，也严重影响了罗非鱼的国内市场消费。

2. 产品知名度 罗非鱼作为典型的出口依赖型产品，在国外市场上都是贴牌销售，找不到中国企业的牌子。在我国罗非鱼养殖业中，目前尚未出现地理标志品牌和著名的注册商标，更没有国内外知名品牌。中国罗非鱼产业在国外并没有形成品牌，尽管在国内有很多罗非鱼加工出口企业都树立了自己的品牌，但一走出国门，就都变成了"中国制造"。挪威三文鱼的价格高、阳澄湖大闸蟹的价格贵都是和品牌塑造分不开的。

（四）社会因素

1. 收入水平 收入水平对制约罗非鱼国内市场消费也是比较敏感的影响因素之一。一般而言，收入水平决定着居民的购买力，收入层次的不同影响着消费结构。收入水平往往是和需求层次成正比，收入分配的平均程度却是和需求层次成反比。收入分配档次的拉开能够激发"消费者竞争"，对罗非鱼等水产品这类需求收入弹性大的产品的需求的提高会很明显。如果罗非鱼的价格保持不变，那么居民货币收入增加就意味着罗非鱼价格下降，消费者的购买力增强，罗非鱼的消费也就和消费者的收入呈正相关关系。

2. 城市化 城市化水平与水产品国内市场消费之间呈现着很强的正相关性。不仅主要体现在城乡居民消费结构与消费习惯上存在的差别，还体现在收入水平、受教育程度和文化背景方面。近年来，我国城市化水平发展迅速，尤其是中心城市和沿海沿江城市化水平增幅较大。城市居民在收入、购买力以及购物环境等方面都要优于农村居民。无论城市居民在对罗非鱼的认知度与接受度方面，还是在消费方面也都优于农村居民，更利于提高罗非鱼的消费量。

第五节 贸易发展历程及现状

2011 年全球共有 100 多个国家和地区生产罗非鱼，总产量为 475.05 万 t。中国是世界最大的罗非鱼生产国和出口国，拥有适宜的罗非鱼产业发展的自然环境和低成本的劳动力资源。2012 年，中国罗非鱼养殖总产量大约为 155 万 t，总出口量为 36 万 t，共有 130 家罗非鱼加工出口公司或企业，销往 87 个国家或地区。

一、中国罗非鱼贸易状况

中国罗非鱼出口额自 2002 年的 0.50 亿美元上升到 2012 年的 11.63 亿美元，增长了 23 倍，平均年增长率为 36.91%，中国罗非鱼出口在近几年经历了跨越式的增长，被中国水产养殖界誉为"21 世纪最有价值的一条鱼"。

表 1-4　中国罗非鱼出口量与出口额占世界比重（t，千美元）

年份	2002	2003	2004	2005	2006	2007	2008	2009
中国出口量	31 626	59 641	87 254	107 367	164 474	215 361	224 359	258 947
世界出口量	47 903	76 693	106 486	139 530	201 010	247 427	271 660	296 951
占世界比重（%）	66.02	77.77	81.94	76.95	81.82	87.04	82.59	87.20
中国出口额	50 275	97 663	155 823	232 216	369 145	491 038	733 549	710 371
世界出口额	101 663	151 407	212 685	330 907	485 721	608 891	919 180	871 759
占世界比重（%）	49.45	64.50	73.26	70.18	76.00	80.64	79.80	81.49

资料来源：联合国粮农组织（FAO）数据库（www.fao.org），中国海关总署。

中国罗非鱼进口量较少，且变化幅度较大，在 2002—2003 年、2005—2007 年进口量为 10～70t 不等，2004 年、2008—2010 年进口量均不到 2t，近两年来进口量超过了 150t，无明显的规律可言。出口方面，2002 年开始中国罗非鱼出口量逐年增加，2009 年罗非鱼出口量为 25.89 万 t，2010 年为 32.29 万 t，2011 年为 33.03 万 t，2012 年为 36.20 万 t，创下历史最高水平，同比增长 9.60%，总出口额为 11.63 亿美元，同比增长 4.91%。罗非鱼的出口量与出口额都呈持续增长的态势（表 1-5）。

表 1-5　2002—2012 年中国罗非鱼贸易变化情况

年　份	出口量 （t）	出口额 （万美元）	进口量 （t）	进口额 （万美元）	净出口量 （t）
2002	31 625.89	5 027.50	16.91	0.70	31 608.98
2003	59 640.96	9 766.33	36.33	4.52	59 604.63
2004	87 253.52	15 582.33	0.03	0.07	87 253.49
2005	107 367.16	23 221.63	43.19	19.28	107 323.97
2006	164 474.40	36 914.51	68.09	6.38	164 406.31
2007	215 361.38	49 103.76	47.72	5.93	215 313.66
2008	224 358.54	73 354.94	0.01	0.20	224 358.53
2009	258 947.39	71 037.07	1.00	1.61	258 946.39
2010	322 833.71	100 584.84	2.29	1.94	322 831.41
2011	330 281.36	110 891.30	299.87	135.38	329 981.49
2012	361 988.44	116 339.44	155.01	71.58	361 833.43

数据来源：中国海关总署。

二、中国罗非鱼出口变化

（一）中国罗非鱼出口量与出口额变化

2002 年开始中国罗非鱼出口量逐年增加，但出口量增长速度逐步放缓，2002—2006 年出口量的年均增长速度达 51.01%，而 2007—2012 年的年均增长速度仅为 10.94%，较 2002—2006 年放缓了近 5 倍。2008 年因雪灾造成罗非鱼大量减产，出口量的增幅明显减少，仅为 4.18%。近年来全球性通胀的压力加大，世界经济增长缓慢，尤其是欧美主权债务风险升级，日本大地震、海啸、核辐射等自然灾害的影响，中东局势的动荡轮番冲击世界经济，各种不稳定、不确定因素依然较多，导致稳定和拓展罗非鱼国外市场面临较多的制约。同时，国际保护主义抬头，贸易摩擦有增无减，特别是对来自亚洲的养殖淡水产品的进口增长的反应比较强烈。如 2011 年年初，遭遇国际攻击最厉害的越南巴沙鱼，年底则转向了中国的罗非鱼。受国际环境的影响，中国罗非鱼出口量增长速度逐渐放缓。

表 1-6　2002—2012 年中国罗非鱼出口情况

年　份	出口量（万 t）	出口量增减（%）	出口额（万美元）	出口额增减（%）
2002	3.16		5 027.50	
2003	5.96	88.58	9 766.33	94.26
2004	8.73	46.30	15 582.33	59.55
2005	10.74	23.05	23 221.63	49.03
2006	16.45	53.19	36 914.51	58.97
2007	21.54	30.94	49 103.76	33.02
2008	22.44	4.18	73 354.94	49.39
2009	25.89	15.42	71 037.07	-3.16
2010	32.28	24.67	100 584.84	41.59
2011	33.03	2.31	110 891.30	10.25
2012	36.20	9.60	116 339.44	4.91

数据来源：中国海关总署。

2002 年以来中国罗非鱼对外贸易基本表现出良好的发展势头。根据其出口量及出口额的增幅，做出各年度增幅的比较图示。由图 1-4 中可以看出我国罗非鱼贸易的增长波动较大，虽然我国罗非鱼贸易的总体上升幅度较大，但产业贸易发展不稳定，受外界因素影响剧烈，同时在生产层面上则会影响渔民及生产基地的正常生产发展。从 2008 年至今，出口量增幅则骤然降低到较低水平，且 2009 年出口额的负增长则表明在罗非鱼出口量上升到一定程度后，我国罗非鱼外贸全球化的进程中各种困难

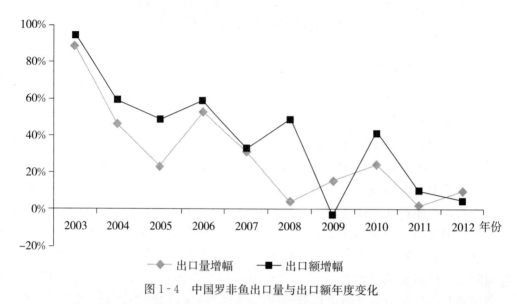

图 1-4 中国罗非鱼出口量与出口额年度变化

开始显现，该产业陷入发展的瓶颈，罗非鱼加工企业的发展及利润受到较大影响。

（二）中国罗非鱼出口产品结构变化

从罗非鱼贸易的产品结构进行分析，有助于了解我国罗非鱼产业的技术水平，加工业的发展状况，分析我国贸易结构的同时认清我国出口贸易结构的优缺点。

由时间序列来看，中国出口总额逐年上升。中国鲜冷罗非鱼与鲜冷罗非鱼片出口量一直较低；而冻罗非鱼片出口量呈大幅上升态势，且其出口比例也在不断升高。从2002 年以来，中国罗非鱼出口的产品品种一直是以冻罗非鱼片产品为主，其次为冻罗非鱼，再次为制作或保藏的罗非鱼、活罗非鱼（主要供应香港、澳门），此外还有少量其他出口产品，如罗非鱼皮革、罗非鱼饲料、罗非鱼鱼皮鱼鳞鱼腹，这些产品占所有罗非鱼出口额的 0.4％左右。冻罗非鱼片成为罗非鱼消费的主流产品，其出口量始终保持在出口总量的 60％左右，冻整条罗非鱼、制作或保藏的罗非鱼和鲜活罗非鱼的出口量所占比例约为 25％、12％和 0.4％。

表 1-7　中国罗非鱼产品出口情况（万 t）

年份	冻罗非鱼片	冻罗非鱼	制作或保藏的罗非鱼	活罗非鱼	鲜或冷罗非鱼	鲜或冷罗非鱼鱼片	盐腌及盐渍的罗非鱼	出口量	出口量增减（％）
2002	0.912	2.083	0.105	0.054	0.007			3.163	
2003	1.901	3.516	0.472	0.070	0.004			5.964	88.58
2004	3.624	4.255	0.778	0.067			0.001	8.725	46.30
2005	5.349	3.876	1.449	0.045	0.005		0.013	10.737	23.05
2006	3.123	4.186	9.085	0.049	0.004			16.447	53.19

（续）

年份	冻罗非鱼片	冻罗非鱼	制作或保藏的罗非鱼	活罗非鱼	鲜或冷罗非鱼	鲜或冷罗非鱼鱼片	盐腌及盐渍的罗非鱼	出口量	出口量增减（%）
2007	0.515	1.406	19.602	0.013				21.536	30.94
2008	0.796	1.273	20.363	0.004				22.436	4.18
2009	13.494	3.300	9.005	0.096				25.895	15.42
2010	18.659	7.572	5.958	0.095				32.283	24.67
2011	15.811	10.760	6.338	0.119				33.028	2.31
2012	17.923	11.115	6.987	0.133	0.040			36.199	9.60

数据来源：中国海关总署。

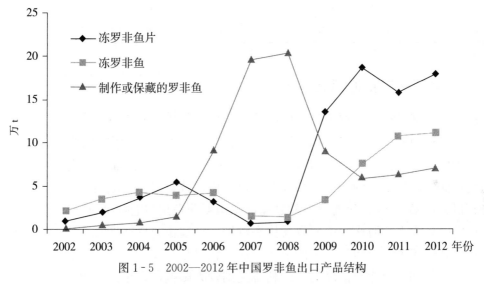

图 1-5　2002—2012 年中国罗非鱼出口产品结构

　　除 2006—2008 年受美国市场的影响出口额大为减少外，其他年份基本稳定在 60% 左右。我国冻罗非鱼片的贸易量大量提升，其中有国际需求变动的原因，同时也是我国罗非鱼产业发展的结果。冻罗非鱼片的产品附加值明显高于冻罗非鱼。中国罗非鱼加工企业将大量罗非鱼产品进行产品加工后再出口，即降低了对外贸易风险，从产业本身来讲，也促进了我国罗非鱼产业深加工的发展。

　　冻罗非鱼出口经历 21 世纪前期的大幅提升后现阶段出口额趋于稳定，而在中国出口总额中的比例也从 2000 年的 94.55% 下降至 2012 年的 17.58%。中国罗非鱼出口结构已经转变。出口产品结构的转变一方面来源于国际罗非鱼产业的不稳定，新兴品种的发展初期是国际供给波动较大时期；另一方面来源于罗非鱼国际市场需求的不稳定，集中的出口区域使得单一国家的需求变动即会对我国罗非鱼出口产生较大影响。

表1-8　中国罗非鱼出口总额及各品种比例（万美元，%）

年份	出口额	冻罗非鱼		冻罗非鱼片		制作或保藏的罗非鱼	
		出口额	比例	出口额	比例	出口额	比例
2002	5 027.50	2 033.61	40.45	2 781.74	55.33	149.21	2.97
2003	9 766.33	3 236.81	33.14	5 491.15	56.23	964.51	9.88
2004	15 582.33	3 882.78	24.92	10 253.29	65.80	1 382.04	8.87
2005	23 221.63	3 993.31	17.20	16 301.85	70.20	2 848.45	12.27
2006	36 914.51	4 433.86	12.01	9 165.13	24.83	23 248.43	62.98
2007	49 103.76	1 635.46	3.33	1 395.48	2.84	46 057.16	93.80
2008	73 354.94	1 996.19	2.72	3 191.12	4.35	68 164.19	92.92
2009	71 037.07	4 819.77	6.78	44 476.74	62.61	21 606.96	30.42
2010	100 584.84	12 598.68	12.53	68 856.40	68.46	18 980.41	18.87
2011	110 891.30	20 240.00	18.25	66 398.45	59.88	24 036.50	21.68
2012	116 339.44	20 335.90	17.48	70 200.57	60.34	25 354.95	21.79

数据来源：中国海关总署。

（三）中国罗非鱼出口区域变化

从出口区域结构看，据统计，中国罗非鱼出口的省份有广东省、海南省、广西壮族自治区、福建省、云南省、湖北省、浙江省和辽宁省，主要集中在前4个省份。其中广东为出口第一大省，2012年出口额占全国总出口额的35.36%；海南省依靠其自身的地理优势，近年来地方上又加强罗非鱼宣传与政策支持，成为罗非鱼出口另一大优势省份。这四省2012年的出口额之和占我国罗非鱼出口总额的97.90%。

在发展势头上，海南与广西发展势头较好，呈现快速良性增长；广东罗非鱼发展近两年遇到较多困难，包括主观的生产及加工状况与客观的气候环境影响，生产状况不佳，罗非鱼加工企业与渔民的生产利益受到较大影响，占全国总出口额的比例也在逐年下降，由2007年的60.96%下降到2012年的35.36%。

表1-9　2007—2012年中国罗非鱼主要出口区域

年份	出口量（万t）					出口额（亿美元）				
	广东	海南	广西	福建	全国	广东	海南	广西	福建	全国
2007	13.13	4.94	1.86	1.60	21.54	2.92	1.23	0.51	0.25	4.91
2008	10.90	6.84	2.64	1.92	22.44	3.61	2.27	1.02	0.38	7.34
2009	12.00	7.58	3.98	2.15	25.90	3.30	2.10	1.12	0.51	7.10
2010	11.98	8.49	5.95	3.81	32.28	4.02	2.70	2.07	1.20	10.06
2011	12.37	10.32	6.52	3.37	33.03	4.50	3.36	2.40	1.09	11.09
2012	12.80	10.78	8.28	3.58	36.20	4.63	3.31	2.68	1.32	11.63

数据来源：中国水产品进出口统计年鉴，中国海关总署。

三、中国罗非鱼主要贸易国

（一）中国罗非鱼主要贸易国变化

在全球罗非鱼市场中，罗非鱼产品的主要出口地为中国大陆、中国台湾和印度尼西亚等亚洲国家及地区，以及哥斯达黎加、洪都拉斯等美洲国家。在世界罗非鱼市场的主要进口国方面，美国、墨西哥为前两大罗非鱼进口国，俄罗斯、比利时及英国等部分欧盟国家的罗非鱼市场需求也在逐年增加。

我国罗非鱼出口国从 2002 年仅 10 余个增长至 2012 年 70 余个，市场趋于多元化。但从近年来中国罗非鱼的出口数据可以看出，主要出口国过于集中。2012 年，美国、墨西哥和俄罗斯 3 个国家的进口量占中国出口量的份额超过了 60%，其他国家所占份额不足 40%，其中美国是第一大进口国。这表明我国罗非鱼对美国市场的依赖性较强，美国市场的消费趋势和消费心理的变化均会对我国罗非鱼产业产生巨大影响。事实也已证明，2006 年美国减少对冻罗非鱼、冻罗非鱼片的需求及 2008 年中国南方雪灾影响对我国罗非鱼出口均造成较大震动。罗非鱼作为传统"白肉鱼"鲟鱼鳟鱼的良好替代品已被我国成功打入欧洲市场。如表 1 - 10 所示，在 2003 年对俄罗斯出口量还是零出口的情况下，对俄罗斯的出口量已经在 2009 年上升到第三位。同时逐步实现了市场多元化战略，开发了大量的亚非市场。尼日利亚、科特迪瓦和赤道几内亚等市场的成功开发，有效地缓解了经济危机对我国罗非鱼市场的冲击，同时可以预见，我国罗非鱼贸易的市场结构存在进一步优化的可行性。

表 1 - 10　2002—2012 年中国罗非鱼主要出口国出口量变化（万 t）

年份	2002	2003	2004	2005	2006	2007	2008	2009	2010	2011	2012
美国	2.421	4.536	6.279	8.084	10.465	12.209	11.854	13.737	16.882	15.060	17.179
墨西哥	0.396	0.811	1.588	1.638	3.289	3.929	3.652	3.619	4.321	4.684	3.940
俄罗斯	0.000	0.000	0.002	0.002	0.553	1.936	1.712	2.186	2.027	1.534	1.878
欧盟	0.019	0.002	0.001	0.237	0.621	1.341	1.460	1.978	2.790	2.964	2.658
以色列	0.002	0.051	0.068	0.129	0.369	0.407	0.415	0.664	0.700	0.976	1.099
加拿大	0.062	0.059	0.110	0.110	0.099	0.075	0.062	0.245	0.249	0.313	0.341
香港	0.134	0.240	0.102	0.084	0.170	0.158	0.028	0.115	0.120	0.150	0.198
其他	0.129	0.264	0.576	0.453	0.881	1.481	3.253	3.351	5.194	7.347	8.906

数据来源：中国海关总署。

（二）美国市场出口情况变化

美国是中国第一大出口目标国，中国对美出口量与出口额基本呈逐年上升的趋势。2003 年中国对美出口量为 4.54 万 t，2012 年为 17.18 万 t，10 年的时间内出口量翻了两番。2012 年中国的出口额为 6.78 亿美元，比 2003 年的 0.76 亿美元增加了 8 倍。由于中国对外贸易市场的多样化，对美出口的份额由 2003 年的 76.05%，下降至 2012 年的 47.15%。目前主要出口产品为冻罗非鱼片，其次为冻罗非鱼和制作或保藏的罗非鱼。

表 1-11　2012 年罗非鱼产品对美出口情况

产品	出口量（万 t）	出口额（亿美元）	出口价格（美元/kg）
冻整条罗非鱼	2.36	0.51	2.15
冻罗非鱼片	14.15	6.09	4.31
制作或保藏的罗非鱼	0.47	0.19	3.93

数据来源：中国海关总署。

中国鲜冷罗非鱼和鲜冷罗非鱼片对美出口量一直较低；而冻罗非鱼片出口呈大幅上升态势，且其出口比例也在不断升高。1998 年以来，中国对美出口的产品品种以冻罗非鱼产品为主，2002 年冻罗非鱼片的出口额首次超过冻罗非鱼片，成为中国罗非鱼出口的主流产品。

表 1-12　中国对美国罗非鱼出口总额及各品种比例（千美元,%）

年份	冻罗非鱼鱼片		冻罗非鱼		鲜或冷的罗非鱼鱼片		鲜、冷罗非鱼	
	出口额	比例	出口额	比例	出口额	比例	出口额	比例
1998	21.751	33.21	43.736	66.79				
1999	302.610	32.11	634.219	67.30	5.559	0.59		
2000	709.095	33.71	1 365.457	64.92	28.741	1.37		
2001	859.694	43.61	1 049.676	53.25	61.731	3.13		
2002	2 089.811	47.37	2 023.854	45.88	297.870	6.75		
2003	5 150.116	60.94	3 049.667	36.09	250.958	2.97		
2004	8 507.613	71.19	3 442.424	28.81				
2005	13 280.649	77.55	3 844.010	22.45				
2006	19 244.934	75.45	6 262.163	24.55				
2007	26 839.621	86.89	4 044.893	13.09	5.167	0.02		
2008	38 402.556	88.08	5 197.541	11.92				
2009	36 326.615	89.13	4 418.570	10.84	10.920	0.03		
2010	51 777.104	93.27	3 733.783	6.73				
2011	52 241.364	91.25	5 011.029	8.75				
2012	61 197.354	93.66	4 086.349	6.25	35.727	0.05	5.296	0.01

数据来源：美国农业部门经济调查服务网 www.ers.usda.gov。

四、中国罗非鱼产品国际竞争力分析

（一）中国罗非鱼出口价格变化

近年来，我国罗非鱼产业规模持续扩张，产量从 1995 年的 31 万 t 上升至 2012 年的 155 万 t，年均增长率为 9.93%，出口价格在波动中呈上涨趋势。如表 1-13 所示，冻罗非鱼的单价从 2002 年的 0.98 美元/kg 上升至 2012 年的 1.83 美元/kg；冻罗非鱼片的单价从 2002 年的 3.05 美元/kg 上升至 2012 年的 3.92 美元/kg；制作或保藏的罗非鱼的单价从 2002 年的 1.42 美元/kg 上升至 2012 年的 3.63 美元/kg；罗非鱼产品出口平均单价从 2002 年的 1.59 美元/kg 上升至 2012 年的 3.21 美元/kg，除 2008 年价格上升幅度较大外，其他年份基本呈逐渐增加的趋势，但到 2012 年价格开始下降。

近几年，罗非鱼市场价格波动较大，同时由于劳动力成本和饲料价格上涨导致罗非鱼养殖成本提高，出口不畅。国内加工厂连续压价，罗非鱼出塘价几乎跌破成本。如 2007 年成本上涨 20%，但同年出口价格仅小幅上涨，出口企业几乎无利可图；2008 年因雪灾造成罗非鱼大量减产，加上成本上涨，出口价格明显提高；2009 年受金融危机影响，美国等主要进口国购买力下降，出口价格低于上年水平，出口企业利润很少。

表 1-13　2002—2012 年中国罗非鱼出口单价（美元/kg）

年　份	2002	2003	2004	2005	2006	2007	2008	2009	2010	2011	2012
冻罗非鱼	0.98	0.92	0.91	1.03	1.06	1.16	1.57	1.46	1.66	1.88	1.83
冻罗非鱼片	3.05	2.89	2.83	3.05	2.93	2.71	4.01	3.30	3.69	4.20	3.92
制作或保藏的罗非鱼	1.42	2.04	1.78	1.97	2.56	2.35	3.35	2.40	3.19	3.79	3.63
产品均价	1.59	1.64	1.79	2.16	2.24	2.28	3.27	2.74	3.12	3.36	3.21

数据来源：中国海关总署。

在评价产品国际竞争力时，通常直接比较产品的国内市场价格与国际市场价格。鉴于我国罗非鱼出口销售的高度集中性，本文选择主要进口市场美国市场为研究对象，按照罗非鱼产品的品种主要比较美国市场上的我国罗非鱼产品与主要竞争对手的平均价格。即在质量水平假定相同，产品无差异的情况下，相对价格水平越低则表明我国罗非鱼产品的竞争力越高。以占出口市场主导地位的冻罗非鱼片为例，从表 1-14 历年来美国市场冻罗非鱼片的价格可以看到，2012 年冻罗非鱼片价格较高的包括厄瓜多尔、中国台湾等国家（地区），中国冻罗非鱼片的价格明显低于其进口的平均价格，差价达 0.28 美元/kg，我国罗非鱼出口所获得的比较利益较少。2012 年中国罗非鱼出口产品主要包括冻罗非鱼片、冻罗非鱼和制作或保藏的罗非鱼，其所占的比例分别为 63.02%、25.64% 和 10.98%，缺少附加值高的出口产品。造成这种现象的原因主要与保鲜技术有关，中国冰鲜罗非鱼的出口数量较少，加工产品多为冻罗非鱼全鱼与冻罗非鱼片，大量深加工利润流失。

表 1-14　2006—2012 年美国冻罗非鱼片进口价格（美元/kg）

年份	2006	2007	2008	2009	2010	2011	2012
中国	3.04	3.07	4.25	3.61	3.82	4.40	4.08
印度尼西亚	5.04	4.99	5.84	6.45	6.72	6.52	6.46
泰国	4.44	10.31	4.2	5.59	5.2	5.77	6.22
中国台湾	3.89	4.17	5.17	5.35	4.49	6.12	7.32
厄瓜多尔	4.91	4.81	5.83	6.61	6.55	7.28	8.27
马来西亚			1.64		4.48	5.21	6.34
哥斯达黎加		5.65	6.60	6.92	6.13	6.86	6.05
平均价格	3.28	3.29	4.44	3.93	4.05	4.60	4.36

数据来源：美国农业部门经济调查服务网 www.ers.usda.gov。

总体上看，中国罗非鱼每种产品均低于平均进口价格，具有一定的价格竞争力。但分种类来看，我国的价格竞争力并不能带来较多的比较利益。鲜冷罗非鱼品种虽然价格比美国市场低，但是南美国家具有得天独厚的地理优势，鉴于鲜罗非鱼的保藏期极短的特性，出口鲜冷罗非鱼只能采用空运的运输方式，其运输成本较高、运力有限使得我国无法大量出口鲜冷罗非鱼。在冻罗非鱼和冻鱼片市场，我国价格比平均价格略低一点，优势不明显，并且随着印度尼西亚、泰国等发展中国家罗非鱼产业的兴起，我国的价格优势会进一步削弱。

（二）显示性比较优势指数（RCA）

显示性比较优势指数（RCA）是测算国家贸易中比较优势的发展水平的方法，现被世界经济学研究普遍使用。该指数是指 RCA 表示我国罗非鱼出口占我国出口总值的份额与世界罗非鱼出口占世界全部出口的份额之比。其计算公式为：

$$RCA_{ij} = (X_{ij}/X_{it})/(X_{wj}/X_{wt})$$

式中　RCA_{ij}——i 国家 j 种产品的显示性比较优势指数；

X_{ij}——i 国家第 j 种商品的出口额；

X_{it}——i 国家在 t 时期内国家所有商品的出口总额；

X_{wj}——世界上所有的 j 产品的出口额；

X_{wt}——世界上所有产品在 t 时期内的出口总额。

通常在数据分析中，某国该产业的 RCA 指数大于 1，则说明该产业在世界贸易中占有显示性比较优势，指数数值越高比较优势越明显；若该产业的 RCA 指数小于1，则说明该国该产业在对外贸易中不具有比较优势，该数值越小说明产业在国际竞争中劣势越明显。另一种分类指标则认为 RCA 指数应分为大于 2.5、处于 1.25～

2.5、处于0.8～1.25及0.8以下4个档次，分别对应该产业竞争力非常强、比较强、竞争力中等及竞争力较低水平。

2002—2009年中国罗非鱼出口RCA指数均大于2.5，平均值为6.2（表1-15），表明中国罗非鱼产品具有极强的国际竞争力。现阶段我国罗非鱼贸易比较优势明显。但是，同我国水产品总体竞争力变化趋势相同，罗非鱼出口也有竞争力逐渐下降的趋势。可以预见，在更多的发展中国家罗非鱼养殖规模化后，我国劳动力资源优势将大幅降低，同时遭遇激烈的国际竞争。基于该种预期，我国需要进行贸易结构并产业水平的升级以维持竞争力。

表 1 - 15　2002—2009 年中国罗非鱼产品 RCA 指数变化

年份	中国罗非鱼出口额（亿美元）	全球罗非鱼出口额（亿美元）	中国出口总值（亿美元）	全球出口总值（亿美元）	RCA 指数
2002	0.22	1.02	3 256	64 930	4.39
2003	0.43	1.51	4 382	75 860	4.90
2004	0.53	2.15	5 933	92 190	3.85
2005	0.69	3.31	7 620	104 890	2.88
2006	2.78	4.86	9 691	121 120	7.14
2007	4.91	6.10	12 180	139 930	9.25
2008	7.34	9.19	14 285	160 970	9.00
2009	7.10	8.72	12 017	124 610	8.45

资料来源：我国和世界罗非鱼出口数据、我国和世界水产品出口数据来自国际粮农组织数据库（http://www.fao.org/）；我国和世界出口总额来自 WTO Database 世界贸易组织数据库。

（三）国际市场占有率（IMS）

国际市场占有率是一国某产品出口额占世界该产品出口总额的百分比，它反映该国产品参与国际竞争、开拓市场的能力。国际市场占有率越高，出口竞争力就越强，反之则弱。在世界罗非鱼市场及罗非鱼最大进口国美国市场上，我国罗非鱼产品的市场占有率均逐步走高，显示出了我国在外贸数量上的大幅增长。在世界市场上，我国罗非鱼市场的占有率从 2002 年的 49.45% 上升至 2009 年的 81.49%；在我国最主要的出口市场美国市场上，我国不仅是美国罗非鱼的第一大进口国，而且自 2000 年以来我国在美国市场上的占有率仍在逐步提高，至 2009 年，我国罗非鱼产品在美国市场上的占有率达到 58.55%，在出口数量上占绝对优势（表1-16，图1-6）。

这一方面说明我国在罗非鱼养殖生产及出口贸易方面得到了大幅度的提高；另一方面，世界范围内的罗非鱼消费者，尤其是美国消费者，已经认可了我国罗非鱼产品。上述两方面的良性互动促进了我国罗非鱼外贸产业的发展。

表 1 - 16　1998—2012 年中国罗非鱼在世界及美国市场上的占有率

年份	中国对美出口额（万美元）	美国进口额（万美元）	美国市场占有率（%）	中国出口额（万美元）	世界出口额（万美元）	世界市场占有率（%）
1998	65.49	5 274.00	1.24			
1999	942.39	8 189.70	11.51			
2000	2 103.29	10 137.79	20.75			
2001	1 971.10	12 779.65	15.42			
2002	4 411.53	17 421.52	25.32	5 027.50	101 663	49.45
2003	8 450.74	24 120.56	35.04	9 766.33	151 407	64.50
2004	11 950.04	29 741.33	40.18	15 582.33	212 685	73.26
2005	17 124.66	39 297.83	43.58	23 221.63	330 907	70.18
2006	25 507.10	48 274.25	52.84	36 914.51	485 721	76.00
2007	30 889.68	55 978.88	55.18	49 103.76	608 891	80.64
2008	43 600.10	73 445.03	59.36	73 354.94	919 180	79.80
2009	40 756.11	69 608.60	58.55	71 037.07	871 759	81.49
2010	55 510.89	84 286.60	65.86			
2011	57 252.39	83 834.96	68.29			
2012	65 337.79	96 904.76	67.42			

　　资料来源：中国罗非鱼出口量，世界罗非鱼出口量来自国际粮农组织数据库（http：//www.fao.org/），美国市场上罗非鱼总进口量及中国进口量来自美国罗非鱼协会（http：//ag.arizona.edu/azaqua/ata.html）。

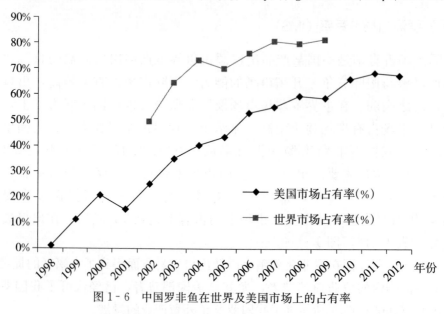

图 1 - 6　中国罗非鱼在世界及美国市场上的占有率

（四）贸易竞争指数（TC）

贸易竞争指数是指在一定时期内，一国某产品出口额与进口额之差除以该产品进口额和出口额之和。其计算公式为：

$$TC = (X_i - M_i)/(X_i + M_i)$$

式中　X_i——i 产品的出口额；

　　　M_i——i 产品的进口额。

TC 指数介于 -1 和 $+1$ 之间，其取值存在 3 种情形：TC 取值 <0：表明一国产品的进口大于出口，处于竞争劣势。TC 取值趋近于零，表明一国产品的进口和出口基本持平。TC 取值 >0，表明一国产品的出口大于进口，具有一定国际竞争力。

中国罗非鱼贸易竞争指数在 2002—2012 年间高于 0.99（表 1-17），表明中国在罗非鱼产品贸易中出口远大于进口，是贸易出超国家，国际市场竞争力极强。

表 1-17　2000—2009 年中国罗非鱼产品贸易竞争指数（TC）变化

年份	出口额（万美元）	进口额（万美元）	贸易竞争指数
2002	5 027.50	0.70	0.999 72
2003	9 766.33	4.52	0.999 07
2004	15 582.33	0.07	0.999 99
2005	23 221.63	19.28	0.998 34
2006	36 914.51	6.38	0.999 65
2007	49 103.76	5.93	0.999 76
2008	73 354.94	0.20	0.999 99
2009	71 037.07	1.61	0.999 95
2010	100 584.84	1.94	0.999 961
2011	110 891.30	135.38	0.997 561
2012	116 339.44	71.58	0.998 77

资料来源：中国海关总署。

第六节　供求平衡历程及现状

一、中国罗非鱼供需状况

（一）中国罗非鱼供需变化

随着养殖面积和养殖水平的提高，中国罗非鱼产量有了较大幅度的增长。从 1961 的 0.35 万 t 增加到 2012 年的 155.27 万 t，年均增长率为 12.69%。罗非鱼产量的增长率变化规律为先增长后下降，1961—1970 年，罗非鱼总产量年均增长速度为 5.84%，1971—1980 年为 4.21%，此段时间为罗非鱼的引入推广期，罗非鱼还未被养殖户接受。1981—1990 年的年均增长率为 29.86%，1991—2000 年的年均增长率为 18.41%，此段时间罗非鱼已被养殖户接受，并得到了大规模的养殖，增长速度大幅度增长。2001—2012 年，罗非鱼生产增长开始放缓，平均每年增长速度为 7.92%，到达了一个稳定阶段。

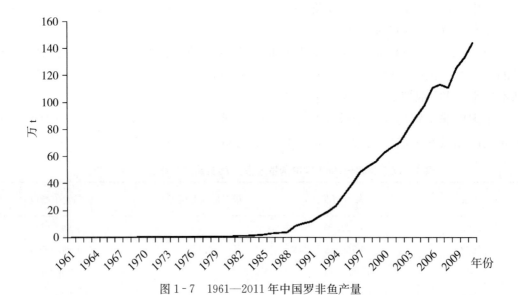

图 1-7　1961—2011 年中国罗非鱼产量

罗非鱼引入我国初期，产量低、出口量少，主要供给国内市场。2002 年国内消费量超过总产量的 90%，随后这一比例逐年下降，2009 年开始国内消费量占总产量的比例不足 50%，消费量基本稳定在 60 万 t 左右，同期国际市场出口量不断增加，中国罗非鱼已成为出口导向型产业。

表 1-18　2002—2011 年国际国内罗非鱼消费量（万 t）

年份	2002	2003	2004	2005	2006	2007	2008	2009	2010	2011
产量	70.659	80.586	89.728	97.814	111.146	113.361	111.030	125.798	133.189	144.105
出口量	3.163	5.964	8.725	10.737	16.447	21.536	22.436	25.895	32.283	33.028
国际消费量（折算）	5.273	10.696	17.156	23.278	37.870	53.302	54.466	62.920	79.526	76.353
国内消费量	65.385	69.890	72.572	74.535	73.277	60.059	56.564	62.878	53.663	67.752
国际市场比例（%）	7.46	13.27	19.12	23.80	34.07	47.02	49.05	50.02	59.71	52.98
国内市场比例（%）	92.54	86.73	80.88	76.20	65.93	52.98	50.95	49.98	40.29	47.02

数据来源：历年中国统计年鉴、中国海关总署。

（二）中国罗非鱼产品形式需求变化

罗非鱼产品主要包括冻罗非鱼、冻罗非鱼片、制作或保藏的罗非鱼、活罗非鱼和其他产品。

1. 冻罗非鱼片需求 随着人们生活水平提高，膳食结构改善，肉、禽、蛋、奶、蔬菜、水果、水产品等食品消费量不断增加，国际市场对中国冻罗非鱼片的需求量经历了先升后降再升再降的过程，2002—2011 年中国冻罗非鱼片需求量逐年上升，如图 1-8 所示，2002 年中国出口冻罗非鱼片消耗的原料鱼为 3.04 万 t，2005 年达17.83 万 t，占罗非鱼产量的 18.23%。之后受美国市场的影响，从 2006 年开始中国冻罗非鱼片的国际需求量开始减少，下降了 41.61%，2006—2008 年间中国冻罗非鱼片国际需求量的年变化率为 47%。2009 年开始中国冻罗非鱼片的国际需求量开始上升，2010 年原料鱼消耗量达 62.20 万 t 的历史高点，占罗非鱼产量的 46.79%，但这种上涨的趋势没有保持到 2011 年。

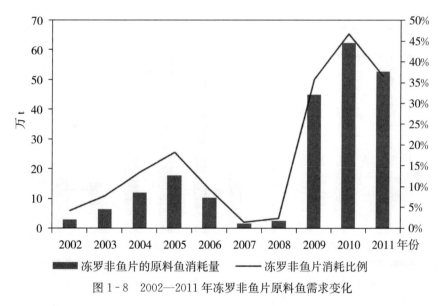

图 1-8 2002—2011 年冻罗非鱼片原料鱼需求变化

2. 冻罗非鱼需求 国际市场对冻罗非鱼的需求逐渐呈下降的趋势，中国冻罗非鱼的出口量也随之下降，冻罗非鱼片逐渐取代了冻罗非鱼的主导地位，如图 1-9 所示，在 2006 年以前出口冻罗非鱼所消耗的原料鱼一直保持在总产量的 4% 左右，2007 年、2008 年冻罗非鱼的原料鱼消耗量大幅下降，2009 年开始呈上升趋势，2011年冻罗非鱼的原料鱼消耗量达 11.96 万 t，年均增长率为 103.70%。

3. 制作或保藏的罗非鱼需求 2002—2005 年，中国出口制作或保藏的罗非鱼所需的原料鱼约占罗非鱼总产量的 2%。在冻罗非鱼片和冻罗非鱼需求量大减的 2007年、2008 年，制作或保藏的罗非鱼消耗原料鱼的量大增，约占中国罗非鱼总产量的30%，如图 1-10 所示。近年来，中国制作或保藏的罗非鱼的国际需求趋于稳定，消

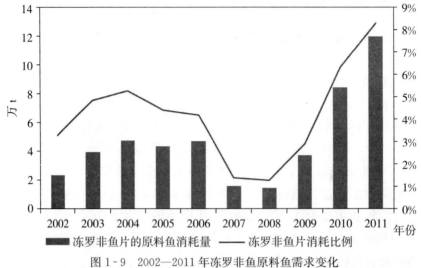

图1-9　2002—2011年冻罗非鱼原料鱼需求变化

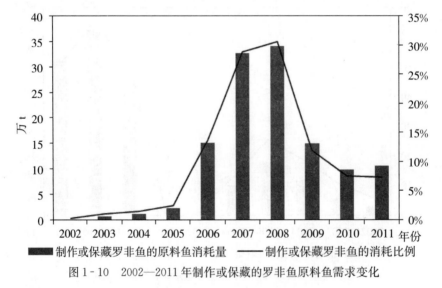

图1-10　2002—2011年制作或保藏的罗非鱼原料鱼需求变化

耗的原料鱼约为10万t，占中国罗非鱼总产量的7%左右。

4. 鲜活罗非鱼需求　活罗非鱼的需求大部分来自中国大陆地区和香港、澳门地区。国内市场的需求量基本是稳中有升的。在2007年、2008年中国罗非鱼产量大减的情况下，国际市场上中国活罗非鱼的供应量明显减少，近三年内基本稳定在1 000t左右。如图1-11所示。

5. 其他罗非鱼产品需求　除了冻罗非鱼片、冻罗非鱼、制作或保藏的罗非鱼和鲜活罗非鱼外，其他罗非鱼产品主要包括鲜冷罗非鱼、鲜冷罗非鱼片、盐腌或盐渍的罗非鱼等，在中国，这三类罗非鱼产品主要是国际市场需求，出口量较少，某些年份甚至没有出口这些产品，如2007—2011年。这些罗非鱼产品消耗的原料鱼量占中国

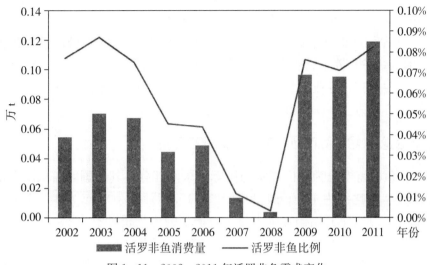

图 1-11　2002—2011 年活罗非鱼需求变化

罗非鱼总产量的比例很少，不足 0.05％，见图 1-12。

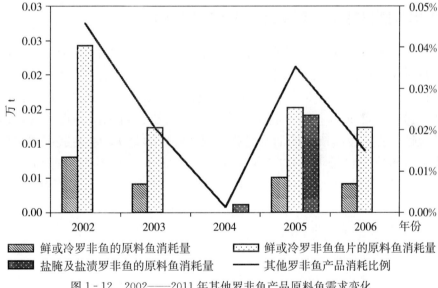

图 1-12　2002——2011 年其他罗非鱼产品原料鱼需求变化

二、中国罗非鱼供求特点

（一）生产高度集中，消费相对分散

　　罗非鱼在中国大陆的养殖分布很不平衡，南方地区的广东、广西、海南、福建得益于气候条件，罗非鱼养殖发展迅速，产量占淡水养殖产量的 20％，较高的可达 30％，成为这些地区主要的养殖对象之一，养殖模式以池塘混养为主。在北方地区，尤其是山东、辽宁等地发展也很快，以利用发电厂的废热水池及水库网箱养殖为主。2011年罗非鱼主要产区的产量占全国罗非鱼总产量的百分比分别为广东44.83%、海南20.41%、广西16.61%、福建8.11%、云南5.35%，这5省份产量合计占全国总产量的95.31%。除广东、广西和海南等省区罗非鱼的养殖具有一定规模外，大部分省市多为分散性生产，专业化程度低、规模小。中国罗非鱼的消费以国际市场为主，国内市场的消费量约占40%，消费量有很大的增长潜力。

（二）产品以供给国际市场为主，对外依存度高

中国罗非鱼的需求分为国内需求与国际需求两部分，其中国际需求所占份额越来越大，2002年所占比例为7.46%，2004年为19.12%，2006年为34.07%，2008年为49.05%，从2009年开始国际需求量占总产量的比例超过了50%。

目前，罗非鱼加工出口主要依托外商，以代加工出口的方式生产，缺乏自主的出口渠道。此外，大部分养殖产品还要依赖外地加工厂家收购。我国罗非鱼产业还没有形成"生产＋加工＋销售"的模式，这使企业失去参与国际市场竞争的机会，不利于企业自身的发展壮大，不利于扩大出口和经济效益的提高。

（三）出口国比较集中，贸易量受国际市场影响大

我国罗非鱼出口目标国从2002年仅10余个增长至2012年70余个，市场趋于多元化。但从近年来中国罗非鱼的出口数据可以看出，出口国过于集中，主要为美国、墨西哥和俄罗斯。2012年，3个国家的进口量占中国出口量的份额超过了60%，其他国家所占份额不足40%，其中美国是我国第一大出口目标国。我国罗非鱼对美国市场的依赖性较强，美国市场的消费趋势和消费心理的变化均会对我国罗非鱼产业产生巨大影响。事实也已证明，2006年美国减少对冻罗非鱼及冻罗非鱼片的需求及2008年中国南方雪灾影响对我国罗非鱼出口均造成较大震动，抵抗国际金融风暴能力极低。

第二章 世界罗非鱼产业发展

第一节 生产发展现状及特点

一、世界罗非鱼生产历史

罗非鱼作为世界主要养殖鱼类，是世界动物性蛋白质的主要来源之一，在国际水产品流通和贸易方面占据举足轻重的地位。

尼罗罗非鱼（*Oreochromis niloticus*）原产地是非洲，主要分布在布基纳法索、喀麦隆、乍得、科特迪瓦、埃及、冈比亚、加纳、几内亚、利比里亚、马里、尼日尔、尼日利亚、塞内加尔、塞拉利昂、苏丹和多哥。早在1757年，瑞典的著名生物学家林奈，第一个为尼罗罗非鱼定名，它属于罗非鱼中的一个种。罗非鱼是非洲鱼类中比较大的一个"家族"，共有116个种，其中以尼罗罗非鱼的个体较大，在原产地最大个体达5 500多克。1962年日本从埃及引进尼罗罗非鱼，从那时候起，尼罗罗非鱼养殖生产在日本增长很快，1967年仅为0.5t，1975年为60t，到1978年发展到3 000～4 000t，目前为日本养殖业中颇受重视的一个养殖品种。我国台湾省从1966年引入尼罗罗非鱼后，大力推广养殖尼罗罗非鱼以及它的杂交种，目前年产量7万t左右，占台湾省淡水鱼总产量的31.5%。在东南亚、南亚等地区，尼罗罗非鱼也是普遍养殖对象。尼罗罗非鱼原产地处热带，适温范围较广，在16～45℃水温范围内都能生存，最适宜水温为24～32℃，但当水温下降到16～18℃以下，常常出现病害和死亡，所以在我国养殖尼罗罗非鱼要保温越冬饲养。保温越冬饲养方式可采用温泉、温室、工厂废热水等办法。

莫桑比克罗非鱼（*Oreochromis mossambicus*）原产于马拉维、莫桑比克、斯威士兰、赞比亚、津巴布韦和南非。在南非，其范围仅限于东开普省和夸祖鲁—纳塔尔省。莫桑比克罗非鱼的活动范围主要在赞比西河下游河、下希雷河和赞比西河三角洲奥歌亚湾沿海平原。地域范围延伸到东开普省到布什曼斯河同时在德兰士瓦在林波波系统也发现了该品种。此外，莫桑比克罗非鱼广泛分散至内陆地区，西南和西部沿海河流，包括较低的奥兰治河和河流纳米比亚。莫桑比克罗非鱼是一个适应力很强的物种，甚至可以在许多不同的环境中茁壮成长。对于罗非鱼本身来说，这自然是一件好事，但从生物入侵角度来讲，它也会给引种地水域带来风险。即使在食物匮乏的环境下，雌鱼每年都可以多次繁殖。莫桑比克罗非鱼对水质的要求很低，耐低氧。生存环境包括一切主要河流湖泊和沟渠、池塘，并可以同时生存在咸水和淡水的环境。莫桑比克罗非鱼也是一种要求不高的杂食动物，它的食物来源可以包括浮游生物、植物根、无脊椎动物和鱼类鱼苗。所以尼罗罗非鱼和莫桑比克罗非鱼成了当前罗非鱼养殖的主要品种。

二、世界罗非鱼生产发展总体概况

世界罗非鱼生产以捕捞和养殖两种方式进行。20 世纪 90 年代，世界罗非鱼养殖业迅速崛起，养殖产量开始逐渐超过捕捞产量。世界罗非鱼养殖主要品种是尼罗罗非鱼和莫桑比克罗非鱼。与此同时，世界罗非鱼的加工与贸易，亦有比较快速的发展。

2011 年，世界罗非鱼总产量 475.05 万 t，其中捕捞总产量 79.25 万 t。尼罗罗非鱼养殖总产量 279.04 万 t，占世界养殖总产量的 70.50%。从图 2-1 分析可知，最近30 多年世界罗非鱼捕捞生产的年总产量略有上升，1980 年为 34.31 万 t，到 2011 年发展为 79.25 万 t，年均增长率为 2.74%，属于平稳波动；罗非鱼养殖产量逐年上升，并在近 20 年内呈指数级上涨趋势，1990 年为 37.92 万 t，2011 年为 395.79 万 t，年均增长率达 11.82%。

表 2-1　1950—2011 年世界罗非鱼产量（万 t）

年份	养殖产量	捕捞产量	总产量	年份	养殖产量	捕捞产量	总产量
1950	0.57	6.40	6.97	1997	89.83	56.22	146.05
1955	1.26	9.42	10.68	1998	89.71	59.80	149.51
1960	1.73	12.55	14.28	1999	103.70	63.68	167.38
1965	1.95	16.88	18.83	2000	118.99	68.00	186.99
1970	2.83	26.22	29.04	2001	130.33	67.80	198.13
1975	4.89	29.12	34.01	2002	141.88	66.16	208.05
1980	10.75	34.31	45.06	2003	158.70	68.85	227.56
1985	21.16	32.97	54.13	2004	179.51	75.53	255.04
1990	37.92	49.67	87.59	2005	199.17	73.89	273.06
1991	39.81	58.52	98.33	2006	223.43	71.78	295.22
1992	48.51	57.83	106.34	2007	255.41	74.34	329.75
1993	54.89	52.82	107.72	2008	282.66	76.48	359.13
1994	59.31	53.25	112.55	2009	310.89	76.46	387.35
1995	70.37	59.45	129.82	2010	349.74	80.15	429.89
1996	81.16	56.09	137.24	2011	395.79	79.25	475.05

资料来源：联合国粮农组织（FAO）数据库（www.fao.org）。

罗非鱼适宜淡水、半咸水中养殖。亚洲国家罗非鱼主要以淡水养殖为主，占养殖总产量的 90% 以上；埃及罗非鱼以半咸水养殖为主，占养殖总产量的 95%。综合世界罗非鱼养殖情况，淡水、半咸水养殖产量及比例见表 2-2，可以看出世界罗非鱼养

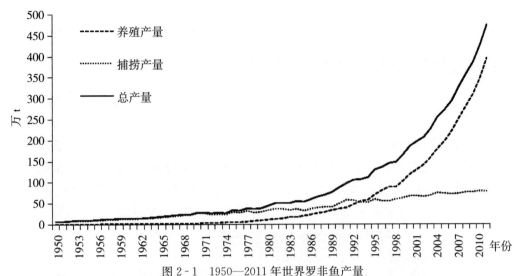

图 2-1　1950—2011 年世界罗非鱼产量

[资料来源：联合国粮农组织（FAO）数据库（www.fao.org）]

殖产量主要来自于淡水养殖，占 83.16%。

表 2-2　2011 年不同水域世界罗非鱼养殖产量（万 t）

养殖水域	产量	比例（%）
半咸水	66.64	16.84
淡水	329.15	83.16
总产量	395.79	100

罗非鱼产量在世界淡水鱼类养殖产量中占据的比例逐年增加，1991 年产量占 5%，2011 年升高到 11%，见图 2-2。

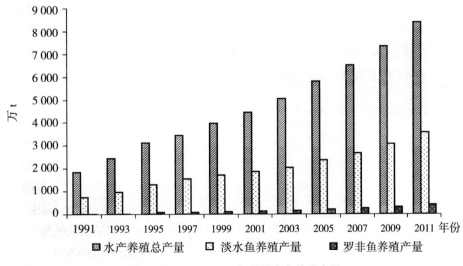

图 2-2　1991—2011 年世界水产养殖产量

三、世界罗非鱼主产国的生产发展

（一）世界罗非鱼主产国的生产总体状况

目前全球有 117 个国家和地区参与罗非鱼的养殖与捕捞生产，62 个国家和地区养殖罗非鱼，主产区为东南亚、南美洲和非洲等亚热带和热带地区。2011 年世界罗非鱼总产量 475.05 万 t，主产国（地区）包括中国、埃及、印度尼西亚、菲律宾、巴西、泰国、孟加拉以及中国台湾地区等，2011 年的产量分别为 144.11 万 t、73.08 万 t、63.74 万 t、30.32 万 t、27.94 万 t、18.62 万 t、10.47 万 t 和 6.72 万 t。

图 2-3　2010 年全球罗非鱼养殖分布

从产量上看，根据 2006—2011 年的平均数据，中国仍然是世界上产量最大的罗非鱼生产国，其次是埃及、印度尼西亚、菲律宾、泰国等，这 10 个国家（地区）罗非鱼产量之和已占同期世界总产量的 83.41%，前 5 位主产国罗非鱼产量占同期世界总量的比重分别为 32.16%、13.20%、9.64%、7.93% 和 6.73%。乌干达、墨西哥和尼日利亚罗非鱼是以捕捞为主，其他国家则以养殖为主。

表 2-3　世界罗非鱼主产国和地区总产量排名（2006—2011 年平均产量）

国家及地区	总产量（t）	养殖产量（t）	捕捞产量（t）
中国	1 158 552	1 158 552	
埃及	475 529	371 660	103 869
印度尼西亚	347 255	322 205	25 050
菲律宾	285 710	244 021	41 689
泰国	242 471	207 472	35 000
乌干达	154 110	19 730	134 379

（续）

国家及地区	总产量（t）	养殖产量（t）	捕捞产量（t）
巴西	138 647	113 179	25 467
中国台湾	74 373	74 364	9
墨西哥	74 110	8 343	65 767
尼日利亚	54 345	8 786	45 560

数据来源：FAO 数据库（FAOSTAT）。

（二）世界罗非鱼主产国的生产发展概况

1. 亚洲 罗非鱼的养殖业起源于东南亚。亚洲地区是以尼罗罗非鱼、莫桑比克罗非鱼及其杂交鱼为主要养殖对象，占 85%，但印度尼西亚却以莫桑比克罗非鱼为主要养殖鱼种，占 65%。亚洲地区是罗非鱼养殖产量增长最快速的地区，养殖产量从 1989 年的 259 179t 增加至 2011 年的 2 801 374t，年增长率达到 11.43%。除了中国内地、泰国、印度尼西亚和中国台湾地区外，孟加拉和越南近几年也是有明显的增长之势。

（1）中国内地 中国 1956 年由广东省首次引入莫桑比克罗非鱼，开始罗非鱼的养殖，1978 年长江水产研究所引进尼罗罗非鱼，该鱼养殖性能远远比莫桑比克罗非鱼好，从此罗非鱼养殖在我国迅速发展，特别是奥尼杂交鱼种的养殖，使我国罗非鱼的养殖取得了长足的发展，从 1990 年的年产量 10 万 t 增加到 2000 年的 63 万 t，占亚洲总产的 51.75%，2011 年达 144 万 t，占亚洲总产的 48.65%。罗非鱼在我国除宁夏、青海等个别省份外，其余均养殖罗非鱼。

表 2-4 中国罗非鱼养殖产量

年份	亚洲产量（t）	中国产量（t）	比例（%）
1990	415 621	106 071	25.52
1991	442 778	119 852	27.07
1992	507 414	157 233	30.99
1993	585 648	191 257	32.66
1994	626 617	235 940	37.65
1995	722 900	314 090	43.45
1996	799 808	394 303	49.30
1997	883 391	452 160	51.18
1998	868 948	471 813	54.30
1999	955 219	494 357	51.75

（续）

年份	亚洲产量（t）	中国产量（t）	比例（%）
2000	1 024 147	629 182	61.43
2001	1 127 623	671 666	59.56
2002	1 185 630	706 585	59.60
2003	1 306 409	805 859	61.69
2004	1 521 351	897 276	58.98
2005	1 681 824	978 135	58.16
2006	1 853 532	1 111 461	59.96
2007	2 115 168	1 133 611	53.59
2008	2 291 913	1 110 298	48.44
2009	2 494 549	1 257 978	50.43
2010	2 666 832	1 331 890	49.94
2011	2 962 185	1 441 050	48.65

数据来源：FAO 数据库（FAOSTAT）、中国统计年鉴。

（2）中国台湾 1946 年台湾吴振辉及郭启彰从印度尼西亚引进罗非鱼，因而得名吴郭鱼。罗非鱼引进台湾后大量养殖，其肉质鲜嫩、无肌间刺，虽然微有土腥味，但因养殖容易、价格便宜等因素，成为大众食物蛋白质的重要来源。20 世纪 70 年代初，台湾将引进的莫桑比克罗非鱼和尼罗罗非鱼进行杂交，不论正反杂交种，都统称为"福寿鱼"，由于水面有限和水质管理的控制，台湾罗非鱼养殖面积和产量自 20 世纪 80 年代以来并未继续增加，罗非鱼养殖面积约 8 600hm^2，虽然每年养殖产量有所增加，基本保持在 6 万～7 万 t，但在罗非鱼的品质上不断提高。

（3）印度尼西亚 罗非鱼在印度尼西亚历史悠久，印度尼西亚是世界第三大罗非鱼主产国，其产量仅次于中国和埃及。1950 年产量 0.1 万 t，此产量维持了将近 20 年，1970 年开始产量稳定增长，1990 年开始产量大增，过去 10 年印度尼西亚罗非鱼养殖产量同样有了突飞猛进的增加，2011 年养殖产量达到了 60 万 t。同期罗非鱼总产量由 2001 年的 12 万 t 增长到 2011 年的 63 万 t，增加了 4 倍多，可见印度尼西亚罗非鱼产业发展之迅速。

（4）菲律宾 自 20 世纪 80 年代引进尼罗罗非鱼、奥利亚罗非鱼、齐利罗非鱼等种类，彻底改变了菲律宾的淡水养殖，菲律宾的山塘、水库多。菲律宾罗非鱼生产和其他罗非鱼生产国相比具有一定的优势，目前罗非鱼产量排世界第 4 位，2011 年总产量达 30 万 t，养殖产量达到了 26 万 t，捕捞产量基本上稳定于 4 万 t 左右。

（5）马来西亚 进入 20 世纪 90 年代后，马来西亚开始大规模投资淡水养殖，其中罗非鱼的养殖品种有莫桑比克罗非鱼、红罗非鱼等。罗非鱼中主要养殖品种为莫桑比克罗非鱼，养殖产量较稳定。但由于莫桑比克罗非鱼的养殖性较差，所以在 1998 年引进红罗非鱼后，产量才迅速增长。

（6）泰国　自 1965 年泰国获赠尼罗罗非鱼以来，罗非鱼便在国内大量繁殖。泰国罗非鱼的捕捞量每年有 5 万 t 左右，随着人工养殖业的发展，泰国最初养殖的是莫桑比克罗非鱼，后来以尼罗罗非鱼为主要养殖对象，产量不断增长，从 1990 年的 2.29 万 t 发展到 2011 年的 19 万 t。

（7）越南　越南主要养殖尼罗罗非鱼，生产产量相对较低，2002 年只有 1 万 t 以下，但由于地理位置和气候适宜，越南开始逐步加大罗非鱼的养殖量，越南渔业部鼓励罗非鱼养殖业的发展，要求到 2010 年罗非鱼产量至少超过 20 万 t，其中一半用于出口，出口额将达到 1.6 亿美元。

2. 美洲　罗非鱼在 1950 年被引进美洲，但商品化生产始于 1975 年左右，到 2010 年美洲罗非鱼产量已达 42 万 t。目前，美洲各国都有罗非鱼的踪迹，但各国生产方式不同。美国自 1991 年开始大量养殖罗非鱼，养殖产量一直逐年递增，平均每年增长 20%，目前美国大部分州几乎都有养殖罗非鱼，从池塘、水泥池、循环水密养到网箱养殖等，多采用室内水循环精养技术，占产量的 70%。主要养殖品种为尼罗罗非鱼。美国南方的得克萨斯、密西西比、阿拿巴马及佛罗里达等州，西部的加利福尼亚等州是养殖罗非鱼产量最高的地区，产量约 3 000t。阳光养殖公司是美国最大的罗非鱼养殖场，年产量达 1 360～1 590t。全美国罗非鱼总产量不多，2011 年美国罗非鱼产量只有 1 万 t，市场上罗非鱼供不应求。美国在今后罗非鱼的养殖产量增长幅度不会太大，国内对罗非鱼的需求主要还是依赖进口。

拉丁美洲以墨西哥为最大的罗非鱼生产国，主要利用水库养殖，近年也逐步采用网箱养殖，主要养殖品种为尼罗罗非鱼。墨西哥罗非鱼产量在近年来呈波动状态，基本维持在 7 万 t 左右，2000 年产量为 7.55 万 t，2002 年为 6.22 万 t，2004 年为 7.52 万 t，2006 年为 7.09 万 t，2008 年为 7.16 万 t，2011 年为 7.59 万 t。厄瓜多尔和秘鲁历经虾病侵害后，改用罗非鱼与虾混养的方式，产量一般，主要是提高虾的成活率和投资收益。至于哥伦比亚、哥斯达黎加、牙买加则是发展集约式池塘养殖体系，产量一般。在巴西，不同的地区有其所养殖的重点对象，巴西东北部水产养殖的重点是罗非鱼，从 1995 年开始养殖，养殖产量呈逐年增长之势，如 1995 年养殖产量为 1.20 万 t，1999 年为 2.71 万 t，2005 年为 6.79 万 t，2011 年为 25.39 万 t，已成为拉丁美洲最大的罗非鱼生产国。

拉丁美洲罗非鱼养殖品种以尼罗罗非鱼为主，占 75%，红罗非鱼占 20%，莫桑比克和蓝罗非鱼则用于杂交及配种。养殖类型以池塘养殖为主，占 70%，网箱养殖占 25%，循环水系统养殖占 10%。

3. 非洲　非洲是罗非鱼类的原产地，但由于各种原因，非洲水产养殖业一直发展不起来，在 20 世纪 90 年代仅有 3 000～5 000 个池塘养殖罗非鱼，养殖面积有 120～200hm²。至 1999 年全非洲罗非鱼产量只有 11.40 万 t，占全世界的 10% 左右。53 个非洲国家中，29 个国家有罗非鱼捕捞产量统计，品种以尼罗罗非鱼为主，占 94％。

埃及是世界罗非鱼主产国之一，产量居世界第二位。埃及罗非鱼总产量从 2007 年的 36 万 t 增加到 2011 年的 73 万 t，其中养殖产量从 2007 年的 26 万 t 增加到 2011 年的 61 万 t。罗非鱼捕捞产量在 1990 年前为 0，1991—2010 年捕捞量平稳增长，年均捕捞量为 11.71 万 t。

四、世界罗非鱼生产的区域布局及变化

罗非鱼的生产在各大洲之间的分布差距显著，产地主要集中在亚洲、非洲和美洲，其中亚洲占据了全球罗非鱼产量的近 3/4，近 20 年一直处于首位，是罗非鱼的主要生产区，其次是非洲，美洲的产量居第三（图 2-4）。近 5 年来，亚洲的中国、印度尼西亚、菲律宾和泰国的罗非鱼生产区年产量最高，分别为 100 万～150 万 t、27 万～63 万 t、27 万～30 万 t、18 万～26 万 t；非洲东北部的埃及年产量在 36 万～73 万 t、中部的乌干达年产量也很高，为 9 万～19 万 t，西部的尼日利亚、东部的坦桑尼亚和肯尼亚及东北部的苏丹罗非鱼年产量基本都在 2 万～7 万 t；拉丁美洲的巴西罗非鱼年产量处于 10 万～26 万 t，北美洲的墨西哥年产量为 7 万～8 万 t，拉丁美洲的厄瓜多尔和哥伦比亚年产量基本都在 2 万～4 万 t，美洲的罗非鱼主要生产区还包括拉丁美洲的哥斯达黎加和中北美洲的洪都拉斯等国。

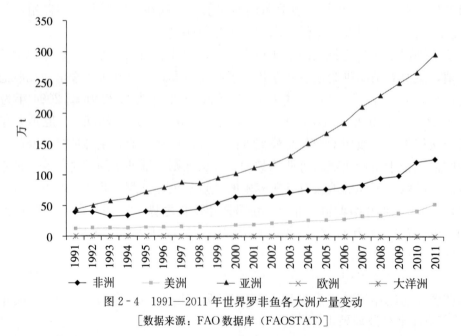

图 2-4　1991—2011 年世界罗非鱼各大洲产量变动

［数据来源：FAO 数据库（FAOSTAT）］

1961—2011 年的 50 年间，罗非鱼的生产区域有进一步集中的趋势（表 2-5）。在罗非鱼生产相对较早的国家中，印度尼西亚的罗非鱼产量占世界总产量的比例相对比较平稳，1961—2011 年基本处于 6％～13％之间波动。亚洲的马来西亚、老挝，非

洲的尼日利亚、肯尼亚也相对平稳，罗非鱼产量占世界产量的比例在 1%～5%。亚洲的孟加拉国、越南，非洲的苏丹，美洲的厄瓜多尔、哥伦比亚，以及欧洲和大洋洲罗非鱼生产起步较晚，其罗非鱼产量占世界总产量的比例也相对稳定在 1% 左右。中国的罗非鱼产量占世界总产量的比例自 1961 年至 2011 年 50 年间存在大幅增长，从 60 年代初的 8.6% 增长到 2011 年的 32.2%，增长了 23.6%。菲律宾和泰国的罗非鱼产量占世界总产量的比重虽远远低于中国，但也有显著增长，1961 年至 2011 年分别增长了 6.3% 和 3.5%。80 年代初至 90 年代初，菲律宾、泰国等国家的罗非鱼产量占世界总产量的比例达到 50 年内最高水平，之后有所下降，这可能与 90 年代之后中国罗非鱼产量急剧上升有关。非洲作为罗非鱼的原产区，罗非鱼的养殖历史比较悠久，60 年代初，乌干达、坦桑尼亚、马里等非洲国家的罗非鱼产量占世界总产量的比例是世界最高水平，分别为 20.1%、12.5% 和 19.8%，随着罗非鱼生产区域布局的变化，这 3 个非洲国家的罗非鱼产量占世界总产量的比例大幅下降，到 2011 年分别下降 18.2%、11.4% 和 19.1%。总的来看，世界罗非鱼的生产区域正在向亚洲集中，非洲的生产量虽有小幅上升，但其罗非鱼产量占世界总产量的比例却大幅下降，美洲的罗非鱼产量占世界总产量的比例也有小幅上升（图 2-5、表 2-5）。亚洲的罗非鱼生产中心是中国和印度尼西亚；非洲的罗非鱼生产中心是埃及。

表 2-5　1961—2011 年世界罗非鱼主要生产区域布局变动（%）

年份		1961—1965	1966—1970	1971—1975	1976—1980	1981—1985	1986—1990	1991—1995	1996—2000	2001—2005	2006—2010	2011
亚洲	中国	8.6	7.8	8.9	12.3	15.4	16.8	24.1	34.1	35	35.1	30.3
	印度尼西亚	11.8	9.4	6.8	7.7	6.7	7.2	7.1	6.1	6.8	9.9	13.4
	菲律宾	0.2	0.5	1.2	5.3	9.8	13.6	10.1	7	7.3	8.1	6.4
	泰国	0.5	0.7	1.2	2.2	2.6	5	9.8	7.9	7.3	6.9	3.9
	孟加拉国	—	—	—	—	—	—	—	—	—	0.6	2.2
	越南	—	—	—	—	—	—	—	—	—	1.9	1.4
	马来西亚		0.0	0.0	0.1	0.1	0.2	0.6	0.9	1.0	1.0	0.9
	斯里兰卡	3.8	4.2	3.7	5.0	6.6	4.7	1.5	1.7	0.9	0.7	0.1
	老挝	0.0	0.0	0.0	0.0	0.0	0.1	0.1	0.7	1.1	0.5	0.5
非洲	埃及	1.9	1.3	1.5	2.3	3.0	3.7	11.6	13.1	14.5	13.5	12.9
	乌干达	20.1	22.7	26.4	22.9	10.8	11.7	8.3	5.5	5.3	4.4	1.9
	尼日利亚	3.3	4.2	6.3	4.8	3.4	2.4	1.4	1.2	1.3	1.5	0.3
	坦桑尼亚	12.5	15.5	7.4	6.3	5.4	4.9	2.8	2.1	2	1.1	0.0
	苏丹	—	—	—	—	0.0	0.0	0.2	1	0.9	0.9	0.0
	肯尼亚	2.2	1.3	1.9	1.2	2	2.5	2.5	2.1	1.1	0.7	0.3
	马里	19.8	46.5	10.2	7.7	4.3	2.8	2.3	1.6	1.4	0.0	0.0
美洲	巴西	—	0.1	0.3	1.5	1.7	1.7	1.0	2.0	3.0	3.5	5.3

（续）

年份	1961—1965	1966—1970	1971—1975	1976—1980	1981—1985	1986—1990	1991—1995	1996—2000	2001—2005	2006—2010	2011
墨西哥	0.1	0.2	1.4	3.8	12	9.9	7.4	4.9	3.1	2.1	0.2
厄瓜多尔	—	—	—	—	—	0.0	0.0	0.2	0.7	0.8	1.0
哥伦比亚	—	—	0.0	0.0	0.0	0.1	1.0	1.2	1.1	1.0	1.0
哥斯达黎加	—	—	—	0.0	0.0	0.0	0.2	0.4	0.7	0.6	0.5
洪都拉斯	—	—	—	0.0	0.0	0.0	0.0	0.0	0.5	0.6	0.4
欧洲　荷兰								—	0.0	0.0	0.0
大洋洲　新几内亚	—	—	0.0	0.1	0.6	0.4	0.2	0.2	0.1	0.1	0.0

数据来源：FAO数据库（FAOSTAT）。

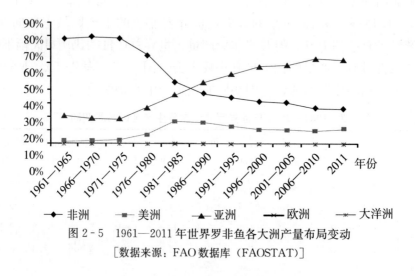

图 2-5　1961—2011 年世界罗非鱼各大洲产量布局变动

[数据来源：FAO 数据库（FAOSTAT）]

第二节　科技发展现状及特点

一、罗非鱼育种研究现状

世界渔业中心分别在泰国和马来西亚启动红罗非鱼选育，目标是获得一个体色纯正、成活率高、区域适应性好的遗传改良红罗非鱼品系。开展了红罗非鱼三倍体诱导，评估其生长性能。"新吉富"罗非鱼选育后期 F_{14}、F_{15}、F_{16} 3 个世代群体与配套系 AF_5、AF_6 的生长性能比较，"新吉富"罗非鱼选育 F_{13}～F_{15} 遗传变异微卫星分析。此外，世界渔业中心还与埃及、加纳等国家合作开展尼罗罗非鱼选育，从非洲本地养殖品系中选育了 Abbassa 和 Akosombo 品系尼罗罗非鱼。在埃及，经过 10 年的选育，现已获得比当地 Kafr El Shaikh 养殖品系快 28% 的 Abbassa 选育品系。在加纳，与加纳水利研究所合作，选育了比未选育品系快的 Akosombo 品系。

埃及学者对埃及尼罗罗非鱼 Abbassa 选育系与 Kafr El Sheikh 养殖品系在两种密度下的养殖性能进行了比较。Abbassa 选育系性能优于 Kafr El Sheikh 养殖品系，雄性生长快于雌性，养殖品系中雌雄性别间差异更大。在不同密度下，选育系比养殖系快 28%，成活率均为 80%，可应用于生产。

在罗非鱼商品性状复合选育方面挪威和中国学者连续多代跟踪记录，评估吉富罗非鱼选育工作的进展情况，挪威学者联合中国学者开展吉富罗非鱼生长速率和鱼片质量等多性状选育的跟踪研究，通过连续 6 个世代对 687 个家系共 9 619 尾试验鱼的跟踪测量，记录未去皮的鱼片连皮初重、去皮后重、加工终重。结果发现鱼片产量和体重呈正相关，与鱼龄呈负相关。研究发现连皮出肉率和去皮出肉率、加工出肉率等指数间相关性很高，因此，基于未去皮鱼片初重的罗非鱼高出肉率选育是完全可行的，而鱼片出肉率和鱼片重量、罗非鱼体重相关性较低。经过 6 个世代的高强度选育罗非鱼商品鱼片重量提高了 121g，出肉率提高了 1.2%，表明针对吉富罗非鱼的商品多性状选育工作开展富有成效并须进一步拓展提高出肉效率。

利用数学模型拟合预测罗非鱼生长速率，缩减选育周期：巴西学者和美国学者利用随机回归模型拟合描述罗非鱼生长；相比重复和多性状模型，该模型考虑了不断变化的表型和遗传和环境相关影响。通过养殖实验将纵向记录尼罗罗非鱼 106 日和 245 日龄体重，进行了拟合随机回归模型拟合。通过模型拟合体重遗传相关系数在不同年龄均大于 0.6，因此学者建议 245 日龄鱼的体重可以在较早日龄（106d）预测到，大大缩短选育周期。

法国学者等对东非罗非鱼全基因组进行了研究，进一步开展了尼罗罗非鱼基因组图研究，建立了一个高分辨率的遗传图谱，覆盖基因组 88%，平均标记间距 742kb。该图谱可以作为研究罗非鱼属乃至鲈形目鱼类的遗传学工具。该研究建立了一个很有应用价值的遗传连锁图谱，所有连锁群及其相应的 RH 组都对应了一个确定的染色体。利用 BAC 文库构建的染色体原位杂交（FISH）对染色体与连锁群定位关系进行了确定。为基因作图和 QTL 分析提供了有价值的资料。该研究结果对东非的罗非鱼种质资源保护和开发、遗传育种的开展、全基因组测序以及进化基础的研究奠定了基础。

新加坡学者等对罗非鱼微卫星引物进行筛选，尝试用不同品种间的微卫星引物进行跨物种扩增，从佛罗里达红罗非鱼的微卫星引物中筛选出 19 对引物，用于尼罗罗非鱼和莫桑比克罗非鱼的微卫星引物扩增，效果比较好，能够扩增出条带用于分析，这将有助于这些罗非鱼品种的遗传研究和标记辅助育种分析。

泰国学者利用 14 个微卫星位点来研究吉富品系尼罗罗非鱼和当地土著的 Chitralada 品系尼罗罗非鱼以及尼罗罗非鱼和奥利亚罗非鱼。尽管吉富品系尼罗罗非鱼资逐渐趋于纯化，而其遗传多样性没有下降。一个群体的结果表明 Chitralada 品系已经被吉富品系遗传渐渗；同样，吉富品系也被 Chitralada 品系遗传渐渗。

马来西亚学者研究在池塘和网箱养殖条件下，环境效应对吉富罗非鱼表型生长性状（体重、体长、体宽、体厚）的影响。池塘条件下，各表型性状遗传力为 0.19～0.40，网箱各表型性状遗传力为 0.23～0.34。池塘与网箱间体重遗传相关系数 0.73±0.09，体长相关系数 0.81±0.09，体厚相关系数 0.78±0.10，体宽相关系数 0.85±0.13。根据两代选择后的选择效应，池塘环境影响 35%，网箱环境影响 45%，池塘效应与网箱效应差异不显著。因此，马来西亚吉富品系选育无需开展两个独立选育。

菲律宾学者对菲律宾吉富品系罗非鱼收获体重的遗传参数进行评估，利用在多环境条件下吉富基础群体五代养殖的数据，对遗传变异与表型及遗传-环境互作效应进行了可靠估算，还评估了性别对表型的影响，分析了两性生长中不同基因的表达程度差异，为性别性状选育提供了基础依据。

以色列学者研究了对奥利亚罗非鱼选育三代收获体重的遗传参数和选择相应，单代体重遗传力为 0.18～0.58，多代体重遗传力为 0.33。全同胞效应占表型效应的 10%。成活率遗传力 0.01～0.09，体重与成活率的遗传相关为 0.22。与对照系相比，选育系三代选择的遗传相应为 17.7%～19.6%。三代选择的平均近交系数为 0.003。表明以色列奥利亚罗非鱼选育具有较好的选育前景。

二、罗非鱼养殖技术研究进展

罗非鱼养殖技术方面，国外的研究主要包括混养模式中的品种搭配和混养比例以及立体养殖模式中各养殖生物的配比关系等。

在混养模式的研究方面，菲律宾和荷兰学者的研究表明，在主养对虾的池塘中混养一定比例的罗非鱼能够降低对虾的白斑病发生率；巴西学者研究了罗非鱼-对虾混养模式，认为当罗非鱼的放养量为 2 尾/m² 时，对虾的适宜混养量为 9～12 尾/m²，由于对虾和罗非鱼的营养生态位不同，两者混养不会产生资源竞争，是一种经济有效的混养模式。

立体养殖模式方面，南非、卢旺达、比利时等国的科研人员研究了罗非鱼—家兔立体养殖模式，用兔子的粪便肥水养殖罗非鱼，养殖后的尾水用于农业灌溉，这样既充分利用了资源，又减少了整个生产系统带来的环境污染；研究认为，养殖水体中除亚硝酸盐含量下降外其他营养指标均上升，且 pH、溶解氧、混浊度处于较好的水平，研究认为适宜的兔-鱼配置能够增加养殖经济效益，每公顷池塘的适宜养兔量为800～1 200 只。

在罗非鱼养殖环境改良方面，泰国和美国学者研究表明，在罗非鱼养殖池塘放置稻草垫可以降低池塘中的浮游植物数量，分析认为可能是因为稻草中释放的化学物质能够抑制藻类的生长，并建议深入研究稻草释放物的成分，以探究抑制某些藻类生长的物质，并以此控制有害藻类生长。巴西学者研究认为，限制罗非鱼饲料投喂量，并在罗非鱼养殖水体中设置固着藻类生长基质能够起到改善水质和增加罗非鱼产量的作用。印度尼西亚学者研究认为，在罗非鱼养殖池中应用生物絮团技术能够改善水质，而且生物絮团能够被罗非鱼作为食物利用，从而达到净化水质和提高养殖经济效益的双重目的。

在罗非鱼养殖尾水净化处理方面，泰国学者研究了不同藻类对罗非鱼养殖尾水的净化效果，结果表明小球藻的生长速率和对硝酸盐的利用率优于颤藻，但颤藻更容易进行固液分离和沉淀，从而更易于从水体中去除。

三、罗非鱼加工技术研究进展

下脚料的利用方面，巴西学者利用罗非鱼头做原料，经蒸煮，研磨，烘干和筛选后制成的罗非鱼粉，富含 n-3 脂肪酸、矿物质和蛋白质，可供人类食用。利用切完罗非鱼片后的下脚料抽提鱼肉制成香肠，在冷冻条件下 40d 仍保持风味。有学者利用酶技术对罗非鱼下脚料进行水解得到多肽，并对酶水解液的风味进行改良。也有将罗非鱼废弃物作为乳酸菌发酵培养基的相关报道，其产酸水平与普通培养基相当。鱼皮胶原蛋白和胶原多肽是一种应用前景很好的美容化妆品原料。据报道，从罗非鱼鱼皮及鱼鳞中提取胶原蛋白得到的胶原多肽分子量较低，不会诱发抗体和免疫反应，而且更有利于皮肤的吸收。另外，胶原蛋白除了应用于化妆品外，还可以应用于功能食品、保健品、化工产品及药物，具有很大的前景。罗非鱼内脏中含有丰富的蛋白质、脂类物质，可以从中提取蛋白酶、脂质等生物活性物质，也可以用来作为培养基的成分为微生物生长提供营养。以罗非鱼内脏为基本营养源发酵乳双歧杆菌 Bi07，得到的活菌数比采用商品培养基多。

罗非鱼副产物利用方面，抗氧化肽成为国内外研究热点，罗非鱼皮抗氧化肽具有较好的清除 DPPH 自由基、羟自由基、超氧阴离子的活性，罗非鱼皮抗氧化肽具有保护皮肤脂质与胶原的作用，可明显减轻紫外线对皮肤的损伤。泰国学者研究罗非鱼肠道中胰蛋白酶特性，发现罗非鱼肠道中提取的胰蛋白酶稳定性好，并且具有很宽的pH 范围，可作为表面清洁的活性物质。

泰国学者研究发现干腌导致罗非鱼肉质较高的盐吸收量，湿腌的罗非鱼肉质要好于干腌。针对罗非鱼肌肉内微囊藻毒素残留对人体的危害，西班牙学者研究发现微波烹饪对肉质内毒素残留浓度影响较大，而煮沸烹饪则只能够降低一半浓度的毒素。

利用真空微波干燥技术开发罗非鱼片。真空微波干燥的原理是利用微波将水分子快速极化，产生热能，并在真空条件下加速水分迁移，具有干燥时间短、能效高、产品品质好等优点，在能耗上远远低于真空冷冻干燥，具有广阔的前景，特别适用于热敏性以及易氧化的物料干燥。超临界 CO_2 干燥是一种新型干燥方法，其原理是超临界条件下 CO_2 干燥的气液界面消失，不存在表面张力，被干燥物料不存在因毛细管表面张力作用而导致的微观结构的改变，具有干燥温度较低，最大限度地保留物料的营养成分等优点。

罗非鱼片保鲜加工新技术方面，集中在水产品保鲜工艺优化研究方面，即保鲜复合技术的研究与应用。复合保鲜剂对保持罗非鱼片的新鲜度和风味品质，以及减少解冻时鱼体汁液流失，维持鱼体表面色泽起到较好的效果，在一定程度上提高了鱼片制品的品质。

四、疾病相关研究

（一）罗非鱼病原

国外罗非鱼病害种类主要包括寄生虫类（轮虫、丝虫、碘泡虫、扁弯口吸虫、棘头虫、绦虫等）、细菌类（海豚链球菌、无乳链球菌、爱德华氏菌、溃疡性气单胞菌和分支杆菌等）和真菌（水霉），其中链球菌报道最多，危害最为严重。

（二）病原检测和诊断技术

国外病原检测和诊断技术主要采用传统的生化鉴定、PCR 扩增 16S rRNA 基因序列进行比对分析，商业鉴定试剂盒（如 API 系统、RAPID STREP strip 和乳胶凝集试剂盒等），也有利用物种特异性实时荧光定量 PCR 和基因组指纹识别技术对病原菌进行鉴定的报道。

（三）病害防治技术

国外罗非鱼病害防治研究主要集中在免疫防治和生态防治两个方面。其中免疫防治主要包括疫苗和中草药及其他免疫增强剂的研究，生态防治主要包括益生菌的应用研究。

1. 免疫防治技术　疫苗是免疫防治的重要手段，国外学者在罗非鱼疫苗的开发研究中也取得了一定进展。美国学者公开了一种罗非鱼创伤弧菌灭活疫苗，其对同源分离株的相对保护率可达到 73%，对异源菌株的相对保护率高达 87.5%，且使用矿物油佐剂可以进一步提高保护率；对海豚链球菌自溶后产物制成的疫苗进行研究发现，其具有与福尔马林灭活疫苗相当的免疫保护率，但其血清凝集滴度和杀菌活性要显著高于灭活疫苗；为了降低疫苗注射所需劳动量和成本，有学者研制了一种海豚链球菌和创伤弧菌的二价疫苗，注射免疫罗非鱼后，发现其对创伤弧菌的免疫保护率达到 79%～89%，对海豚链球菌的免疫保护率达到 69%～100%。

在罗非鱼免疫添加剂的研究方面，主要包括中草药和免疫制剂。维生素 C 对罗非鱼幼体的生长和抗病力影响结果发现饲料中添加一定量的维生素 C 可以显著提高罗非鱼幼鱼的生长速度和抗无乳链球菌能力；通过柱层析和高效液相从绿叶木蓼中分离出能够抑制柱状黄杆菌和海豚链球菌的组分；槲寄生提取物可以提高罗非鱼的非特异性免疫活性和抗嗜水气单胞菌能力，在人工感染嗜水气单胞菌后相对存活率可达

83%；在罗非鱼饲料中添加1%的小茴香可以显著提高罗非鱼对海豚链球菌的抗病力，且不影响罗非鱼的摄食转换率和特定生长率。同样有研究表明，在饲料中添加西洋参、β-葡聚糖、生物素和卵白素等可以增强罗非鱼的非特异性免疫功能和抗病能力。

2. 生态防治技术 微生态制剂是国外在生态防治方面研究热点，研究表明益生菌是罗非鱼环境友好型疾病防控措施的重要方法之一。在罗非鱼饲料中添加0.3%的酿酒酵母细胞可以显著提高鱼体抗无乳链球感染能力以及无乳链球疫苗的保护效果。研究表明给尼罗罗非鱼投喂含有乳酸杆菌的饲料15d后进行嗜水气单胞菌人工感染，其存活率显著上升，且其免疫相关基因IL-1β和铁调素蛋白的基因表达也产生变化。体外抑菌实验表明，乳酸杆菌的胞外产物对嗜水气单胞菌和无乳链球菌都具有较强的抗菌活性。枯草芽孢杆菌、伞菌等益生菌都被证明具有调节罗非鱼免疫力的功能，增强其抗病能力。

五、饲料研发方面

（一）饲料添加剂

饲料添加剂的使用量一般较低，但对鱼类的正常生长、健康状况，甚至是营养价值都起着重要的作用，因此是鱼类营养研究的热点领域。2012年国际上对罗非鱼饲料添加剂的研究报道较多，在这些报道中，可以增加免疫力的添加剂有：槲寄生植物的提取物、β-葡聚糖、酵母菌，而促生长的添加剂有螺旋藻、苹果酸、罗非鱼肠道中提取的细菌。还有报道发现添加番茄红素可减轻罗非鱼的应激反应，添加少量食盐可以提高对亚硝酸盐的耐受性。同时，也有有关生物素、吡哆醇等营养性添加剂的报道。对磷的研究，表明了研究者对环境的重视。也有一些研究报道了某些微量物质可以影响罗非鱼的生长及产品品质，如硒、汞、植物雌激素。

国外营养学家主要还是在功能性添加剂、营养素生理功能以及蛋白源的开发利用上开展罗非鱼的营养与饲料研究。巴西鱼类营养学家研究表明，螺旋藻添加在红罗非鱼饲料中，可以起到促进生长和提高营养物质的利用率。美国科学家在罗非鱼饲料中添加β-葡聚糖，虽然可以增加鱼类的呼吸爆发等免疫指标，然而当感染链球菌后在成活率上相对于未添加组并没有显著差异，体现不出提高免疫力的作用。美国肯塔基州立大学水产养殖研究室的科学家发现利用豆粕和酵母提取物以及添加限制性氨基酸赖氨酸和蛋氨酸可以完全替代罗非鱼苗种饲料的鱼粉（鱼粉水平为20%），不会影响罗非鱼的生长。土耳其梅尔辛大学水产养殖研究人员研究发现饲料中添加不同的油源（鱼油、豆油、亚麻籽油和牛油）不会对尼罗罗非鱼生长、饲料利用率以及成活率产生显著影响。加拿大拉瓦尔大学科学家研究发现生物素可以有效促进罗非鱼的生长，生物素缺乏可以引起罗非鱼产生严重缺乏症状，如嗜睡、食欲减退、打转、抽搐。科威特科学家研究发现芽孢杆菌和奶乳杆菌可以提高饲料转化率，促进罗非鱼生长作用，同时还可以提高机体的免疫机能，主要表现在提高血清溶菌酶活性、头肾超氧化物歧化酶、免疫球蛋白和血清的细菌凝集含量上。

（二）饲料原料的开发与利用技术

养鱼的饲料成本一般占养殖总成本的30%～70%，有时甚至更高。如何选择廉价的罗非鱼饲料中的原料，降低饲料的成本，一直是研究者感兴趣的研究方向，因此，新原料的开发及合理利用在今年的研究报道中，占据了一定的比例。经过研究可以在饲料中利用的新原料有麻疯树仁粉、辣木、煮熟后的芋头叶、芒果粉、木薯粉、豆科灌木粉、可可粉和棕榈仁粉、木薯根及茎叶、菜粕、凤梨科残渣、海藻蛋白、虾头粉、牛血蛋白。

（三）饲料原料的消化率

饲料原料的消化率是评估其在水产动物饲料中应用的基础，也是配置平衡日粮的前提。饲料原料的表观消化率不仅为养殖鱼类提供各饲料原料的可利用营养素信息，而且对限制养殖鱼类废物排放也具有参考价值。有罗非鱼对秘鲁鱼粉、羽毛粉、肉骨粉、罗非鱼骨粉、发酵豆粕、豆粕、花生粕、菜粕、棉粕和脱酚棉粕的表观消化率的报道，认为罗非鱼能高效的消化多种原料。银合欢叶、木薯叶粉、木薯废渣和葡萄酒渣可以在饲料中应用。罗非鱼对海草的消化率研究认为海草是一种罗非鱼饲料中的优质原料。通过解剖法得到对玉米、麦麸、豆粕、玉米蛋白粉和鱼粉的表观消化率和真消化率。

（四）脂类营养研究

脂类在鱼类生长、发育和繁殖中不可缺少，具有多种生理功能，鱼油被认为是鱼类中最佳的脂肪源，但因为受其产量与价格的限制，饲料中选择其他脂肪源。饲料中的鱼油、豆油、亚麻籽油和牛油对罗非鱼的生长性能和饲料利用效率均无显著影响，但影响体成分。同时，饲料中应用的脂肪源的脂肪酸构成，也会影响到最终的养殖产品的品质。从评估脂肪质量的角度来讲植物油可以部分取代鱼油。饲料中添加鱼油可以有效增加鱼体的 n-3 脂肪酸，指出鱼油及植物油混合鱼油，可以提高 EPA、DHA 和 n-3/n-6 的比例，改善产品品质；饲料中添加共轭亚油酸可以提高罗非鱼的品质，饲料中添加亚麻籽油可以有效地提高鱼体的多不饱和脂肪酸，改善鱼的营养价值。

第三节　流通发展现状及特点

一、世界罗非鱼流通发展现状

随着全球性海洋捕捞渔业资源的衰退，国际市场对水产养殖产品的需求越来越大，罗非鱼由于肥大肉厚、质白细软，作为鳕鱼的替代品，深受欧美、日韩、中东等国家和地区消费者的欢迎，它在欧美等地区消费者的心目中仅次于三文鱼，位居第二，在国际上被称为 21 世纪的鱼，在全球的消费量呈上升趋势。罗非鱼全球消费量主要还是在罗非鱼生产大国本身，各罗非鱼生产者都有强劲的国内需求，而美国则是主要的罗非鱼进口消费国，其次为欧洲、日本、韩国、中东等国家和地区。在罗非鱼产业全球化的进程中，以其出口目标国地域为依据逐步形成了美洲贸易圈与欧洲贸易圈。美洲贸易圈的主要进口国家为美国、墨西哥两国，主要出口国家和地区为中国大陆、中国台湾、印度及哥斯达黎加、洪都拉斯等拉丁美洲国家。欧洲贸易圈主要进口国为俄罗斯、丹麦、比利时等欧盟国家，主要出口国或地区为中国、哥伦比亚等。

（一）水产品物流服务国际化

世界罗非鱼产业已经建立了国际化的物流社会化服务体系，罗非鱼供需的物流主体主要包括有罗非鱼生产者参加的销售合作社、政府的水产品信贷公司、渔商联合体、批发商、零售商、代理商、加工商、储运商和期货投机商等。它们一般规模较大，承担了罗非鱼产品的运输、储存、装卸搬运、加工、包装和信息传递等功能。

（二）物流基础设施和设备现代化

只有具有先进的物流基础设施和设备，罗非鱼产品才能及时快速地运输到有需求的国家或地区，并在当地进行加工销售。完备的交通运输设施包括公路、水路、铁路等运输形式，甚至一些水产品行销机构还建有专门的铁路线。

（三）渔业物流网络信息化

发达的渔业信息网络、网状传递模式的信息流为罗非鱼供应链的发展提供了信息技术保障。由于水产品容易变质腐烂的特性以及人们普遍追求新鲜水产品的消费心理，罗非鱼供应链在经历了长期的整形、适应后，形成了一种网状传递模式的信息流，这种信息流能够及时了解有需求的国家情况，信息技术的快速发展使节点企业间可以方便地建立起信息通道。

（四）产业协会在罗非鱼供应链中发挥着重要作用

产业协会在罗非鱼供应链中发挥着重要的作用，如美国产业协会负责水产品捕捞和养殖业的组织、协调与服务工作，由于协会组织的作用，协会会员之间地位平等、竞争有序而规范。如日本产业协会在组建批发市场和集配中心，组织物流、商流、信息流及组织结账等方面就发挥了不可替代的作用，产业协会系统还有全国运输联合会，下设众多运输组织，充分保证了水产品以高保鲜度迅速运到批发市场。

二、世界罗非鱼主要市场流通发展特点

（一）美国

美国是世界上最大的罗非鱼进口国，年均罗非鱼消费量 23 万 t 左右，目前罗非鱼在美国零售商场水产品市场中排名第二。美国大部分水产品依靠进口，经纪人从中起到穿针引线的重要作用。经纪人在美国水产品分销体系中起着撮合买家与卖家的作用。他们从卖家获取佣金，但自己并不取得货物的所有权，经纪人依靠专业知识和掌握的信息获取报酬。

美国水产品交易以批发市场为主导，贩运商将水产品销售给批发买家。进入 20 世纪 90 年代，随着美国经济的发展，一方面美国的捕捞企业、养殖专业户和水产品加工企业规模扩大，实行机械化作业、企业化经营，形成了一种规模化生产的格局；另一方面零售连锁经营网络和超级市场的发展使零售商规模和势力不断扩大，要求货源稳定、供货及时、企业间长期合作。美国水产品供应链大都是以大型零售商为主导的模式。美国水产品供应链较短，80％以上的水产品由生产者或生产团体在产地将产品进行分级、包装等处理后，直接送往大型超市、零售连锁店或配送中心。美国水产品供应链以客户为核心，主导权在供应链的下游，它们在生产加工企业与消费者之间提供着有利的连接，能够最方便、最快捷地搜集到决定供应链运作和管理绩效的关键信息，并与供应链节点的企业共享，使供应链能够更为快捷地响应市场需求的变化并做出反馈决策。这种由消费者需求"拉动"的供应方式，是新世纪供应链管理最为有效的模式。

由于美国快捷的生活方式，市场上很少销售新鲜的整鱼产品。水产品一般都在渔港进行集配，然后直接销售给大型超市、终端连锁集团、水产品食品加工企业或批发商，最终送达消费者。美国的超市掌控零售业，零售业务极其庞大。在水产品销售额中，超市占 3/4 以上。美国有接近 4 万家超市，最大的连锁超市有沃尔玛（Walmart）、克罗杰（Kroger）、凯马特（Kmart）等，大部分超市通过自有的采购杂货批发商进货。

（二）欧盟

英国是欧洲主要的罗非鱼市场。罗非鱼在法国、比利时、德国、荷兰也有销售，在奥地利、意大利、瑞士、丹麦和瑞典销售数量很少。欧洲北部喜欢鱼片，而南方通常选择全鱼。罗非鱼全鱼（新鲜和冷冻）、鱼片进入欧盟的进口关税分别为 8％和 9％。主要市场是欧洲各大城市的非洲人和亚洲人的生活区。非民族市场的罗非鱼消费也在增加。欧洲罗非鱼养殖产量很低，几乎所有在欧洲销售的罗非鱼产品依靠进口。主要进口品种为条冻鱼，新鲜和冷冻鱼片进口比例有逐年增加趋势。市场流通的主体是水产养殖、捕捞组织或公司、水产品供应商、加工厂、产业商会等协会。

西班牙渔业和水产养殖产品规则和市场组织基金（FROM）是自治性组织，由 33/1980 号法律在 6 月 21 日创立，隶属农渔食品部。通过 950/1997 号皇家法令的批准，该组织将工作重点定为促进水产品消费，以数量、价格和质量为取向的市场战略，在技术或财政上帮助产业协会、联合体和行业。

波兰的超市和零售连锁店在组织销售鲜鱼和加工产品方面起着十分重要的作用。许多零售连锁店已经直接与较大养殖场签订协议。尽管波兰缺少专门的水产品批发市场，但一般市场足以解决水产品流通问题，水产养殖鱼类的销售可以直接由养殖场操作。在波兰通过批发销售的产量占 90％～95％，其余 5％～10％通过由养鱼场所有的小型市场进行零售。零售价比批发价高大约 20％。

（三）菲律宾

菲律宾绝大多数的水产品以国内消费为主，巴浪鱼、沙丁鱼、金枪鱼、竹箕鱼和凤尾鱼等来自海洋捕捞或者进口，遮目鱼和罗非鱼则主要来自养殖和内陆捕捞。菲律宾第二个水产品消费渠道是出口，还有一部分是非食用用途，如用作鱼粉等。总的比例大约是 83％的用于国内消费，17％用于出口和非食用用途。

菲律宾大约有 70％的水产品是新鲜或冷鲜食用，还有 30％经过烘烤、烟熏或是做成罐头后食用。为了降低成本和保证水产品的品质稳定，菲律宾水产品加工业的机械化程度正在不断提高。绝大多数的加工厂生产的是面向国内和海外市场的传统产品，如烘焙和熏制的水产品。少数加工厂生产冷冻和罐装的产品。还有一些加工厂从事一些庞杂的加工，包括对产品进行增值加工等。

菲律宾水产品加工业面临的一个主要问题是原料的短缺，此外是原料品质差、产品品质不稳定、传统产品缺少统一的安全标准（如添加剂滥用）、缺乏改造工厂的资金、缺少存储产品的设备（如冷冻设备）等。据不完全统计，大约有 25％～30％的总捕捞量在加工过程中被损耗。总体来看，水产品加工、储藏设备、运输设备等在菲律宾很多地区还处于短缺的状况。

菲律宾水产品流通中中间经销商一般有 4 类：经纪人、批发商、批发兼零售商和零售商。马尼拉是水产养殖产品的最大市场。来自吕宋、米沙鄢和棉兰老岛 3 个主要岛屿的大量产品通过经纪人进行流通。在这一过程中，大批交易在同一层次的销售渠道中进行，特别是在经纪人、批发商和零售商之间，造成上岸水产养殖产品价格的上扬，使水产品超出城市贫困人口甚至是马尼拉消费者的购买能力。

菲律宾遮目鱼的生产者通常以 5％的利润将他们的产品卖给经纪人，其中含有加价和销售成本。经纪人然后再以 10％的利润卖给批发商。批发商将产品分销给游商小贩，尔后这些小贩再将产品转卖给鲜鱼市场的零售商。批发商和小贩的利润均为 15％。罗非鱼也有类似的供应链。为了提高在全球的竞争性，菲律宾投资局鼓励对虾类、遮目鱼和罗非鱼等部分菲律宾水产养殖出口产品使用原产地印章。根据政府与行业协会达成的谅解协议，为保护标签的诚实性，只有遵守国际标准的生产者才有资格获得这种原产地证明。

（四）马来西亚

马来西亚绝大部分水产品，尤其海洋捕捞产品，是直接以新鲜和鲜冻的形式进行销售的。多数养殖户直接把其产品以鲜活的形式出售给消费者以获得更高的价格。海洋捕获的水产品多数经过冷冻后在岸上卸货，商业渔船都装备有冷冻设备，其他的传统渔民则使用冰块，在登岸后渔获物一般都拍卖给批发商。马来西亚渔业发展局划定了许多渔船登陆区域，同时也充当拍卖商的角色以保证渔民能够获得公平的价格。渔船登陆后，冷冻的水产品送往大城市的菜市场里进行销售。在大城市里，渔获物则被通过超级市场的渠道进行销售。为了避免供给过多或短缺，部分水产品被冷冻后储存在冷库里，在重要节日到来之前，比如新年，水产品也往往预先被储存在冷库里放上一两个月。吉隆坡是马来西亚最主要的也是最大的水产批发市场，马来西亚渔业发展局（LKIM）官方资料显示，该市场每日鱼类贸易量约300t，其中50%的鱼货来自泰国和印度尼西亚。马来西亚西海岸的霹雳州卢穆特港和雪兰莪州巴生港是从印度尼西亚苏门答腊进口水产品的主要进口地点。从印度尼西亚棉兰进口的鱼货主要是从卢穆特港上岸，从北苏门答腊丹巴莱出口的鱼货通过甲铃港进入马来西亚。从这些港口进口的鱼货行销到马来西亚各主要城市的批发市场。

（五）埃及

埃及水产品的产量较低，年产约76万t，主要来自地中海、红海、北部滨海湖区、开罗附近的Qaroun湖、南部的纳塞尔湖、尼罗河以及人工养殖。埃及是世界罗非鱼主产国之一，2011年产量为73万t。埃及的水产品流通比较简单，但十分有效。水产品市场控制在少数批发商手中，水产品的价格主要由批发商根据供求情况来确定。养殖产品可以直接销售给批发商或零售商。养殖生产者可以与批发商签订合同，由他们直接到养殖场收购其产品。合同通常都是非正式的，在许多情况下批发商为养殖者提供生产流动资金或预付定金，按预先商定的价格收购产品。在埃及的各大城市都有一个正规的蔬菜水果批发市场，生产者可以每天在批发市场直接出售养殖产品。养殖鱼类可以与捕捞鱼类一起出售。虽然许多消费者认为养殖鱼类在质量上不如捕捞鱼类，但大多数消费者无法区分同一种鱼类是养殖的还是捕捞的。政府没有任何规定要求零售商标明销售鱼类的来源。埃及水产养殖产品一般供国内市场消费，在水产品供应方面尚未自给，每年还需进口15万t以上的水产品才能满足人均年消费量15kg的需求。埃及75%的鱼类产品通过批发商和两家国有企业进行销售（埃及渔业销售公司和隶属埃贸工部的渔业合作社），总共约有1 000家分销点；剩下的25%主要满足工业加工和旅游消费的需求，其中工业加工占20%，旅游消费占5%。

(六) 日本

日本水产品主要通过官办为主的中央批发市场和地方批发市场进行流通。中央批发市场需经过农林水产大臣的批准开设，开设者为地方政府部门或公共团体。地方批发市场开设也要经都、道、府、县批准，开设者多为公共团体、株式公社、农协等。日本批发市场的水产品流通主要分为场内流通和场外流通。

场内流通与中国类似，主要指的是水产品生产者通过批发商拍卖、中间商转运的方式沟通产地市场和消费地市场的模式。20世纪90年代以来，日本大城市的中央批发市场的中心作用越来越受到产销一体化直销模式的影响。随着日本农产品贸易自由化越来越受到国外进口低价农产品的竞争，为了减少流通环节，提高流通效率，水产品价格中心开始由终端批发市场向产地市场转移。例如，农协中间商（类似水产品经纪人）直接将产地市场的水产品卖给消费者，水产品的场外流通开始出现。

(七) 印度尼西亚

印度尼西亚国内市场，特别在农村地区，水产品流通绝大多数是依靠传统销售体系来完成的。

在传统的水产品销售体系中，很多人参与从鲜鱼到加工鱼产品的收购和分销，最后到达零售商手中。大部分干的（加工的）或新鲜水产品在最终销售之前通常受到多次换手。在边远地区，消费者很难购买到新鲜水产品，水产品基本上都是以某种加工产品的形式在市场上出现，如传统的腌制和晾晒或用浓盐水煮。印度尼西亚水产品的出口是由出口商与水产公司联合完成的。公司与养殖渔民签订合作协议，产品由公司收购用于出口。

在大多数情况下，印度尼西亚的渔民很难有自己的加工机会和销售渠道。水产品大多由个体商人、收购者或中间商进行销售。当地的收购者一直在发挥着从生产点到加工厂或超市的推销作用，当地中间商以村庄为基地开展活动，将原料鱼提供给区域中间商。区域中间商常常为加工企业代付渔民原料鱼费或预支款，以确保渔民向加工企业出售产品。

在印度尼西亚首府多数的公共市场中都设有水产品销售区。水产品零售商通常将其产品卖给公共市场。在大城市，有专业的水产品公共市场，提供中低收入的消费者所需的海产品。现代化的连锁超市已经在各个城市建立，为中高收入阶层的消费者提供水产品。

(八) 俄罗斯联邦

俄罗斯水产品的销售分3级：当地、区域和联邦。当地市场限于本地生产者。一般，这些地方有不到1万的居民。区域市场构成了俄罗斯联邦的1个或2个行政管理单位，所处位置离生产者200～250km。区域市场周边的居民数为100万～150万人。

联邦市场位于人口不少于 100 万的大中型城市。在联邦市场，水产养殖产品的种类、销售的量以及价格主要由居民购买力决定，而不是其数量。莫斯科和圣彼得堡的市场非常重要，近年销售了超过 25% 的俄罗斯水产养殖产量。总体上，10% 的俄罗斯水产养殖产品在当地市场销售（几乎全是活鱼）；50%～60% 在区域市场销售以及30%～40% 在城市销售。海水养殖的大部分产量在加工后上市，产品类型多样。

在俄罗斯联邦，养殖场通过自己的商店或移动货摊销售产品量大约为 30%，其余以批发价格进入交易网络，批发价格由居民购买力、鱼的品种和季节确定。例如，秋冬季 1kg 鲤的零售价为 35～45 卢布（1.4～1.8 美元），在春夏期间上涨到 80～100卢布（3.2～4.0 美元）。一些水产养殖公司，特别是中部联邦地域的公司因此重新组织从秋天到春夏季的养殖和销售计划，增加了 20%～25% 的收入。销售活鱼要承担40%～50% 的额外商业费用，原因是活鱼长期保存的高风险。

销售活体水产养殖产品要求兽医认证。加工的水产养殖产品要附带卫生证书和证明。这些文件由俄罗斯联邦公共服务机构发放。没有对水产养殖产品做特别标签。

第四节　加工业发展现状及特点

世界罗非鱼生产以捕捞和养殖两种方式进行。1976 年，联合国粮农组织在世界水产增殖养殖会议上，把罗非鱼定为向世界各国推荐的养殖对象，此时罗非鱼的养殖产量仅 5.8 万 t。20 世纪 90 年代，世界罗非鱼养殖业迅速崛起，罗非鱼养殖产量开始逐渐超过捕捞产量。与此同时，世界罗非鱼的加工与贸易，亦开始了比较快速的发展。

目前，罗非鱼是世界公认的现代淡水养殖业的重要鱼类，也是动物肉类食品首选的替代品种，其市场前景和潜力看好，养殖罗非鱼的国家遍布世界各大洲。据 FAO 统计，1989—2002 年，罗非鱼被亚洲、拉丁美洲和非洲等 98 个国家和地区引进和养殖，到 2010 年养殖罗非鱼的国家超过 100 个。到 2011 年，全球罗非鱼养殖量已达到 395.8万 t，养殖产量迅猛增长，是 1976 年罗非鱼产量（5.8 万 t）的 68 倍多。这些众多罗非鱼养殖国家中，中国一直是世界罗非鱼养殖产量最大的国家（图 2-6 和表 2-6），占全球罗非鱼养殖总量的 50% 以上，且占有绝对领先优势；而产量居世界第二的印度尼西亚 2009 年罗非鱼产量仅是中国的 1/3，只占世界的 10.75%。就各个洲而言，亚洲占据了全球罗非鱼产量的近 3/4，其次为非洲（主要是埃及）和拉丁美洲。

表 2-6　2010 年度世界各国和地区罗非鱼养殖量统计

	中国大陆	印度尼西亚	埃及	菲律宾	泰国	巴西	越南	中国台湾	其他国家
养殖量（万 t）	133.2	45.9	39.1	25.9	21.0	14.0	7.5	7.5	46.0
所占比例（%）	39.16	13.49	11.50	7.61	6.17	4.13	2.21	2.20	13.53

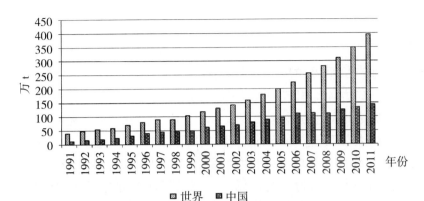

图 2-6　中国与世界罗非鱼养殖总量对比

（数据来源：中国渔业统计年鉴和 FAO 统计数据）

中国是全球罗非鱼产品的主要提供者，主要以出口冻罗非鱼片和冻全鱼为主。中美洲出口的罗非鱼几乎全部以鲜鱼片的形式销往美国。虽然非洲、东南亚地区（包括罗非鱼产量居世界第二的印度尼西亚）罗非鱼产量逐年增加，但几乎全部产品供于国内消费，或者限于地区间贸易。美国也有罗非鱼养殖，但养殖产量远不能满足市场需求，大部分靠进口满足消费需求。因此，全球的罗非鱼加工形式主要集中在冻罗非鱼片、冻全鱼和鲜罗非鱼片的加工生产，此外还有部分腌制罗非鱼和制作罗非鱼，且各个国家的加工情况也不尽相同。总体上，在罗非鱼加工竞争中，罗非鱼鱼片市场所占比例越来越高。

一、亚洲罗非鱼加工发展现状及特点

（一）中国大陆

目前，我国罗非鱼加工的产品形式主要有三大类：①冻整条罗非鱼，主要为原条、两去（去鳞、去内脏）及三去（去鳞、去内脏、去鳃）等产品；②浅去皮罗非鱼片，其规格为 2/3、3/5、5/7、7/9、9/11（盎司，通常按鱼片重量大小进行分规格）；③深去皮罗非鱼片，规格主要有 3/5、5/7（盎司）两种。其中 2002—2005 年，罗非鱼加工产品以条冻罗非鱼为主，2006—2008 年罗非鱼加工产品以制作或保藏的罗非鱼为主，2009—2011 年罗非鱼加工产品以冻罗非鱼片为主。

总体上，中国罗非鱼加工业并不发达，基本上以罗非鱼鱼肉粗加工为主，精深产品加工不多，副产物利用不足，且没有统一的行业管理系统，导致本土罗非鱼企业之间恶性竞争越演越烈。乐观的是，随着经济的发展和人们对罗非鱼产业链的重视，罗非鱼产业链的发展不断完善，人们已开始重视并展开对罗非鱼加工下脚料的深入研究和利用，并已研究开发出富含氨基酸、蛋白质和活性肽等的功能性食品。相信随着经济的发展和时代的进步，罗非鱼的加工业定能有新的进展，以适应罗非鱼产业链发展的需要。

（二）中国台湾

中国台湾是亚洲最早养殖罗非鱼的地区之一。1993—2000 年期间，也曾经是全球第一的罗非鱼出口方和美国市场冷冻罗非鱼的最主要供应方，最早进入欧洲并在英国占有罗非鱼一席之地的也是中国台湾人，中国南方的罗非鱼养殖和育苗产业，在很大程度上也是台湾人帮助建立起来的。但在中国大陆、印度尼西亚、泰国等地区的竞争之下，尤其是受到中国内地价格低廉的罗非鱼的冲击，台湾的罗非鱼产业节节败退，目前已经沦为一个内销为主的市场。台湾已经建立起相对成熟的罗非鱼内销市场，未来台湾罗非鱼内销要靠半咸水养殖的红罗非鱼和海水罗非鱼走差异化的路线。

中国台湾的罗非鱼养殖始于 1964 年，当时被称为吴郭鱼，并在 20 世纪 70 年代进入了罗非鱼养殖和加工出口的兴盛时期。那个时期，台湾的罗非鱼产业和内地今天的情况非常相似，是当时罗非鱼的最大出口者，并首创了从养殖到加工再到出口的整套罗非鱼出口产业链，其生产的 35% 的罗非鱼用于出口。其主要加工产品为冻全鱼，其次为冻鱼片。出口市场主要为美国（出口冻全鱼）和日本（出口高质量的罗非鱼鱼片）。

台湾首创了罗非鱼产业链，也垄断了当时的产业链，如今经过多年的发展，台湾企业生产的都是高端产品，台湾罗非鱼的形象大为改进，已经成为高档水产品的代名词，很多高品质的产品也被用来做生鱼片，且利润空间大，盈利能力强。

因亚洲主要市场的经济复苏，中国台湾地区的罗非鱼价格经历 2009 年的显著下降之后开始反弹，且日本地震后也需要更多的罗非鱼供应市场，这些因素将罗非鱼价格从 2009 年的 0.55 美元/kg 推至目前的 1.4 美元/kg。目前台湾罗非鱼的主要市场有美国、欧盟、韩国、日本和中东。且供应美国市场的罗非鱼数量逐渐增加。尤其是重要的饲料生产商 Grobest 目前正通过其位于泰国的子公司 Thailand Tilapia 为欧盟市场推出一条有机罗非鱼供应线。另据报道，2011 年台湾云林县口湖乡渔业合作公司已成功应用罗非鱼尾鳍生产出代替鲨鱼鱼翅的加工产品。目前这种罗非鱼尾鳍月产量约达 1t 左右，但预计明年还将增加 1～3 倍，以不断满足日益增长的市场消费需求。据该公司总经理王艺峰称，现阶段，养殖罗非鱼尾鳍的加工制作工序已日臻成熟。他说，"我相信，这种罗非鱼尾鳍的市场潜力巨大，广大消费者群体一定会喜欢上它。"他还透露说，现该企业正在研究从台湾养殖罗非鱼眼睛晶状体中提取一种用于化妆品原料的透明质酸。

（三）印度尼西亚

印度尼西亚是全球主要渔业生产国之一，目前是世界罗非鱼养殖产量第二大的国家，2008 年产量为 30.8 万 t，是中国当时产量的 1/3（中国 2008 年罗非鱼养殖产量为 111.08 万 t），且生产成本较低，仅次于中国（表2-7 和表2-8），但值得注意的是，印度尼西亚出口美国的冻罗非鱼片的价格，却远远高于中国内地和中国台湾地区的价格，与更高档次的生鲜鱼片的价格基本相当。尤其是 2009 年以后，印度尼西亚的冷冻罗非鱼片价格大幅度提升，甚至高于厄瓜多尔生产的冰鲜罗非鱼片，而印度尼西亚的罗非鱼养殖成本并不比中国高多少。这主要是全球最大的罗非鱼养殖和加工企业 Regal Springs Tilapia 公司（在印度尼西亚和洪都拉斯都有生产基地）的产品质量得到美国社会的认可。这是一个生动的实例，说明高品质的产品（即使是冷冻产品）也可以在市场上得到认可。这提醒中国罗非鱼业者，冷冻罗非鱼在美国市场也是可以卖出冰鲜罗非鱼价格的，关键是产品质量和营销策略以及产品品牌。

表 2-7　世界各国和地区生产成本的比较（美元/kg）

国家和地区	估算生产成本	国家和地区	估算生产成本
中国大陆	0.70	墨西哥	1.00
印度尼西亚、菲律宾	0.80	中国台湾	1.05
巴西、厄瓜多尔、泰国	0.85	美国	2.00
洪都拉斯、哥斯达黎加	0.90	加拿大	2.10

数据来源：中国罗非鱼：21 世纪的中国献给世界的鱼（三），樊旭兵，2010-12-11。

表 2-8　主要罗非鱼养殖国家和地区向美国出口罗非鱼片价格比较（美元/kg）

出口方	主打产品	2004 年	2005 年	2006 年	2007 年	2008 年	2009 年	2010 年 1~10 月
中国大陆	冷冻鱼片	3.03	3.01	3.04	3.07	4.25	3.61	3.68
中国台湾	冷冻鱼片	3.30	3.51	3.89	4.16	5.17	5.35	4.93
厄瓜多尔	冰鲜鱼片	6.30	6.37	6.41	6.31	6.48	6.36	6.35
哥斯达黎加	冰鲜鱼片	5.57	5.65	6.14	6.47	7.36	7.34	7.68
印度尼西亚	冷冻鱼片	4.71	4.89	5.04	4.99	5.84	6.45	6.87
洪都拉斯	冰鲜鱼片	5.86	6.29	6.58	6.52	7.40	7.93	7.83

数据来源：中国罗非鱼：21 世纪的中国献给世界的鱼（三），樊旭兵，2010-12-11。

二、非洲罗非鱼加工发展现状及特点

尽管非洲是罗非鱼的发源地，但受气候、地域和水资源等的影响，非洲的罗非鱼养殖业并不发达。目前，非洲罗非鱼最大的生产国是埃及，曾经是世界罗非鱼养殖产量第二大国家，现已被印度尼西亚取代，而占据世界第三位。罗非鱼是埃及水产养殖的主要品种，其产量占到总产量的 80% 左右。目前以养殖罗非鱼为主打产品的埃及渔业，依靠得天独厚的区位优势和国家政策扶持，罗非鱼出口有望成为一个创汇增长点，为埃及经济复苏提供助力。

三、拉丁美洲罗非鱼加工发展现状及特点

从罗非鱼产业的供应链看，拉美国家可以分为两类：①第一类是以出口为主的国家，主要包括厄瓜多尔、洪都拉斯、哥斯达黎加等国。这些国家因为地理上靠近美国、淡水资源丰富、劳动力成本低廉，成为冰鲜罗非鱼养殖、加工、出口美国的理想选择。下面提到的几个中南美洲最大的罗非鱼养殖公司，就是这个市场的主导者。但由于这些国家人口少，本国市场容量有限，产品绝大多数供出口，美国的冰鲜罗非鱼片市场容量决定着这些国家的养殖规模。②第二类是内销为主的国家，主要包括墨西哥、巴西、哥伦比亚、古巴、委内瑞拉等国，这些国家国内人口较多、收入不高、淡水资源较丰富，因此罗非鱼有着比较广阔的内销市场。墨西哥是南美主要的罗非鱼养殖和内销国家，巴西是新兴的养殖和内销国家，已经成为南美最大的罗非鱼养殖国，2010年两国年产量都超过10万t。委内瑞拉政府正在寻求中国政府帮助，发展当地的水产养殖业，罗非鱼是其发展的重点。

洪都拉斯2011年出口美国的生鲜鱼片达8 080.3t，取代厄瓜多尔，成为美国冰鲜、冷藏罗非鱼切片最大供应国，厄瓜多尔列居第二，出口美国的冰鲜罗非鱼片为7 646.0t。

哥斯达黎加罗非鱼养殖产业成长相当迅速，尽管2005年受鱼病影响产量大减，但现已逐渐走出鱼病危机。哥斯达黎加商业性罗非鱼养殖主要由ACI公司所经营（60%股权系为AQUA CHILE所有），该公司罗非鱼日出口量为30t，当天收获的罗非鱼，隔日即可送抵美国市场。2006年9月，哥斯达黎加罗非鱼公司Tilapias del Sol在该国瓜那卡斯特（Guanacaste）省巴干索斯（agaces）地区投资1 200万美元兴建加工厂，以达成每日24t罗非鱼出口的目标。除前述罗非鱼主要生产公司外，哥斯达黎加尚有约815家小规模的养殖罗非鱼生产商。目前哥斯达黎加的主打出口产品为冰鲜鱼片，主要出口市场为美国。

未来南美洲将会成为继北美和亚洲之后又一个全球主要的罗非鱼养殖和消费区域。拉丁美洲各国养殖的罗非鱼，会在北美和欧洲市场成为中国等亚洲国家的重要竞争对手。

四、美国罗非鱼加工现状和特点

美国自1991年开始大量养殖罗非鱼以来，养殖产量一直扶摇直上，产量平均年增长20%。但作为全球最大的罗非鱼消费国，美国自身的养殖产量远不能满足本国市场的消费需求，其消费的罗非鱼80%以上靠进口，罗非鱼已成为其仅次于大西洋鲑、虾类后的第三大进口水产品，且各类罗非鱼产品的进口数量逐年攀升。美国罗非鱼消费市场主要包括：①少数族裔消费（亚裔人、墨西哥和南美人、非洲人），主要

渠道为少数族裔超市（如华人超市）和少数族裔餐馆（如中餐馆、菲律宾餐馆、墨西哥餐馆等）；②中高档餐馆、非正式晚餐；③会员商店（如山姆会员俱乐部）。

近几年，美国也开始大力推广和发展罗非鱼养殖业。据统计，2009 年美国国内罗非鱼产量为 9 000t，生产稳定。现下，美国国内生产的罗非鱼大部分是在小规模的活鱼市场销售，一部分加工成原条鱼和鱼片在新鲜市场销售。美国为了扩大罗非鱼在国内的消费，在 2009 年向全国推广在海产品西餐中配两条罗非鱼的套菜，并取得相当成功。此外，在 2010 年还向食品连锁店、快餐食品店等推广罗非鱼菜肴。近年来，罗非鱼加工业发展迅速，除用于生产罗非鱼片等加工产品之外，美国的罗非鱼加工厂还积极研究，并成功开发出利用约占罗非鱼 46% 部分的加工废弃物作为鸡饲料蛋白源的禽畜饲料，实现了整条罗非鱼的综合利用。

五、欧盟罗非鱼加工现状和特点

由于欧洲罗非鱼的产量相当低，因此欧洲几乎所有的罗非鱼来自进口。21 世纪 20 年代初期比利时才开始养殖罗非鱼，随后英联邦、法国、德国、挪威和丹麦等国也相继开始养殖罗非鱼。据悉，有投资企业计划在欧洲建立最大的罗非鱼室内养殖场，并且在比利时建造罗非鱼加工厂，总投资共 1 500 万欧元，计划每年为欧盟零售市场提供 3 000t 新鲜的罗非鱼。但总体上来说，目前欧盟的罗非鱼市场主要依靠进口满足需求。其罗非鱼的主要供应国有中国、印度尼西亚、泰国和拉丁美洲的厄尔瓜多、哥伦比亚、巴西。进口品种主要为冻罗非鱼、冻罗非鱼片和初级加工的罗非鱼等。

第五节　消费发展现状及特点

全球约有 170 多个国家的地区消费罗非鱼，在全球五大洲均有分布，主要在亚洲、欧洲、中北美洲和南美洲等国家和地区。消费较多的国家分别是：中国、埃及、印度尼西亚、美国、以色列、加拿大、泰国、日本、韩国等。东南亚国家因为自然条件优越、生产成本低，无疑成为罗非鱼的主要消费地；美国、墨西哥、俄罗斯等国家因养殖成本过高，大量的罗非鱼需求主要来自于进口。

一、主要罗非鱼消费国的基本情况

（一）北美洲

1. 美国　美国是全球最大的罗非鱼进口国和消费国，是传统的消费市场。由于美国自己生产的罗非鱼产量很少，2000 年只有 9 091t，而其消费量达 5 万多 t，而且逐年增长。2012 年美国的消费量已达 23 万 t 左右，因此，需要进口大量的罗非鱼，

2012 年美国进口的罗非鱼达 22.74 万 t，年进口量占全球罗非鱼贸易量一半以上。世界罗非鱼贸易量大幅提升的一个主要原因是美国罗非鱼消费的增加。在美国市场上，罗非鱼越来越受到人们喜爱。在美国水产品人均消费统计中，罗非鱼是唯一一个保持上升势头的水产品品种，其人均消费量从 2000 年的人均 136g 上升至 2010 年的人均 658g，占美国人均水产品消费第四位。其逐年走高的消费量预示着美国罗非鱼市场仍存在不断发展的机遇。

表 2-9 美国人均水产品消费排行（磅*/人）

年份	2000	2001	2002	2003	2004	2005	2006	2007	2008	2009	2010
虾	3.2	3.4	3.7	4.0	4.2	4.1	4.4	4.1	4.1	4.1	4.0
金枪鱼	3.5	2.9	3.1	3.4	3.4	3.1	2.9	2.7	2.8	2.5	2.7
鲑	1.5	2.0	2.0	2.2	2.2	2.4	2.0	2.4	1.8	2.0	2.0
罗非鱼	0.3	0.4	0.4	0.5	0.7	0.8	1.0	1.14	1.19	1.21	1.45
青鳕	1.6	1.2	1.1	1.7	1.7	1.5	1.6	1.7	1.34	1.45	1.2
鲇	1.1	1.1	1.1	1.1	1.1	1.0	0.97	0.90	0.92	0.85	0.8
蟹	0.4	0.4	0.6	0.6	0.6	0.6	0.7	0.68	0.61	0.59	0.6
鳕	0.8	0.6	0.7	0.6	0.6	0.6	0.6	0.47	0.44	0.42	0.5

资料来源：美国罗非鱼协会网站（http://ag.arizona.edu/azaqua/ata.html）。

美国国内消费的罗非鱼几乎都来自进口，而其国内生产近年正在稳步增长。生产量增大的速度与其他水产品相比，较为明显。美国对罗非鱼的消费增长幅度出乎人们的意料。十几年前，罗非鱼仅限于低档的小市场，但现在已在由传统的白色鱼肉鱼类所占市场上也获得了一席之地。罗非鱼不仅是白色肉鱼种，且加工鱼片容易，小刺及腥味也少，其温和的味道具备了可用于各种烹饪的必要条件。

在 2005 年以前，美国罗非鱼进口产品品种中以冻全鱼为主，从数量上看占 70%以上，但冻鱼片和鲜鱼片附加值高，而且食用方便，更受消费者欢迎，潜力最大。从 2006 年开始，冻罗非鱼片的进口量开始超过冻全鱼。美国近 20 年罗非鱼的主要品种的进口额组成见图 2-7。从增长势头上看，冻鱼片位居榜首，鲜鱼片次之，而冻全鱼是增长最慢的。美国国内的养殖业者主要出入于活鱼市场，活鱼主要销售在纽约、旧金山、洛杉矶、西雅图等东方人云集的市场。莫桑比克罗非鱼在亚利桑那、加利福尼亚的活鱼市场上最受欢迎。但近年的需求量有所下降。生鲜鱼片为小家庭所需，而冷冻鱼片则大量供给快餐店使用。美国罗非鱼的价格因销售的地区、规格大小、产品类型不同而有所不同。一般说来，规格大的生鲜罗非鱼或鱼片的价格最高，价格因规格而上下浮动，最便宜的是活罗非鱼（图 2-8）。

美国的生鲜鱼片主要进口自厄瓜多尔、哥斯达黎加及洪都拉斯，冷冻鱼片则主要

---

* 磅为非法定计量单位，1 磅＝0.45kg。

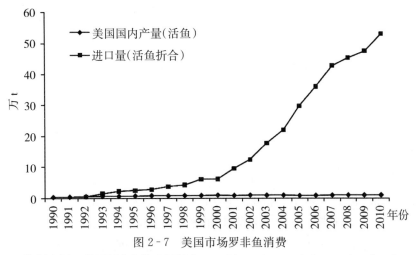

图 2-7　美国市场罗非鱼消费

（资料来源：美国罗非鱼协会网站 http://ag.arizona.edu/azaqua/ata.html）

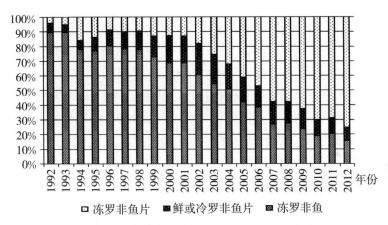

图 2-8　美国进口罗非鱼产品形态（%）变动

（数据来源：美国农业部门经济调查服务网 www.ers.usda.gov）

进口自中国内地、中国台湾地区和印度尼西亚。美国罗非鱼市场的真正支配者，实际上是中国。2012 年中国冷冻罗非鱼片供应量增加 26.23%。中国占美国冷冻罗非鱼片进口总量的 89%，占据了美国进口增量的大多数，由 2005 年的 4.41 万 t 增长到 2012 年的 14.98 万 t。因而，美国罗非鱼市场几乎被分成两部分，低价位的冷冻罗非鱼市场和高价位的冰鲜罗非鱼片市场。其中在冷冻鱼部分，大多数在生产国家被加工。这种趋势以后几年可能会持续。美国冰鲜罗非鱼片市场价格比较稳定，为 7.15 美元/kg。换算成活重，大约为 5.60 美元/kg。尽管近 10 年来价格一直呈下降趋势，但依然是比较看好的价格。冷冻罗非鱼片价格要低得多，2012 年价格一直稳定在 4.50 美元/kg，远远低于冰鲜罗非鱼片价格。

2. 加拿大　加拿大近几年间对罗非鱼的消费有了较大的增长，在堪称北美最大的罗非鱼市场——多伦多市，活鱼正在成为重要的商品。美国产的或本国产的罗非鱼虽能满足多伦多市场的大部分需求，但从中国大陆的进口量还是从 619 万 t 增加到 3 406t。除了从中国进口外，还从哥斯达黎加、牙买加进口生鲜及冷冻罗非鱼。中南美各国对罗非鱼的消费量，特别是哥伦比亚、委内瑞拉、牙买加、波多黎各、巴西、墨西哥及古巴的消费量增长显著。

（二）亚洲

亚洲是罗非鱼的传统市场，世界养殖产量的 82% 出自亚洲。在世界市场上，罗非鱼是一条物美价廉、市场前景看好的鱼。

受饮食习惯的影响，中国的罗非鱼消费主要是以活鱼为主，消费市场包括南方各省、河北、山东、北京、天津、新疆、四川和东北等地。罗非鱼在温度较高的淡水中生长繁殖较快，所以罗非鱼生产主要集中在南方各省，广东、福建、广西、海南、云南罗非鱼的生产近年来发展较快，逐渐成为淡水养殖的重点产品，当地主要是消费鲜活罗非鱼。在四川和东北等地由于运输距离和消费习惯的影响，主要消费冻罗非鱼片或冰鲜罗非鱼片。

印度尼西亚位于东南亚，赤道附近，全年气候温热，适宜罗非鱼的大量养殖和繁殖，是罗非鱼的一大主产国，也是消费大国，消费量呈每年增长的趋势。印度尼西亚有悠久的罗非鱼消费史，当地罗非鱼主要供给国内市场。

以色列作为中东地区代表，消费罗非鱼的量也是以较快的速度增长着，2005 年以前以色列罗非鱼的消费源于本国生产，虽然以色列位于中东地区，降水较少，全年气候干燥，但以色列的现代农业相当发达，发展的节水农业世界闻名，随着养殖技术的发展，罗非鱼的生产业快速发展起来，供给国内需求。2006 年开始进口国外罗非鱼产品，主要来自于中国、印度尼西亚、泰国等国家。

（三）拉丁美洲

拉丁美洲是美国的后院，也是北美和南欧（西班牙、葡萄牙）传统的农产品供应基地。拉美的罗非鱼产业就是起源于美国市场对冰鲜罗非鱼的需求。从罗非鱼产业的供应链看，拉美国家可以分为两类：第一类是出口导向的国家，主要包括厄瓜多尔、洪都拉斯、哥斯达黎加等国。这类国家因为地理上靠近美国、淡水资源丰富、劳动力成本低廉，成为冰鲜罗非鱼养殖、加工、出口美国的理想选择。但由于这些国家人口少，本国市场容量有限，产品绝大多数供出口，美国的冰鲜罗非鱼片市场容量决定着这些国家的养殖规模。第二类是内销为主的国家，主要包括墨西哥、巴西、哥伦比亚、古巴、委内瑞拉等国，这些国家国内人口较多、收入不高、淡水资源较丰富，因此罗非鱼有着比较广阔的内销市场。墨西哥是南美主要的罗非鱼养殖和内销国家，巴西是新兴的养殖和内销国家，已经成为南美最大的罗非鱼养殖国，2010 年两国年产量都超过 10 万 t。委内瑞拉政府正在寻求中国政府帮助，发展当地的水产养殖业，罗非鱼是其发展的重点。

未来南美洲会成为继北美和亚洲之后的，又一个全球主要的罗非鱼养殖和消费区域。巴西等国养殖的罗非鱼，会在北美和欧洲市场成为中国等亚洲国家的重要竞争对手。

墨西哥于 20 世纪 60 年代和 70 年代先后引进了几个不同的罗非鱼品种，并实施水库增殖放流（60 年代和 70 年代是墨西哥大力兴修水库的年代），目前在墨西哥各州都可以发现野生罗非鱼。罗非鱼人工养殖开始于 1985 年，1988 年墨西哥野生罗非鱼产量为 3 万 t，养殖罗非鱼产量只有 3 000t。90 年代，罗非鱼开始大力发展，1995年罗非鱼总产量达到 7.61 万 t，其中养殖产量 0.15 万 t，捕捞产量 7.46 万 t。2010年产量为 7.07 万 t，捕捞产量降至 6.24 万 t。

墨西哥曾经也是美国市场冰鲜罗非鱼片的主要供应国，1996 年出口美国的冰鲜罗非鱼片为 6 600t，但 1997 年急剧萎缩到 1 200t，主要是国内需求量大增。墨西哥国内需求量不断增长，而产量增长缓慢，因此需要从中国等国家进口冷冻罗非鱼，同时也从越南等地进口冷冻鲇。墨西哥已经成为中国罗非鱼主要出口国之一，2008 年和2009 年中国向墨西哥出口罗非鱼都在 3.6 万 t 左右。

经过几十年的市场培育，罗非鱼在墨西哥已经家喻户晓，已经形成一个稳定的内销市场并在不断扩大。当地农贸市场可以买到冰鲜的整条罗非鱼，大城市的超市和农贸市场可以很方便地买到整条的冰鲜罗非鱼。同时，罗非鱼也被作为当地穷人的食物，高档罗非鱼则进入高档的餐馆，在餐馆中罗非鱼可以暂养、现杀现吃（主要是价格较高的红罗非鱼，类似海鲜的消费，也有活的尼罗和奥利亚罗非鱼）。

（四）非洲

非洲是罗非鱼类的原产地，对当地经济起着十分重要的作用。埃及是罗非鱼最早的生产地和消费地，养殖和捕捞罗非鱼的历史非常长，是罗非鱼消费的代表国家，近十年来增长速度很快。由于埃及尼罗河内有丰富的罗非鱼资源，生产有很大一部分来自于捕捞野生罗非鱼，由于渔业资源的衰竭，野生捕捞罗非鱼的产量逐年下降，从2000 年的 13.13 万 t 下降到 2011 年 12.02 万 t。与此同时，罗非鱼的需求在增加，从而带来埃及罗非鱼的养殖业的迅速发展。埃及罗非鱼的生产主要用于国内消费，几乎很少是出口国外。埃及国内罗非鱼的消费主要是以成鱼为主，随着加工工艺的发展，大量新鲜的和冷冻的罗非鱼片涌入市场，满足本国消费者的需求。

（五）欧洲

在欧洲，法国是主要的罗非鱼消费地。其次为英国、波兰、西班牙、德国、荷兰等国。而澳大利亚、意大利、丹麦、瑞典和瑞士等国则很少进口罗非鱼。罗非鱼的消费遵循一般鱼类消费的地区分布模式。欧洲北部地区偏好罗非鱼鱼片，而南部地区一般选择全鱼。欧洲对新鲜或冷冻的全鱼征收 8% 的关税，对鱼片征收 9% 的关税。

这些国家中，非洲移民和亚洲移民集中的伦敦、巴黎、阿姆斯特丹等大都市已成为罗非鱼的主要消费地。由于欧洲罗非鱼的产量相当低，因此几乎所有的罗非鱼都来自进口。10 年前仅比利时养殖罗非鱼，而现在英联邦和法国也开始生产罗非鱼。根据 FAO 统计，1996 年欧洲养殖罗非鱼的产量达到 320t 的高峰，现下降至 200t。

在国家和欧盟的统计数据中，罗非鱼并不作为单独的项目，而是包含在其他淡水鱼种类中。根据各种数据来源，主要的供应国家和地区是中国大陆、中国台湾、印度尼西亚、泰国、津巴布韦（新鲜鱼片）和马来西亚等（表 2-10）。

表 2-10　欧盟市场上的罗非鱼

主要市场	法国、英国、波兰、西班牙、德国、荷兰
主要供应国家或地区	中国（内地和台湾）、印度尼西亚、泰国、津巴布韦、马来西亚等
主要的产品形式	主要为冻罗非鱼整鱼、冻和鲜罗非鱼片
偏好的规格	大规格罗非鱼

资料来源：The European Market - June2004，www.globefish.org。

一般认为，与美国市场相比，欧洲市场更偏好大规格的罗非鱼。进口的罗非鱼产品形式多样，但最受欢迎的还是冻全鱼。在德国常将尼罗罗非鱼作为平鲉（*Sebastes spp.*）红色肉鱼的替代品。在英国，牙买加的新鲜红罗非鱼尤其受到青睐。近年来，罗非鱼已成为传统白色鱼类的一个竞争者，几个生产国出口量占其产量的比例相当大。欧洲人对罗非鱼的兴趣也在日益增加。如表 2-11 所示，欧洲各国从中国大陆进口的罗非鱼量正在显著增加。2005 年中国出口量仅为 2 357t，而到 2012 年则上升至 26 507t，增加了 10 倍多。现在出口到欧洲的罗非鱼鱼片有 3 种形式：新鲜（冷藏）、过度冷却和冷冻。鱼片规格为 100～200g。在法国销售新鲜和冷冻的鱼片，但德国、荷兰、比利时、意大利和西班牙仅进口新鲜的鱼片。据了解，只有牙买加和津巴布韦既出口养殖罗非鱼，也出口野生罗非鱼到欧洲。出口野生罗非鱼的国家主要是邻近维多利亚湖的乌干达、坦桑尼亚和肯尼亚等国家。津巴布韦养殖罗非鱼（主要是新鲜和冷冻鱼片）主要经比利时进入欧洲。

表 2-11　欧洲各国进口中国罗非鱼的数量情况（t）

年份	2005	2006	2007	2008	2009	2010	2011	2012
法国	58.02	472.31	1 838.06	1 622.64	2 928.90	4 258.18	6 095.71	5 618.24
英国	213.16	447.14	991.41		2 256.93	2 991.35	3 660.13	4 393.24
波兰	73.07	914.09	2 502.04	3 733.69	3 749.90	7 496.89	4 840.94	4 007.83
西班牙	22.51	9.36	417.48	793.32	1 979.41	3 815.60	4 436.77	3 779.34
德国	672.94	1 740.44	1 996.33	1 708.30	2 044.97	2 351.59	2 462.76	2 318.12
荷兰	166.60	858.85	2 860.08	2 756.70	3 112.24	3 035.35	3 633.05	2 265.00
比利时	1 123.7	1 372.74	1 752.87	2 281.88	1 553.79	1 957.61	1 837.99	1 862.57
意大利		23.12	39.29	77.80	187.69	435.43	911.30	905.60

（续）

年份	2005	2006	2007	2008	2009	2010	2011	2012
瑞典		32.00	295.85	113.43	519.51	355.08	487.16	480.53
葡萄牙			21.00	67.00	444.05	271.54	336.91	372.57
立陶宛		67.00	327.10	156.02	373.64	356.87	280.97	127.50
丹麦	37.02	240.06	287.61	230.60	276.00	171.11	169.29	113.56
保加利亚		12.50		114.98	202.94	114.50	132.75	111.49
瑞士		20.00	39.06	50.36	22.00		24.00	46.00
其他	0.00	18.06	84.51	233.83	165.97	265.66	185.91	105.33
总计	2 367.02	6 227.67	13 452.70	13 940.54	19 817.94	27 876.75	29 495.62	26 506.90

数据来源：中国海关。

二、世界罗非鱼的未来趋势

（一）全球罗非鱼消费数量将保持增长趋势

自 20 世纪 60 年代以来，罗非鱼消费持续增长，这与其推广力度和产业技术的发展是密不可分的。

一方面，罗非鱼的消费需要大力的推广。世界罗非鱼消费相对来说比较集中，部分国家消费者对罗非鱼的了解相对较少，消费量少。罗非鱼因其味道鲜美、无肌间刺、营养丰富的产品属性，有巨大的推广潜力。另外，其价格低廉，养殖成本低，可以被多数发展中国家接受。所以世界粮农组织如继续加强罗非鱼在世界范围内的推广力度，罗非鱼消费量将持续增加。

另一方面，罗非鱼的消费与其产业技术的发展同步。目前，市场中的罗非鱼产品以冻全鱼、罗非鱼片等形式为主，受运输技术、冷冻技术和深加工技术的限制，罗非鱼产品的形式比较局限，限制了罗非鱼产业的发展。所以罗非鱼运输技术、冷冻技术和深加工技术的提高，将有效地增加产品的附加值，为各主产国提高经济利益的同时，更大地满足世界罗非鱼的消费需求。

（二）罗非鱼消费将更加重视营养、质量和安全

随着世界经济和科学技术的发展以及人类生活水平的不断提高，人们越来越认识到饮食健康对人类发展的重要性，水产品的质量安全同样在人们视线的关注范围之内。罗非鱼鱼病渔药的研究将更加广泛和具体；其次罗非鱼质量监控体系将逐步建立，产品分类体系更加完善，药物残留和重金属含量的标准更加严格，质量安全追溯体系也将逐步建立。

第六节　贸易发展现状及特点

　　罗非鱼是世界上最有发展潜力的水产品之一，是重要的养殖品种。根据预测，2012年世界罗非鱼的产量将增加到450万t，出口量将增加到43万t。在国际市场加工的品种主要有3种：即冻全鱼、冻鱼片和鲜鱼片。冻鱼片、冻全鱼大量出口美国和欧洲，鲜鱼片和生鱼片主要出口日本、韩国、美国和欧洲市场。

一、世界罗非鱼贸易总量的变化

　　总体来看，1990—2009年，世界罗非鱼贸易量呈现不断上升的趋势（图2-9）。1990年世界罗非鱼贸易量为79t，到1999年已经增加到4.42万t，罗非鱼产量的快速增加、产业的迅速发展势必会带来全球罗非鱼进出口总量的持续增加。从2000年至2009年罗非鱼贸易量的年平均增长率为20%，2009年比上年增长了7.74%，进出口速度明显放缓。

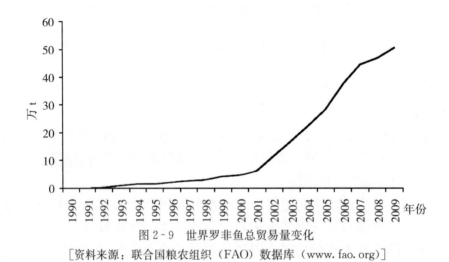

图2-9　世界罗非鱼总贸易量变化

［资料来源：联合国粮农组织（FAO）数据库（www.fao.org）］

　　20世纪90年代以来，世界罗非鱼贸易快速扩张。据联合国粮农组织统计显示，1992年世界罗非鱼贸易额为0.65万美元，仅占世界水产品贸易额的0.11%；而至2000年世界罗非鱼贸易额增长至13.97万美元，占水产品贸易额比重已上升至2.05%（表2-12）；至2009年世界罗非鱼贸易额为168.62万美元，比1992年已增长258倍之多，发展势头显露无遗。

　　近年来随着罗非鱼产量的猛烈增加和全球性海洋捕捞渔业资源的衰退，罗非鱼作为鳕鱼的替代品，国际市场需求量不断增大，罗非鱼的生产和贸易势态发展很快，在全球淡水鱼贸易中，罗非鱼已跃居第三位，仅次于鲑和鳟，主要贸易伙伴为亚洲（中国大陆、中国台湾、印度尼西亚、泰国、菲律宾、日本），中美洲（哥斯达黎加、厄瓜多尔、哥伦比亚）和美国。

表 2 - 12　1992—2000 年世界罗非鱼贸易量与贸易额情况（万 t，万美元）

年份	1992	1993	1994	1995	1996	1997	1998	1999	2000
贸易量	0.339	1.141	1.627	1.681	2.120	2.712	3.153	4.425	4.671
贸易额	0.653	2.019	3.256	4.009	5.940	6.527	7.093	12.049	13.966
年份	2001	2002	2003	2004	2005	2006	2007	2008	2009
贸易量	6.423	11.878	17.255	22.645	28.281	37.548	44.357	46.827	50.451
贸易额	17.259	30.038	43.246	56.359	79.032	104.748	128.098	177.063	168.618

资料来源：联合国粮农组织（FAO）数据库（www.fao.org）。

全球大部分的罗非鱼输出都是供给美国，美国是全球最主要的进口国。2009年美国进口的罗非鱼达 18.41 万 t，占全球罗非鱼贸易量的 85% 以上。其他罗非鱼进口消费国家和地区还有欧洲、日本、韩国以及中东等。美国罗非鱼进口数量及其供应国和地区的供给数量见图 2 - 10。罗非鱼出口地区主要为东南亚、南美洲和非洲等亚热带和热带地区，中国是全球最大的罗非鱼出口国。

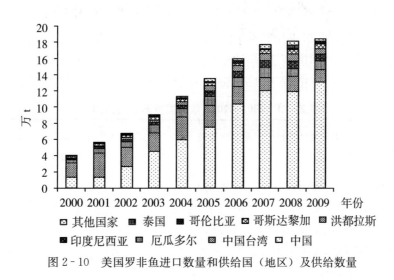

图 2 - 10　美国罗非鱼进口数量和供给国（地区）及供给数量

二、罗非鱼出口情况

（一）罗非鱼主要出口国或地区

从出口状况看，世界罗非鱼出口市场非常集中。在全球罗非鱼市场中，罗非鱼产品的主要出口国家（地区）为中国内地、中国台湾和泰国等亚洲国家，以及厄瓜多尔、洪都拉斯等美洲国家。其中亚洲国家主要出口的罗非鱼产品为冻罗非鱼、冻罗非鱼片，也有少量鲜或冷的罗非鱼；而美洲国家主要出口产品则以鲜或冷的罗非鱼为主，兼有部分冻罗非鱼与冻罗非鱼片产品。2002 年，中国内地、中国台湾、泰国、厄瓜多尔和洪都拉斯这 5 个国家或地区年出口量占世界总出口量的比例为 90.53％，2009 年达到了 98.02％（图 2-11）。

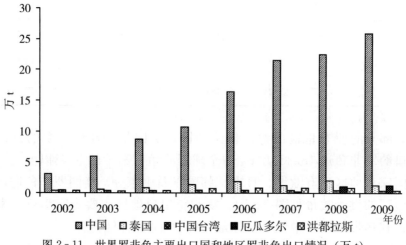

图 2-11　世界罗非鱼主要出口国和地区罗非鱼出口情况（万 t）

1. 中国　中国的罗非鱼出口量由 2002 年的 3.16t 增加到 2012 年的 36.20 万 t，出口量跃居世界第一，远远高于其他国家。中国的出口增长势头最强劲，连续几年来的增长率位居世界第一。中国 2002—2012 年罗非鱼产品出口情况见表 2-13。

表 2-13　2002—2012 年中国罗非鱼出口情况

年份	出口量（万 t）	出口量增减（％）	出口额（万美元）	出口额增减（％）
2002	3.16		5 027.50	
2003	5.96	88.58	9 766.33	94.26
2004	8.73	46.30	15 582.33	59.55
2005	10.74	23.05	23 221.63	49.03
2006	16.45	53.19	36 914.51	58.97
2007	21.54	30.94	49 103.76	33.02
2008	22.44	4.18	73 354.94	49.39
2009	25.89	15.42	71 037.07	−3.16
2010	32.28	24.67	100 584.84	41.59
2011	33.03	2.31	110 891.30	10.25
2012	36.20	9.60	116 339.44	4.91

数据来源：中国海关总署。

2. 中国台湾　从表 2-14 可以看出，到 2001 年为止，我国台湾一直是美国最大的罗非鱼进口地区，2001 年其出口罗非鱼 2.98 万 t，占美国罗非鱼进口量的一半，还向日本提供高质量的罗非鱼鱼片供应生鱼片市场。台湾罗非鱼产量并不多，每年只有 4 万～6 万 t 的产量，2001 年产量只有 5.8 万 t，但出口率高达 70%。但随着中国内地罗非鱼产业的蓬勃发展，台湾罗非鱼出口量有逐步下降的趋势。

表 2 - 14 2000—2009 年中国台湾地区出口美国罗非鱼量（万 t）

年份	2000	2001	2002	2003	2004	2005	2006	2007	2008	2009
出口量	1.773	2.981	2.367	2.241	2.769	2.721	2.140	1.610	1.851	1.572
美国进口总量	4.047	5.634	6.719	9.029	11.298	13.498	15.932	17.690	18.101	18.412
占美国进口量的比例（%）	43.81	52.91	35.23	24.82	24.51	20.16	13.43	9.10	10.23	8.54

数据来源：美国农业部门经济调查服务网 www.ers.usda.gov。

3. 泰国 泰国罗非鱼出口数量呈快速增长趋势。2002 年罗非鱼出口量为 4 279t，到 2006 年增长到 18 735t，平均年增长 44.67%。从 2007 年开始，泰国罗非鱼的出口呈现不稳定的变化趋势，2007 年罗非鱼的出口出现大幅下降，降到 12 905t，2008 年回升到 20 025t，大幅增长后到 2009 年再次出现大幅下降，降到 12 620t。

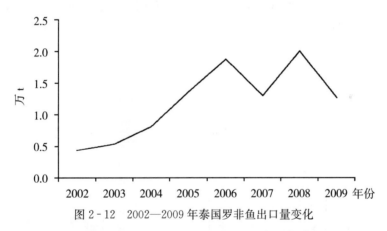

图 2 - 12 2002—2009 年泰国罗非鱼出口量变化

泰国是亚洲传统的罗非鱼出口市场，主要出口产品为鲜罗非鱼片、冻罗非鱼片、鲜罗非鱼、冻罗非鱼 4 种（图 2 - 12）。其中，冻罗非鱼在所有产品中占据着 83% 左右，是罗非鱼的支柱产品，是近年来发展速度最快的产品，2002 年出口量为 2 476t，到 2009 年的 9 044t，平均年增长 20.32%。冻罗非鱼片是另一出口量较多的产品，但是 2002 年以来冻鱼片的出口量明显下降，反而鲜冷罗非鱼片却出现快速增长的趋势。鲜冷罗非鱼的出口一直在总出口占据着很小的比例，保持着稳定的出口量，并未出现明显的变化（图 2 - 13）。

4. 厄瓜多尔 厄瓜多尔位于南美洲赤道两旁，具有良好的天然养殖罗非鱼环境，靠近罗非鱼两大进口国美国和墨西哥，具有很大的地理位置优势。因此，近年来厄瓜多尔的罗非鱼产业发展迅速，2009 年成为世界上第二大罗非鱼出口国。2007 年出口

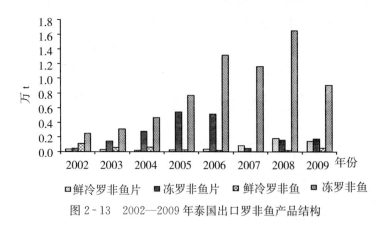

图 2-13　2002—2009 年泰国出口罗非鱼产品结构

量为 2 442t，2009 年增长至 12 973t，仅两年的时间，增长量为原来的 5.31 倍。

厄瓜多尔罗非鱼产品品种，有鲜罗非鱼片、冻罗非鱼片、鲜罗非鱼、冻罗非鱼 4 种。鲜罗非鱼片在所有产品中占据绝对优势，约占总量的 85%，产量从 2007 年 2 038t 增长到 2009 年的 9 789t，平均年增长量 3 875t。由于厄瓜多尔与进口国美国非常近，地理优势为运输成本节省了很多，所以厄瓜多尔重点生产罗非鱼鲜鱼片，供给美国餐饮业。冻罗非鱼片的出口量也经历快速的增长，从 2007 年的 146t，到 2009 年的 1 574t，平均年增长 228%（图 2-14）。

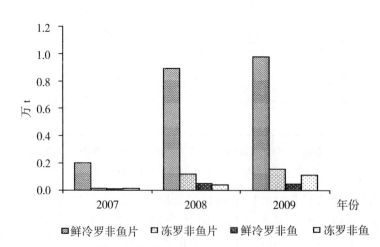

图 2-14　2007—2009 年厄瓜多尔出口罗非鱼的产品结构

5. 洪都拉斯　洪都拉斯位于中北美洲，濒临太平洋和加勒比海，全年气候湿热，适宜罗非鱼的养殖，近年罗非鱼的生产崛起，一跃成为全球五大罗非鱼出产国。罗非鱼的出口在洪都拉斯发展也很迅速，从 2000 年的 1 126t 到 2008 年的 8 238t，平均年增长 28.25%。其中 2000—2005 年增长尤为显著，2006 年以后增长率明显放缓，从 7 642t 到 2008 年 8 238t，仅增长了 596t（图 2-15）。

洪都拉斯罗非鱼出口的对象主要是美国，产品主要是冻罗非鱼片，随着美国市场

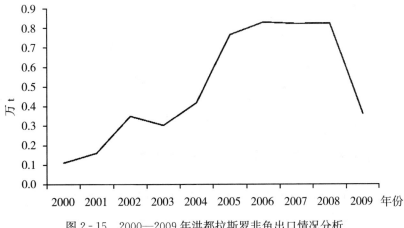

图 2-15　2000—2009 年洪都拉斯罗非鱼出口情况分析

对鲜罗非鱼片需求的增加，为洪都拉斯罗非鱼产业提供了更大的机遇，因距离出口国较近，节省大量的运输费用，成本方面有很大的优势，所以洪都拉斯鲜罗非鱼片加工飞速发展，有发展成为罗非鱼的支柱产业的趋势。

6. 其他主要出口国　除中国大陆、中国台湾、泰国、厄瓜多尔和洪都拉斯等国家和地区外，菲律宾、哥斯达黎加、哥伦比亚、牙买加等也有出口冻罗非鱼，但出口量都不大，越南于 1999 年也开始向美国出口冻罗非鱼，加入了罗非鱼世界市场。

（二）罗非鱼出口价格的变化

进入 21 世纪，世界罗非鱼出口产品的平均价格呈现先下降后小幅回升的趋势。现阶段，鲜冷罗非鱼的平均价格最高，其次为鲜冷罗非鱼片，冻罗非鱼片的价格最低，但是在 2008 年之前，鲜冷罗非鱼片的平均价格低于冻罗非鱼片的价格。鲜冷罗非鱼片的价格呈跌宕起伏的态势，但总体趋势是上升的；冻罗非鱼片作为最主要的出口产品，其价格在起伏中维持在 3.5 元/kg 左右；冻罗非鱼的价格最低，基本保持稳定（图 2-16）。

2000 年冻罗非鱼片的平均出口价格为 6.30 美元/kg，后两年明显下降，到 2004 年降到最低，达 3.14 美元/kg，降幅达到 50%。2005 年罗非鱼出口市场逐渐转好，出现小幅回升，到 2008 年达到 5.54 美元/kg；2009 年又出现了小幅回落，降低到 3.54 美元/kg。分析近年来罗非鱼出口价格的变化，未来几年将会出现波动发展的趋势，总体上不会出现大的变化，基本保持平稳的发展（表 2-15）。

表 2-15　2000—2009 年世界罗非鱼出口价格（美元/kg）

年份	2000	2001	2002	2003	2004	2005	2006	2007	2008	2009
价格	6.302	4.814	3.715	3.372	3.137	3.386	3.664	5.013	5.539	3.536

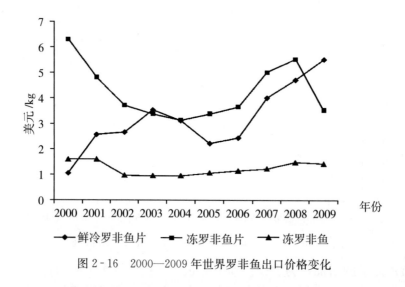

图 2-16　2000—2009 年世界罗非鱼出口价格变化

三、罗非鱼进口情况

（一）罗非鱼主要进口国情况分析

美国、墨西哥是罗非鱼产品的主要进口国，俄罗斯、比利时及英国等部分欧盟国家的罗非鱼市场需求量也在逐年增加。在罗非鱼产业全球化的进程中，以出口目标国地域来划分形成了美洲和欧洲两大贸易圈。美洲贸易圈的主要进口国为美国、墨西哥两国，主要出口国及地区为中国大陆、中国台湾、印度及哥斯达黎加、洪都拉斯等拉丁美洲国家。欧洲贸易圈主要进口国为俄罗斯、丹麦、比利时等欧盟国家，主要出口国和地区为中国大陆、中国台湾、哥伦比亚等（表2-16）。

表 2-16　世界罗非鱼主要贸易圈

产品类型	美洲贸易圈	欧洲贸易圈
鲜鱼	美国本土养殖	欧洲本土养殖
鲜、冷罗非鱼片	厄瓜多尔、哥斯达黎加、洪都拉斯、巴拿马	牙买加、厄瓜多尔、津巴布韦
冻罗非鱼片	中国大陆、中国台湾地区、印度尼西亚	中国台湾、印度尼西亚
冻罗非鱼	中国大陆、中国台湾地区	中国大陆、中国台湾

资料来源：联合国 FAO 数据库（www.fao.org/）。

在国际市场上罗非鱼销售的主要产品种类有冻全鱼、冻鱼片和鲜鱼片，其他贸易类型还有活鱼、烟熏鱼片、罗非鱼糜等。目前，冻罗非鱼的主要销售市场是美国，其他国家依次为沙特阿拉伯、加拿大、法国、墨西哥、荷兰和科威特。冻罗非鱼片也是以美国市场最大，其他依次为韩国、日本、荷兰、香港、加拿大和墨西哥。鲜罗非鱼片的销售市场主要在美国、日本、英国、韩国等国家。

1. 美国 美国是全球最大的罗非鱼进口国。美国本地罗非鱼产量很低，需要进口大量的罗非鱼来满足当地市场的需求。2012 年美国进口的罗非鱼达 22.74 万 t，年进口量一直占全球罗非鱼贸易量一半以上。2000—2012 年美国罗非鱼进口量与进口额呈逐步增长的趋势见表 2-17。

表 2-17 2000—2012 年美国罗非鱼进口量与进口额（万 t、亿美元）

年份	2000	2001	2002	2003	2004	2005	2006	2007	2008	2009	2010	2011	2012
进口量	4.05	5.63	6.72	9.02	11.29	13.49	15.83	17.38	17.95	18.33	21.54	19.29	22.74
进口额	1.01	1.28	1.74	2.41	2.97	3.93	4.83	5.60	7.34	6.96	8.43	8.38	9.69

数据来源：美国农业部门经济调查服务网 www.ers.usda.gov。

在 2005 年以前，美国罗非鱼进口产品品种中以冻全鱼为主，占进口量的 70% 以上。从 2006 年开始，冻罗非鱼片的进口量开始超过冻全鱼。美国近 20 年各品种罗非鱼的进口情况见图 2-17 和图 2-18。从增长势头上看，冻鱼片也是位居榜首，鲜鱼片次之，而冻全鱼是增长最慢的。

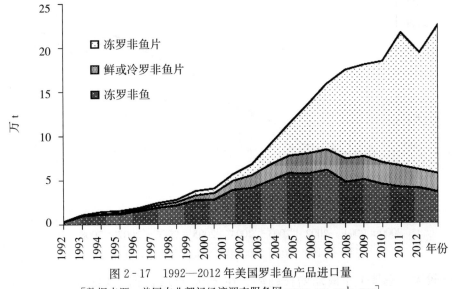

图 2-17 1992—2012 年美国罗非鱼产品进口量

［数据来源：美国农业部门经济调查服务网 www.ers.usda.gov］

2. 加拿大 加拿大国土面积位居全球第二，地大物博，罗非鱼进口在世界罗非鱼贸易中占据着重要的作用，从 2000 年的 1 089t，增长到 2009 年的 3 923t，平均年增长 9.47%。加拿大罗非鱼进口产品主要是以冻罗非鱼为主，对鱼片的进口相对较少，主要进口国是中国、泰国。加拿大罗非鱼市场表现出巨大的消费潜力，从消费者的饮食习惯、人口分布等情况分析，未来罗非鱼产业在加拿大的发展空间相当大，罗非鱼进口将会保持快速增长的趋势（图 2-19）。

3. 科威特 科威特是中东地区罗非鱼的进口代表国，2002 年以来，进口数量每

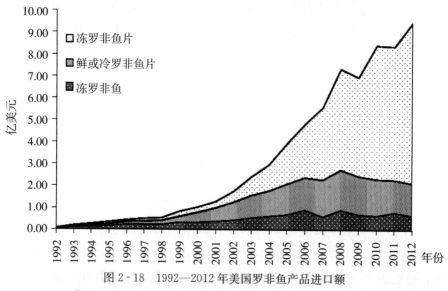

图 2-18　1992—2012 年美国罗非鱼产品进口额

[数据来源：美国农业部门经济调查服务网 www. ers. usda. gov]

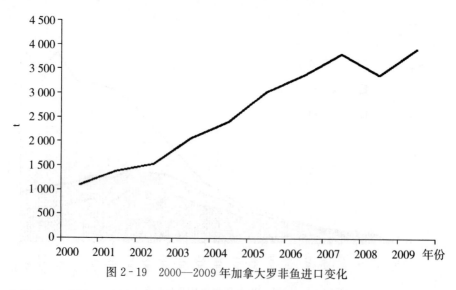

图 2-19　2000—2009 年加拿大罗非鱼进口变化

年变化比较大，总体上呈波动增长趋势。在 2005 年增长到 2 432t 之后，后续 3 年间呈明显下降趋势，到 2008 年降到 407t，成为 2002 年以来最低点，2009 年罗非鱼的进口量快速回增到 2 733t。科威特罗非鱼进口产品主要以冻罗非全鱼为主。

4. 其他主要进口国　除以上主要进口国外，罗非鱼在其他地区的国际贸易量不大，但也在逐渐增长，主要包括沙特阿拉伯、法国、墨西哥、荷兰、日本、韩国、荷兰、中国香港、英国、比利时、澳大利亚、瑞士、意大利。

（二）罗非鱼进口价格的变化

世界罗非鱼生产规模在逐年扩张，产量也在逐年增长，从 1999 年的 161 万 t 增

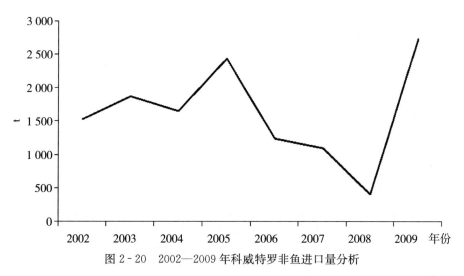

图 2-20 2002—2009 年科威特罗非鱼进口量分析

长到 2009 年的 379 万 t，年均增长率为 8.9%，但是罗非鱼的进出口贸易获利能力增强不大。如表 2-18 所示，鲜冷罗非鱼片价格从 1999 年的 5.6 美元/kg 上升到 2009 年的 8.2 美元/kg，是罗非鱼产品中价格上升最快的产品种类（图 2-21）。而冻罗非鱼片的价格在波动中呈下降的趋势（图 2-22），从 1999 年的 4.7 美元/kg 下降到 2009 年的 4.1 美元/kg，由此可以看出鲜罗非鱼片市场的发展对冻罗非鱼片市场的冲击作用，这主要受美国的消费倾向和饮食习惯的影响。鲜罗非鱼和冻罗非鱼的价格变化也不是很显著（图 2-23、图 2-24），除 2006—2008 年外，鲜罗非鱼的价格基本保持在 1.2～1.4 美元/kg，而冻罗非鱼价格在波动中呈上升的趋势，从 1999 年的 1.4 美元/kg 上升到 2009 年的 1.7 美元/kg。

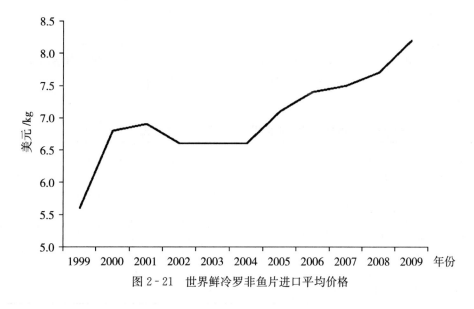

图 2-21 世界鲜冷罗非鱼片进口平均价格

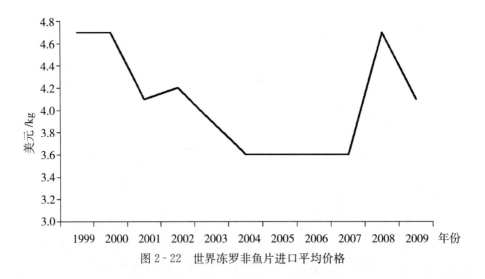

图 2-22　世界冻罗非鱼片进口平均价格

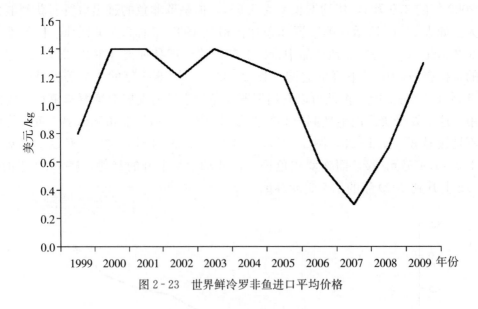

图 2-23　世界鲜冷罗非鱼进口平均价格

表 2-18　1999—2009 年世界罗非鱼进口平均价格（美元/kg）

年份	1999	2000	2001	2002	2003	2004	2005	2006	2007	2008	2009
鲜冷罗非鱼片	5.6	6.8	6.9	6.6	6.6	6.6	7.1	7.4	7.5	7.7	8.2
冻罗非鱼片	4.7	4.7	4.1	4.2	3.9	3.6	3.6	3.6	3.6	4.7	4.1
鲜冷罗非鱼	0.8	1.4	1.4	1.2	1.4	1.3	1.2	0.6	0.3	0.7	1.3
条冻罗非鱼	1.4	1.4	1.1	1.2	1.3	1.2	1.4	1.6	1.4	2	1.7

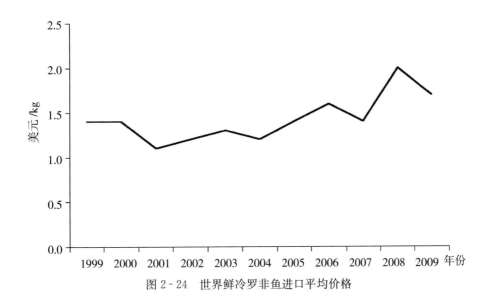

图 2-24 世界鲜冷罗非鱼进口平均价格

第七节 供求平衡现状及特点

一、世界罗非鱼供需状况

（一）世界罗非鱼供给变化

1. 世界罗非鱼产量 在过去的 10 年中，世界罗非鱼产量呈爆发性增长。1990 年全球罗非鱼产量为 83 万 t，1999 年增加到 160 万 t，并在 2008 年增至 350 万 t，2010 年产量为 430 万 t，2011 年产量为 475.05 万 t。2005 年，专家预测 2010 年罗非鱼产量将达到 250 万 t，但当年产量即已达到。2007 年，预测 2010 年罗非鱼产量将达到 350 万 t，但 2008 年这一产量即已达到。由图 2-25 可见，养殖业在罗非鱼产量的增长中起到了相当重要的作用，因为在这一时期，罗非鱼的捕捞产量一直稳定在 65 万 t 左右。预计到 2015 年，罗非鱼的产量会达到 600 万 t，并稳定在这一产量。

到目前为止，中国是世界上最大的罗非鱼生产国，2011 年的产量为 144 万 t。由于受 2008 年中国南方雪灾的影响，中国罗非鱼的产量曾有所下降，但在随后的年份中，中国罗非鱼产量持续上升。埃及罗非鱼产量从 2007 年开始就有了显著性的增长，并将这种趋势持续到现在。印度尼西亚和菲律宾在过去 10 年罗非鱼产量同样有了突飞猛进的增加，均达到了 30 万 t。在埃及、印度尼西亚和菲律宾生产的罗非鱼，主要是供应国内市场。

全球罗非鱼养殖品种主要是尼罗罗非鱼。由于其生长速度快、养殖周期短，世界上引进罗非鱼进行养殖的国家基本上都选择了尼罗罗非鱼。2011 年，尼罗罗非鱼的产量约占世界罗非鱼产量的 70%。

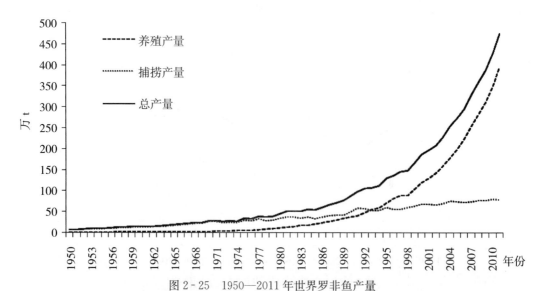

图 2-25　1950—2011 年世界罗非鱼产量

［资料来源：联合国粮农组织（FAO）数据库（www.fao.org）］

图 2-26　2000 年与 2011 年全球罗非鱼养殖产量对比

［资料来源：联合国 FAO 数据库（www.fao.org/）］

如图 2-26 所示，短短 10 年内，罗非鱼养殖产量有了突飞猛进的增长，在世界各个地区均是如此，无一区域例外。增长最快的是亚洲，产量也从 2000 年的 91 万 t 上升到 2011 年的 280 万 t。预计在未来一段时间，这一地区将继续为罗非鱼产量增加做出贡献。中南美洲同样有强劲增长的表现，产量从 2000 年的 10 万 t 增长到 2011 年的 43 万 t。非洲的罗非鱼产量增加量超过了 300％，2011 年达 72 万 t。

2. 世界罗非鱼出口　中国是罗非鱼国际贸易中最主要的出口国，2009 年的出口量为 26 万 t。其中有 13.4 万 t 出口到了美国，1.9 万 t 出口到了欧盟市场。此外，中国出口了 3.6 万 t 到墨西哥，2.2 万 t 到俄罗斯。非洲，尤其是埃及和科特迪瓦，也是中国的主要出口国，2009 年的出口量为 2 万 t。此外，以色列也是一个重要的进口

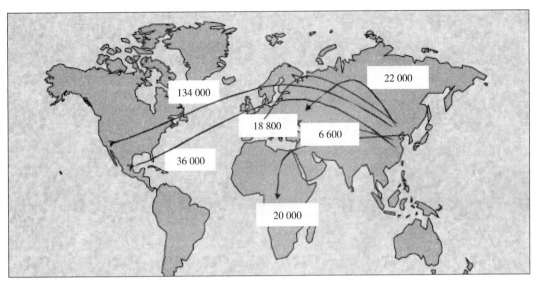

图 2-27 2009 年中国罗非鱼主要出口国贸易量（t）

[资料来源：联合国 FAO 数据库（www.fao.org/）]

国，从中国的进口量为 0.6 万 t（图 2-27）。

2009 年，中国台湾地区出口到美国的罗非鱼产品为 2.15 万 t，对欧洲无出口。其他亚洲国家出口到美国市场的量约为 1 万 t，欧洲市场 0.2 万 t。中美洲的罗非鱼全部出口到了美国，大约为 1.27 万 t，而且基本都是以鲜鱼片的形式。南美洲（主要是厄瓜多尔）也出口了 0.93 万 t 鲜罗非鱼片到美国市场。拉丁美洲的罗非鱼基本上不出口到欧盟。这些国家出口罗非鱼的总数仅比中国多 4 万 t，相当于 10 万 t 鲜重。这充分说明中国主导了国际市场，独占了罗非鱼国际供应量的 90%。菲律宾和印度尼西亚增长的罗非鱼产量基本用于国内消费（图 2-28）。

中国出口到美国的罗非鱼在 2006—2009 年期间增长率为 70%，对欧盟和俄罗斯的出口剧烈增长，大概翻了 4 倍。其他亚洲国家出口到美国的罗非鱼数量有所增加，出口到欧盟的则翻了一番，总量依然很小。中美洲国家罗非鱼出口相对稳定。南美洲和中国台湾地区在美国市场上损失惨重。非洲和中国台湾地区基本上不再出口到欧盟市场。

（二）世界罗非鱼需求变化

受美国需求量暴增的影响，美国的罗非鱼进口量在 2010—2012 年呈增长的趋势。2010 年的罗非鱼进口量为 21.54 万 t，2011 年为 19.29 万 t，2012 年为 22.74 万 t，再度创出新纪录。在近 2 年的美国罗非鱼进口产品中，冻罗非鱼片的需求量增长最快，冻罗非鱼和鲜罗非鱼片需求量稳定（图 2-29）。

美国市场新鲜罗非鱼片最主要的进口国是厄瓜多尔，约占美国总进口量的 30%，其次为洪都拉斯。哥斯达黎加的罗非鱼产业也从 2005 年底的鱼苗疾病暴发危机中复

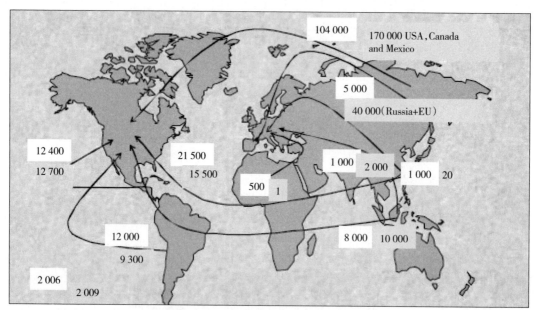

图 2-28 世界罗非鱼贸易量在 2006 年与 2009 年的比较（t）

[资料来源：联合国 FAO 数据库（www. fao. org/）]

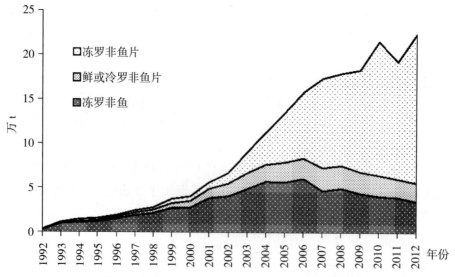

图 2-29 美国罗非鱼产品进口量（1992—2012 年）

（数据来源：美国农业部门经济调查服务网 www. ers. usda. gov）

苏，2010 年上半年向美国提供了 0.32 万 t，比 2009 年同期增加了 10%。巴西新鲜罗非鱼片的出口量急剧下滑，原因是汇率问题导致出口利润下降，迫使罗非鱼企业产品转向国内市场。

鲜罗非鱼片市场目前更接近于利基市场，价格较高（菲利普·科特勒在《营销管理》中给利基下的定义为：利基是更窄地确定某些群体，这是一个小市场并且它的需求没有被服务好，或者说"有获取利益的基础"）。真正的市场开拓集中在冻罗非鱼片，主要来自中国。中国罗非鱼产品在美国市场占有率的增长简直不可思议。在2010年，中国向美国市场出口冻罗非鱼片的量达到5.18万t，比上年同期增加了42%以上。因此，中国主导了美国冷冻罗非鱼片90%的市场份额，其他国家都较少。

由于全球罗非鱼需求的全面增加，大量的罗非鱼进口伴随着鲜罗非鱼片和冻罗非鱼片价格的上涨。2008年年底，冷冻鱼片的价格是非常高的，2009年大幅下降，主要原因是中国罗非鱼产量的提高，2010年，受中国罗非鱼养殖的悲观预期，价格再次上涨。鲜罗非鱼片的价格波动类似，也经历了2009年年底的大幅下跌，但2010年已有所恢复（图2-30）。

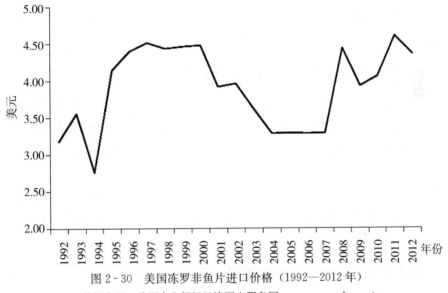

图2-30 美国冻罗非鱼片进口价格（1992—2012年）

（数据来源：美国农业部门经济调查服务网 www.ers.usda.gov）

非洲和东南亚是最重要的罗非鱼消费地区，罗非鱼年消费量均达到95万t；中国年消费量大约为50万t，全部为本地生产；北美罗非鱼年消费量达48万t；中美洲年消费量达19万t，其中1/3依靠进口；俄罗斯年消费量约6.6万t；欧洲仅有5.6万t左右；以色列、加勒比海地区和澳大利亚的消费量非常少。

就全球而言，近年来罗非鱼消费量增加有限，全球罗非鱼的增加主要源于美国罗非鱼消费量的增加。即便在2009年经济危机时美国整体水产品消费量下跌了1.25%时，罗非鱼市场也并未受到影响。目前，罗非鱼在美国零售商场水产品市场中排名第二，屈居于鲑之下，在全球市场则位列第五。

在中美洲地区，尤其是墨西哥，本地罗非鱼产量停滞不前，主要依靠增加进口供应量来满足国内需求。中美洲地区1/3的罗非鱼消费来自于进口。

南美洲的罗非鱼产量有所增加，尤其是在巴西。由于国内货币强劲，以及国内市场罗非鱼价格较高，国内市场更具吸引力，导致出口量逐渐下降。

欧洲地区罗非鱼供应量有所增加，但极其有限。非洲和东南亚地区罗非鱼产量会增加，几乎全部产品用来供给国内消费，或者限于地区间贸易。中国罗非鱼产量的一半以上则用于出口。

二、世界罗非鱼供求特点

（一）需求与供给增长速度逐步加快

世界罗非鱼产量在 1980 年为 45.06 万 t，到 2011 年发展为 475.05 万 t。1980—1990 年罗非鱼全球产量的年均增长率为 6.87%，1991—1999 年为 7.46%，2000—2005 年为 7.87%，2006—2010 年为 9.50%，增长速度逐年加快。产量增长速度的加快，也表明全球罗非鱼需求量的逐年加快，但这种增长速度会随着人均需求量的饱和而趋于平稳。

（二）不同类型国家消费水平和消费结构差异较大

受饮食习惯的影响，中国的罗非鱼消费主要是以活鱼为主。美国的活鱼主要销售在纽约、旧金山、洛杉矶、西雅图等东方人集聚的地区，普通家庭以消费生鲜鱼片为主，快餐店则以冷冻鱼片为主。在墨西哥的农贸市场、超市可以买到冰鲜的整条罗非鱼，餐馆中有活鱼供消费者消费，形成一个稳定的内销市场。英联邦是欧洲主要的罗非鱼市场，在法国、比利时、德国、荷兰也销售罗非鱼，而在澳大利亚、意大利、瑞士、丹麦和瑞典的销售量较少，欧洲北部地区偏好罗非鱼鱼片，而南部地区一般选择全鱼。

（三）贸易量受主要进出口国影响较大

世界罗非鱼进出口市场非常集中。在全球罗非鱼进出口贸易中，罗非鱼产品的主要出口国（地区）为中国大陆、中国台湾和泰国等亚洲国家及地区，以及厄瓜多尔、洪都拉斯等美洲国家，中国出口量占世界出口量的 90% 以上。美国、墨西哥是罗非鱼主要进口国，其中美国进口量占世界进口量的 80% 以上。俄罗斯、比利时及英国等部分欧盟国家的罗非鱼市场需求也在逐年增加。

世界罗非鱼市场的价格受中国和美国的影响较大。2008 年年底，罗非鱼产品价格高的主要原因是中国南方雪灾导致罗非鱼产量大幅度减少。2011 年，世界罗非鱼产品价格的下降，主要原因是美国进口量的减少。这两个国家对世界罗非鱼市场的影响较大。

三、世界罗非鱼供求发展趋势

对于世界罗非鱼未来供求关系发展趋势的判断，需要从需求、供给两个方面进行综合考虑。

（一）需求方面：将继续增长

全球人口持续增长，国际水产品需求也随之增长，这一趋势在未来几十年内将无法改变。根据联合国报告显示，到 2050 年全球人口数量将超过 90 亿，比当期要新增 23 亿人口，新增人口相当于 1950 年全球人口总和。同时，随着经济发展进而生活水平的提高，中产阶级增多，导致消费升级。全球对水产品需求快速增加，罗非鱼价格相对较低，适应人口庞大的发展中国家的消费需求。另外，受世界范围内禽流感、猪流感、疯牛病等流行病影响，广大消费者将蛋白质需求转向水产品。从诸多方面考虑，全球罗非鱼需求将继续增长。但考虑到现在世界经济并未完全走出低迷，预计未来一段时间内，罗非鱼需求增长的速度不会加快。

（二）供给方面：增长幅度放缓

据联合国粮农组织预测，到 2020 年世界罗非鱼产量将达到 935.48 万 t，与 2011 年相比平均年增长 7.16%，与 2000—2011 年均增长率 9.08% 相比，速度明显放缓。世界罗非鱼养殖水平近年来快速发展，单位面积的产量大大增加，随着亩产量的增加已经渐渐逼近最佳产值，罗非鱼产量在持续增长中，但增幅逐渐放缓。一方面由于鱼饲料、养殖设施成本提升导致的罗非鱼养殖成本上升，而价格提高幅度不大，不能满足罗非鱼养殖户的经济需求，使养殖户逐渐放缓发展规模，将成本投向其他产业的发展。另一方面，全球资源尤其是土地资源和水资源的约束日益增加，在传统的养殖区域可利用资源有限，罗非鱼养殖需要向新地区倾斜。

（三）未来罗非鱼供求关系展望

现阶段世界罗非鱼市场基本呈现出健康稳定状态，供需平衡。针对于罗非鱼市场的供求关系，需要各国的共同努力，积极发展健康的养殖及消费模式，针对市场中的现状，分析未来发展趋势，以创造全球化的供求平衡。

主产国应针对全球的消费情况制定好发展方案，积极采取措施，实现协调发展。各主产国应分析好当今罗非鱼产业的市场形势，根据需求定产量，充分拓展销路，在关注国际需求的同时，注重打开本国市场的门户，促进当地消费，打破本地区由于交通信息的不畅通造成的区域性、季节性供大于求的现象，及时拓展消费渠道。创造更强的水产品流通体系，生产出的产品快速地到达消费者的手中，同时注意提高罗非鱼加工技术，特别是保鲜技术的更新，使得罗非鱼产品能够创造更多的外汇价值。消费国应积极引导罗非鱼消费，为罗非鱼产业的发展创造更多的机会。

第八节 主产国产业政策研究

从世界范围来看，无论是发达国家还是发展中国家，都对罗非鱼产业制定了相应的扶持政策，这些政策对于保护本国罗非鱼生产能力，促进产业健康发展起到了至关重要的作用。

一、亚洲水产养殖业政策

（一）中国

2003 年罗非鱼被农业部确定扶持为优势产业，经过近十来年的迅猛发展，罗非鱼一跃成为继三文鱼、对虾之后的第三大国际性养殖品种，也成为国内水产养殖业中重要的养殖品种，养殖罗非鱼的技术成熟、效益可观，加工产品的市场需求量大，在国内外市场上有着较强的竞争力，罗非鱼产业已经成为国内农业支柱性产业。

中国罗非鱼产业政策经历了 3 个时期的演变：①2003 年之前：产业政策目标主要集中在进行罗非鱼产业布局、打造生产示范基地、扩大罗非鱼养殖规模、进行池塘改造等。萌芽期间，规模化的罗非鱼种苗繁殖场及养殖场大量呈现。②2004—2010年：产业政策目标主要集中在进行罗非鱼重点养殖区域布局、因地制宜制定罗非鱼产业规划、扶持罗非鱼加工厂发展。随着罗非鱼产业的快速发展，越来越多的企业和科研院所加入到罗非鱼产业的研发链中，用科研成果与国际前沿的现代生物技术和传统的遗传育种技术相结合，不断改良优选，培育出具有中国特色的罗非鱼良种，中国的罗非鱼产业已进入快速成长阶段。③2011 年至今：主产区纷纷将发展罗非鱼产业列入省级的"十二五"发展规划中，产业政策目标主要集中在加大财政投入力度、加强罗非鱼质量安全监控系统的建设，加大科技投入以保障罗非鱼产业的健康发展。

（二）印度尼西亚

为扶助渔业发展，印度尼西亚政府最近几年积极推动海洋渔业建设计划的实施。最近印度尼西亚政府与若干银行合作，力推银行帮助渔民解决资金困难。政府与"曼迪力银行"推出的"渔业自立信贷计划"，贷款额度为 3 万亿盾。印度尼西亚渔业部还与"印度尼西亚合作社总银行（Bukopin）"以及"文明国民资金有限公司（PNM）"签订了向渔业部门中小企业发放贷款的备忘录。推动两家银行关心渔业发展，其中 PNM 已在雅加达、茂物、德博、丹格朗、勿加西等地设立了 30 家"人民信贷银行"（BPR）。拟解决渔民融资问题。此外，印度尼西亚政府将向渔民提供 1 万亿盾贷款作为工作资本。此贷款的发放将由中小企业合作社国务部执行贷款将发放给印度尼西亚偏远地区、小岛、沿海等地的渔民以及从事淡水鱼养殖的渔民，以提高他们的生产能力和生活水平。

要发展海洋渔业，渔港是不可或缺的基础设施。从 1998 年以来，印度尼西亚中央和各地方政府一直在东爪哇和西爪哇等地区增建或扩建渔业码头，以适应该地区海洋渔业发展的需要，并加强沿海地区的捕鱼活动。

为了保护国内外消费者，印度尼西亚政府已经推出了一个规制法规用于水产品质量安全监督和管理，政府监管法令水产品质量管理体系（No.41/Kpts/IK.210/1998）和综合水产品的质量管理系统（No.14128/Kpts/IK.130/1998），将对水产品质量安全监管施行指导。主要规定了，每个交易单元都需要申请加工许可证书和基于HAC-CP（危害分析与关键控制点）的综合质量管理方案。此外，每个水产品出口企业都需要综合质量证书或由水产品质量控制实验室颁发的卫生证书。并且此类规定适应于印度尼西亚各地区。

（三）菲律宾

菲律宾渔业养殖有悠久的传统，沿岸池塘养殖可追溯到15世纪，咸淡水池塘养鱼居该国水产养殖的主导地位。水产养殖部门的产量主要来自池塘养殖（淡水和咸淡水）、网箱和网围养殖（淡水和海水）及海水养殖。淡水养殖罗非鱼始于1950年，莫桑比克罗非鱼从泰国引进。

渔业资源的不断衰退，促使菲律宾政府加强对包括都市渔业在内的所有海洋渔业的管理。20世纪70年代，菲律宾开始海洋保护和管理计划。为了有效地保护渔业资源和生态环境，菲律宾专门成立了渔业产业发展委员会，委员机构由菲律宾中央银行、国防部、农业部、公共设施、交通和通讯部等构成。其职能是为国家的鱼类和海产品资源的管理、保护、保存和使用制定和建立综合的政策指导方针，从而为捕捞业的发展建立一个健康的投资环境。1987年，菲律宾从亚洲开发银行和日本海外经济协作基金会获得一定的融资后，开始执行1990—1994年为期5年的渔业发展纲要。该纲要一度成为菲律宾渔业管理与开发的核心，沿岸渔业还从全国选了12个海湾作试点，通过对渔业资源和环境的调查，实施渔业管理，组织渔业者团体，设置人工鱼礁，划定渔业禁捕区，红树林植林带，开展渔业调查研究，预防作业违规等项工作，大大推进了渔业管理的总体水平。

实际上，菲律宾20世纪70年代在苏米龙和阿波岛上已经实施了海洋保护和礁渔业管理计划。开始时作用不大，目前这两个岛屿处于地方社区保护和管理的禁渔保护区，能在生物多样性保护和渔业管理方面发挥关键的作用。现在，菲律宾地方与中央政府共同管理沿海15km范围内的海洋资源。

由于长期重视加强渔业政策管理，菲律宾的海洋渔业生态资源得到良好的保护。

（四）马来西亚

马来西亚政府1992年重新出台的《全国渔业发展方案》主要内容为：海洋渔业特别是深海渔业、水产养殖业和内陆渔业将通过增加财政投入、加强基础设施建设和设立项目计划获得大力支持；水产加工业将注重发展新鲜制品；增加水产品产量以满足国内不断增长的需求并利用水产品出口创汇；渔业资源的开发利用必须建立在可持续发展的基础上，通过投放人工鱼礁和建立海洋公园加强沿海岸渔业资源的养护。

为加速开发远洋渔业和水产养殖业，马来西亚近年来先后制定并采取了一系列规划，主要发展领域包括：发展综合性养殖产业以促进规模经济的发展，并提高管理效率；在开放性的沿海水域发展工厂化网箱养殖；利用池塘、矿坑、网箱和带有流水系统的水泥池发展传统养殖业；利用水循环系统，用最少的土地获得最高的产量。

（五）日本

日本政府以1968年的米糠油事件（俗称PCB多氯联苯污染事件）和2001年的BSE事件（俗称疯牛病）为契机，出台了相关的食品质量安全法规，加强水产品流通的监管。日本水产品流通的法律法规非常完备，涵盖了生产、加工、销售的产供销全流通环节，相关法律包括：《大店立地法》，从交通拥挤、停车问题、噪声污染、废弃物等方面对大型零售店的设立进行规制；《零售商业调整特别措施法》，主要对零售市场的开设进行规制，防止其竞争过度、影响中小零售商经营的稳定；还有《中小零售商业振兴法》《特定商业局级整备法》《仓库业法》等。近年来日本颁布的水产品流通如下：

1941年（1998年6月12日最终修正），日本政府颁布了食品安全法，管辖省、厅为厚生劳动省，监管内容是产品综合卫生管理制造过程，主要目的在于防止发生由于饮食卫生导致的危害，保障公众健康。

1995年（食品卫生法的第7条中提出HACCP危害分析进行生产过程控制），日本颁布了综合卫生管理法，管辖省、厅为厚生劳动省，监管内容是食品的加工、原材料的采购、配送到终端消费全过程确保安全性，主要目的在于设定管理运营的基础标准、设施的一般卫生管理，引入生产过程控制。

1995年，日本政府颁布了PL法（生产物责任法），管辖省、厅为经济产业省，监管内容是生产商产品造成缺陷和消费者利益损害时的责任追究，主要目的在于防止产品缺陷对消费者生命、身体和财产造成危害，制定产品损害赔付方面的法律。

1996年，日本政府颁布了HACCP（危害分析重要管理点），管辖省、厅为厚生劳动省，监管内容是可能发生在任何食物生产和（危害分析）处理步骤阶段分析，主要目的在于防止微生物污染、事前预防和危害关键点管理、确保食品安全。

1950年（法律第175号），修正于2000年（生鲜食品）和2001年（加工食品），日本政府颁布了JAS法（日本农林规范），管辖省、厅为农林水产省，监管内容是生鲜食品的原产地标识（原材料名、原产国名的表示），主要目的在于农产品基本标准、改善物资品质和规范生产合理化、通过JAS标识认证加强消费意识。

二、北美洲水产养殖业政策

（一）美国

美国水产品企业之所以能够迅速从传统经营管理模式转变为供应链管理模式，主要是因为得到了政府的大力支持。

美国政府对水产业的管理遵循宏观调控的原则。联邦政府农业部是管理渔业的职能部门，州政府管理渔业的职能部门有所不同，有的州是环境管理局，有的州是自然资源保护局。

美国国家渔业信息网络非常发达。美国国家渔业信息网络建设指全国性的、基于互联网的、统一的渔业信息系统（The Fisheries Information Systern，简称FIS）的构建。通过FIS建立的高效信息管理系统，提供美国渔业准确、有效、及时、全面的数据信息，回答何人、何时、何地、做何事、如何做等问题，为决策者制定渔业政策和进行管理决策提供依据，为科研人员提供数据资料，为从业人员提供信息服务。目前，FIS主要承担四大功能，即收集渔业数据、提供信息产品和服务、与合作伙伴共享信息、为制定政策法规提供决策依据等。

通过国家财政拨款，以项目建设的方式专款专用，正式建成运转后，每年仍获得国家财政支持，2004—2011年间，财政预算投入将高达3亿多美元。

美国水产业非常重视立法与执法。美国渔业法律体系健全，其渔业法律主要有四部：《渔业保护和管理法》《洋哺乳动物保护法》《濒临灭绝物种法》《鱼类野生生物法》。无论200海里专属经济区渔业管理、野生水生动物保护开发利用、引种、游钓、鱼塘建设许可、鱼类州际间的运输、饲料及饲料添加剂和渔用药物的使用，还是水产品质量保证与安全等都有明确而详细的规定。美国的渔业执法主要包括四个部门：一是联邦政府渔业部及五大区域办公室；二是州政府；三是海岸防卫队；四是地方法院。这四个部门的职责和分工明确，互相联系。

美国水产业用科研指导管理。为有效保护渔业资源，美国政府每年投入大量人力、物力开展科学研究，把资源保护建立在科学的基础之上，无论是对某个物种采取生态保护措施、进行某项决策，还是制定某项法规，都要以科学研究为依据，提高可行性，避免盲目性。美国国家海洋局下设五大渔业科研中心，每个中心下设2～8个研究院所。每个中心大约有500多名工作人员，其中40％以上的科研工作者拥有博士学位。某些中心还备有资源调查船数艘（功率为808.5千瓦），负责每年冬、春、秋季各出海一次，每次进行48天的水文、鱼虾类、藻类的群体调查，利用卫星来测定海洋生物资源品种及数量的分布，此项活动自1963年开始以来从未间断过。科研中心根据每次的调查情况研究整理后写出报告下发给渔民。中心每年财政预算在8 700万美元左右。

美国设立渔区管理理事会，发挥"群管"作用。为发挥民众参与管理的作用，联邦政府法律规定，设立8个区域性渔业管理理事会，其主要职责是制定审议渔业规章，制定本国与外国渔船的捕捞份额，经商业部及政府批准，由管理局和海岸警备队组织实施。理事长成员有政府官员、防卫队官员、科研人员、渔民及渔业代表，所需资金由政府提供。

除了美国国家层面的渔业政策，州政府也相继出台相关政策扶持渔业的发展。例如，加利福尼亚州在2000年颁布的《加利福尼亚内陆水域水产养殖》中为不同罗非鱼品种进行命名，对罗非鱼的养殖地点、养殖水域和养殖品种都做了明确的规定。

(二) 墨西哥

墨西哥鱼种资源较多，目前已鉴别鱼种 305 个，具有经济利用价值的占 60%。主要养殖品种 61 个，其中 40 个为本地种，21 个为引进种或外来品种。墨西哥养殖对象主要来自几个种类，特别是 7 个引进种类：鲤科鱼类、罗非鱼、鲶鱼、鳟鱼、淡水虾、日本牡蛎、贻贝，以及一些本地品种：凡纳对虾、巨牡蛎、鲍鱼、扇贝和淡水虾等。

发展水产养殖是墨西哥国际渔业政策的优先计划，对发展内陆养殖项目不需要许可证，同时也可以在联邦区的水域内发展水产养殖活动。墨西哥拥有《国家水产养殖业宪章》，旨在有效管理所有水产养殖活动。2011 年墨西哥国家渔业部将投资 3 850 万美元，用于渔业发展的研究工作。这些研究工作将着重 14 个渔业领域的研究，渔业部将对 122 个渔场以及养殖场进行研究工作，品种包括对虾、贝类、金枪鱼、龙虾、沙丁鱼、章鱼等。该项研究的主要目的在于确保这些海产品以及淡水水产品能够可持续发展。

三、中美洲水产养殖业政策

危地马拉比较重视罗非鱼养殖，由于其较高的经济价值，罗非鱼养殖供给危地马拉国内消费。罗非鱼养殖面积的扩大，很多渔场得以快速发展。由于其他农产品价格的下跌，使得罗非鱼养殖在危地马拉尤为重要。政府设立了专门的办公室对水产养殖进行管理，颁布相关法律，并对农民进行培训，使水产养殖业得以不断发展。

四、南美国家水产养殖业政策

智利在 90 年代就设立了几类财政手段和基金资助用于水产养殖有关的研究、开发、技术转移计划和项目。国家为该领域的项目投资约 5 000 万美元，大量重要的项目涉及养殖种类多样化、创立或采用养殖技术、改善饲料、疾病诊断和治疗办法以及技术转移。

2001 年，智利国家水产养殖部颁布了《水产养殖环境规则和条例》，确立了水产养殖项目环境可持续发展的具体要求，以预防、缓解和修正相关的影响。此外，卫生事项纳入 2002 年初颁布的《水产养殖卫生规则和条例》中。

2003 年，智利确立了国家水产养殖政策，其中心目标是在环境可持续性以及公平利用的条件下，最大可能促进该领域的增长。该政策提出创立国家水产养殖委员会，包括公共领域（12）和私人领域（7）的代表。水产养殖活动由《渔业和水产养殖总法》（1989 年 18892 号）和其修正案以及 1991 年颁布的 19079 和 19080 号法律规范。总之，智利政府颁布的《渔业和水产养殖总法》在内陆水域、领海或专属经济区以及国家管辖区的临近区域规范水生生物资源的保护、管理渔业、水产养殖、与水生生物有关的研究和游钓活动、加工、转化、存储、运输和销售活动。

五、非洲水产养殖业政策

水产养殖在非洲起着至关重要的作用。埃及政府非常重视渔业发展。国家渔业资源发展局（The General Authority for Fish Resources Development，GAFRD）设在农业与农垦部，主要职能是贯彻实施渔业法律法规、制定渔业发展计划、管理鱼类生产活动、进行渔业推广和支持活动等。国家渔业资源发展局总部位于开罗，下设 10 个机构，其中的 3 个分支机构分布在全国主要渔业地区，7 个总务管理局负责其余地区的业务。

埃及政府重视渔业研究机构建设。一是在中央一级设有埃及农业研究中心、埃及农业发展中心、阿巴萨渔业研究中心、阿森旺渔业研究中心等机构；二是在地方设立农业研究站；三是具有综合大学的农学院及其所属研究机构、专业农学院等。埃及渔业科研与推广往往合二为一，紧密结合，有效地推动渔业科技成果转化，直接为渔业生产服务。

埃及建立了渔业法律法规体系。1983 年颁布的有关捕鱼、水生生物和养鱼场管理的第 124 号法律是渔业立法的主体，包含了许多有关水产养殖的条款。关于环境保护，埃及先后于 1982 年颁布了主要针对淡水资源保护的 48 号法令，1994 年颁布了主要针对海水资源保护的 4 号法令；关于出 15 水产品质量安全，埃及农业与农垦部先后于 2001 年颁布了第 1909 号令、2002 年颁布了第 63 号令；关于水产养殖投资，埃及政府于 1997 年颁布了 8 号法令，并随后颁布实施了条例。但对于鱼类疾病控制以及渔用饲料利用等，暂无相关法律条款。

六、欧洲水产养殖业政策

欧洲国家层面对水产养殖业的扶持较少，一般根据水产养殖业占国民经济的比重来制定相关法律法规，欧洲国家比较注重的是水产业的可持续发展，尤其是英国和西班牙，比如挪威在 1985 年颁布的《水产法案》中就开始关注水产业的可持续发展。欧洲国家层面的水产养殖业的政策制定对渔业政策来说是个补充，水产政策内容较为关注水产品的质量安全、环境保护与水产养殖种类的多样性。

战略研究篇

ZHANLUE YANJIU PIAN

第三章　中国罗非鱼种业战略研究

2012 年国务院发布了《关于加快推进现代农作物苗种发展的意见》，确定了苗种是国家战略性、基础性核心产业的重要地位，指明了现代苗种发展方向，提出了构建以企业为主体，产学研-育繁推-科工贸一体化的苗种发展新思路，无疑这也是水产苗种一次非常难得的转型提升良机，需要产学研共同把握、加速推动发展。

种是农业的基础生产资料，是农业增产的内因，是先进科技的载体，是农业价值链的起点。有什么样的种，就有什么样的产量、品质和效益。"一粒种子可以改变世界"，品种的优劣，直接影响农民收入，影响该产品及相关产业发展，事关国计民生。"国以农为本，农以种为先"，优良品种对粮食增产的贡献率达 40%，良种对水产养殖业生产力的提升至关重要，是水产养殖业发展的基础。《国家中长期科学和技术发展规划纲要（2006—2020）》明确要求发展畜牧水产育种，提高农产品产量。2009年，国务院 9 号文件和 2010 年中央 1 号文件将农业生物育种作为重要发展方向；2011 年，农业部令［2011］第 1 号公布了《水产种质资源保护区管理暂行办法》，对强化和规范水产种质资源保护区管理、保护重要水产种质具有重要意义；2012 年中央 1 号文件《关于加快推进农业科技创新，持续增强农产品供给保障能力的若干意见》，要求抓好种业科技创新，加强种质资源收集、保护、鉴定，创新育种理论方法和技术，创制良种育种材料，加快培育一批突破性新品种；2013 年中央 1 号文件《关于加快发展现代农业，进一步增强农村发展活力的若干意见》，要求推进种养业良种工程，加快农作物制种基地和新品种引进示范场建设，加强农业科技创新能力条件建设和知识产权保护，继续实施种业发展等重点科技专项。种业是发展现代农业的核心产业，强化科技创新，加强人才队伍建设，提升核心竞争力，完善管理体制，为确保食品安全和水产品供给提供有力支撑。

繁殖健康苗种、创制优良种质、实现良种产业化和不断提高良种养殖的覆盖率，是未来罗非鱼养殖发展的目标。目前，我国的罗非鱼苗种生产在理念、技术、规划、管理等方面尚存在着一系列亟待解决的科学和技术问题，需要产学研各界针对鱼类种质工程的特殊性，摒弃陈旧理念和方法，在实施联合攻关、驱动罗非鱼苗种朝着工程化、精细化、集约化、数字化和智能化的工业化思路指导下运作，才能获得大发展。

罗非鱼是世界性主要养殖鱼类，由于它具有易养殖、适应性强、病害少、味美、无肌间刺、易加工等优点，养殖范围已遍布 100 多个国家和地区，是联合国粮农组织（FAO）向全世界推荐养殖的优质鱼类，也是我国水产业六大优势养殖品种之一。罗非鱼在许多国家已被作为海洋捕捞鱼类的替代品，随着世界海洋渔业资源量的减少，罗非鱼在国际水产品贸易中的地位越来越重要，交易量（额）逐年上升。受国内外市场强劲需求的刺激，近年来我国罗非鱼养殖业发展极为迅猛。目前我国罗非鱼产业取得了很大成功，其年产量和加工出口量均位列世界第一，2010年世界罗非鱼总产量300万t，而我国罗非鱼产量就有133.1万t，加工出口32.28万t，为我国养殖鱼类的出口创汇做出了巨大贡献，罗非鱼养殖业现已成为我国南方地区的水产支柱产业。另外，由于罗非鱼养殖相对于其他农业生产能获得更高的利润，它在农业产业结构调整和农民增收中也起着十分重要的作用，被农业部定为重点发展的主导养殖品种。

我国最早于1946年由吴振辉、郭启彰从新加坡引进莫桑比克罗非鱼到台湾地区，大陆最早于1956年从越南引进了莫桑比克罗非鱼。此后，罗非鱼养殖业和种业蓬勃发展，罗非鱼遗传育种新技术不断涌现，育种成果层出不穷，短短几十年，罗非鱼养殖品种在中国几经升级换代。科技部、农业部和地方专项的重点资助，促进了我国罗非鱼遗传育种研究的发展。罗非鱼育种技术已不仅仅局限于传统的选择育种、杂交育种，现代育种技术得到了应用。传统的选择育种技术继续完善，建立了罗非鱼多性状复合育种、性别控制育种、BLUP（Best Linear Unbiased Prediction，最佳线性无偏预测）技术、分子标记辅助育种等技术。罗非鱼良种体系建设初见成效，初步形成"遗传育种中心→良种场→苗种场"三级良种体系。罗非鱼种业由科研、生产、经营脱节向育繁推、产加销一体化发展，推动罗非鱼种质资源的有效利用和新品种的选育推广，提高罗非鱼品种遗传改良效率和良种覆盖率，促进我国罗非鱼良种化进程，对我国罗非鱼种业乃至整个罗非鱼产业发展产生了深远影响。

第一节　种业发展现状

罗非鱼（Tilapia）自20世纪50年代引入我国后，深受我国南方水产养殖者及水产品加工出口企业的欢迎。养殖业的迅速发展也推动了罗非鱼育种工作的不断深入，在其养殖生产过程中，良种起着至关重要的作用，直接影响着养殖经济效益。自我国引进罗非鱼以来，养殖产量虽逐年递增，但限制其健康、快速发展的因素依然存在，品种种质混杂和退化是目前制约中国乃至世界罗非鱼养殖业发展的突出问题之一。因此，罗非鱼苗种的健康发展成为直接关系到罗非鱼产业化发展的关键。然而，目前罗非鱼苗种市场混乱，市面上存在很多没有经过科学选育的罗非鱼苗种，致使罗非鱼的养殖周期长，生长速度慢。总体来说，我国罗非鱼苗种还未大范围实现标准化、规模化和集团化生产，仅有部分苗种生产企业具有一定的规模，分散经营的个体苗种场居多。因此，加强对罗非鱼苗种产业发展的研究，对于罗非鱼产业的发展具有重要意义。

一、我国罗非鱼的引种情况

1956 年，我国从越南首次引进莫桑比克罗非鱼养殖，在经历了半个世纪的发展后，现已成为水产养殖支柱性产业。当时，从越南引进的这批莫桑比克罗非鱼被称为越南鱼，又因为其原产于非洲，外形与鲫鱼颇为相似，也被称为非洲鲫鱼。此后，我国又先后引入了罗非鱼，如 1978 年中国水产科学研究院长江水产研究所从苏丹境内引进的尼罗罗非鱼，1983 年和 1992 年由中国水产科学研究院淡水渔业研究中心分别从美国和埃及引进的奥利亚罗非鱼以及尼罗罗非鱼，1988 年、1994 年湖南省湘湖渔场、上海水产大学先后从埃及和菲律宾引进了奥利亚罗非鱼和吉富品系尼罗罗非鱼，1999 年中国水产科学研究院淡水渔业研究中心从埃及农业和农垦部水产研究中心实验室又引进了奥利亚罗非鱼及尼罗罗非鱼新品系。

莫桑比克罗非鱼由于其繁殖过于迅速、生长缓慢、个体偏小、体色黑等诸多原因不受人们欢迎，而逐渐遭到淘汰，取而代之的是 1978 年由中国水产科学研究院长江水产研究所自尼罗河上游引进的尼罗罗非鱼，尼罗罗非鱼的养殖性能远远好于莫桑比克罗非鱼，从此罗非鱼养殖业在我国开始了其快速发展的阶段。尼罗罗非鱼养殖性能虽然优秀，但其雌雄个体差异大、雌雄同池饲养易繁殖、小鱼耗氧争饲料、上市规格不统一等问题开始逐渐显露出来。1983 年，淡水渔业研究中心自美国奥本大学引入奥利亚罗非鱼，利用奥利亚罗非鱼父本与尼罗罗非鱼母本种间杂交所产子代（奥尼罗非鱼）全雄性这一特性，开辟了我国罗非鱼单性养殖的先河，解决了雌雄尼罗罗非鱼同塘养殖的弊端，极大地推动了我国整个罗非鱼产业的快速发展，我国罗非鱼养殖业从此开始步入了高效养殖的时代。引进的奥利亚罗非鱼品系由于来源较为单一，特别是引进后经淡水渔业研究中心近 30 年的精心选育，纯度已非常高，质量也已非常稳定，于 2006 年获水产原良种委员会审定通过成为新品种"夏奥 1 号"奥利亚罗非鱼，为全国奥尼杂交罗非鱼苗种生产单位提供稳定可靠的亲本来源，利用其做亲本所产子代苗种奥尼罗非鱼，其性状的稳定性在业界为人称道，是目前应用最普遍的奥利亚罗非鱼。奥尼罗非鱼直至今天依然是我国罗非鱼苗种繁育和养殖领域的主要品种，该品种集高雄性率、生长速度快、耐寒性较强、抗病能力强等诸多优良养殖性状于一身，一直深受苗种生产厂家和罗非鱼养殖户们的青睐。而作为另一亲本的尼罗罗非鱼，由于来源广，各苗种生产单位保存的多是不同来源的尼罗罗非鱼亲本，其来源和遗传背景相对复杂。尼罗罗非鱼与奥尼杂交罗非鱼在外形上极为相似、难以区分，在亲本保存时稍有不慎就容易引起种质混杂，保种相对较为困难，条件一般的保种单位很难维持品种的纯度。不同来源群体的尼罗罗非鱼本身在养殖性能方面也存在差异，易造成杂交苗种质量参差不齐。

1994 年上海水产大学从菲律宾引进了经过 3 代选育的吉富品系尼罗罗非鱼（Genetically Improvement Farmed Tilapia，GIFT），该品系是采用家系选育方法结合数量遗传与分子遗传技术选择出最优血统的罗非鱼新品种。是世界渔业中心用 8 个不同地域的罗非鱼杂交，经过十几年选育而育成的品种。由于其具有生长速度快、起捕率高、出肉率高，适应网箱养殖模式、池塘饲养条件等特点，得到了广大养殖户的广泛认可。在此基础上，从 1996 年起，经过上海水产大学与国家级广东罗非鱼良种场、青岛罗非鱼良种场合作连续 9 代选育形成了具有自主知识产权的优良品种"新吉富"尼罗罗非鱼。"新吉富"罗非鱼，是经混合选育获得的优良品系，其具有生长快、产量高、适应网箱养殖等优点，属于较有发展前途的新品种。

2006 年，淡水渔业研究中心也从世界渔业中心（World Fish Center）引进了 60个家系的吉富品系尼罗罗非鱼，作为进一步选育的基础群体。在严格遵照吉富罗非鱼传统选育路线的基础上，利用形态学测定、数量遗传统计和 PIT 标记等技术，结合我国国情和市场需求，对抗寒性和抗逆性等方面加强了选育，目前已向广东茂名茂南三高良种繁殖基地、广西壮族自治区水产研究所等国家级良种场及湛江国联等省级良种场和龙头企业良种场进行了推广示范和生产应用。吉富品系尼罗罗非鱼经过推广养殖，其较快的生长速度已经得到了广大养殖户的认可，现已成为我国另一个重要的罗非鱼养殖品种，养殖面积较大。

2000 年，中国水产科学研究院珠江水产研究所分别引进橙色莫桑比克罗非鱼和荷那龙罗非鱼，并进行连续 6 代以上的选育，开发出莫荷罗非鱼，雄性率近 100%，批量生产中也达到 95% 以上，适合半咸水、咸水水域养殖，拓宽了罗非鱼的养殖水域，提供了一个较好的罗非鱼选择品种，具有良好的应用前景。

另外，一些单位也多次引进了各种罗非鱼，但影响力均较小。

表 3-1　我国罗非鱼引种情况表

年份	引进品种	品种产地	引种单位
1956	莫桑比克罗非鱼	越南	农业部
1973	红罗非鱼	日本	农业部、外贸部
1978	尼罗罗非鱼	苏丹境内尼罗河阿斯旺坝上游	长江水产研究所
1981	奥利亚罗非鱼	中国台湾	广州水产研究所
1983	奥利亚罗非鱼	美国引进，原产地以色列	淡水渔业研究中心
1985	尼罗罗非鱼	尼罗河埃及境内	湖南省水产局
1988	尼罗罗非鱼	埃及尼罗河阿斯旺坝下游	湖南省湘湖渔场
1992	尼罗罗非鱼	美国奥本大学，原产地尼罗河下游	淡水渔业研究中心
1993	尼罗罗非鱼美国品系	美国奥本大学	全国水产技术推广总站
1994	吉富品系尼罗罗非鱼 F3 代	菲律宾	上海水产大学
1995	尼罗罗非鱼	苏丹境内尼罗河阿斯旺坝上游	长江水产研究所
1998	尼罗罗非鱼	尼罗河埃及境内	上海水产大学

（续）

年份	引进品种	品种产地	引种单位
1998	奥利亚罗非鱼	埃及	上海水产大学
1999	奥利亚罗非鱼	埃及农业部和农垦部水产研究中心实验室	淡水渔业研究中心
1999	尼罗罗非鱼	埃及农业部和农垦部水产研究中心实验室	淡水渔业研究中心
2006	吉富尼罗罗非鱼	世界渔业中心	淡水渔业研究中心

二、我国罗非鱼种业现状

罗非鱼产业化的发展需要以优质种苗为支撑，这就需要对苗种生产中使用的亲本品种进行严格选育和提纯等相关工作，但往往这样的工作既耗费大量人力物力，又需要耗费大量的时间和金钱，所以资质一般的中小企业都不开展这项工作，只有少数的大型苗种生产企业和有经费支持的科研机构才有能力将这项工作进行下去，所以自20世纪70～80年代开始，我国众多科研单位和地方企业参与引种、提纯复壮和选育工作，但到了90年代全国就只有少数几家科研单位仍坚持罗非鱼的选育工作。目前，我国罗非鱼养殖业和苗种繁育规模较大的企业多集中于广东、广西、海南和福建等南方各省区，这是由于其得天独厚的地理和气候环境所致。我国中、西部地区和北方地区由于冬季气候较为寒冷，不适合罗非鱼等热带性鱼类露天越冬，其室内越冬成本又高，所以极大地限制了这些地区罗非鱼产业的发展，仅少数有温泉或工厂余热等加热条件和设施的区域，能给罗非鱼提供安全越冬的条件。

（一）罗非鱼品种介绍

尼罗罗非鱼是罗非鱼类中的主要养殖种类，是我国大陆引进鱼类中养殖最成功的。尼罗罗非鱼具有生长快、杂食性、耐低氧、个体大、产量高、肉厚、肥满度高、肉味鲜美等优点，因而很快取代生长慢、体色黑的莫桑比克罗非鱼，在我国南方各省普遍进行饲养，深受群众的喜爱，在生产上起着重要的作用。此鱼可单养或作杂交亲鱼之用。据资料介绍，尼罗罗非鱼如与草鱼混养，可以防止草鱼发病；在稻田中与鲤鱼混养，鲤鱼可增产2～4倍，并能为稻田除草、防鼠等。因此，尼罗罗非鱼已成为全世界的重要养殖鱼种，发展前景看好。

奥利亚罗非鱼，又称蓝罗非鱼，其生长速度不及尼罗罗非鱼，在我国主要将它作为父本，与尼罗罗非鱼的母本杂交，生产雄性率高的奥尼罗非鱼。奥利亚罗非鱼具有生长快、个体大、食性广、耐寒、耐低氧等优点。1996年10月30日，全国水产原良种审定委员会第一届第三次会议审（认）定奥利亚罗非鱼为适宜在我国推广的水产优良养殖品种，并经农业部审核通过。目前，在我国主要将它作为父本，与尼罗罗非鱼的母本杂交，生产雄性率高的奥尼罗非鱼。

"夏奥 1 号"是中国水产科学研究院淡水渔业研究中心经历 30 年时间培育出来的优良杂交亲本，在奥尼罗非鱼杂交苗种生产中应用极为广泛。中国水产科学研究院淡水渔业研究中心是现代农业产业技术体系建设专项——国家罗非鱼产业技术体系的牵头单位，其主要工作是对引进的各罗非鱼品种（系）进行科学保种和合理选育，目前保有十余个奥利亚罗非鱼和尼罗罗非鱼不同来源品种（系）的选育群体，为南方诸省罗非鱼苗种生产企业对罗非鱼优质亲本的需求提供了有力保障。淡水渔业研究中心选育的罗非鱼亲本在罗非鱼行业里的知名度和信誉度都很高，在我国罗非鱼行业里扮演着举足轻重的角色。

奥尼罗非鱼是选择具有良好种质优势的奥利亚罗非鱼为父本和尼罗罗非鱼为母本杂交获得杂交优势更加明显的子一代杂交种。1996 年，奥尼罗非鱼通过全国水产原种和良种审定委员会审定，审定编号 GS - 02 - 001 - 1996。单性养殖雄性罗非鱼大大提高了罗非鱼产量。奥利亚罗非鱼雄鱼性染色体为同型配子（ZZ）组成，当它与尼罗罗非鱼雌鱼（XX）杂交时，理论上产生 100％雄鱼。在实际生产和实验中雄性率未能达到理论上的 100％，在实验中获得 95％～99％雄性率的杂交鱼。决定子代雄性率高低的关键在于罗非鱼双亲的纯度，双亲纯度越高，子代雄性率也越高，反之则低。奥尼罗非鱼生长速度比奥利亚罗非鱼快 17％～72％，比尼罗罗非鱼快 11％～24％。奥尼罗非鱼具有个体大、生长快、耐低氧等优点。此外，奥尼罗非鱼的抗病力和抗寒力均较强，是罗非鱼养殖的发展方向，在我国南方地区，逐渐替代了尼罗罗非鱼。目前，奥尼罗非鱼依然是我国主要的罗非鱼养殖品种之一，适合于各类型水体养殖，现在市面上的吉奥品系罗非鱼也属奥尼罗非鱼。由于奥尼罗非鱼制种条件及技术要求较高，应注意选择信誉好的良种种场购买苗种。在引进鱼种时，一定要对苗种生产单位预先进行考查、了解，确保其生产的奥尼罗非鱼苗种雄性率较高，一般要求大规模生产中奥尼杂交鱼雄性率在 90％以上。

吉富罗非鱼是由菲律宾国际水生生物资源管理中心从 1988 年开始，以 4 个非洲品系（埃及、加纳、肯尼亚、塞内加尔）和 4 个亚洲养殖品系（以色列、新加坡、泰国、中国台湾）的尼罗罗非鱼为基础群，采用家系选育方法获得，取名"GIFT"。1994 年，上海水产大学引进了其 F_3 代，称为吉富鱼，国家品种登记号 GS 03001 - 1997。从 1996 年起，通过选择体形标准、健康的吉富品系罗非鱼建立选育基础群体，采取群体选育方法，经过连续 9 代选育而成"新吉富"品系，全国水产原种和良种审定委员会审定，审定编号 GS - 01 - 001 - 2005。养殖对比实验证明吉富品系尼罗罗非鱼生长速度比奥尼鱼快 30％左右，是目前养殖尼罗罗非鱼中生长较快的一个品种。吉富罗非鱼具有抢食力强、规格齐、体形好、出肉率高等优点，但雄性率低，耐低氧、耐低温和耐盐能力相对低，适合于珠三角地区或咸淡水水域和淡水水域中水质清新、水源充足、水体溶解氧丰富的池塘养殖。从 2002 年开始，吉富罗非鱼逐渐在我国主产区海南、广东、广西等地推广养殖，目前已在全国 20 多个省（自治区、直辖市）推广应用。

红罗非鱼又称彩虹鲷，是属内种间杂交育出的一种高产优质养殖鱼类，是由野生型尼罗罗非鱼与红色莫桑比克罗非鱼杂交分离出来的。红罗非鱼具有体色诱人、腹膜洁白、生长速度快、肉味鲜美、食性广泛、适应性强、经济效益高等优点。菲律宾、关岛、中国台湾等国家和地区养殖红罗非鱼较多，广东、福建发展迅猛，其经济价值为黑色罗非鱼的3～4倍。20世纪90年代初，我国沿海养虾业受病害的影响，许多虾池闲置，利用虾池养红罗非鱼受到了经营者的重视，有关部门引进和选育了不同品系的红罗非鱼，推动了红罗非鱼养殖，现红罗非鱼已成为沿海和内陆水域池塘和网箱养殖的主要对象。但红罗非鱼子代仍有分离现象，出现部分黑色罗非鱼。

"吉丽"罗非鱼是以"新吉富"罗非鱼为母本，以具高耐盐性的萨罗罗非鱼为父本，正交所得子一代（F_1）自繁产生的子二代（F_2）。杂食性，能摄食浮游动植物，捕食池塘中的病虾、死虾，也能摄食人工饲料。淡水中，"吉丽"不及"新吉富"生长快，但在20盐度时，其生长速度是"新吉富"的1.4倍，在0、15、20及25的盐度时，其生长速度是萨罗罗非鱼的3.6～4.1倍。"吉丽"罗非鱼是全国水产原种、良种审定委员会于2009年12月审定通过的新品种（GS‑02‑002‑2009），经农业部公告推广（第1339号），具备自繁和批量化苗种生产能力，兼具较为理想的耐盐性和生长速度，适合20～25盐度水体养殖，5～6个月可达500g以上商品鱼规格，口感优于淡水养殖罗非鱼，没有泥腥味，肌肉纤维更富弹性。适宜在福建、广东、广西和海南沿海地区15～25盐度的池塘中单养，或与南美白对虾等品种混养。

莫桑比克罗非鱼原产于非洲莫桑比克到纳塔尔等地。它的个体较小，但繁殖能力很强，群体产量高，在当时颇受欢迎。主要在粤西地区养殖，未能大面积推广，形成产业。莫桑比克罗非鱼具有成熟早、繁殖力强、食性杂，病害少、耐盐、容易饲养等优点，但个体小、耐寒能力差、雌雄个体生长差异大。

福寿鱼是我国台湾学者用雄性尼罗罗非鱼和雌性莫桑比克罗非鱼杂交得到的子一代。福寿鱼体形与尼罗罗非鱼相似，杂交优势明显。比莫桑比克罗非鱼生长快，但又比奥利亚罗非鱼慢，目前国内已不再养殖该品种。

（二）罗非鱼品种发展趋势

近年来，病害和寒灾对罗非鱼产业影响巨大，养殖户逐渐回归理性，将稳产稳收放到了首位，不再盲目追求高产，罗非鱼抗逆品种开始受到养殖户青睐。此外，随着经济的发展，国人的消费方式和消费习惯在逐渐改变，追求生活品质成为趋势，口味更佳的杂交罗非鱼、咸水养殖罗非鱼，以及色泽艳丽、肉质细嫩的红罗非鱼受到消费者青睐，市场需求量和价格都在稳步上升，未来罗非鱼品种将呈多元化发展趋势。

1. 吉富罗非鱼　目前，养殖吉富罗非鱼依然是我国罗非鱼养殖业中的主流，其具有其他品种无可比拟的生长速度优势，国内多家企事业单位从事吉富罗非鱼进一步优化改良工作。上海水产大学、中国水产科学研究院淡水渔业研究中心和广西壮族自治区水产研究所等长期致力于吉富罗非鱼的品种改良和推广工作，有力推动了我国罗非鱼种业的发展。此外，挪威吉诺玛集团公司和挪威皇家极品水产有限公司均引进了吉富罗非鱼，并在海南成立了公司，进行吉富罗非鱼的选育和苗种的商业推广。

吉富罗非鱼最大的特点就是生长速度快，各科研院所和企业大多只专注于吉富罗非鱼生长性能的选育，而忽略了其他经济性能的改良。近年来，罗非鱼链球菌病肆虐，给罗非鱼产业沉重打击，吉富罗非鱼在病害中损失最为惨重；此外，连年的寒灾也导致广西、广东北部地区吉富罗非鱼在越冬养殖过程中大量死亡。很多养殖户不堪打击，改养其他品种罗非鱼或其他经济鱼类，甚至有些养殖户退出了水产养殖行业。针对这一现象，广西壮族自治区水产研究所注重罗非鱼生长性能的选育，2010年开始兼顾罗非鱼抗病和耐寒性能，开展了吉富罗非鱼多性状综合选育研究。

2. 奥尼杂交罗非鱼　奥尼罗非鱼曾经是我国主要的罗非鱼养殖品种，吉富罗非鱼引进中国以后迅速占领罗非鱼产业市场，奥尼罗非鱼的养殖比重不断缩水，市场份额一度跌至10%以下。

病害和寒灾让人们的目光重新聚焦奥尼罗非鱼。2008年，罗非鱼链球菌病小规模出现；2009年7月，链球菌病大暴发，肇庆、湛江、茂名等罗非鱼主要养殖区出现大规模死鱼；2010年，罗非鱼链球菌病疫情进一步扩展，发病时间提前到4月份，发病规格也由成鱼蔓延到鱼苗、鱼种；2011年，该疫情已发展至全年大部分时间均可发生，且外部病症不明显，发病率和死亡率很高；2012年，罗非鱼链球菌病并不再局限于南方各省，北方罗非鱼分散养殖区也有发现。尤其令人担忧的是缺乏罗非鱼链球菌病防治措施。值得一提的是吉富罗非鱼是链球菌病高发品系，发病率和死亡率远高于其他品系罗非鱼。同样是在2008年，广西、广东两省区遭受了50多年来最为严重的冰冻寒灾，罗非鱼养殖业受灾严重。据统计广西罗非鱼死亡率在95%以上，广东也超过了60%，直接经济损失近20亿元；此后几年，广西连续遭遇寒灾，每年都造成不同程度的损失，广西罗非鱼养殖户谈越冬色变，广东北部地区也有受灾报道，损失较广西小。2012年越冬养殖期间，广西南宁、百色等地吉富罗非鱼受寒灾比例超过90%，无越冬措施的吉富罗非鱼死亡率接近100%。无论是病害还是寒灾中，养殖面积最大的吉富罗非鱼受灾比例和死亡率都是最高的，而具有杂交优势的奥尼罗非鱼抗病力和耐寒能力相对较强，在链球菌病爆发期间也很少发病甚至不发病，发病的死亡率也不高。越冬养殖更有吉富罗非鱼无可比拟的优势，在病害和寒灾考验中，奥尼罗非鱼脱颖而出，罗非鱼产业从业者开始重新关注这条鱼。在罗非鱼苗种市场极度低迷的2012年，奥尼罗非鱼苗种的销售价格和销售量均逆市而上，出现奥尼罗非鱼苗种供不应求的景象。

吉富罗非鱼引入到中国后，凭借其生长优势开始占领种苗市场，并逐渐成为罗非鱼产业主导品种。近年来，罗非鱼链球菌病愈演愈烈，冻灾寒害已成常态化，养殖户回归理性，不再片面追求快长、高产，稳产稳收成为目标。杂交奥尼罗非鱼因其较强的抗病力和耐寒性能，重新受到养殖户的青睐。由于吉富罗非鱼统治罗非鱼产业多年，进行奥尼罗非鱼品种选育和苗种推广的良种场寥寥无几。目前，奥尼罗非鱼苗种供不应求，而且这种局面将在接下来的几年一直维持。为了克服奥尼罗非鱼生长速度的缺陷，作为母本的尼罗罗非鱼的选育将成为研究的热点。

3. 红罗非鱼和耐盐罗非鱼　近年来，罗非鱼饲料、人工成本和塘租均大幅上升，而罗非鱼的市场价格未见上涨，罗非鱼养殖成本已逼近罗非鱼售价。2012 年罗非鱼市场最为低迷，精养罗非鱼的成本已超过了市场售价，出现了"养得越好，亏得越多"的离奇现象，加上连年遭受病害、寒灾的影响，养殖普通罗非鱼收益微薄甚至到了无利可图的地步，很多罗非鱼养殖户甚至已连续几年亏钱。为此，养殖较高经济价值的罗非鱼品种将成为养殖户的一个选择。

红罗非鱼具有体色诱人、腹膜洁白、生长速度快、肉味鲜美、适应性强、不易感染疾病、经济效益高等优点。菲律宾、关岛、中国台湾等国家及地区养殖红罗非鱼较多，广东、福建发展迅猛。其经济价值为黑色罗非鱼的 3～4 倍。值得一提的是，红罗非鱼适应的盐度范围较广，在低盐度水中生长快，在盐度为 7.4～28.7 的水体中养殖，都能取得相对较好的养殖效果。此外，半咸水和海水养殖的罗非鱼无论在口感、还是在市场价格上都明显优于淡水养殖罗非鱼。上海海洋大学用尼罗罗非鱼（"新吉富"品系）与萨罗罗非鱼（高耐盐性品种）杂交得到的"吉丽罗非鱼"就是专为海水养殖（盐度＞15）选育的品种，目前已经开始在国内推广。

三、我国罗非鱼选育方式

鱼类育种的传统方法，如引种驯化、选择育种和杂交育种，虽然有其自身的局限性，但都是行之有效的。罗非鱼良种培育通常采用选择育种、杂交育种等传统方法，我国目前生产上常用的尼罗罗非鱼、奥利亚罗非鱼、吉富品系尼罗罗非鱼等养殖品种基本上均采用群体选育路线。由于罗非鱼种间杂交后代在一些生产性状上表现出明显杂种优势，生产中也被广泛采用，如奥尼（包括吉奥）、莫荷和"吉丽"等杂交罗非鱼；在经历 2008 年寒灾和 2009 年链球菌病后，抗逆性、抗病力更强的杂交罗非鱼（如奥尼罗非鱼等）的需求量又开始回升。我国还开展了适合半咸水养殖的罗非鱼耐盐品系培育，如莫荷罗非鱼和"吉丽"罗非鱼，但尚未广泛推广。国际上世界渔业中心开展了吉富罗非鱼选育研究，吉富品系也已在生产中应用；近年来吉富品系引入我国，在国内学者进一步选育后，也已推广到南方主产区。

自 20 世纪 70 年代以来兴起的生物工程技术，已应用于罗非鱼育种中，如细胞工程中的雌核发育、多倍体形成和性别控制等方面都取得了较好的成效。应用雌核发育技术或染色体组操作技术可生产 YY 同配型超雄鱼。用雌核发育技术建立了尼罗罗非鱼纯合克隆系，并获得全雌二代克隆鱼，但其成活率只有 4%，平均体重与对照组无显著差异。通过冷休克或热休克、静水压与冷休克相结合的方法可诱导罗非鱼产生多倍体。基因工程技术也已用于罗非鱼育种的研究中，并取得了一些成效。有学者分别将人生长激素基因和鲤鱼生长激素基因转入罗非鱼获得转基因罗非鱼，其生长速度有显著提高，个体平均重量是对照组的 3 倍。实践证明，基因工程育种离生产尚有一定距离。根据当前的实际，鱼类育种仍然离不开传统方法，应该是传统方法、细胞工程和基因工程相结合的综合技术育种。随着分子遗传标记技术的快速发展，标记辅助育种技术在罗非鱼种质鉴定、良种选育等方面得到越来越多的应用；同时结合数量遗传、个体物理标记等方法的家系选育技术路线也在吉富罗非鱼等的选育中得到应用。

四、我国罗非鱼产地分布

广东省是我国罗非鱼产业发展较快较好的省份之一，其养殖产量、苗种产量以及罗非鱼产品出口量均为全国之首，以奥尼杂交罗非鱼和吉富品系尼罗罗非鱼苗种生产和养殖为主，有多家从事亲本选育、苗种生产、养殖、加工出口等环节的大型企业。海南省近些年罗非鱼苗种和养殖量都有显著提高，有以家系选育法进行吉富品系尼罗罗非鱼选育和苗种生产为主的大型企业，其养殖规模、养殖户数量和养殖加工出口产量等仅次于广东省。广西壮族自治区是我国罗非鱼养殖和育种起步较早的地区，其水系众多、水资源丰富，罗非鱼养殖大户较多，早期以全雄性奥尼杂交罗非鱼亲本选育和苗种生产为主，近些年也开展了吉富品系尼罗罗非鱼的家系选育和苗种繁殖，生产优质种苗提供给当地养殖户进行养殖，并根据当地实际情况进行了抗寒罗非鱼品系的选育工作和罗非鱼链球菌病疫苗开发的相关研究工作，取得了一定的进展。福建省气候条件优越，水资源丰富，水质环境优良，为众多罗非鱼苗种场和大型良种场的建立创造了有利条件，非常适合罗非鱼苗种的繁殖和培育。福建省地处中国东南沿海，周边两广地区、海南、台湾都是我国罗非鱼苗的主产区，这种地理位置上的毗邻，为福建省罗非鱼苗种繁殖培育、苗种的引进更新以及鱼苗的销售提供了很大的便利条件。由于地理条件相差较大，福建省罗非鱼苗种场主要集中分布在漳州、厦门、泉州三市，尤其以漳州的乡城区、龙海、南靖、漳浦、平和、长泰等地的苗种场数量最多。总体来说，福建省苗种目前还未实现标准化、规模化和集团化生产，仅有部分苗种生产企业具有一定的规模，分散经营的个体苗种场居多。

五、我国各主产省（自治区）罗非鱼种业发展现状

（一）广东省罗非鱼种业发展现状

广东发展罗非鱼产业具有得天独厚的优势，随着国际市场对罗非鱼加工制品需要的快速增长，罗非鱼产业发展迅速，罗非鱼养殖面积已扩大到 4 万 hm^2 以上。2010年广东罗非鱼产量约为 60 万 t，茂名、湛江、肇庆是广东的罗非鱼产业大市，近几年罗非鱼产业发展很快。茂名市 2010 年罗非鱼养殖面积已达 1.67 万 hm^2，产量达15.74 万 t，养殖产值 10 亿元，成为全国最大的罗非鱼养殖和出口基地。广东省有罗

非鱼良种场 20 余家,且部分规模还较大,年产罗非鱼苗 50 亿尾,居全国首位,在罗非鱼亲本选育和保种方面进行了许多有价值的工作。2012 年,仅茂名市罗非鱼养殖面积就达 1.47 万 hm²,产量 18.5 万 t,产值超 15 亿元。全市拥有罗非鱼种苗繁育场 28 家,其中,在建国家级罗非鱼良种场 3 家,在建省级罗非鱼良种场 2 家。至 2012 年 12 月止,全市已通过无公害认证的罗非鱼养殖场(企业)有 78 家,面积达 0.24 万 hm²。罗非鱼出口原料备案基地面积 0.8 万 hm²。

仅以广东茂名的茂南区为例,水产部门致力渔业科技创新,大力推进渔业产业化、规范化、标准化、现代化进程,有力推动了现代渔业发展。至目前止,茂南已建成省级罗非鱼技术创新专业镇 1 个,国家级罗非鱼良种场 2 个,农业部水产健康养殖示范场 4 个,打造出无公害水产品产地产品 8 个,培育出"三高奥雄"罗非鱼苗等 3 个广东省名牌产品,罗非鱼苗远销省内外。

良种对罗非鱼产业的贡献率已得到非常明显的提高,新的育苗技术得到普遍推广应用。罗非鱼人工控制产苗技术可掌握生产和销售的主动权;循环水高密度育苗技术解决了场地不足、水质受污染和按需生产等问题;控温育苗技术既高效安全地解决了罗非鱼性别控制问题,又使育苗时间缩短一半,成活率提高 10% 以上。

根据广东省的气候特点,已在较大规模的罗非鱼苗种场全面推广了冬季和春季在亲鱼塘搭盖塑料大棚保温技术,进行罗非鱼常年繁殖育苗生产,取得了良好的效果。由于塑料大棚内的池塘水温比露天池塘的水温高 8～10℃,早春可将罗非鱼的繁殖季节大大提前,2 月中旬便开始产苗;秋冬季又可延长繁殖季节,秋苗的生产一直持续到 12 月底。在盛夏的高温季节,通过在亲鱼塘上盖遮光网,可有效降低池塘水温 2～3℃,提高亲鱼的产卵率、受精率和孵化率。同时,还大大减少了亲鱼的死亡率。使用空气压缩机通过微孔管进行池塘底部增氧,每 1.33hm² 亲鱼塘配备 1 台 5 000W 空气压缩机,既节省能源,又确保亲鱼塘溶氧充足。采用循环水工厂化育苗和网箱育苗技术,大幅度提高了罗非鱼苗种培育能力,单位水体出苗率比传统方法提高了 20 倍,而且由于繁殖和育苗都在人工控制条件下进行,既确保了苗种质量,又能实现按需生产,常年都有种苗供应,满足养殖户的需求。

(二)广西壮族自治区罗非鱼种业发展现状

优质健康种苗是罗非鱼产业的物质基础。广西完善的良种繁育体系促进了罗非鱼产业的快速发展。截至 2011 年,广西有从事罗非鱼鱼苗繁殖和苗种培育生产的企事业单位 44 家,其中,国家级罗非鱼良种场 5 家(已建成 2 家、在建 3 家),省级罗非鱼良种场 3 家,以繁育罗非鱼为主的苗种场有 12 家,主要分布于南宁、北海、玉林、梧州、柳州等地,良种场设施设备齐全。罗非鱼繁育池塘总面积 300hm²,其中越冬塘面积 86hm²。罗非鱼雌鱼 27 万尾、雄鱼 10 万尾,年繁育罗非鱼苗种约 7 亿尾。主要优良养殖品种吉富系列占 50%、奥尼系列占 43%,其他罗非鱼占 7%。所生产的苗种 76% 供区内养殖,其余销往广东等其他罗非鱼养殖区。水产技术推广站、科研院所和企业三位一体是广西罗非鱼良种繁育技术服务的主要形式，主要推广先进适用的新品种、新成果和新技术。除严格规范执行农业部出台的《渔业法》《水产苗种管理办法》等法律法规外，广西也出台了《广西水产苗种管理办法》《水产苗种生产许可证》、《水域滩涂养殖使用证》等管理办法，并严格要求良种繁育场建立健全《生产管理制度》和养殖档案记录，使得罗非鱼苗种生产管理工作基本走上了规范化管理的发展轨道。

广西水产研究所从 20 世纪 70 年代便开始进行莫桑比克罗非鱼、尼罗罗非鱼的繁殖，1985 年从淡水渔业研究中心引进了奥利亚罗非鱼，引进后一方面扩大种群；另一方面进行雄性罗非鱼苗种生产并向全区推广。目前，该所拥有 5 个品系的罗非鱼共 12 万尾种鱼，其中，尼罗罗非鱼有美国奥本、埃及、吉富 3 个品系 8 万尾种鱼，奥利亚罗非鱼有美国奥本、埃及 2 个品系 4 万多尾种鱼；并建立了各品系罗非鱼重要经济性状的数据库。该所一直积极引进各种罗非鱼种质资源，2011 年从中国水产科学研究院淡水渔业中心又一次引进了最新世代的尼罗罗非鱼、奥利亚罗非鱼和吉富罗非鱼，并已完成了一个世代的群体选育；2012 年 7 月该所从上海海洋大学引进新吉富品系罗非鱼。

（三）海南省罗非鱼种业发展现状

海南省罗非鱼种业依托地域优势和得天独厚的自然条件，从小规模、种质差、自繁自养，发展为规模大、产量高、种质优、输出型为主的种业产业。2000 年之前海南罗非鱼种业发展缺乏规划，布局零乱，产业发展规模不大。2006 年开始，按照《海南省罗非鱼产业化行动计划》，通过政府规划和引导，先后在海南的东部、北部、中部和西部扩建和新建 10 家罗非鱼国家级、省级良种场，重点建设海南省热带淡水水产良种场、定安罗非鱼良种场（亲本库）、海口昌盛罗非鱼良种场、桂林洋高山罗非鱼良种场、南宁远东农牧渔发展公司屯昌罗非鱼良种场。另外，以省外、外资大型企业为主体，省内民营企业、小型苗种场并存，共有 68 家，制种面积 466.67 多 hm²，年产能力约 30 亿尾，主要分布在海南东部沿海地区。主要品种从以奥尼为主，向吉富尼罗罗非鱼系列为主导品种发展。

海南省种苗场采用自然繁殖、人工捞苗的生产方式。也有少部分育苗企业采用网箱、人工采卵，工厂化孵化的方式生产，该项技术可提高年产量 30% 以上。随着传统育种观念改变与育苗技术的更新，创新意识更浓，该省在种质的引进、保种、选育、提纯复壮、全雄苗种的生产等多项技术均处在全国前列。

（四）福建省罗非鱼种业发展现状

福建省地处中国东南沿海，气候条件优越，水资源丰富，水质环境优良，毗邻的广东、广西、海南和台湾都是我国罗非鱼苗种生产的主产区，开展罗非鱼苗种的繁殖和培育具有得天独厚的资源优势，但福建处于罗非鱼养殖的分水岭，由于地理条件相差较大，罗非鱼苗种场主要集中分布在漳州、厦门、泉州和莆田等市。2011年全省罗非鱼苗种生产量达到 4 亿尾，占福建省淡水苗种生产总量的 26% 左右，并且呈现逐年增长的趋势。

目前，福建省罗非鱼苗种繁育仍然采用繁殖池自然繁育、人工捞苗集中培育的苗种生产方式。该方法虽然简单，却易发生水花苗无法完全捞出，遗留在繁殖池内，而大苗吞食水花苗，降低获苗率；该方式由于受天气影响较大，生产季节短，难以达到大规模早出苗的养殖要求。

福建省现有国家级罗非鱼良种场 1 家，省级罗非鱼良种场 1 家，分别位于厦门和漳州。罗非鱼苗种生产企业主要生产的罗非鱼品种为吉富品系罗非鱼、新吉富罗非鱼、奥尼杂交罗非鱼、红罗非鱼和经性转化的单雄性罗非鱼等苗种，奥尼单性罗非鱼苗种制种场仅 2～3 家，年制种量不到 1 亿尾。主要生产企业有明月罗非鱼苗种场、南靖科兴特种养殖场、漳浦溪龙鱼苗场、漳州鱼苗场、台企永强水产有限公司等，以分散经营的个体苗种场居多，仅有部分苗种生产企业具有一定的生产规模，生产的罗非鱼苗种除供应本省养殖外，还销售至北京、江苏省和安徽省。

近年来，福建省淡水水产研究所分别从淡水渔业研究中心引进了奥利亚罗非鱼、尼罗罗非鱼纯种种苗；从上海海洋大学引进了的新吉富罗非鱼 F_{14} 代种苗，在闽侯县上街镇榕桥中试基地建立了罗非鱼优良品种保种与选育基地，开展罗非鱼保种、提纯复壮和选育种工作，向福建省罗非鱼苗种生产企业提供罗非鱼优良品种后备亲本；在漳州地区建立了 4 个新吉富罗非鱼优良苗种繁育基地，开展新吉富罗非鱼优良品种规模化繁育工作，极大提高了福建省罗非鱼养殖良种化水平。

第二节　种业存在问题

我国作为世界水产养殖第一大国，罗非鱼引入中国后发展迅速，近年来我国罗非鱼的产量接近全球产量的五成，成为全球最大的罗非鱼生产国和出口国，罗非鱼产业的迅速崛起也促成了罗非鱼种业的快速发展，国内罗非鱼良种场、繁育场遍地开花，仅海南就建有大大小小罗非鱼苗种场 60 余家，年产苗种能力超过 40 亿尾。"十一五"期间，我国罗非鱼产量连续保持 100 万 t 以上，出口加工规模不断扩大，总体上呈稳定上升趋势。罗非鱼养殖产量提高与我国高度重视罗非鱼的种质引进、吸收与创新工作密不可分，先后获得了"新吉富罗非鱼""夏奥1 号"选育品种和"吉丽"罗非鱼杂交品种，其中，吉富品系罗非鱼和奥尼杂交罗非鱼已成为罗非鱼产业的主导品种。但是，我国水产良种的优势没有得到完全发挥。随着罗非鱼产业的发展，罗非鱼种业基础研究薄弱、理论和技术不完善、人才队伍建设滞后、品种创新和推广力度不够、基础设施落后、种苗生产体系不健全、优质苗种的生产能力不够、良种选育的基础研究薄弱等问题逐渐凸显，在一定程度上制约了苗种业的进一步发展。

一、罗非鱼种质资源引进与保护工作薄弱

罗非鱼原产于非洲大陆及中东地区的淡水水域和海湾等海水水域，我国养殖的罗非鱼均为引进种，罗非鱼的引进在水产养殖品种引种中最为成功，取得的经济效益最高，但罗非鱼种质资源的引种、保护和研发还处于起步阶段，已有的种质保存零散，缺乏系统性，大多没有标准规划的管理体制和长期的经费支持，基本没有发挥种质资源库的作用。国内现有的罗非鱼种质鉴别方法大多仍停留在形态学分类水平上，缺乏遗传资源在分子水平的鉴别技术，这为进一步保护和研究罗非鱼遗传资源带来了困难。目前罗非鱼种质资源引进和保护工作还非常薄弱，在引种工作方面，主要表现为引种有效群体小、种群种质不纯、间接引种；在引进的种质资源保护工作方面的欠缺，主要表现为遗传渐渗和近亲繁殖。

罗非鱼是外来引进种，其选育工作的成效取决于是否有足够的育种基础群体，目前对原种引进仍不规范，对各引进原种的基础遗传学和生物学分析有待加强。目前通过审定的罗非鱼品种较少，特别是由于各地区间环境、资源、技术等存在较大差异，还不能根据各地养殖条件选择适用的品种；同时，随着国际市场竞争加剧，对养殖品种性状的要求越来越高，也迫切需要加快良种选育研究的步伐，以满足产业快速发展需要。罗非鱼种间易杂交，保种难度大，苗种企业在保种方面多靠经验，相关适用的种质鉴定和保种技术研究有待加强；同时，良种体系急需完善与加强管理，以提高良种覆盖率。

（一）引种有效群体小

繁育群体的有效量和近交率受参与繁殖下一代的无亲缘关系的父母本数量和比例限制。一个种群的群体因某种原因（如引种）在数量上突然大量减少，就会发生遗传瓶颈变异，其结果导致数量性状遗传的丢失，所保留的群体越小，丢失得越多，瓶颈次数越多，丢失越严重。在20世纪70～80年代，我国引进罗非鱼品种有效群体偏小的现象较多，如1978年第一批引进的尼罗罗非鱼雌雄数量分别为10尾和12尾，同年第二批引进的尼罗罗非鱼共27尾，雌雄比例不明；1985年引进尼罗罗非鱼雌鱼9尾，雄鱼仅1尾，其有效群体量不足4尾。进入21世纪，我国对罗非鱼引种的有效群体比较重视，对引进罗非鱼的数量和亲缘关系有了更高的要求。2002年，从以色列引进的红罗非鱼数量超过30 000尾；2006年，中国水产科学研究院淡水渔业研究中心从世界渔业中心引进第16代吉富罗非鱼60个家系。

（二）引进种群种质不纯

罗非鱼是很容易种间杂交的鱼类，杂交罗非鱼与纯种罗非鱼外形相似，难以区分，并且杂种可育。如果在一个有两种或两种以上罗非鱼存在的水域引种，就很难保

证所引的种群是纯种。如我国引进的78品系的两批尼罗罗非鱼均引自同一水域，78-1系中未发现有其他种类或明显不纯的特征，但它们子一代中约有几千分之一的全黑个体分离；78-2系中，发现有3尾不是尼罗罗非鱼，占10%，后经鉴定，证实为伽利略罗非鱼，这说明，78品系引进的水域至少有两种以上的罗非鱼。

（三）间接引种

凡不是从原产地直接引种，而是从经引地间次引种，均认为是间接引种。间接引种可能发生多次瓶颈效应，同时由于经多次引种，种质混杂的机会也可能增加。以奥利亚罗非鱼美国品系为例，1957年，美国奥本大学从以色列引入奥利亚10尾，仅1雌3雄成活，这便是奥利亚罗非鱼在美国的奠基群。1983年，我国从奥本大学引入33尾鱼种。由于奥利亚在移入美国和移入我国时先后经过了两次瓶颈，这导致该奥利亚罗非鱼群体近乎超"纯"。

（四）遗传渐渗

如果两个物种在自然界里重叠分布，或在同一养殖系统里养殖，而且能产生可育的后代，那么，杂交后代一般倾向于同较为繁盛的物种回交，这样就造成了群体内的大多数个体同较为繁盛的物种相似。杂种的世代越近，渐渗的程度越高。随着国内罗非鱼养殖业的发展，罗非鱼的遗传渐渗现象开始出现。目前，国内有多家罗非鱼良种场从事奥尼罗非鱼的选育和推广工作，尼罗罗非鱼和奥利亚罗非鱼的选育往往是在同一个良种场中进行，由于罗非鱼种间易杂交，隔离工作不到位，杂交罗非鱼的形态特征与尼罗罗非鱼接近，在尼罗罗非鱼中渐渗杂交现象较为普遍。父母本的纯度对奥尼罗非鱼的雄性率的高低、养殖性能和外部形态的好坏有很大影响。如果不纯的尼罗罗非鱼与奥利亚罗非鱼，或者其杂交种混杂进了它们的父母本群体，奥尼罗非鱼的雄性比将大大降低，养殖性能将变差。

（五）近亲繁殖

罗非鱼是引进的鱼类，由于受种种条件限制，引种的数量一般较少，在基础群闭锁后，在随机交配的情况下，近交不可避免。近交效应具有两重性：一方面是近交使群内纯合体增加，有利于选择优良基因和淘汰有害基因；另一方面则是近交退化，即由于近交，罗非鱼的繁殖性能、生活力以及与适应性有关的各种性状都较近交前有所降低。尼罗罗非鱼的产卵周期短，世代间隔小，很易发生亲子间、兄妹或表兄妹间的近交，更加速了近交衰退进程的发展，近交衰退会随着近交世代的增加而积累，血缘越近的个体间交配，积累得越快。几年来，奥尼罗非鱼苗种的产量持续下降，不能排除由于尼罗罗非鱼近亲繁殖引起的繁殖性能下降的可能性。为了避免近交退化现象，必须保持一定数量的群体有效含量，同时要制定正确的选育方案。

二、育种理论与技术研究不够深入

我国罗非鱼育种研究起步较晚，基础较差，但发展较快，目前已形成了相对成熟的育种技术，如选择育种、杂交育种、性别控制育种等，但育种理论和技术体系还不够完善，远远不能满足研究工作需要。例如，对生长性状（高生长率、高出肉率）、抗逆性状（抗病、耐寒、抗应激等）和杂交优势的生物学机理尚不明了，针对这些性状的育种工作还处于初步探索阶段，缺乏科学的经济性状评价方法和指标，远远未得到技术成熟和全面应用的程度。此外，各育种单位各自为政，缺乏沟通交流，育种缺乏系统性，没有形成规范的、成熟的育种工作程序，育种过程存在较大的随意性和盲目性，常常导致育种进展缓慢。

三、育种研发能力弱，核心竞争力缺失

我国从事罗非鱼育种研究的科技队伍分散在有关大专院校、科研院所以及水产企事业单位，力量分散是一个长期存在的客观现实。由于缺乏引进和吸纳人才的配套条件，罗非鱼育种高层次人才稀缺，造成了我国缺少罗非鱼育种先进研发队伍，研究深度不够，研发能力较弱。从基础研究看，我们的育种单位对于面向社会的公益性基础研究，如种质资源的挖掘利用严重滞后，科研追求"短、平、快"。从应用研究看，投入少和育种资源分散导致技术创新很难形成，科研上缺乏统一布局和资源的有效整合，育种项目多在低水平重复；项目缺乏明确目标，以完成项目任务为导向，脱离生产实际需要；育、繁、推相互脱节，科研成果转化效率低。且目前我国的品种选育还是以常规的品种间杂交为主，育种周期长、效率低，与种植业相比，在育种新材料、育种新方法等方面还存在较大差距。

四、经费支持不足，基础设施薄弱

育种是一项长期而艰苦的工作，需要大量持续的工作积累，过去由于缺少长期稳定的经费支持，一部分遗传育种研究工作缺乏连续性和系统性。"十五"以来，我国政府在水产育种研究领域的科技投入有了较大幅度的增长，但在指导思想上依然存在相对的急功近利，甚至要求3～5年育出新品种，这是不切实际的，对育种工作的科学发展有害无益。总体来说，我国对水产育种工作的支持力度还不能满足科研工作的实际需求，在罗非鱼育种工作中也是如此，具体表现在，总的经费投入不足，经费支持缺乏连续性。投入不足直接影响着研究工作的进展和深度，对于育种工作者而言，经费支持没有连续性比总金额不足更致命，由于得不到连续性的经费支持，而导致育种工作半途而废、前功尽弃的现象时有发生，这不但造成了巨大的经济损失，对于育

种工作者的工作积极性打击也很大，对于罗非鱼育种研究非常不利。加大科技投入，给予罗非鱼育种工作持续支持，是促进罗非鱼遗传育种研究快速健康发展的根本要素。

此外，随着科技进步，细胞工程、基因工程和分子生物学开始在罗非鱼遗传育种研究中应用，家系选育和多性状综合选育开始兴起。目前，罗非鱼良种场的设备设施大多只能满足群体选育、保种和苗种培育的需要。罗非鱼育种研究设施设备落后，开始严重阻碍罗非鱼育种工作开展。近年来，虽然启动了罗非鱼遗传育种中心的建设，但资助力度和范围较小，不能满足罗非鱼育种要求。罗非鱼遗传育种基础设施建设是当前迫切需要解决的问题。

五、种业的商业化程度有待提高

罗非鱼乃至整个水产种业的发展应该以市场为导向，走商业化的道路。而目前我国罗非鱼的种业发展与市场严重脱节，具体表现为以下几点：

（一）育种不以市场为导向

在目前课题组制的组织形式下，科研院所的育种有很多是以发表论文和申报职称为目的，而不是商业化成果；课题组育种的最终评价方式是以品种审定为目的，而品种的商业化价值和社会价值不是其育种的根本出发点，这就导致出现了很多品种好看不中用的现象。以市场为导向育种的内涵是，品种在高产之外应该具备稳产、广适、抗逆性好、遗传特征稳定、制种生产容易等特性。要实现商业化育种必须具备信息和育种资源共享的机制。

（二）缺乏信息和育种资源共享的机制

国内目前的课题组制育种是在一个科研院所或者大学内，以育种家为核心组成若干个独立、不相关的单元。它们在育种目标设置、育种战略、育种计划、信息、育种资源等方面各自为战，互相不交流，因为它们中间存在着明显的利益竞争关系；在不同的科研院所之间也存在着同样的问题。这样就造成的大量的低水平的重复建设和社会资源的大量浪费。

（三）与产业结合不够紧密

课题组育种即便育出了不错的品种，一般会有两个出路：自己开发或者拍卖。自己开发显然是"扬短避长""不务正业"和低水平"搅局"。通过拍卖获得产品开发权的企业则要进行自交系测试、原种繁育、商业化亲本扩繁，然后才能够进行商业化生产，一般需要两年才能够具有商业规模，这种体制上的低效率显然不能够满足未来竞争激烈和产业迅速发展的需求。

(四) 缺乏品牌意识

我国罗非鱼苗种的加工和包装深度普遍不够，部分良种（繁育）场的鱼苗没有商标、没有包装、没有标注质量状况、没有使用说明或者标注不规范，到了经销商或分销商销售阶段，这种现象更加普遍，很多养殖户都不知道自己买到的是哪家的苗种。这种状况导致罗非鱼苗种市场充斥冒牌苗、"山寨"苗，生产这些苗种的繁育场在亲本保存和筛选方面很粗糙，亲本来源不清导致了罗非鱼引种质量的参差不齐，差异比较大，苗种质量和食品安全方面也存在很大隐患，同时，也在很大程度上扰乱了苗种市场。此类苗种场多以家庭作坊为主，规模小、生产粗放、设施简陋、技术力量单薄、种质来源渠道多样、苗种质量不稳定，政府相关部门虽然做了大量的工作，一直在采取措施去解决这些问题，但是由于种种原因，对这些"山寨"型苗种场的监管依然很难到位，苗种质量方面仍存在很大隐患。由于大大小小的罗非鱼良种（繁育）场均缺乏品牌意识，品牌苗不懂自我保护，没品牌的肆意冒牌，这既不利于提高苗种质量和净化苗种市场，又不利于农户合理地选择购买和使用，制约了罗非鱼种业市场化、产业化的形成，致使良种场即使有好的品种，也因为其他环节滞后，导致市场不好打开，价格提不高，效益上不去。

六、大规格优质罗非鱼越冬苗种供应不足

通过大规格越冬苗种的规模化培育，可大大缩短养成周期，池塘保持较高的利用率，但由于罗非鱼秋苗规模化生产技术难度大，产量低，难以满足大规格罗非鱼越冬种规模化生产的要求，需要从春、夏苗进行大规格罗非鱼越冬种培育，培养时间长、成本高和存在安全越冬的风险，这是大规格优质罗非鱼越冬苗种严重不足的主要因素。

七、罗非鱼育种创新较为困难

自从国外引进了莫桑比克罗非鱼、尼罗罗非鱼、奥利亚罗非鱼等优良罗非鱼品种，经长期杂交选育，培育出红罗非鱼、福寿鱼（莫桑比克罗非鱼♀×尼罗罗非鱼♂）、奥尼杂交罗非鱼（尼罗罗非鱼♀×奥利亚罗非鱼♂）等优良品种，为我国罗非鱼产业发展做出了巨大贡献。除需要对罗非鱼亲本群体进行保种选育工作外，相对来说在罗非鱼提纯复壮、选育种方面创新和发展是十分困难的。究其原因主要是由于育种材料有限，遗传背景明确的引进品种或群体数量有限，分别在各个不同的单位进行保种工作，利用传统选育手法选育本身就是一个性状缓慢固定的过程，所以新品种的育成是需要投入更多的人力、物力和财力才有可能完成的，非一朝一夕之功。

八、缺乏从事种业生产的专业技术人员

从事罗非鱼育种工作的工人流动性较大，而经过训练的罗非鱼育种专业技术人员更是为数不多，而非专业人员往往凭借一知半解的罗非鱼育种知识去进行苗种生产，管理水平太差，生产记录不详细或根本不作记录，还没搞清楚各个环节的操作细节就去搞生产，势必会出现这样或那样的问题，不光生产出来的苗种质量无法保证，甚至还有可能使亲本出现混杂。

九、天灾和病害影响

台风、暴雨、洪水、低温、连续阴雨等恶劣天气对罗非鱼苗种生产都会产生不良影响，轻则影响苗种产量，重则亲鱼逃逸或死亡，使育苗场损失惨重；病害的影响也是不可小觑，近年来，链球菌病的暴发使很多苗种场和养殖户蒙受了巨大的损失。其发病范围广、持续时间长、对于罗非鱼苗种生产和亲鱼保种生产损害都非常大。

十、研发与产销相互脱节

新品种对于苗种企业而言不仅是生存发展的物质基础，也是企业的核心竞争力。谁拥有新品种、谁就可能在市场竞争中占据优势。长期以来，由于体制、机制、观念等方面的束缚，育种大部分集中在科研机构，一方面农业科研人员花费大量精力和经费研究开发出来的新品种少有人问津；另一方面，由于企业自身缺乏研发能力，必须依靠购买科研机构的研发成果，但是由于科研院所与企业之间的交流等存在问题，做研究不了解市场、做企业的没有精力研究，所以最终导致科研机构研发的产品往往不能很好地适应市场的需求。由于研发和产销相互脱节，使得苗种企业经营品种单一、缺乏新品种，缺少可持续发展的后劲。

十一、我国各主产省（自治区）罗非鱼种业存在的具体问题

（一）广东省罗非鱼种业存在的问题

根据有关资料显示，目前我国罗非鱼苗种厂家有一百多家，但育苗场规模大小不一，罗非鱼苗种质量良莠不齐，上规模、走品牌化路线的育苗场只占其中的少数，严重制约着罗非鱼产业的发展。

据了解，海南大大小小的苗场众多，苗种质量也是参差不齐，往年，有不少广东的小苗场会到海南购买苗种回来标粗后，冒充品牌苗场的苗销售，业内称之为"山寨苗"。"山寨苗"以次充好，扰乱市场秩序，向来受业内鄙夷。但是，在往年品牌苗供

不应求的情况下，"山寨苗"还是具有一定的市场。往年是由于品牌苗供不应求，才让"山寨苗"有机可乘。但是今年的情况却大不相同，罗非鱼苗需求量较往年少，由于整体的罗非鱼投苗热情不高，品牌苗不再像往年那么紧缺，于是，"山寨苗"销售也将遭遇寒冬。而且今年养殖户在苗种的选择上更加谨慎，更为理性，对品牌苗的信任度更高。病害当前、鱼价低迷，均让养殖户投苗前考虑再三。选择品牌苗，无论从生长速度、雄性率还是抗逆性方面都有所保障。

（二）广西壮族自治区罗非鱼种业存在的问题

由于引进的时间较长，加上不注意保种和选育，种质退化现象相当明显，主要表现在生产的罗非鱼生长速度下降、雄性率不高、养殖规格不整齐、加工出肉率低等几个方面。其次，优质苗种生产能力不足，良种覆盖率低。据统计，目前广西罗非鱼养殖面积达 22 000hm^2，苗种需求量达 6.5 亿尾左右，而生产能力只有 2.5 亿尾左右，生产能力严重不足。大量苗种都靠外地购入，有些不法商家以次充好，拿"土罗非"当作良种苗种出售，这直接影响养殖罗非鱼的质量，使正常养殖周期内罗非鱼达不到加工出口的规格要求，严重影响了养殖的经济效益和挫伤了广大养殖户的积极性。

目前许多罗非鱼苗种场的生产过于粗放，设施化程度不高，技术含量低，相关技术研究还处于起步阶段，天气的异常变化往往会造成罗非鱼苗种产量的减少。因缺乏良好的越冬养殖基础设施，受天气影响大，早苗和秋苗的生产技术难度大。

广西罗非鱼良种繁育体系也面临着良种选育经费不足、基础设施老化、用水和用电成本较高、部分繁育场的管理制度有待完善等问题。

目前从事良种繁育人员的年龄结构为 30 岁以下占 21%，30～45 岁占 42%，45 岁以上占 37%，具有中级以上职称的专业技术人员仅占 14%，比例偏低。

（三）福建省罗非鱼种业存在的问题

1. 种质退化严重　种质退化问题是目前福建省罗非鱼产业普遍存在的主要问题，已成为制约罗非鱼苗种业进一步发展壮大的首要瓶颈。由于罗非鱼是外来引进品种，因引进种类、地区的不同，存在品种多和易种间杂交等因素，加上苗种企业缺乏科学的种质鉴别技术、制种和保种机制，致使罗非鱼品种混杂，经济性状退化，养殖效果较差，影响了产业化健康发展进程。

2. 适宜闽南、闽西北不同地区养殖所需良种选育有待提升　当前的罗非鱼良种选育多停留在生长快速的群体选育，如吉富品系罗非鱼长速快，但抗逆性不如奥尼罗非鱼，适合在水质较好的水域养殖，并且雄性率低。奥尼罗非鱼抗逆性强，尤其适合于水质较肥水域养殖，但长速较吉富罗非鱼慢。福建省各罗非鱼养殖区域的自然环境条件并不完全一样，需要不同生产性能的罗非鱼优良品种以满足不同地区、不同养殖者的实际需求，因此应根据市场需要，针对不同养殖地域和条件，培育出适合不同生产条件、不同养殖模式的多个罗非鱼优良品种或品系。

3. 良种繁育体系不健全，良种覆盖率仍不高　通过国家级罗非鱼良种场、省级良种场和大部分罗非鱼苗种场的共同努力，已初步建立了福建罗非鱼良种繁育生产体系，但缺乏有效的监督与指导，存在引种、保种选育、提纯复壮等方面的维持费用较高，导致了优良品种苗种售价较高，而低劣质种苗生产成本低，售价低，仍挤占有一定市场份额，市场上仍存在劣质苗种。

4. 优质苗种培育技术水平较低　目前福建省罗非鱼苗种生产企业尚未运用罗非鱼工厂化育苗技术，大部分罗非鱼苗种场仍采用罗非鱼的传统苗种繁育方法，受自然气候变化的影响较大，优质苗种生产与供应不稳定。特别是该省缺乏大型罗非鱼苗种生产企业，苗种场规模小、生产粗放、设施简陋、技术力量单薄、种质来源渠道多样、不能及时进行亲本的更新换代，仅凭传统经验进行罗非鱼苗的繁殖和培育，苗种质量不稳定。缺乏良好的高雄性率罗非鱼良种制种技术。

（四）海南省罗非鱼种业存在的问题

1. 罗非鱼苗种体系不健全，良种覆盖率不高　海南是全国罗非鱼苗种生产自然环境和条件最好的省份，近年成立了省级原良种审定委员会，并制定了相应的工作规程，但罗非鱼良种基础研究技术力量相对薄弱，没有专门的科研部门持之以恒地进行罗非鱼的引种、保种和提纯复壮工作，种苗生产的科学管理和规范化还相对滞后，对于良种良苗的资金投入少，推广的力度还是不够，罗非鱼良种良苗覆盖率仅达 60%。

2. 技术支撑薄弱，养殖技术推广工作较为被动　人才和技术储备不足，海南省水产行政事业单位（未含海南大学等教育单位）仅有水产科技人员 120 余人，其中高级职称者 22 人，中级职称者 57 人，从事养殖技术推广的科技人员偏少，尤其是各市县水产技术人员就更少，与快速发展的海南罗非鱼产业对技术的需求极不协调。近年来，水产技术推广部门由于受体制、经费等因素的影响，难以将先进适用的生产技术推广到位，虽然有些市县或者区域企业之间成立了罗非鱼养殖技术协会和合作社，但其协调机制和自我运作的方式有一定的局限性，难以适应罗非鱼产业的快速发展。

3. 质量标准和生产技术操作规范意识淡薄　海南省罗非鱼苗种生产部分还是以农户为主，受旧的传统生产方式影响，片面追求数量，忽视了质量，致使种苗产品质量水平参差不齐。

第三节　育种技术发展趋势

近几年，罗非鱼产业在我国得到了迅速的发展，养殖面积和产量不断增大，我国对罗非鱼良种的需求量大幅上升，而罗非鱼育种技术的研究一直是产业关注的焦点，尤其是繁育单（雄）性罗非鱼技术成为产业发展的瓶颈和企业面临的难题。目前鱼类的选育技术主要包括以下几个方面：选择性育种是鱼类育种工作的最基本手段；杂交育种也将在水产养殖品种（尤其在海水鱼类方面）的改良中发挥巨大作用；性别控制能培育出养殖潜力巨大和产量稳步持续增长的品种，可以因地、因种制宜加以利用；多倍体诱导育种可以进行工业化苗种培育，应该深入研究；生物技术的发展也加快了罗非鱼育种技术创新步伐，传统育种技术不断改进，分子生物学技术在罗非鱼育种研究中得到越来越广泛和深入的应用，分子育种与常规育种相结合，将成为罗非鱼定向培育新品种的理论与实践发展方向。实践证明，选择育种和杂交育种等传统育种方法仍然是罗非鱼育种的主要手段，而细胞工程与基因工程育种离生产尚有一定距离。

罗非鱼生产中急需结合传统形态学方法及现代生物技术，建立有效、适用的种质鉴定技术，以防止种质间混杂；选育适合各主产区的养殖品种，要求生长快、高雄性、抗逆性强、出肉率高；建立良种扩繁技术及规模化保种技术，完善良种体系建设。通过建立新品种（系）种质鉴定技术标准，开展保种技术研究，并在罗非鱼种苗场进行保种技术规模化适用性检验，建立罗非鱼新品种保种技术体系。根据当前的实际，罗非鱼育种应当是传统方法、细胞工程与基因工程、标记辅助育种相结合，集形态学测定、分子标记分析、数量遗传统计、个体物理标识等的综合技术育种。

一、罗非鱼育种技术

（一）选择育种

选择育种是最传统和有效的育种手段之一，包括群体选育和家系选育。家系选择相较于群体选择环境方差小，现实遗传力大，各家系的个体数多，对于遗传力低的性状选择更有效，有利于群体中最佳基因的组合。目前，国内罗非鱼选育正从传统的群体选育向家系选育过渡。

1988年，世界渔业中心（The World Fish Centre）发起了养殖罗非鱼遗传改良（GWF）计划，与挪威、菲律宾等国家的水产研究机构合作，在收集亚洲和非洲8个国家和地区的尼罗罗非鱼种质资源的基础上，合成基础群进行选育，经过6个世代的家系选育，形成GIFT品系罗非鱼，其生长速度提高了85%。1994年，上海水产大学李思发教授从菲律宾ICLARM引进吉富罗非鱼，并采用群体选育的方法在中国育成罗非鱼新的品系"新吉富"。中国水产科学研究院淡水渔业研究中心、广西壮族自治区水产研究所、挪威皇家极品水产有限公司在国内均采用家系选育方法进行吉富罗非鱼的选育，吉诺玛集团公司在菲律宾的吉富罗非鱼选育也采用家系选育方法。中国水产科学研究院淡水渔业研究中心在国家"863"计划的支持下，认真组织实施"高雄性率罗非鱼与鲟鱼的育种及产业化"项目，以常规育种和遗传标记辅助选育技术相结合，对奥利亚罗非鱼和尼罗罗非鱼进行严格选育，通过家系选择，育成了体型好、生长快的罗非鱼多个家系，使其杂交后代——奥尼鱼雄性率均稳定保持在95%以上，个别达到98%，在广西地区大规模生产中，奥尼罗非鱼雄性率平均达到96.48%，使我国的罗非鱼养殖获得了突破，为水产养殖业提供了优良养殖品种。2008年，广西壮族自治区水产研究所采用家系选育方法获得尼罗罗非鱼和奥利亚罗非鱼耐寒专门化品系，并在此基础上利用杂交育种技术，选育获得了耐寒罗非鱼新品种。

随着鱼类标记技术进步和计算机软件分析工具的普及，通过家系育种方法，控制近交效应，避免遗传衰退，估算目标性状的遗传力，确定目标性状间的表型相关和遗传相关，确定选育参数，并在此基础上制定具体可行的选育方案，从而使选育可持续进行，不断获得遗传进展。目前，家系选育技术研究已成为罗非鱼育种的热点和趋势。

（二）传统选育方法结合标记辅助选育

传统选择育种方法是最直观、最有效的选育手法，直接从表型入手，选留目标表型的个体留作种用；标记辅助育种是依托于分子标记来辅助选择育种的，两者有机结合，通过对重要经济性状标记的定位检测来直接获得有利基因的信息，再利用传统选育手法优中选优，使育种更具有方向性和预见性，从而加快新品种育成的速度。标记辅助选择育种方便快捷，但需要对重要经济性状的定位精准，Kocher 等发表了尼罗罗非鱼的遗传图谱，并在为重要数量性状进行定位，为罗非鱼标记辅助育种提供了理论依据，对罗非鱼的标记辅助育种研究会有极大帮助。

与其他育种手段相比，标记辅助育种尚处于萌芽阶段。随着分子生物学技术快速发展，完整的 QTL 作图将使数量性状基因精确定位成为可能，从而指导并实施标记辅助育种，这将成为未来罗非鱼育种研究的主要方向之一。

（三）杂交育种技术依然会是未来罗非鱼育种的主要方式

杂交育种除了后代具有杂交优势外，还有一种不可替代的优势，就是雄性率极高，是其他方法无法达到的。单性养殖模式只有通过杂交育种来实现才最为合适，雄激素处理方式因涉及使用安全而存在潜在问题。目前杂交育种（尼罗罗非鱼♀×奥利亚罗非鱼♂）获得的奥尼罗非鱼雄性率可达95％以上，可有效控制养殖池塘中雌鱼数量从而抑制罗非鱼过度繁殖的现象发生，能起到提高饲料利用率、提高养殖产品出池规格一致性。

杂交育种包括种内杂交和种间杂交，由于杂交育种手段简单易行，杂交一代表现有明显的杂种优势，具有较高的应用价值，生产中已被广泛采用。奥尼罗非鱼是罗非鱼种间杂交选育的成功案例，1975 年，Pruginin 等报道，尼罗罗非鱼和奥利亚罗非鱼杂交可以获得全雄子代。从1982 年开始，我国水产科技工作者开展了尼罗罗非鱼和奥利亚罗非鱼种间杂交的试验研究，并获得了雄性率高达90％以上的杂交 F_1 代。利用尼罗罗非鱼（♀）×奥利亚罗非鱼（♂）生产的奥尼杂交罗非鱼，具有雄性率高、生长快、抗病力和耐寒能力强的优点，深受广大养殖户喜爱，该品种在国内养殖十几年不衰，目前依然是罗非鱼养殖的重要对象。

吉富品系尼罗罗非鱼是利用4 个亚洲品系与4 个非洲原种品系进行种内杂交选育

而成，比菲律宾的一般商业品系生长快 60%。

此外，红罗非鱼是属内种间杂交育出的一种高产优质养殖鱼类，是由野生型尼罗罗非鱼与红色莫桑比克罗非鱼杂交分离出来的。李思发教授采用尼罗罗非鱼（"新吉富"品系）与萨罗罗非鱼（高耐盐性品种）杂交得到的"吉丽"罗非鱼则是专为海水养殖（盐度>15）选育的品种，适宜在沿海地区15～25盐度的池塘养殖，目前已开始推广。

(四) 染色体操作技术将发挥一定作用

染色体操作技术包括三倍体、四倍体技术和雌核发育等技术。通过制备一定数量的四倍体罗非鱼形成群体并保种扩繁，再使其与二倍体罗非鱼杂交来生产三倍体不育系罗非鱼种苗，也可能实现同奥尼杂交罗非鱼同样的养殖效果。

(五) 家系选育技术依然会被采用

目前，吉富罗非鱼由于其具有非常快的生长速度和适应网箱养殖的特点，在我国有大面积养殖，未来吉富罗非鱼在我国罗非鱼养殖业里仍然会扮演一个极其重要的角色，而吉富罗非鱼就是采用家系选育的选育技术而获得其优良养殖性状的，所以将来家系选育技术依然会在吉富罗非鱼的选育过程中发挥较大作用，家系选育方法由于需要较多的场地而限制了其在大范围内发挥作用，仅少数单位才有条件开展。

(六) 细胞工程与基因工程育种

自 20 世纪 70 年代以来兴起的细胞工程技术已应用于罗非鱼育种中。用雌核发育技术建立了尼罗罗非鱼纯合克隆系，并获得全雌二代克隆鱼，但成活率只有 4%。通过冷休克或热休克、静水压与冷休克相结合的方法可诱导罗非鱼产生多倍体。基因工程技术也已用之于罗非鱼育种的研究中，有学者分别将人生长激素基因和鲑鱼生长激素基因转入罗非鱼获得转基因罗非鱼，其生长速度有显著提高，个体平均重量是对照组的 3 倍。但国内外尚无转基因罗非鱼商业性生产的报道。

(七) 性别控制

全雄罗非鱼商品鱼的产量和质量均显著高于雌雄混养罗非鱼，为此，各国学者在罗非鱼养殖以来就开展了罗非鱼性别控制研究，并取得了很多成果，目前罗非鱼主要通过种间杂交和超雄罗非鱼等方法制备全雄罗非鱼。Scott 等（1989）根据性别控制假说，提出了生产"YY"超雄尼罗罗非鱼的模式。在不同养殖环境下，遗传全雄罗非鱼（Genetically male tilapia, GMT）群体比性转雄鱼（Sex reversed male, SRM）、正常混合性别群体（Mixed sex tilapia, MST）表现出不同程度的明显增产优势。但由于超雄鱼与一般的雄鱼在外形上很难区分，筛选超雄鱼的工作相当繁琐费时，故影响这一成果的推广。

二、罗非鱼育种发展趋势

21世纪以来短短十几年的发展，我国罗非鱼种业取得了长足的进步，育种技术突飞猛进，人才队伍初具模型，设施设备大幅改善，育种成果开始凸显，罗非鱼种业进入发展的快车道，新品种在促进罗非鱼养殖业健康发展中的地位和作用得到前所未有的重视。罗非鱼育种技术迎来了发展的黄金时期，为满足未来罗非鱼养殖业将不断向优质高产、高技术和精准化方向发展的要求，罗非鱼遗传育种必须在理论和技术方面不断探索，灵活运用多种现代科学技术，同时还要将高新技术和传统育种方法相结合，让传统育种技术发挥新的更大的作用。采用多学科结合，高新技术与传统技术结合，多性状复合育种技术进行罗非鱼新品种的育种是发展的大趋势。

（一）高新技术与传统技术结合

传统的选择育种和杂交育种方法育种周期长、准确性低，加之水产动物育种材料遗传优势不易保存的特点，迫切需要探寻更加高效、快速的遗传育种方法和技术。随着遗传连锁图谱、多倍体诱导、雌核发育、分子标记等技术的开发和应用，可弥补传统育种技术的不足，使传统育种技术不断升级。目前，转基因技术在水产生物遗传研究中得到应用，可将功能基因直接引入水产生物的受精卵或胚胎，通过引入和表达异源基因或破坏现存基因的功能，受体生物可获得所期望的优良品质，并能遗传；水产生物功能基因序列的测定、重要经济性状相关分子标记的定位和遗传解析、细胞遗传技术的突破，可实现水产养殖生物的育种研究走上精确育种轨道。

（二）多性状复合育种

传统经典的选择育种方法，一般是在构建基础选育群体的基础上，针对某个性状进行累代选育，经过连续数代选育，往往可以获得对目标性状的增强效果，从而达到选育的目标。这种选育方法对单一性状的选育非常有效，在罗非鱼选育中也广为选用，吉富罗非鱼就是以生长性状为选育目标并选育成功的优良品种。然而，随着罗非鱼产业的发展，罗非鱼养殖密度和产量不断上升，罗非鱼的病害、寒害及其他问题都开始凸显。近年来，罗非鱼链球菌病给罗非鱼产业造成了巨大的损失，吉富罗非鱼首当其冲，发病率和死亡率都居高不下，在寒灾中吉富罗非鱼的损失也是最大的。有学者认为，这是因为吉富罗非鱼只关注生长速度的选育，忽略了其他经济性状，导致其他经济性状的严重退化。要实现罗非鱼产业持续健康发展，罗非鱼多性状的复合育种势在必行。目前，国内基于BLUP的多性状复合育种方法的水产动物育种研究还处于起步阶段，相关的理论和技术都需要进行深入的探索和实践，其具有的精确性、全面性和可持续性等优势，具有很大的发展空间和潜力，已成为当前育种领域的发展趋势。

（三）数字化育种

数字化植物育种是综合利用当代计算机和信息网络技术辅助于现代育种的一项标准化的动态系统工程。通过对广泛的动态育种（资源）数据的标准化管理和分析，对育种材料综合属性进行自动数据处理，对育种材料进行遗传距离和类群分析、杂种优势预先判定，按照育种者需要，给出适当推荐结果，辅助提高育种的目标性、准确性和育种效率。任何与育种有关的环境因素、生物学和遗传学等多个科学领域的研究进展、育种者不断积累的经验以及田间试验等数据都应该充分考虑到并整合到数字化育种系统中。数字化育种对于整合育种行业资源、提高育种效率将起到积极的作用。数字化育种技术方兴未艾，是我国水产遗传育种研究的发展方向，前景非常广阔。

第四节　战略思考及政策建议

种业在农业生产中具有不可替代的作用，是各种农业科技和生产资料发挥作用的载体，对于提高农业综合生产能力具有基础性和先导性的作用。2012 年中央 1 号文件要求抓好种业科技创新，加强种质资源收集、保护、鉴定，创新育种理论、方法和技术，创制良种育种材料，加快培育一批突破性新品种；2013 年中央 1 号文件再次要求推进种养业良种工程，加快农作物制种基地和新品种引进示范场建设，加强农业科技创新能力条件建设和知识产权保护，继续实施种业发展等重点科技专项。国家对种业科技创新高度重视，不断加大人力和资金的投入，必将推动我国主要水产品种加速向优质化、专用化、高效化发展。罗非鱼遗传育种学科领域将紧密围绕食品安全、生态安全和产业发展的主线，在新品种繁育技术以及良种产业化体系建设等方面进行集成和创新，不断提高育种效率和定向育种水平，强化优质、高产与抗逆等性状的协调改良，创造出有重大应用前景的水产育种新材料，选育出高产优质新品种，走向市场、参与国际竞争。

在当前如此严峻的罗非鱼苗种市场背景下，借鉴国外其他苗种发展的经验，企业做大做强是企业发展的必由之路，育、繁、销一体化是苗种整体产品开发最有效率的组织形式。也是发达国家苗种产业具备较强竞争力的关键所在。因此，解决我国苗种发展存在问题的关键和今后发展的首要目标是尽快培育苗种市场经营主体。综合罗非鱼种业发展的现状，提出以下建议，以促进罗非鱼种业更好更快发展。

一、做好种质资源保护和开发

（一）科学引种

引种前须做好有关方面的调查研究，在 1988 年罗非鱼资源会议上，Pullin 提出的未受干扰或相对未受干扰的尼罗罗非鱼原种分布区域为：最佳水域（水系）为塞内加尔、尼罗河水系、埃及的湖泊，次佳水域（水系）为加纳 Volta 水系、尼日尔水系、Burkina Faso、马里及尼日尔。从维持种群的遗传多样性角度讲，保留的群体数量越大越好，但限于实际情况，保种量不可能很大，在综合考虑时有个最低限度。据认为，鲑鳟鱼类有效群体最少不低于雌雄各 200 尾，鲤科鱼类也同样认为不能低于这个数。罗非鱼究竟最低要有多大的有效群体量，目前尚未有相关报道，考虑到罗非鱼繁殖快的特点，应不少于以上两类鱼所需的数量。1994 年以后我国引进的尼罗罗非鱼、奥利亚罗非鱼、红罗非鱼和萨罗罗非鱼的群体数量都较大，这就大大降低了罗非鱼的近亲繁殖几率。

（二）品种保存

无论是引进的原种，还是培育的新品种（品系），都需要一个良好的保存环境。罗非鱼在我国没有天然资源，在人工生态养殖系统中，受到诸多因素制约，如水体、温度及各种人为的干扰，对维持其遗传多样性十分不利。若能在适当的地方，建设罗非鱼种质库，做好隔离工作，进行封闭式管理，防止种质混杂，让它们像在原产地一样的生态条件下生长、繁殖。这种种质库可以充分保持它的遗传变异，是一个理想的基因库。这样，就可像农作物育种一样，随时可从库中引入具有丰富遗传资源的"野生"种质，用于改良养殖种群的遗传结构。

（三）良种规模化生产

要实现罗非鱼良种化，必须将现代生物技术手段和传统的遗传育种理论相结合，采用综合选育方法，坚持长期的提纯复壮和选育，以生长速度快、雄性率高、出肉率高、具有一定抗寒性能等优良性状为选育目标，尽快选育出具有地方特色的品牌罗非鱼良种。在经种群扩大繁殖后应用于苗种生产中，提高良种的覆盖率。

（四）推进罗非鱼工厂化育苗

综观当前国内外的渔业生产，工厂化育苗已成为当前苗种生产发展的主趋势。罗非鱼的传统苗种繁育方法主要是通过雌、雄亲鱼在池塘里自然繁殖，鱼苗孵出后再用抄网在池塘内进行人工捕捞，通常难以捞干净，并存在大苗吃小苗现象，严重影响产苗的效率和质量；此外，受天气影响较大，经常受"倒春寒"影响，生产季节短，生产效率低，苗种规格不齐，难以达到大规模早苗生产的要求。而通过利用热电厂的余热水资源或者采用塑料温棚控温和锅炉加热的方法，开展工厂化育苗，每年至少可以提前 1 个月出苗，有利于商品鱼的养成，同时工厂化育苗又可以保证鱼苗的品质和数量，大大减少成本支出。

二、加强育种理论与技术研究

现代生物技术打破了传统育种的束缚，开拓了育种的新领域，加快了育种的进程。根据联合国粮食及农业组织（FAO）预测，21 世纪全球农业 90％的品种都将通过分子育种提供，而品种对整个农业生产的贡献率亦将超过 50％，显然品种是农业发展的关键。20 世纪 90 年代以来，国际上的水产育种已进入分子水平，朝着快速改变养殖生物基因型的方向发展。我国要跟上这一科技形势，就要大力发展分子育种，研究育种的分子生物学基础和关键技术手段。我国水产育种起步较晚，基础较差，罗非鱼作为引进的外来种，研究工作更为滞后，这就要求育种工作者加快夯实基础，在一些重要领域加强研究，在重视和推进传统选择育种和杂交育种的同时，特别需要开展细胞工程育种、分子标记辅助育种、转基因等前沿育种技术的研发，注重科技创新，实现育种理论和前沿科技的突破。

罗非鱼种业的发展必须走科学发展之路，应当充分利用现代生物技术的优点，借鉴国外鱼类育种的成功经验，在建立新品种培育能力的长效机制上下足功夫，大力开展选育、培育优良新品种的研究工作。在改进和完善育种技术研究的基础，需要进一步加大科技投入，建立育种基础群体和完善的保存技术，稳固罗非鱼育种的基础，针对罗非鱼主要经济性状应用现代生物技术，结合传统的育种方法，创建罗非鱼育种技术体系，培育罗非鱼新品种，提高良种覆盖率，推动罗非鱼产业朝着高产、优质、高效的方向健康发展。

三、加强人才培养和团队建设

遗传育种是一项长期而艰苦的工作，在整个水产品种遗传育种行业，人才总量不足、结构不合理、高层次创新型和高技能人才匮乏等问题长期存在，罗非鱼育种行业也是如此。人才问题是影响和制约罗非鱼种业发展的关键因素。我们要从战略高度充分认识加强人才队伍建设工作的重要性和紧迫性，以人才资源能力建设为核心，建立健全人才的培养、引进、使用、评价、激励机制，充分发挥市场配置人才资源的基础性作用，努力营造人才汇聚、人尽其才、才尽其用局面，为罗非鱼种业打造一支规模宏大、结构合理、素质优良的人才队伍。

（一）加强育种人才队伍建设，大力培养应用型技术人才

应当承认，大专院校和科研院所的育种队伍长期以来对我国种业的发展和农产品安全做出了历史性的贡献。但是当代水产种业，人才结构不合理，高端人才匮乏，特别是国际化人才、掌握核心技术人才、高新技术领军人才非常少，面向高技术产业的专业人才以及实用型、技能型人才均比较缺乏。在此，一方面要提升现有育种工作人员的技术水平，重点抓好育种骨干培训；另一方面要以高校和科研院所为依托，注重后备人才培养，加强专业技术人才创造能力建设。

在我国承担育种任务的主要是农业科研和教学单位，绝大多数的公司几乎没有研发机构和科研人员。苗种企业科研人才严重缺乏，因此，要提高苗种企业自主研发能

力，解决苗种企业科研与育种人才是关键，为此应当采取灵活措施，尽快解决企业的人才短缺问题。从企业的角度来说，在国家制定了上述鼓励科研人员到苗种企业的优惠政策的前提下，可以通过招标的形式，向科研人员提供良好的工作环境和设备，吸引科研工作人员。在此基础上，通过以老带新的方式，使科研人员在培育新品种的同时，逐步培养企业自己的研发人才。

促进产学研结合，从常规育种到分子生物技术手段育种，从良种选育到苗种生产，从不同层次、不同方向加强罗非鱼育种人才的培养。同时，大力培养应用型苗种专业技术人才，实行职业资格证制度，凭证上岗；加强苗种技术从业人员在岗培训，及时提高他们技术水平；建立健全考核制度，培养一批技术水平高、创新能力强、爱岗敬业的应用型人才，为罗非鱼苗种产业的继续发展提供强有力的人才支撑。

（二）优化人才发展环境

建立人才自由灵活调配机制，把创新型人才选用到合适的岗位上，通过给予科研启动经查、推荐参加相关学术技术团队、提供实验设备等工作条件，充分调动现有人才创新发展的积极性；建立人才流动保障机制，落实好现有的人才政策，保障企业和人才合法权益，促进人才的合理流动，发挥人才最大效益。

（三）加强人才载体和平台建设

一是要完善罗非鱼种业研发体系，从政策、经费等各方面大力支持有条件高校、科研院所和企事业单位，广泛吸引学有专长人才开展课题和成果转化；二是打造示范基地，加快构建以项目带动引智、以引智促项目、以基地聚人才的良性互动机制，探索建设蓝色经济海外高层次人才创业基地；三是坚持以项目带动集聚人才，建立人才、项目、技术、资本有效"对接"机制，充分发挥项目的载体作用，采取项目融资、项目技术成果交易等多种方式，集聚各类专业人才；四是坚持以企业为主体吸引人才，结合企业发展规划，积极引进研发、管理、营销等各类人才，特别要加快引进有一定专长的高端科研人才和海外留学归来人员，鼓励企业在高等院校、科研机构内设立技术开发中心，实行双向合作制度。

四、健全和完善罗非鱼苗种管理体制

完善的管理体系，法制化、规范化的种业市场环境，公平、公正、宽松、有序的竞争机制，是我国罗非鱼种业健康、快速发展的重要保证。完善农业部门相关配套规章或地方性法规，实行水产良种生产、销售许可制度，从法律政策层面上，给予苗种企业以宽松和谐、公平竞争的市场环境。

强化种质资源的引进与保护，建立简易快捷低成本的苗种质量鉴别技术。建立有效的苗种生产业准入机制，实行苗种生产许可制度，加强苗种检疫制度的执行力度，特别是对跨地区销售的苗种和各类中小苗种场的苗种，建立和完善苗种销售的追踪制度。适当控制养殖规模，挖掘生产潜力，对某些地方盲目扩大养殖规模的行为，应加以引导。

全面落实农业部 2001 年 12 月 10 日颁布的农业部水产苗种管理办法和出台地方性的水产苗种生产标准。加快监督体系的建设，实行苗种生产许可制度。成立罗非鱼行业协会，在政府职能部门的指导下，强化罗非鱼育种产业的宏观调控，行业之间互为协调、沟通、交流信息，防止劣质亲本、苗种混入市场。规范市场行为，增强行业自律是罗非鱼苗种生产持续健康发展不可缺少的必要手段。

五、推进技术体系建设

构建"以市场为导向、以企业为主体、以科技为支撑、产学研相结合、育繁推一体化"的水产种业科技创新体系；把提高科技创新能力作为做大做强罗非鱼种业的支撑，培养一批具有国际先进水平的科技人才和优秀团队，培育具有重大应用前景和自主知识产权的新品种，扶持一批具有较强科技创新能力的"育、繁、推一体化"优势企业，促进我国罗非鱼种业整体提升。

目前，国家现代农业产业技术体系罗非鱼产业技术体系的持续建设和稳定支持，通过首席专家和各岗位科学家、各实验站站长的交流、沟通和梳理，一个涵盖良种亲本培育、优质苗种生产、高效饲料开发、健康养殖模式建立、高附加值加工技术研发等重要环节的具有中国特色的罗非鱼产业技术研发体系已初步形成。从长远考虑，今后整个体系工作的中心应是充分发挥体系协调、整合各系统的优势资源，推进产业化的进一步深入，扶植大型龙头企业的形成。

六、加快商业化进程

目前，育种资源和育种力量主要集中在科研单位，企业育种条件和力量相对薄弱，商业化育种完全由企业承担还需要一个过程。为此，要结合现状加快推进科企合作，促进育种资源逐步向企业转移，凸显企业的主体性作用，加快罗非鱼种业的商业化进程。

（一）加强企业自主创新能力

增强罗非鱼种业的竞争力，主体是企业，核心是品种，关键是创新。创新是企业发展的坚强后盾和潜力所在，罗非鱼苗种企业应当逐步建立自己的研发机构，走育种、繁育、推销一体化的道路。我国罗非鱼苗种企业要想在激烈的国际竞争中站稳脚跟，必须重视科技创新。一方面，加大研发投资力度，充分利用现代生物技术成果，在种质资源利用、育种技术方法、新品种培育、产业配套技术等方面实现创新，提高品种选育的速度和效率，使企业向科研、生产、销售一体化方向发展。另一方面，加强与从事基础性、公益性研究的科研院所的合作，逐步加大企业科技创新参与力度，加快科技成果转化，增强企业的创新主体地位。国家应当积极扶持和鼓励企业开发优良品种，重点扶持育繁推一体化大型苗种企业，通过自主创新，形成国内种业集团化优势，逐步提高与国外企业的抗衡能力，大力推进我国民族种业的快速成长与发展。

（二）提升企业核心竞争力

随着市场经济的不断发展，企业间的竞争日趋激烈，在某些方面企业间竞争实际上是人才的竞争。因此，加强对企业管理人才、经营人才和科技人才的培养，切实提高我国种业发展的经营水平、技术水平和管理水平，是推进我国罗非鱼种业产业化的当务之急。一方面，应根据农业管理、科研和人才建设的实际需要，建立人才分类管理体系，不断完善科学有效的人才培养、吸引、使用、评价、激励制度，充分发挥人才作用；企业要采取各种优惠政策，积极引进人才、培养人才，想方设法留住人才，调动和发挥人才的积极性和主动性。另一方面，应加大对行业中潜力企业的扶持力度，培养领唱型企业；支持种苗企业向育繁推一体化、专业化、集团化方向发展；引导种苗企业向育种公司、制种公司和生产公司等专业化方向发展；促进科研单位与企业的合作，借助科研单位研发优势实现双赢，形成育、繁、推一体化的机制，有利于做强做大种苗企业，同时提高种苗企业的技术水平。

（三）树立品牌意识

品牌是一种市场价值，是市场创造力，是扩大市场业务、获取利润的有力工具。一个苗种企业，要想有竞争实力，必须制定完善的营销策略，树立自己的品牌，让广大客户接受，得到社会的认可。比较看来，我国罗非鱼苗种品牌与国外独资的吉诺玛品牌相比差距较大，起步晚、品牌意识不强、打造品牌力度不够，造成品牌效益低下，因此，打造种业自主品牌，提高种业核心竞争力，是我国种业发展的必由之路。从我国的具体情况来看，树立品牌、完善营销策略主要可以从三个方面抓起：一是建立完善的营销网络和营销队伍，加强对自我品牌的宣传；二是严格把关，保证企业生产种苗的质量，以质取胜；三是要为客户提供优质的售后服务，包括技术指导和跟踪服务等，以此占领市场。

（四）整合苗种资源，打造苗种龙头企业

长期以来，我国苗种行业存在着过多小企业，为了生存，企业之间的竞争异常激烈，从某种程度上导致苗种行业整体利润降低，不少企业不得不把主要精力消耗在企业间恶性竞争带来的内耗上。为此，首先必须对行业进行整合，保证有实力的企业将主要精力放在培育和开发新品种上。

（五）加强管理、提高苗种行业集中度

针对目前苗种企业存在多而小的市场情况，以产业发展要求控制苗种企业数量，通过严格苗种企业经营资格的行政审批，达不到法律法规规定条件的，坚决不予发证，把一部分小、弱、差企业排除在行业之外，经过重新洗牌策略减少苗种企业数量，提高行业的集中度。

（六）利用金融手段、提高苗种企业实力

首先，在政府层面，要把苗种产业作为农业发展的先导产业给予重点支持，切实加大公共财政对苗种产业的支持力度，彻底改变我国苗种产业发展基础薄弱的被动局面；其次，是由国家应该政策性地向苗种企业提供长期无息或低息贷款；再次，是发挥资本市场筹资功能，鼓励一批符合条件的苗种公司上市融资；同时，是突出公共财政的引导性作用充分调动苗种企业的投资积极性，提高公共财政资金的使用效率，对达到一定规模的苗种企业给予税收优惠。此外，苗种企业还可以通过申请国家支农资金、申报各级科研项目、申请新技术（新品种）后补助等多条渠道融资。

（七）完善品种审定制度

作为产业链上游关键链条的苗种行业，其市场更应引起政府的足够重视。针对目前罗非鱼苗种市场环境现状，制定出完善的苗种管理体系，法制化、规范化的公平、公正、宽松、有序的竞争机制，是我国苗种健康、快速发展的重要保证。

（八）提高企业自身的研发和创新能力

科技进步是苗种产业发展的驱动力量，扶持苗种企业做强新品种是苗种企业的核心竞争力。为此，首先要不断提高企业的技术装备水平，在苗种培育的各个环节大力采用新方法、新技术、保证苗种质量稳步提高。只有不断开发出自己的优势新品种或特色品种，并且迅速形成规模，开拓市场，才能保证企业得到长足的发展。

七、加大病害研究力度，控制病害发展、加强抗逆品种（系）的选育

加强罗非鱼病害的研究力度和防控力度，建立罗非鱼病害防治机制，培养苗种企业和个体户"无病预防，有病早治；以防为主，防重于治"的意识；认真研究罗非鱼病害暴发的环境要素，了解发病条件，建立完善的预警机制；大力开展营养及免疫学的研究，开发替代抗生素和化学消毒剂的免疫增强剂、微生态制剂以及口服、浸泡疫苗，提高罗非鱼的抗病、抗逆能力。

第四章 中国罗非鱼养殖业战略研究

第一节 罗非鱼养殖业发展现状

罗非鱼具有食性广、生长快、抗病力强、繁殖力强、环境适应性强等优良养殖性状，联合国粮农组织（FAO）于1976年在日本召开的"水产增养殖会议"上，向全世界推荐养殖罗非鱼。FAO的推荐引起世界水产养殖行业的重视，众多热带、亚热带和温带国家先后引进养殖，并不断进行品种改良，完善其养殖性状，提升商业价值。目前全球有100多个国家和地区开展罗非鱼养殖，年产量已超过300万t，许多发展中国家都将其列为出口创汇的优势养殖品种。我国罗非鱼的产量从1995年的31.5万t发展到2012年的155.27万t，占世界罗非鱼养殖总产量的40%以上，是全球最大的罗非鱼养殖国家。得益于适宜的气候，罗非鱼生产主要集中在广东、海南、广西、福建等南方地区。目前我国广东、广西、海南、福建、山东、北京等地罗非鱼养殖都得到了迅速发展，并带动种苗、饲料、加工、贸易等相关产业的迅速发展，逐步走上了产业化、规模化发展的道路。形成了较完善的罗非鱼产业链，在国际上具有一定的竞争优势。

一、我国罗非鱼养殖历史

罗非鱼又称"非洲鲫鱼"，简称"非鲫"，是非洲主要的经济鱼类之一。我国引进的罗非鱼类主要有（表4-1）：莫桑比克罗非鱼（*Oreochromis mossambicus*）、尼罗罗非鱼（*O. niloticus*）、奥利亚罗非鱼（*O. aureus*）、荷那龙罗非鱼（*O. hornorum*）、黄边罗非鱼（*O. amdersonii*）、伽利略罗非鱼（*Sarotherodon galilaeus*）、齐氏罗非鱼（*Tilapia zillii*）、美丽罗非鱼（*Cichlasoma* sp.）以及杂交种红罗非鱼（尼罗罗非鱼与莫桑比克罗非鱼杂交变异种）、福寿鱼（莫桑比克罗非鱼♀×尼罗罗非鱼♂）。另外，在引进的尼罗罗非鱼中，又有苏丹、尼罗河下游、美国、吉富（GIFT）和埃及等品系。目前我国养殖的罗非鱼类主要有尼罗罗非鱼和奥利亚罗非鱼的杂交种奥尼罗非鱼、吉富品系罗非鱼及红罗非鱼。

我国罗非鱼养殖历史主要分为几个阶段：20世纪50～70年代，主要以养殖莫桑比克罗非鱼为主；70～90年代，主要以养殖尼罗罗非鱼、福寿鱼罗非鱼为主；20世纪 90 年代末至 2006 年，主要以养殖奥尼罗非鱼为主；2006 年以来，主要以养殖吉富品系罗非鱼、奥尼罗非鱼为主。

表 4-1　我国大陆从国外引进的罗非鱼品种情况

引进种类	原产地	引进途径	引进时间	引进单位
莫桑比克罗非鱼	非洲、印度尼西亚	从越南	1956	中国渔业代表团
尼罗罗非鱼	非洲	经苏丹	1978	长江水产研究所等
齐氏罗非鱼	非洲	经泰国	1978	广东食品公司
伽利略罗非鱼	非洲	从苏丹	1978	湖北省水产研究所
奥利亚罗非鱼	非洲	经香港从台湾	1981	广州市水产研究所
奥利亚罗非鱼	以色列	美国	1983	淡水渔业研究中心
黄边罗非鱼	非洲	直接	1987	广东
美丽罗非鱼	非洲	经香港从台湾	1989	广东
荷那龙罗非鱼	非洲	从美国	2000	珠江水产研究所
橙色莫桑比克罗非鱼	非洲	从美国	2000	珠江水产研究所

我国广东省于 1956 年从越南引进莫桑比克罗非鱼，开始了罗非鱼在中国的养殖历史。由于是从越南引进的，所以也称"越南鱼"。但因该鱼生长慢、个体小、体色黑而逐渐被淘汰。1977 年，我国台湾的吴振辉先生和郭启彰先生引进了福寿鱼（莫桑比克罗非鱼 XX♀×尼罗罗非鱼 XY♂）并进行推广养殖，因此也称为"吴郭鱼"。但因其雄性率不高，繁殖速度较快，养殖池塘中仔鱼较多而逐渐被淘汰。1978 年，我国引进了生长性能远优于莫桑比克罗非鱼的尼罗罗非鱼。1981 年引进了奥利亚罗非鱼，也称蓝罗非鱼，该鱼主要用于与尼罗罗非鱼杂交生产雄性率高的杂交一代——奥尼鱼。奥尼鱼具有明显的杂种优势，生长速度快、个体大，雄性率达 90% 以上，生长速度比父本快 17%～72%，比母本快 11%～24%，抗病力和抗寒力较强，而且起捕率高，目前已成为我国重要的罗非鱼养殖品种。从此，我国罗非鱼养殖进入了高速发展时期，罗非鱼养殖产量逐年增加。此外，我国还于 1973 年和 1981 年分别引进了红罗非鱼进行养殖。2000 年中国水产科学研究院珠江水产研究所从美国引进了橙色莫桑比克罗非鱼和荷那龙罗非鱼，杂交所得到的莫荷鱼（橙色莫桑比克罗非鱼 XX♀×荷那龙罗非鱼 ZZ♂）雄性率高，生长速度快，现正在进行养殖推广。

目前，国内罗非鱼养殖发展迅速，在淡水养殖中占有重要地位，近 10 年来产量以平均每年 13.4% 左右的速度递增，稳居世界首位。罗非鱼适合池塘、湖泊围栏、稻田、网箱以及工厂化流水养殖，不仅适合在淡水中养殖，还能在咸淡水甚至海水中生活。由于罗非鱼肉质鲜美、无肌间刺，深受国内外消费者的欢迎。国际市场对罗非鱼的需求越来越大，美国、西欧、中东、东亚、香港及大洋洲等国家和地区都有较大需求量。

罗非鱼是我国最具国际贸易竞争实力的水产品种，也是最具产业化发展条件的品种，并带动了种苗、饲料、加工、贸易等相关产业的发展，在国际上具有较强的竞争优势。

二、我国罗非鱼养殖概况

（一）苗种培育技术

罗非鱼苗种培育技术主要有以下几种方式：苗种池塘培育、苗种早繁培育、越冬苗种培育、集约化常年繁殖培苗、工厂化育苗、网箱育苗等。

（二）成鱼养殖方式

目前我国罗非鱼养殖方式主要有池塘养殖、网箱养殖、流水养殖、大水面养殖、稻田养殖等，前 3 种养殖方式既可在淡水中进行，也可在半咸水或盐度低于 20 以下的海水中养殖。

1. 池塘养殖 池塘面积以 0.67hm² 左右为佳；池塘无渗漏，排灌方便，水深 1.5～3.5m，塘底以泥底或沙泥底质为宜，最好选择新开挖的塘，如是老塘，塘底淤泥不能超过 30cm，否则就必须进行清淤处理；池塘位置必须交通便利，且通风向阳，四周无高大树木或房屋遮挡。在鱼种放养前要进行清整、消毒和施肥等。放养的鱼种规格可以是体长 5cm 以上，也可以是更大规格的鱼种。

2. 网箱养殖 网箱养殖罗非鱼具有流水、密放、精养、高产、灵活、简便等优点。罗非鱼耐低氧、抗病力强，适合网箱高密度养殖。设置网箱的水域要求是背风向阳、水面宽阔、无污染的湖泊、水库等，水深在 4～8m。网箱设置后使箱底离开水底 1m 以上。最好有 0.2m/s 以下的微流水，有利于箱内外水体交换。网箱规格通常有 3m×3m×2.5m、4m×4m×（2.5～3）m、5m×5m×（2.5～3）m 等，以聚乙烯无结节网片制成，网目视鱼种大小，在 1.5～3cm 左右。放养密度因养殖者技术水平和水域环境条件而不同，尚无统一标准。通常可放养 8～10cm 的鱼种 100～200 尾/m³ 水体，通过 5～6 个月的饲养，奥尼罗非鱼、红罗非鱼普遍可超过 500g/尾，单产达到 80kg/m³。

3. 流水养殖 依据水源和用水过程处理方法的不同，可以把罗非鱼流水养殖分为几种类型：

（1）自然流水式养鱼 利用江河、水库、湖泊、泉水、灌渠等天然水源，依地形建成土池或水泥池，面积从几平方米到几百平方米。利用落差直接引水入池，用过的水不再重复使用，这种方式投资小，产量较高，成本低。如广东韶关水产养殖场以 88 亩山塘作水源，山塘距离流水池有 30m，高度差约 3m，池水流量 28m³/h。两个流水养鱼池体积 104.6m³，两个池分别放养 3.3～5.0cm 罗非鱼 30 780 尾，饲养 60d，净产量 1 000 多 kg。

（2）温流水养鱼 利用工厂冷却水或温泉水等热水源，经过增氧或降温处理后进行养殖，用过的水不回收重复使用。这种养殖方法可在热水充足的地方使用，生产不受季节限制，可以控制温度，缩短养殖周期，产量高，目前国内有条件的地方都在养殖。例如，福州市钢铁磷肥厂利用排出的 $40 \sim 60℃$ 温水，在 4 个圆形流水池中（面积共 $77.6m^2$）放养罗非鱼种 577.5kg，饲养期间水温控制在 $24 \sim 30℃$，池水每小时交换 1 次，每天投饵料为鱼体重的 $3\% \sim 4\%$，总产鱼 1 155kg，净产量为 577.5kg。

（3）开放式循环水养殖　利用池塘、水库等天然水源，通过动力提抽，使水反复循环使用。因整个流水养鱼系统与外源水相连，故称开放式循环水养殖。该方式由于要动力保持水的运转，故只适宜小规模养殖。

（4）循环过滤式养殖　用过的水经沉淀过滤、净化处理后再部分或全部重复使用，是一种高密度、高产量、高效率的养殖方法。但投资大，耗能多，成本高，技术要求高，目前国内使用较少。

4. 大水面养殖　主要包括 $3.33 \sim 20hm^2$ 的山塘和 $133.33hm^2$ 以下的水库，直接把体长为 6cm 以上的大规格鱼种投放到水体中进行养殖，有投颗粒料精养和采用施放有机和无机肥料肥水养殖两种方式，产量在 $7 500 \sim 12 000kg/hm^2$。大水面养殖的主要优点是水质相对容易控制，病害发生较少，主要缺点是捕捞较难。

5. 稻田养殖　养殖罗非鱼的稻田要选择水源充足，进、排水方便，不受旱涝影响，保水力强，阳光充足，水质好、土壤肥沃、酸性不高的水稻田。需要加高加固田埂，开挖鱼沟、鱼溜，开挖进、排水口和设置拦鱼设备。

稻田养罗非鱼，若是当年繁殖的鱼种，一般在插秧后 $7 \sim 10d$，秧苗返青扎根后即可放养。放养隔年较大规格的越冬鱼种，应在插秧后 20d 左右放养。放养时，将鱼种投放至鱼溜里，经鱼沟慢慢游到稻田里觅食，逐渐适应环境。一般每亩放养 $4 \sim 6cm$ 的鱼种 $300 \sim 400$ 尾。也可以放养罗非鱼为主，搭养少量草鱼、鲢鱼。一般在水稻收割前几天先疏通鱼沟，然后慢慢放水，让鱼自动进入鱼溜内，用抄网将鱼捞起，最后顺着鱼沟检查一遍，捞起遗留在鱼沟或田间的鱼，$667m^2$ 产量一般可以达到 $100 \sim 150kg$。

6. 咸淡水养殖　目前，咸淡水养殖罗非鱼所需的苗种，全部依靠淡水养殖地区提供。罗非鱼是广盐性鱼类，但淡水中繁殖的罗非鱼苗种一般只能直接投放到盐度在 18 以下的水中。因此，要在海水中养殖，必须经过海水驯化。

驯化方法：一是先将苗种直接放到盐度 15 的水中暂养 $1 \sim 2d$，或更长一些时间，然后再逐步加大盐度，需要 $6 \sim 8d$ 完成海水驯化全过程；二是先将苗种直接放到盐度 15 的水中暂养 7d，然后再加大盐度到 $21 \sim 27$，1d 后即可完成海水驯化。

7. 越冬养殖　由于罗非鱼是热带鱼类，当水温低于 13℃ 持续时间超过一周后便有可能被冻死，因此，我国养殖罗非鱼的大部分地区均需于每年的 12 月前后进行保温越冬养殖。

（1）温泉水越冬　越冬池面积、水深等根据温泉水所处的地势、水温、流量及生产规模等而定，一般应配备增氧设备。如果温泉水温度较高，需要在进入越冬池前进行降温处理，水温保持在 20℃ 以上时罗非鱼便可安全过冬，如果是亲鱼越冬，可以把水温保持在 25℃ 左右，这样可以对亲鱼进行投饲强化培育，提早进行苗种繁育。

（2）工厂余热水越冬　利用火力发电厂等排放的冷却水进行越冬，选择在冷却水排放水渠修建越冬池，直接把冷却水引入越冬池中进行养殖，如果水温过高，同样需要在进入越冬池前进行降温处理，使水温保持在 28℃ 左右，还要配备足够的增氧设备。可以进行罗非鱼鱼种或者成鱼越冬养殖。

（3）池塘围栏越冬　采用一层或平行二层的有机硅布等防水帆布，在池塘中围出一定面积的独立小水面，围栏上面高出水面，下面拦到池底把水隔断，除开一小门口外，全部与外塘水围断，鱼可以通过小门口自由进出围栏与池塘。围栏内较小的水面只需抽取一定的水井温水注入即可达到迅速升温的效果，而防水帆布通过隔离冷水起保温作用。池塘围栏内水温高于外塘水温，投料台设置在围栏的出口附近，通过平时投饵诱食让罗非鱼形成条件反射往池塘围栏内聚集，罗非鱼种会自动游入围栏内安全越冬。池塘围栏不仅在大规格鱼种越冬时起到作用，也是一种循环的养殖模式，在池塘围栏内可以实现鱼苗的一级、二级培育，经过围栏越冬和池塘养殖，使资源利用最优化，实现经济效益最大化。但利用围栏越冬的池塘区域或附近必须配套有 18℃ 以上的温水井，且抽取流量在 30 m³/h 以上。

（三）我国罗非鱼产量及养殖分布地区

自 20 世纪 90 年代中期以来，我国罗非鱼产量逐年增长。我国罗非鱼产量已从 1998 年的 53 万 t 增加到 2012 年的 155.27 万 t，产量和出口量稳居世界第一，罗非鱼养殖已成为出口创汇和渔民增收的重要途径。2000 年以来我国罗非鱼养殖产量一直占世界养殖总产量的近 50%。罗非鱼在中国大陆的养殖分布很不平衡，南方地区的广东、广西、海南、云南、福建得益于适宜的气候，罗非鱼养殖发展迅速，产量占淡水养殖产量的 20%，较高的可达 30%，使罗非鱼成为这些地区淡水养殖的主导品种。

1. 广东省　广东省是我国养殖罗非鱼最早、养殖面积最多和产量最高的地区。据统计，2012 年广东省罗非鱼养殖面积达 7 万 hm²，产量 66.46 万 t，出口量为 12.9 万 t，创汇 4.6 亿美元。2008 年初的雨雪冰冻灾害，广东是重灾区，直接冻死罗非鱼达 17 万 t，所以 2008 年出口量同比减少了 2.2 万 t。广东省优越的地理气候条件及对罗非鱼繁殖、培育、养殖技术的日臻成熟，特别是随着无公害罗非鱼养殖基地的建立，广东省罗非鱼产量趋于稳定。

2. 海南省　海南拥有良好的养殖生态环境，热带气候也很适宜罗非鱼的养殖，近几年海南省罗非鱼养殖业发展迅速，养殖规模迅速扩大，截止 2012 年全省罗非鱼养殖面积达 3.55 万 hm²，其中池塘养殖面积 2.01 万 hm²，主要集中在文昌、琼海两市（文昌 1.07 万 hm²，琼海 2 000hm²），文昌市和琼海市各有 666.67hm² 连片的罗非鱼养殖基地，是海南省罗非鱼养殖的示范基地；水库养殖面积 1.03 万 hm²，主要集中在海口市、澄迈县（海口 1 666.67hm²，澄迈 1 200 万 hm²）；网箱养殖罗非鱼

5 133.33hm²，主要集中在海口。罗非鱼总产量 34.1 万 t。2012 年海南省罗非鱼出口量达到 13.8 万 t，比 2002 年的 0.7 万 t 增加了 19.7 倍；出口额也由 2002 年的 0.15 亿美元上升到 2012 年的 5.27 亿美元，增长了 35.1 倍。

3. 广西壮族自治区　广西地处亚热带，气候温和，雨量充沛，海湾、江河、水库、池塘等水域资源丰富，十分适合罗非鱼的规模化养殖，是我国罗非鱼主要产地之一，也是我国最早引进、推广罗非鱼养殖的省区之一，养殖条件及基础较好，发展罗非鱼养殖具有得天独厚的地域资源优势。

广西是我国罗非鱼养殖优势区域，罗非鱼养殖业是广西水产养殖业的支柱产业。据统计，2009 年，广西罗非鱼养殖面积、产量、产值分别达到 2 万 hm²、20 万 t、18 亿元，居全国第三位。在海洋捕捞零增长情况下，广西 2008 年水产品总产量比 2003 年净增 38.3 万 t，年均增长 3.6%，其中，罗非鱼一个品种占了增长的 19.2%，广西罗非鱼已经成为广西养殖水产养殖的主导品种。据海关统计，2009 年，加工出口罗非鱼片等 3.98 万 t（折合原料鱼 10 万 t 左右），出口额达 1.12 亿美元，与 2008 年比，出口量增长 39%，出口值增长 14.3%，增幅排全国第一，与 2003 年比，出口量增加了 36 倍，出口额增加了 66 倍，约占水产品直接出口份额的 80%，罗非鱼出口量和年均增长速度均居广西农产品和水产品出口第一。2012 年，广西罗非鱼养殖面积、产量、产值分别达到 2.2 万 hm²、26.52 万 t、21 亿元，出口量为 8.2 万 t，创汇 3.1 亿美元。

4. 福建省　福建地处亚热带，气候温和，雨量充沛，水质肥沃，特别适合罗非鱼养殖。罗非鱼养殖已成为福建省淡水渔业的重要支柱产业。至 2012 年，福建省罗非鱼养殖产量达到 12.31 万 t，产值约 11 亿元，养殖面积达到 1.3 万 hm²，仅次于广东、海南、广西三省份，排名全国第 4 位。福建省罗非鱼养殖分布在漳州、福州、厦门三地市，年产量约占全省总产量的 85%，其中年产量超过万 t 的重点生产县有漳州的芗城区、龙海市、云霄县、漳浦县、诏安县、东山县和南靖县，福州的福清市和长乐市，厦门的同安县。值得一提的是福清市，建立了多个 133.33hm² 以上的连片化、规模化、集约化罗非鱼生产基地。

第二节　罗非鱼养殖业存在的问题

我国罗非鱼产业经历了近 10 年来的飞速发展，已建立起较为完整的产业链，但在一些环节还存在着急需研究解决的问题。

一、罗非鱼产业环节存在的主要问题

（一）良种覆盖率有待提高

到目前为止，获得全国水产原良种审定委员会审定通过的品种有奥尼罗非鱼、吉富品系尼罗罗非鱼、新吉富罗非鱼、"夏奥 1 号"奥利亚罗非鱼、吉丽罗非鱼等，均已在生产中得到了广泛应用。但由于各养殖地区间环境、资源、技术等存在较大差异及国际市场竞争加剧，缺乏有力监管，市场信息不对称，产业链上游苗种市场"山寨苗"现象频出，各种苗种品牌鱼龙混杂，扰乱市场竞争秩序。目前我国良种选育研究还远不能满足产业快速发展的需求，急需大力加强国家级罗非鱼遗传育种中心的建设，加快良种选育步伐，同时必须强化对国家级良种场、省级良种场及各类中小苗种场的监管力度，理顺良种推广渠道，提高良种覆盖率，杜绝伪劣苗种进入市场。

（二）养殖设施落后

我国罗非鱼养殖池塘多为 20 世纪 80 年代前后开挖的土质池塘，池塘标准低、水深浅、面积小、不保水，进排水系统不完善，塘基崩漏，塘底淤泥沉积过厚，造成产量低、水质难调控、产品质量难控制、病害频发、抵御冰冻灾害等自然灾害能力较差。据调查统计，我国罗非鱼养殖池塘老化面积比率达 70% 左右。

（三）传统养殖区域受到压缩

随着经济结构调整和工业化进程加快，许多地方政府调整产业发展政策。在资源配置过程中，由于水产养殖业没有直接税收来源，一些传统水产养殖基地和水产苗种场等区域不断被调整作为它用，导致水产养殖区域被挤占，养殖区域减少，水产养殖业发展受到了影响。

（四）养殖水平和罗非鱼品质有待提高

近几年，我国罗非鱼养殖增长速度过快，加上国际市场对罗非鱼质量要求越来越高，部分地区罗非鱼的养殖模式已经不能满足国际市场的需求。目前我国罗非鱼加工厂收购原料鱼只是按照个体大小分等级，并没有制定质量等级，罗非鱼的质量与价格没有挂钩，因此养殖户不愿意投入高成本去养高质量的鱼，也就无法完整地按标准化规程操作。许多养殖户为了提高产量和防治病虫害而大量使用渔药，导致罗非鱼品质下降，严重影响出口产品质量，间接导致了进口国不断提高产品的准入标准，并不断加大对进口产品的检验检疫力度。而有关机构对出口罗非鱼的养殖、加工等环节缺乏有效监管，不能从源头上规避出口风险，造成了罗非鱼出口形势严峻。

（五）生产过程不规范，养殖模式存在隐患

目前我国虽已建立相对完整的良种苗种生产体系，国家级、省级、龙头企业良种场已占主导地位，但由于仍存在很多规模小、条件差的苗种场，生产过程缺乏有效的监督与指导，以致亲本来源渠道多，造成罗非鱼引种质量参差不齐，种质质量差异大，早苗和秋苗的生产技术难度大。受市场价格和养殖成本差价缩减的影响，当前罗非鱼的养殖技术和管理仍比较粗放，存在畜禽鱼混养模式，环境和产品质量存在较多

隐患。近两年由于鱼价低迷，与畜禽结合的立体养殖模式和肥水养殖模式又呈现上升势头，由此导致的病害问题呈逐年上升趋势，链球菌病成为危害最严重的细菌性疾病，流行面积大、范围广、持续时间长。

（六）生产规模小，组织化程度低

各省养殖、加工、流通和贸易分割；生产单位规模较小，特别是一些合资、独资、个体等形式的生产机构单打独斗，各自为政，相互挤压。同时，面对国外现代企业的竞争，瞬息万变的国际市场，很难支撑一个产业。行业协会难以发挥作用，恶性竞争严重。目前我国罗非鱼加工企业抬价争夺原料、压价出口的恶性竞争现象严重，这不仅降低本国企业收益，也容易引起进口国的反倾销调查。

（七）养殖与收获季节性、加工与销售常年性之间的矛盾突出

就全球罗非鱼养殖地区分布而言，我国偏北，生长季节较短。在我国，传统的罗非鱼养殖模式一般采用年初放养、年终起捕的方式，由此造成鲜活鱼上市高度集中，而其他时间则基本上没有鱼可大量上市；但加工业需要均衡地提供充足的原料鱼，市场更需要随时有各种产品来满足消费者的不同需求；这就造成现有养殖周期同加工、销售周期脱节。在养殖生产的捕捞旺季，货源过剩，相互压价；而在淡季，活鱼短缺，加工设施开工不足，订单落空。

（八）加工技术开发和市场开拓滞后

一是原料鱼利用率低，资源浪费严重。罗非鱼加工产品主要以冷冻罗非鱼片为主。在加工鱼片过程中，出肉率约为40％，还约有60％的鱼头、鱼皮、鱼骨和碎肉等加工副产物。由于缺乏相应的深度开发，目前这些加工副产物大多用作经济价值低廉的饲料原料，造成较大的资源浪费。二是加工产品结构及市场结构单一，抗风险能力小。我国罗非鱼加工企业的主打品种是冷冻罗非鱼片，其他精深加工制品产量很低。而罗非鱼产品主要销往欧美等国家，国内市场难以见到罗非鱼加工产品。这种产业结构很容易受国家贸易技术性措施及汇率变化等因素影响，如果冷冻鱼片出口受阻，将对整个罗非鱼产业造成巨大影响。三是市场开拓力度不足。由于在市场推广上投入不足，大多数企业没有自己的品牌产品，在国内外市场上的竞争力明显不足。

（九）缺乏自主品牌和出口渠道，加工出口严重依赖外商

出口市场单一、缺乏自主品牌是罗非鱼产业发展的隐患。广东省作为国内罗非鱼生产出口第一大省，数量占全国近50％，其中茂名市罗非鱼产量占全省40％，地位举足轻重。2009年，茂名出口到美国罗非鱼占总值的79％，而全国超过60％的罗非鱼出口集中在美国市场。出口产品主要以冷冻鱼片为主、市场依存度过高。缺乏自主品牌和出口渠道，加工出口严重依赖外商，抵抗国际金融风暴能力极低，国内市场开

拓力度不够。

随着近年来我国经济高速发展，廉价劳动力这一成本优势正在逐步丧失，出口利润微薄，靠"出口"廉价劳动力获利的产业结构必须转型。此外，人民币升值、饲料价格上涨等因素的影响，也使得罗非鱼产业链以成本优势取胜的策略难以为继。罗非鱼产业在其一直依赖的"出口市场"上处于被动状态。企业为了扩大出口，迎合国外市场，只能按照国际通行的标准，开展一系列质量认证、食品安全检测、产地认证、无公害认证，自身缺乏主动性。再次，罗非鱼销售渠道被外商控制，威胁出口企业的生存发展。

（十）出口竞争压力加大

广东省罗非鱼的出口市场份额在我国罗非鱼总出口量上具有一定优势，而广西、海南等罗非鱼出口大省也具有较强的竞争能力。当前，广东省罗非鱼的出口产品较单一，缺乏深加工产品、品牌产品以及多元化的罗非鱼新产品，出口市场过于集中，遭遇反倾销的风险日增。同时随着罗非鱼产业化的成熟，国际市场的竞争越来越激烈，南美洲的哥斯达黎加、厄瓜多尔、洪都拉斯、巴西等国因地理优势而具有较强的竞争优势；亚洲的越南、菲律宾、印度尼西亚、泰国等也正积极发展罗非鱼产业，特别是越南渔业部大力鼓励罗非鱼养殖业的发展，未来几年罗非鱼产量超过 20 万 t；而且越南养殖的巴沙鱼，由于产量高、成本低，在美国水产品市场已占据了很大的市场份额，对我国罗非鱼出口美国市场造成了较大的冲击。今后可能会有更多的投资者加入到这个领域，世界范围内的罗非鱼产量将猛增，罗非鱼产业领域的竞争也将越来越激烈。

（十一）产业化水平不高

产业化规模较小，组织化程度较低。罗非鱼产业的科研、苗种、养殖、流通、加工、饲料和技术推广等各环节还处于各自独立的状态，产业化经营程度不高。企业之间存在相互挤压现象，没有形成竞争合力。目前，湛江和茂名等罗非鱼主要养殖区已初步形成种苗、饲料、养殖、加工、出口的产业化生产，但其他养殖区的企业在养殖、加工和销售三环节上是彼此分离的，且规模较小，没有真正形成产业化经营模式，"公司＋基地＋标准化"的管理模式还没有在全省得到广泛的推广和实施。就广东省罗非鱼产业整体而言，流通加工仍然是产业中的"瓶颈"问题。据了解，目前的加工厂利润微薄，在国际市场上还没有形成统一的"中国价格"，各企业通过低价抢市场而生产成本又不断增加，只有将一部分成本转嫁给养殖户，即对养殖户压价收购，这使原料鱼收购价也无法提高。由于饲料价格大幅上涨，使养殖成本大幅增加，而鱼价不涨，最终导致纯投饲料的罗非鱼养殖户处于亏本经营状态，为了盈利，养殖户通过少喂饲料多投禽畜粪便等方式降低成本，这就带来了原料鱼质量安全的隐患，影响出口和市场价格，由此即形成了罗非鱼养殖的恶性循环与无序竞争。这样的状况如不及时改变，将对广东省的罗非鱼产业带来毁灭性打击。

（十二）产业发展缺乏整体规划

缺少整体规划是当前我国罗非鱼产业面临的主要问题。2008年年初，冰冻灾害袭击南方，部分罗非鱼因冻死导致减产，全国产量从2007年的113万t降至90万t左右，量少价增，罗非鱼的收获价格一路上扬，继而引发罗非鱼养殖数量增加和加工能力增长。2008年年底金融危机爆发，2009年罗非鱼价格陷入低谷。但2009年的亏本经营仍没有减少养殖户的投苗积极性。2010年罗非鱼产量略有增加，竞争压力较2009年更大。苗种场乘势加大鱼苗培育，假冒伪劣产品增多，扰乱了市场秩序；养殖户跟风现象严重，缺乏有效的养殖规划。可见，产业前端的苗种产能无序扩张，中间环节成鱼养殖规模无序扩张，终端加工行业从各自利益出发的单独决策，整个罗非鱼行业发展缺乏整体规划，处于严重的无序发展状态。

（十三）活鱼高效运输技术亟待研究应用

以广西为例，目前广西养殖的罗非鱼成鱼有50％用于加工厂加工出口。广西的罗非鱼养殖主产区主要分布在南宁市、北海市、玉林市、防城港市和柳州市，但罗非鱼加工厂90％建在北海市，大量的成鱼需要从各个主产区运输到北海市进行加工；此外，广西柳州市是仅次于南宁市的广西罗非鱼消费区，而且销售价格是广西最高的地区，当地生产的罗非鱼远远满足不了市场的需求，每年需要从外地调入大量的罗非鱼商品鱼。因此，活鱼运输在整个罗非鱼产业链中成为必不可少和越来越重要的环节。根据了解，采用最好的密封铁罐运输车充纯氧方式，最高能够达到每方水体运输0.75t鱼（200km以内）的水平，运输直接成本0.3～0.4元/kg，如果加上运输死亡和排泄消耗等损失，成本还会再增加0.1～0.2元/kg。以广西加工的罗非鱼原料鱼10万t的50％需要经过200km左右距离的运输、运输成本0.4元/kg计算，运输直接成本就达2 000万元。因此，迫切需要研究改进运输方式，以减少运输成本，提高养殖效益。

二、罗非鱼养殖环节存在的主要问题

（一）快速生长良种培育与规模化扩繁技术还不完善

良种培育还不能满足产业需求，急需开展罗非鱼杂交雄性化和快速生长良种培育技术创新研发，筛选优质新品种，并进行规模化扩繁，建立良种培育技术体系。

（二）营养及饲料研究基础薄弱

罗非鱼养殖虽已从过去的肥水养殖方式向全价配合饲料投喂方式转变，但各地区间仍存在严重的技术不平衡；亲本培育期、苗种培育期、养殖前后期等不同生长阶段营养素需求量的研究仍不深入，基础数据存在大量空白，饲料配方仍主要借鉴其他鱼类；符合水产可持续发展要求的低氮磷排放饲料配方技术、低鱼粉配方配制技术、饲料原料有毒有害物质去除技术、功能性绿色饲料添加剂应用技术等尚未建立；饲料加工和应用环节中可能影响产品质量安全的因素仍未确定。

（三）养殖环境控制及原位修复技术

罗非鱼养殖密度太大，畜禽混养污染等不合理养殖模式，造成严重的养殖环境恶化，危及产业的可持续健康发展。因此，需建立养殖环境控制及原位修复技术。

（四）大规格罗非鱼生态健康养殖技术有待建立

为应对国内外市场的竞争要求，需优化大规格罗非鱼配套养殖模式，集成环境调控、环保高效饲料应用、药物安全使用、病害综合防治等技术，完善药残检测技术，开发提升质量和脱除土腥异味的关键技术，建立健全生态养殖技术体系。

（五）现有加工工艺和产品品种不能满足市场需求

需创新鱼片加工和发色新工艺，提高加工品质量和附加值，以增强国际市场竞争力；在集成国际先进的液熏和气调保鲜新技术基础上，开发新品种，提高加工率；开发加工废弃物综合利用新工艺。

（六）产品质量检测技术落后，质量安全监管体系不健全

罗非鱼出口虽获飞速发展，但符合我国自身特点及国际市场要求的质量监测体系仍未完全建立，只能被动地适应各进口国对水产品质量检测要求的不断提高，并随时可能遭遇技术性贸易壁垒的限制。缺乏涵盖产业全过程的质量监控技术体系，急需通过制定养殖、加工等操作过程的规范化管理程序，开发标准化新模式；为应对国际贸易规则的完善和发展，应尽早开展可追溯系统研究及应用。

（七）安全越冬技术有待完善

需加大罗非鱼反季节越冬养殖技术研究和推广。要解决越冬保温技术模式、高密度养殖下水质难调控，疾病多、饲料系数高等难题。适合养殖区域当地的塑料大棚越冬、温泉水越冬、大塘围角越冬模式缺乏配套技术。

三、需要攻克的关键技术

罗非鱼产业各环节需要攻克的关键技术包括：由良种选育、种质鉴定、保种及扩繁等关键技术串联集成的罗非鱼良种繁育技术体系；由苗种培育、病害防治、药残检测、水质调控、全价高效饲料配制、功能性绿色添加剂开发、养殖模式、安全越冬等

关键技术集成的罗非鱼健康生态养殖技术体系；由鱼片加工工艺、发色新工艺、液熏和气调保鲜、废弃物综合利用等关键技术组成的罗非鱼加工技术体系；质量检测监控及可追溯管理系统作为贯穿产业全过程的关键技术，起到衔接串联各环节的作用。

第三节　我国罗非鱼养殖技术和模式发展趋势

通过数十年的发展，我国罗非鱼养殖方式已由原来的主要以粗、套养为主，逐步转向目前以池塘单、精养为主，网箱养殖、流水养殖、多品种混养等多种方式并存。通过池塘加深加大等改造，充分利用现有的土地资源；通过多品种混养，最大限度地利用水体资源，提高饲料的利用率，充分发挥生态位效能，有利于水质调节，鱼类生长快速、病害少，并且能减少对养殖水体的污染；通过大规格鱼种的规模化培育，结合池塘分级养殖、一年两造、两年三造等养殖模式，可部分解决罗非鱼均衡上市的难题。池塘循环水养殖和流水养殖等工厂化养殖模式也取得了一定进展。

一、饲料投喂方式

（一）禽畜鱼立体养殖与投商品饲料相结合的养殖模式

养殖过程中的主要特点：养殖前期主要依靠禽畜粪便肥塘培养水中生物饵料，生物饵料再被鱼摄食或是禽畜粪便直接被鱼摄食；养殖中后期，采取加投商品饲料来喂养，使罗非鱼促长育肥，及时上市。其优点是：综合利用禽畜粪便、低投入，比较适宜小水面、小规模家庭养殖，是山区农民快速脱贫致富的一条门路。其缺点是：一是养鱼周期较长，一般需6～8个月时间，商品鱼规格大小不一致，经济效益较低，不利于规模化、专业化的养殖；二是养殖的产品往往有土腥异味，质量安全较难保证。

（二）单纯投喂全价商品饲料养殖模式

养殖过程中的主要特点：养鱼户可以根据市场变化，通过调整投料量及饲料营养成分，有效地控制鱼类生长速度，是一种高投入、高产出、高密度的养鱼方法，也是规模化、专业化、标准化、优质化养殖的主要模式。它适用专业化程度高、资金和技术有保障，鱼价较高的情况下采用的，可以达到高产高效的目的，养殖产品质量有保障，符合出口标准要求，是广泛推广的健康生产模式。这种养鱼模式的关键是"三要"：一要确保水质清新；二要有足够的增氧设备；三要科学投喂及科学配料。

二、养殖水体

（一）池塘养殖

罗非鱼对池塘养殖条件没有特殊的要求，只要水源和肥源充足都可以养殖。但要提高产量，还是需要标准池塘。池塘面积为 $667m^2 \sim 2hm^2$ 都可以，以 $0.67hm^2$ 左右为宜，但面积也不宜太大，面积过大既不便于投饵、施肥管理，也不利于捕捞。水深一般 $1.5 \sim 3.5m$，池底平坦少淤泥，苗种下塘前要对池塘进行清整和消毒。苗种一般在水温稳定在 $18℃$ 以上时放养，华南地区一般在三月底至四月初放养。普通池塘一般每 $667m^2$ 放养 3cm 以上苗种 $2\,000 \sim 2\,500$ 尾；在配备增氧机或池塘较深、水源良好的情况下，每 $667m^2$ 可放养 $2\,500 \sim 3\,000$ 尾。养殖过程中要合理饲喂、调控好水质。

（二）网箱养殖

网箱养殖罗非鱼具有密放、精养、高产、灵活和简便等优点。罗非鱼很适合网箱养殖，它能适应网箱的高密度生活，耐低溶氧，抗病力强，还能摄食网箱壁上的附着藻类，可以起到"清箱"作用。选择背风向阳，水面宽阔，水质肥沃，浮游生物多的湖汊、库湾或 $0.67hm^2$ 以上的池塘，有一定的微流水，水的流速以每秒 $0.05 \sim 0.2m$ 为宜，水深为 $3 \sim 4m$，底质平坦，网箱底部离水底 0.5m 以上，离岸不远，没有有毒废水污染的水域。网箱养殖罗非鱼，可充分利用水体增加养殖收入，也可避免在小水体中水质易变坏的危险。

（三）温流水养殖

我国早在 20 世纪 80 年代就开始了罗非鱼温流水养殖，利用工厂冷却水或温泉水等热水源，经过增氧或降温处理后进行罗非鱼养殖。池内要求水体保持一定流速、换水率和良好的自动排污性能，池进出水口设防逃网栅，用过的水不回收重复使用。其生产不受季节限制，既可采用群体同步繁殖技术，全年繁殖苗种，进行温流水鱼苗鱼种培育，又可做到全年罗非鱼成鱼养殖。目前广西的柳州、宜州、合山、来宾均进行了温流水养殖开发，效果很好，发展潜力很大。

（四）普通流水高密度养殖

利用我国南方地区多灌溉型中、小型水库和水力发电站的特点，依地形建成鱼塘，利用落差直接从沟渠引水入塘。通过合理设置进水口、排水口、增氧机、自动投饵机、大网箱、小网箱、自动筛鱼装置、吊鱼台和电动吊鱼机等，形成了一整套规范的操作流程。起捕上市采用大网箱诱捕，大网箱转小网箱过夜锻炼，通过小网箱上的自动筛鱼装置自动捕大留小，电动吊鱼机吊鱼上岸。通过工厂化养殖和管理，提高了鱼体在运输过程中的成活率，鱼活力强、肉质紧、鲜嫩，养殖用水仍可用于灌溉农田，并且鱼的粪便可以作肥料用。水体利用率高，周期短，养殖产量能比常规养殖增产 $2 \sim 10$ 倍。总体来说，除个别地区少数采用循环水、流水高密度养殖，大部分地区的养殖户仍采用池塘单养的方式，我国罗非鱼工业化养殖尚处于粗放型的初级阶段。温流水养殖和普通流水养殖比较依赖天然的水资源，设施设备比较简陋，只有一般的自动投饵机、增氧机、开放式流水管伐、一套捕捞上市的设备和方案，前无严密的水处理设施，后无废水处理设备而直接排放。这种养殖方式虽然产量较高（可达 $37.48\sim44.98kg/m^2$），但耗能大、资源消耗高，与发达国家技术密集型的封闭式循环流水养鱼相比，在设备、工艺和环境效益等方面都存在着相当大的差距。因此，要通过基础设施改造，优化配置现有设施，开发与养殖模式相配套的新型设施。根据各产区特点和资源状况，选择适宜该地区特点的养殖模式，研发与水域功能和地区资源相适应的养殖水环境调控技术，形成各地区的标准化养殖模式，逐步走上工业化养殖之路。

（五）池塘—人工湿地循环水养殖

由养殖池塘和人工湿地净化区组成。养殖池塘在养殖罗非鱼的同时浮床栽培空心菜，空心菜浮床栽培面积占池塘面积的5%。利用浮床栽培空心菜，完善养殖生态系统功能，达到物质流、能量流畅通，是一种环境友好型池塘养殖模式。同时，它结合了养殖和种植两种生产方式，实现一池多用、一水多用和养殖废物的资源化，既提高了经济效益，又净化了养殖水体。使用耕水机促进表层水与底层水的充分交换，能耗小。人工湿地选用伊乐藻、香蒲作为湿地的主要净化植物，种植面积分别占湿地面积的40%和30%，并搭种少量苦草、轮叶黑藻、菱、莕菜等沉水植物和浮叶植物，搭种水草占湿地面积的30%。同时放养适量螺蛳。养殖区养殖废水排放到人工湿地进行净化，净化后的出水通过渠道排入养殖区。实践表明养殖废水主要污染指标去除率高，运行管理也比较方便，能耗低、维护费用少。

（六）静水池塘超高密度养殖

池塘水深一般要求$3\sim4m$，配备微孔增氧等高效增氧设备，采用有益微生物进行水质调控，定期对养殖池塘底质进行耕作排污及更换新水等技术措施，每$667m^2$放养罗非鱼苗种4万～5万尾，产量可达$20\sim40t$。此种模式对养殖管理技术要求较高，尤其是不能停电造成不能增氧。我国的北京及天津缺少养殖用地和用水的地方已经开展养殖试验并获得了成功，具有很好的发展前景。

三、养殖周期

（一）池塘分级养殖

从大规格鱼种培育到养成采用分级养殖的模式，随着鱼体的生长进行不定期的分级养殖，最大限度地发挥水体的生产潜力，并提高了养成的规格和效益，养殖年亩利润达2 500元以上。

（二）一年两造和两年三造养殖

通过分批放养大规格鱼种、降低养殖密度、水质调节、分批上市等方法，从环境、物理条件改变缩短养殖周期，提高养殖成活率和商品鱼的上市规格，实现均衡上市，避免年底扎堆上市，能有效提高池塘产量和经济效益。

传统罗非鱼养殖模式造成鲜活鱼上市时间短期高度集中，但现代加工业要求均衡地提供充足鱼源，市场更需随时有各种产品来满足消费者的不同需求。这就造成现有养殖周期同加工、销售周期脱节。为此，必须从出口产品的加工要求，从市场的需求特点来考虑调整养殖周期。

四、养殖种类

(一) 单养

即单纯养殖罗非鱼，全程投喂饲料，分级培育，每年可以养殖 2~3 造，多为池塘高密度养殖，投入大，产量高，但利润较低。

(二) 混养

混养是我国池塘养鱼的传统养殖方式。主要特点是根据不同鱼类的栖息习性、食性等生物学特性，将不同种类或同种不同规格（年龄）的鱼类放养在同一池塘，从而充分利用水体空间、不同鱼类生态习性的生产潜力，以提高单位面积的产量，降低生产成本。现在比较成熟且经济效益较好的罗非鱼混养主要模式有罗非鱼与南美白对虾的混养模式，以养鱼为主、养虾为辅。该模式在海南、珠海平沙、福建龙海等地区得到较好应用和推广，具有一定的代表性。

通过与罗非鱼混养，南美白对虾可充分利用水体中的营养物，特别是底层水体的有机营养物。这样一方面减少了水体污染，另一方面节省了养虾的饲料成本。另外，病虾、死虾可被鱼及时地吃掉，减少了传染性虾病的传播、节约了罗非鱼的饲料成本。鱼虾混养的模式能充分地利用养殖水体，提高单位水体的产量与效益。

随着国内外市场对罗非鱼产品质量要求的逐步提高，我国罗非鱼养殖户在养殖技术上也不断进行革新，建立了一系列高效、优质、高产规范化的养殖技术，包括无公害罗非鱼养殖技术、大规格罗非鱼养殖技术等。

五、无公害罗非鱼养殖技术

无公害罗非鱼是指源于良好的养殖生态环境，按无公害水产品生产技术操作规程生产，从苗种的生产放养，到饲料、肥料、药品等一切投入品的使用，再到产品的捕捞、包装、贮运、上市等各个环节，将有毒有害物质残留量控制在质量安全允许范围内的罗非鱼。无公害罗非鱼必须是经过认证的无公害水产品基地所生产的产品，且产品必须经过认证。

六、大规格罗非鱼养殖技术

我国出口罗非鱼产品的原料鱼规格偏小，不论是条冻原鱼还是冻鱼片，都普遍存在规格偏小问题，多为 400～500 g/尾，出口价格相对偏低。而大规格罗非鱼（罗非鱼中通常称 800g/尾以上为大规格鱼）深受出口加工企业的欢迎，价格相对较高。但大规格罗非鱼的养殖周期相对较长，风险相对较高。基于我国罗非鱼产业化发展的现状和需求，加快罗非鱼养殖业的发展及罗非鱼产业化的进程，提高罗非鱼产品加工附加值，增加企业和渔农的收入，全面提高产业的经济效益，进行大规格罗非鱼养殖技术的探索显得十分必要。

罗非鱼为中小型鱼类，性成熟又早，生长到一定程度后，生长速度明显减慢，有些品种生长到 250～500g 以后，生长速度非常慢，如果再进行大规格商品鱼养殖，将导致成本增高。选用良种是养殖大规格罗非鱼的关键。要在几个月内养殖出大规格优质罗非鱼商品鱼，必须投放品种纯正、体格健壮无伤病、规格整齐（其重量个体差异在 10% 以内）、规格较大的优质罗非鱼鱼种，目前有奥尼罗非鱼、吉富罗非鱼等品种可选择。由于鱼苗规格较小，应经过苗种培育后再进行大规格商品鱼养殖。培育池面积通常为 0.2～0.4 hm²。放养密度为 90 万～120 万尾/hm²，每次放同一批次鱼苗，且一次放足。主要投喂豆浆、花生麸等，日投喂量为鱼体重的 8%～10%。鱼苗经过 20～30 d 培育，一般长到 3～5cm，即可进行出池分塘疏养，进行鱼种培育。鱼种培育放养密度为 15 万～18 万尾/hm²，经 30d 培育，鱼种全长一般长到 10～15cm、体重 25～50g/尾时，就可出塘进行成鱼养殖。罗非鱼大规格商品鱼的养殖模式主要有周年养殖法、"50%＋50%" 的养殖法和一年两造养殖模式。

第四节　病害防控发展战略

长期以来，我国水产养殖生产经营者多以追求产量和短期经济效益为目标，养殖密度过高，加上保护养殖环境意识淡薄，养殖病害呈逐年加重之势，随之而来的是药物滥用现象，导致水域环境遭到不同程度的破坏，水产品质量安全得不到有效保障，罗非鱼养殖业可持续发展受到严重影响，研究解决水产养殖病害防治难题已经成为水产养殖业持续健康发展的重要课题。

一、近年来我国罗非鱼养殖中病害发生的特点和趋势

（1）发病品种多　病害测报资料显示，当前我国养殖的罗非鱼都有不同程度的病害发生，几乎所有罗非鱼品种（系）、不同规格罗非鱼，以及各种不同的养殖模式下均有病害发生。

（2）疾病种类较多　监测结果表明目前罗非鱼病害种类已经涵盖病毒性、细菌性、真菌性疾病以及寄生虫和藻类性疾病，不明病因的疾病种类也有所增加。

（3）综合发病呈普遍趋势　根据实验室连续多年的罗非鱼养殖病害监测结果表明，罗非鱼病害已由单一病原向多病原综合发病演化，并与目前的养殖方式、养殖环境等因素密切相关。

（4）发病时间长，涉及面广　罗非鱼疾病发病时间由传统的春夏或夏秋两季发病高峰逐步向全年发病过渡。如链球菌病，发病区域几乎涵盖所有养殖水域。

（5）罗非鱼链球菌病　已经处于暴发流行的状态。

二、罗非鱼病害频发原因的分析

（1）水产养殖环境状况不断恶化是首要原因。

（2）不合理的水产养殖方式（高密度养殖、劣质饲料投喂等）给疾病的暴发流行创造了条件。

（3）水产种苗及水产品的流通缺乏必要的检疫和隔离制度，为疾病的广泛传播创造了条件。

（4）相关的处方制度尚未建立，加上渔民科学用药、安全用药的意识差，病急乱用药，给疾病防治增加了难度。

（5）科研滞后于水产养殖发展需求，给水产养殖疾病综合防治带来一定的影响。

（6）水生动物种质、苗种质量不高包括品种抗逆衰退，导致养殖罗非鱼抗病力下降。

（7）现行水生动物防疫体系整体不健全，滞后于水生动物防疫工作的需要。

三、我国罗非鱼病害防治现状

（一）罗非鱼主要病原

根据我国广东、广西和海南 3 个罗非鱼养殖大省近年来的水产病害测报情况，目前罗非鱼病害种类主要有寄生虫类（车轮虫、指环虫和斜管虫等）、细菌类（链球菌、嗜水气单胞菌和假单胞菌等）和真菌（水霉）；1～5 月低温季节主要以水霉病和寄生虫病害为主，7～10 月都以细菌性为主，其中以链球菌最为严重，且具有发病区域扩大化、发病时间段延长、发病率和死亡率逐年升高的趋势，罗非鱼易感规格范围也逐年扩大。除了链球菌外，其他细菌性病原如绿色气球菌、温和气单胞菌、嗜水气单胞菌混合感染及蜡状芽孢杆菌也较为多见。可见罗非鱼病害呈现逐年增加趋势，这使我国罗非鱼养殖业的可持续发展面临着严峻的挑战。

（二）病原检测与诊断技术

水产动物病原快速检测技术，一直受到国内外学者的重视。世界动物卫生组织

（OIE）编著的《水生动物疾病诊断手册》分别推荐了 IFAT、ELISA、PCR、DNA 探针等技术作为水生动物病害的快速诊断方法。近年来，我国对草鱼呼肠病毒、鲤春毒血症病毒、锦鲤疱疹病毒、嗜水气单胞菌、温和气单胞菌、爱德华菌等大宗淡水鱼类病原的快速检测技术进行了较深入的研究，建立了草鱼呼肠病毒、锦鲤疱疹病毒、嗜水气单胞菌、爱德华菌的 PCR 等快速检测技术，研制了嗜水气单胞菌等的检测试剂盒，也建立了罗非鱼链球菌双重 PCR 及 LAMP 快速检测技术，但离普及推广应用还有段距离。总的来说，我国病原检测试剂盒在种类、技术水平、易用性、商品化等方面都与国外存在一定的差距。

（三）药物防控技术

药物防治仍是近年来我国淡水鱼类病害防控的主要措施，但由于病原体耐药性的增强，药物残留问题严重，食品安全问题突出，使人们对渔药使用安全性的重视程度得到加强。近年来我国在水产动物药代动力学研究上有了良好的开端，初步建立了磺胺类、氟喹诺酮类等渔药药物代谢动力学模型，获得其主要药物动力学参数和影响因子，制定了相应的休药期，并对渔药剂型的研制进行了初步的探讨；采用特色的中草药对罗非鱼疾病进行防控，取得了良好的防控效果；对甲基睾丸酮、氯霉素、氧氟沙星等药物在罗非鱼体内的药代动力学进行了研究，建立了残留的检测方法，制定了最高药物残留限量标准及其休药期，提出了药物合理使用方法，为罗非鱼病害防控提供了技术支持，因药物种类繁多且病原感染复杂化，所以专门针对罗非鱼的药代动力学领域研究仍有待加强。

（四）免疫防控技术

作为符合环境友好型和可持续发展战略的病害控制措施，免疫防控已成为 21 世纪水产动物疾病防控研究与开发的主要方向。疫苗作为免疫防治的重要手段之一具有高效、特异、无污染无残留、不产生耐药性等优点，被认为是病害防控的最佳选择。目前国内的罗非鱼病害疫苗研究集中于主要病原——链球菌疫苗的开发。广西水产研究所科技人员公开了一种鱼类无乳链球菌疫苗候选菌株筛选方法，通过该方法对罗非鱼无乳链球菌病流行菌株分离与保种、流行菌株鉴定与病原库建立、流行菌株 PFGE 基因型分析、各 PFGE 基因型代表菌株毒力测定、各 PFGE 基因型代表菌株免疫原性和保护范围测定，筛选获得了可用于我国罗非鱼无乳链球菌病免疫预防的疫苗候选菌株和菌株组合。他们还公开了一种罗非鱼用口服疫苗免疫佐剂（重组罗非鱼热休克蛋白 70 蛋白）及其应用。有研究表明注射一定量的大肠杆菌基因 DNA 和嗜水气单胞菌基因 DNA 能增强罗非鱼抗海豚链球菌感染能力。中国水产科学研究院珠江水产研究所科技人员对无乳链球菌表面免疫原性蛋白（Surface Immunogenic Protein, Sip）的免疫原性进行研究表明 Sip 重组蛋白免疫罗非鱼不同剂量组均可产生较好的免疫保护作用，相对保护率达 70%～87%。国家罗非鱼产业技术体系养殖与病害实验室通过对不同免疫方式下 3 种罗非鱼无乳链球菌口服疫苗（灭活、弱毒和亚单位）的免疫保护效果，发现亚单位疫苗的免疫保护效果较为理想，且隔天口服免疫的效果较好，保护率可达 70%；重组表达的罗非鱼无乳链球菌 C5α 肽酶对罗非鱼的免疫保护率高达 89%。

鱼类免疫系统包括非特异性免疫系统和特异性免疫系统两个部分，其非特异性系统作为鱼体的第一道防线在中抵抗病原侵染发挥着重要作用，因此提高鱼类非特异性免疫功能也是病害防控的重要手段之一。目前主要通过复合中草药制剂或其他饲料添加剂成分，以达到提高非特异性免疫功能的效果。如通过在饲料中添加复合中草药制剂来观察罗非鱼免疫指标的变化，结果表明，中草药对罗非鱼血清、肝脏谷丙转氨酶和谷草转氨酶的活性有一定的降低诱导作用，但对罗非鱼溶菌酶无显著影响。采用琼脂扩散法（打孔法）研究了黄连等 10 种中草药及 4 种组方对尼罗罗非鱼致病性海豚链球菌的抑制作用，结果表明黄连、黄芩、大黄和黄柏的抑菌作用较强，黄连的抑菌效果最佳。黄柏与黄连、大黄与黄芩联用抗菌作用增强。珠江水产研究所研究人员公开了一种可以提高罗非鱼免疫力的复方中草药制剂：鱼腥草（40%）、黄芩（5%）、板蓝根（5%）、连翘（5%）、金银花（10%）、甘草（5%）、大黄（5%）、黄芪（10%）、当归（5%）、山楂（10%）。人工合成的脱氧核糖寡核苷酸（CpG - ODNs）具有类似于细菌 CpG DNA 使机体产生各种免疫反应，通过研究注射 10 种 CpG - ODNs 后罗非鱼对海豚链球菌感染敏感性，发现注射一定量的 ODN.205、1670、1681、2006 和 2133 能明显提高吉富罗非鱼抗海豚链球菌感染能力。

（五）生态防控技术

俗话说"养鱼先养水，养水先养泥"，养殖环境对水产健康养殖是非常必要的。生态防控以保持良好的养殖环境为重点，通过水质、底质等调控措施，营造利于养殖动物健康生长的环境。目前，科研人员已开始对池塘底质中理化因子、底栖生物种群等进行分析，了解池塘底质的演变过程，揭示池塘底质变化与水质变化的内在关系，为水产病害的预防预报提供依据。

环境改良主要包括生物改良技术和理化改良技术。生物改良技术研究的热点是微生态技术，主要是通过对能够分泌高活性消化酶系、快速降解养殖废物的有益微生物菌株筛选、基因改良、培养、发酵后，直接添加到养殖系统中对养殖环境进行改良，市场上这类产品也十分繁多，主要是光合细菌、芽孢杆菌、放线菌、蛭弧菌、硝化和反硝化细菌等，产品类型也从单一菌种到复合菌种，剂型也从液态发展到固态。另外利用水葫芦、石花菜、石莼、江蓠等水生植物净化养殖水体技术也得到了广泛应用，在此基础上，研究者在养殖水体中栽植人工水草（生态基）净化水体，但是该类产品目前价格都比较昂贵，一般养殖者尚不能接受。养殖池塘物理处理方法主要包括曝气、过滤、沉淀、吸附、气浮、泡沫分离和磁分离等方法，臭氧和紫外线杀菌消毒技术也是较常用的技术；化学方法主要是利用化学反应来处理水中的污染物或悬浮胶粒，市售产品大致分为四大类型，即氧化剂、还原剂、絮凝剂、消毒剂。

我国池塘环境改良主要是针对养殖水体的，而决定整个养殖生态系统的池塘底部土壤的改良产品相对较少，对池塘土壤的修复措施也只是沿用传统的清塘、石灰消毒方法。目前，罗非鱼养殖中除了积极开发各种微生态制剂外，也正在积极摸索鱼菜共生生态养殖模式。

（六）综合防控技术

近年来，随着对水产养殖病害认识的深入，研究人员发现，养殖过程中每一个环节的失衡都可能导致病害的暴发，仅靠单一技术是无法解决多因子引起的水产养殖病害这项综合问题的。因此，将病害防治各项技术进行有机集成以防止养殖疾病的暴发已引起研究者的关注，将成为病害防控领域研究的焦点。但是，目前关于技术集成用于实际生产暂无相关报道，离系统集成和示范应用还有较大差距。

四、药物、生态和免疫三种主要防治方式比较及评价

从目前世界养殖鱼类病害防治的发展趋势看，以化学疗法为特征的抗生素防治手段正在世界范围内逐渐被禁用和取缔，符合环境友好型和可持续发展战略的生态、免疫预防技术正在成为国际现代水产养殖业中病害防治的先进手段和主要前沿研究与开发领域。

（一）化学药物防治是当前水生动物疾病防治不得已的选择和主要方式

化学药物防治的主要目标是防病、治病，并且具有操作简单、使用方便、药物来源广泛、疗效明显等特点，往往用药对症就能起到预期的防治效果；而政府部门管理水产养殖业的最低目标是不破坏水域环境和保障水产品质量安全，两个目标不完全一致，具体体现在化学药物的负面影响上：一是药物残留难以克服，影响水产品质量安全；二是对水域生态环境有直接的负面影响；三是大量使用化学药物容易使部分病原产生耐药性，不仅使水生动物疾病控制难度加大，更为严重的是，一旦这些病原菌的耐药质粒传递给人类，将会对人类临床上细菌性传染疾病的治疗带来很大的困难。

另外，当前我国渔用化学药物本身也面临较大困难和问题：一是可供使用的药物贫乏；二是药效评价体系缺位；三是药物学理论滞后；四是药物的剂型与给予不科学。

目前生产上使用渔药大部分由兽药、农药移植而来，缺乏对药效学、药物代谢动力学、毒理学及对养殖生态环境的影响等基础理论的研究；药物的给药剂量、用药程序、休药期缺乏科学依据。药物防治技术尤其薄弱的环节是未能根据水生动物的特点和我国水产养殖种类多、养殖方式多样和疾病种类复杂等特点，针对性开展应用研究，因而难以做到高效用药和安全用药。

尽管如此，在当前我国水产养殖发展的初级阶段，面临降低养殖经济损失、增加渔民收入的现实背景，化学药物仍然是控制水生动物疾病不得已的选择。但是，使用化学药物对于水产品出口来讲，将时刻面临着国外技术壁垒的挑战。

（二）生态防治是健康养殖的主要内容

水产养殖中的许多病害，不仅与病原微生物的存在有关，而且和养殖水体的微生物生态平衡有着密切的关系。水体中微生物群落的组成直接决定着病原微生物是否会最终导致疾病的发生。微生物生态技术及微生态制剂的使用是健康养殖中病害生态防治的重要途径。

目前，水产养殖使用的有益菌主要有芽孢杆菌、光合细菌（PSB）、乳酸菌、酵母菌、放线菌、硝化细菌、反硝化细菌和有效微生物菌群（EM）等。罗非鱼养殖中也有移植水葫芦、浮萍、水花生等水生植物抑制蓝藻生长繁殖，这些水生植物可与蓝藻争夺营养、光照等，从而抑制养殖水体中蓝藻的生长繁殖，同时可改良水质、防止水质恶化。

另外，农业行业标准《绿色食品渔药使用准则》（NY/T 755—2003）已将芽孢杆菌（蜡样与枯草芽孢杆菌等）、硝化和反硝化细菌、乳酸杆菌、酵母菌及丝状真菌、光合细菌等五种微生态制剂纳入 AA 级绿色水产品养殖推荐渔药予以推广使用。

（三）免疫防治是健康养殖的重要内容、水产疾病防治的现实选择和发展趋势

长期以来，水生动物疾病防治的经验教训，使得人们对抗生素等药物使用的安全性日益重视，认识已从以前关注的"靶动物安全"过渡到"人类食品安全"和"环境安全"，消除水产品药物残留隐患的抗病技术研究日益重要，急需水产疫苗的开发应用。疫苗在提高鱼类特异性免疫水平的同时，亦能增强机体抵抗不良应激的能力，且符合环境无污染、水产食品无药残的理念，已成为当今世界水生动物疾病防治界研究与开发的主流产品。农业行业标准《绿色食品渔药使用准则》（NY/T 755—2003）已将鳗弧菌灭活疫苗（预防鳗鱼的弧菌病）、嗜水气单胞菌灭活疫苗（预防淡水鱼类的细菌性败血症）、草鱼出血病灭活疫苗（预防由鱼呼肠孤病毒引起的草鱼出血病）、鱼传染性胰脏坏死病灭活疫苗（预防由传染性胰脏坏死病毒引起的疾病）纳入 AA 级绿色水产品养殖推荐渔药予以推广使用。虽然有些研究所已经开发部分罗非鱼灭活以及基因工程疫苗，但是罗非鱼目前仍未大面积推广，与其他养殖鱼类相比，罗非鱼免疫疫苗防治仍需继续加大力度开展研发。

要实现水产养殖业的可持续发展，一方面要有技术支撑，即要建立高水平、系统化的水产养殖病害防治技术体系，主要包括发展以病原早期快速检测试剂盒技术、生态标志因子监测技术和专家测报系统构成的水产养殖病害预警体系；以及发展以疫苗技术、生态防治技术，并结合抗病品种、低污染饲料、资源节约与环境友好的新型养殖模式应用等构成的水产养殖病害控制技术体系。另一方面要有高效的组织措施，主

要包括政府部门法规的制定、政策的引导，各级推广部门的技术推广与示范，从业者的技术培训，推行小区化的管理模式等。

第五节　养殖设施发展战略

随着我国罗非鱼养殖规模的发展壮大，养殖模式的逐步成熟和多样化，配套的养殖设施也得到了大力发展，有力地促进了我国罗非鱼的养殖效益和品质的提高。

一、苗种繁育设施

（一）池塘

水源充足，无对渔业水质构成威胁的污染源。池塘无渗漏，排灌方便，水深1.0～1.5m；塘底为泥底或沙泥底质，塘底淤泥厚度不超过15cm；塘堤为土堤，坡度为1：（2.5～3.0）；交通便利，电力充足，背风向阳，四周无高大树木或房屋遮挡；池塘面积1 300～2 000m²。鱼苗繁殖池塘应与苗种培育及成鱼养殖池塘分隔开来，且应有独立的排灌系统。

（二）网箱

网箱一般采用40目的聚乙烯网片制作而成，多悬挂在固定于池底的木桩或竹桩上。网箱通常位于池底上部10～20cm处。体积一般为1～6 m³，故很轻便，易于安装，适合于小型育苗场操作。网箱在东南亚地区，尤其是在菲律宾使用极为广泛，但实践表明，网箱设施育苗只适用于吉富系列的罗非鱼。最普通的网箱由简单的网袋制成，将亲鱼按每平方米4～6尾的密度放入其中，雌雄比为（2～3）：1。每周收集一次鱼苗，将其集中于网箱的一角，用小网捞出，将这些鱼苗移到暂养网箱或池塘里继续培育，直至出售。

（三）湖泊育苗场

湖泊育苗场从1970年底开始就在菲律宾投入使用。大多数经营者采用5m×5m×3m的用蚊帐网制作的网箱，将其系于固定在湖底的竹桩（或木桩）上。网箱通常置于水深3～8m的避浪浅滩，亲鱼密度为2.5～5.0尾/m²，雌雄比为（2～3）：1。这一设备的优点在于可以拆卸，并能就地取材，制作简便。在水质较肥的水域中操作费用也比较便宜，因为含有藻类的附着物可作为鱼类的基础饵料。借湖泊建育苗场也可以使没有土地权的团体得以从事鱼类养殖。然而该系统也有不足之处，如易被污染、盗窃，以及易遭受人为和风暴或台风的破坏。湖泊育苗场的网箱育苗和池塘中的相似。

（四）孵化缸及孵化槽

孵化缸是罗非鱼育种试验研究的理想设备，且对患病亲鱼的隔离和治疗也十分方便。然而，孵化缸仅适于空间受到限制的小型育苗生产，对于大型育苗场来说，就未免有些劳民伤财。最常用的育苗孵化缸的规格为 120cm×40cm×40cm，由硅酮密封剂黏合为 4mm 厚的玻璃薄板，缸内铺一层 10cm 厚的干净沙石，盛水 160L。尽管每天需更换 10％～30％的水体，在沙石下仍需装 1 个空气过滤器及 1 台水泵。过滤器有曝气作用，以便保持水质。

上述装置最适合容纳体重为 200g 左右的亲鱼。根据罗非鱼的种类和规格，每个孵化缸中大约放 2～3 尾雄鱼和 4～6 尾雌鱼。在雌鱼即将吐苗之前将鱼苗小心地取出转移到其他孵化槽内培育。孵化槽的构造与孵化缸基本相似，但在成本和人力投放上，孵化槽更适合于大规模的生产。在亚热带和气候较寒冷的地方，最适合用孵化槽进行鱼苗生产，因为孵化槽的水体易于加热和循环。制作孵化槽所用的材料来源十分广泛。如混凝土、玻璃钢、石棉、钢材和木材等。其形状以环形为最佳。常用的环形槽直径 1～6m，水深保持在 0.5～0.75m。亲鱼放养密度为每立方米 500～1 000g，雌雄比例为（2～3）∶1，每天按亲鱼体重的 1％～1.5 ％投喂饲科。通常每隔 5～7d 收集 1 次鱼苗，移入其他池塘饲养。

二、池塘设施化集约养殖设施

天津市水产研究所通过对传统池塘进行设施化改造，进行池塘设施化集约养殖，养殖水体在池塘内循环利用，高密度养殖鲤鱼和罗非鱼，通过水净化处理和水体污染物的人工移除，实现节水、环保、优质、高产、高效的目标。

该养殖系统的主要设施组成为：鱼的试验养殖设施由漂浮支架、养鱼箱、操作平台、自动投饵机组成；曝气、增氧、推水设施分别由 2 台多用途射流泵、4 台水车增氧机、2 台旋涡气泵组成；吸污装置由真空罐将养鱼箱底所集中收集的污泥吸出后排入储存槽中待处理，进行抽吸作业时，利用射流器工作时，吸气功能将真空罐中空气抽出产生负压，可以把养殖箱底的污泥抽吸出来。实验过程中由于渗漏池塘水位下降，以湿地为水源适当向池塘补水。

三、水库、网箱养殖设施

网箱的结构：一般由箱体、框架、浮子、沉子等四部分组成。箱体是网箱的主要组成部分，它是由网线编结成网片，缝制成长方形或正方形的箱体。面积一般为 20～35m²，深 2～3m。制作箱体的网片，网目的大小要根据所放鱼种规格来确定，奥尼罗非鱼成鱼网箱的网目可选为 1.5～3.0cm（鱼种进箱规格平均为 6～11cm）。箱体四周固定在用木料或毛竹扎成的框架上，使箱体在水中撑开、成形。框架上再加上泡沫塑料浮子，增加浮力。浮子绑在箱底四周，保持正常的箱体形状。

网箱的设置：网箱的设置主要有浮动式和固定式两种。各地应根据当地具体条件，因地制宜地选用。敞口浮动式网箱要在框架四周加上防逃鱼的拦网；敞口固定式网箱，箱体的水上部分应高出水面 0.5m 以上，以防逃鱼。网箱的排列不宜过密，在水面较开阔的水域，网箱的排列可采用品字形、梅花形或人字形，网箱之间距离保持5m 以上。

四、小体积网箱养殖设施

网箱采用聚己烯（己纶）、锦纶（尼龙）、涤纶等同线编织成的两片缝合而成，一般较多采用聚乙烯。养殖罗非鱼的网箱一般都要加盖，是一个封闭的六面体。网箱规格为 1m×1m×1.15m 或 2m×2m×1.15m，网饵视鱼种规格不同而有差别：鱼种体长 5～6cm，网目 1.3～1.5cm；鱼种体长 6～10cm，网 1.5～2.5cm；体长 10～13cm，网目 2.5～3cm；体长 13cm 以上时，网目 3～3.5cm。

小体积网箱的箱盖为不透光的合成纤维编织布或深色塑料薄膜，用以减少箱内罗非鱼群因受到各种干扰而产生的应激反应，其大小与网箱上口相当。

若投喂的饵料是浮性的，则应在箱盖上设置浮性饲料框；若投喂的是沉性饲料，则应在箱盖上设置直径 10cm，上端露出箱盖 15～20cm，下端离箱底 20cm 的饵料管，且应设置一饵料台（用网目为 1～2mm 的聚乙烯密眼网制成的）从而防止饵料流失，节省饲料，降低成本。饵料管下端用网片包裹起来，以免鱼种进入饵料管而擦伤身体引起鱼病。养殖罗非鱼的小体积网箱应设置在水面广阔、水质较肥，无工业污染的湖泊、水库、河道及大型池塘的避风向阳之处。该处的溶氧在 5mg/L 以上，水深 2m以上，水体最好有微流，流速 5～8m/min，以利水体交换将鱼类代谢废物带走。另外，该处设置小网箱不能影响航运交通或其他水利设施。

五、稻田设施

1. 加高加固田埂　一般将田埂加高到 40cm，宽 30cm，并夯打结实，以防大雨时田埂溢水逃鱼，同时可防止黄鳝、泥鳅、鼠类等钻洞，造成漏水逃鱼。

2. 开挖鱼沟、鱼溜　鱼沟和鱼溜可在插秧前挖好或插秧后 10～15d 开挖。鱼沟的深度要求 30～50cm，沟的上面宽 30～50cm。根据稻田大小，不同形状的鱼沟。沿田埂周围的圈环沟要在靠田埂留下一行秧棵之内开挖，开挖鱼沟占用的秧棵可密植在靠田埂内侧的那行秧棵内。面积 1 亩以上的稻田可在田中央开挖十字形沟。中央沟与环沟相通，环沟的两端要与进、出水口相接。在鱼沟的交叉处或田四角开长 1m、宽0.66m、深 0.66～1m 的鱼溜，与鱼沟相通。鱼溜的多少依田块大小、性状和排水口的方向因地制宜设置。整个鱼沟和鱼溜的开挖面积占稻田面积的 8% 左右。

3. 开挖进、排水口和设置拦鱼设备　进、排水口的地点应选择在稻田相对两角的田埂上，这样，无论进水或排水，都可以使整个稻田的水顺利流转。在进、排水口要设置拦鱼设备，避免罗非鱼逃逸。拦鱼设备安装高度，要求高出田埂 30 ～ 50cm，下部插入泥中，要牢固结实，没有漏洞。

六、实用型循环水养殖设施

目前禽鱼混养和农机肥水养殖等粗放养殖模式，商品鱼普遍存在规格偏小、品质欠佳、售价较低的情况。实用型循环水养殖模式是一种介于机械化自动控制型设施渔业与普通养殖模式之间，利用现有鱼塘稍加改造、添置部分机械设备、能显著提高单位产量和商品鱼品质的养殖模式。该养殖方式需要的主要养殖设施包括：主养池、沉淀净化池、生物净化池、养殖废水处理池、增氧机、投饵机等设施。主养池排出的养殖废水经抽水泵抽到沉淀净化池，经初级沉淀，大部分有机碎屑被池中鱼类摄食，鱼体排泄物及悬浮物质则被浮游植物、水生植物吸收分解。池水经生物净化池生物附着基上微生物降解氨氮、亚硝酸，能显著降低化学耗氧量和生物耗氧量，并具增氧效果，达到池水的循环利用。该养殖技术流程符合国家无公害罗非鱼养殖技术规范的要求，商品鱼品质优良，适合加工出口，该系统相比完全工厂化设施养殖，前期投入低、运行成本低，生产出来的商品鱼规格整齐、品质好，有一定的市场竞争力，其整体经济效益比传统养殖模式有所提高。该系统中水循环处理系统可有效降解养殖废水中的氨氮、亚硝酸盐，降低化学耗氧量、生物耗氧量。

七、工业化养殖设施

工业化养鱼是根据养殖对象的生长需要，对鱼池水质处理达到养殖对象最佳环境的设施渔业，在欧美各国称之为高密度养鱼。近几年来，工业化养鱼已成为工业发达国家水产养殖的主流，主要养殖品种为鲑鳟鱼、鲤科鱼和罗非鱼等，每立方米水体的年产量一般在 60 kg 以上，高的可达 100 kg 以上。

我国的工业化养鱼起步较晚，但近几年发展迅速，至 2003 年，内陆工业化养殖单位有 5 000 家左右，海水工业化养殖单位近 2 000 家，养殖面积49 280亩，平均每立方米水体的产量为 3.6kg，远低于国外的水平。近几年来，我国工业化养鱼设施的研究已经取得了一定成效，例如，北京市朝阳区水产科技园于 2004 年进行的工业化养鱼试验，从鱼池排出的水经过生物滤池、微滤机、增氧池后返回养鱼池。

上海市水产研究所研制的水质处理装置，采用加压强化增氧，使水中瞬时达到过饱和氧，再通过泡沫分离装置去除水中悬浮物和胶状物质，并用生物接触氧化技术去除水中氨氮等有害物质。在养殖密度大于 50 kg/m³ 时，水中的溶解氧在 6mg/L 以上，氨氮和亚硝酸盐保持在 0.5 mg/L 以下，取得了较好的效果。

山东省寻山海水工业化养鱼系统，采用机械过滤固态废物，泡沫分离悬浮物，生物膜降解"三态氮"，滴滤去除气态废物，贝壳调节 pH，并用活性物填料进行了净水试验。处理后的水质：COD＞2.8mg /L，SS＜7.2mg/L，非离子氨＜0.02 mg/L，细菌数少于自然海水，牙鲆的平均单产为 29.92kg/m²，高的超过 35kg/m²。

山东省淡水水产研究所的工业化温流水养鱼系统中的水处理设施，除了沉淀池、微滤机和生物接触氧化设施外，还设置了无土水耕栽培车间，利用水耕栽培作物将水中的 NO^{3-}、PO_4^{3-} 作为其养分吸收，从而降低循环水中的含盐量。

这些技术也可以应用于罗非鱼养殖，并有单位进行了尝试。

八、越冬设施

罗非鱼作为热带鱼类，在我国大部分地区不能自然越冬，因此都要采用不同形式和方法进行保种越冬。罗非鱼越冬设施主要包括：

1. 越冬池 面积 667～2 000m² 为宜，池塘深 2.5m，水深可保持 2m，东西走向，长方形，池宽为 20～25m，在池塘岸边下 50cm 处可留一宽 30～50cm 的平坦处，便于人工拉网操作，池塘四周可用防渗膜护坡。具体做法：池塘四周及池底四周挖宽 20cm、深 30cm 的沟槽，将防渗膜深埋于沟槽中，夯实，可有效防止水渗漏。防渗膜采用黑色，190g/m²，断裂拉长率≥15%，拉伸强度≥80N/5cm，强度高、耐酸碱、防老化，使用寿命一般 5～10 年。

2. 温室 温室的建造必须考虑采光、保暖性能和经济实用等因素，目前一般采用玻璃温室和塑料大棚两种形式。

（1）玻璃温室 以若干个圆池并列建立温室，单坡向南，屋顶采用 3～5mm 玻璃结构，南面屋缘接近地面；背面屋顶采用其他保暖材料，北面围墙高 2m 左右，墙角基部与圆池之间留一走道，便于管理操作，屋顶采光玻璃有单层或双层。这种温室采光性能好，晴天时水升温快，但由于玻璃热导率高，散热快，夜间保温性能较差，且造价也比较贵，材料比较紧缺。

（2）塑料大棚 一般以 4 个池为一组，在池顶部用铁管搭成倒 U 形顶架，在架子上面覆盖两层塑料薄膜与池边连成密封保温棚，周围用泥或砖把薄膜压紧，上面再盖一层疏网片，以防大风吹坏，塑料大棚顶部距地表约 2m，利于保暖。塑料大棚夜间保暖性能较佳，造价低，是目前比较普遍采用的保暖装置。

3. 越冬的机械设备

（1）加温设备 罗非鱼越冬要求水温保持在 18℃ 以上，因此除了晴天利用温室采光保暖外，夜间必须向水里加热提高水温。采用电热线是比较普遍的一种加热形式，电热线通电后把电能直接转化为热能，使水体保持一定温度。它结构简单，经济实用，采用绝缘塑料电热线，绕在固定框架上，用电缆线作引线，用接线盒引出水面。电线可接380V或220V交流电源，功率为3 000W。使用时把电热线置于池底，不要露出水面。在30t水体中放入一个3 000W电热线，就可以使池水保持一定温度，保温性能好，热效率高。

（2）增氧设备　增氧机是罗非鱼越冬必备机械，在6m圆池选配0.37kW叶轮式增氧机较为适宜。而0.18kW微型增氧机也可选用，但增氧效果较差。

（3）水净化处理设备　在水泥圆池里，对水体最好能采取一定设备进行净化处理。我们曾采用过转盘式水净化机对越冬池进行直接净化处理，取得较好效果。转盘式水净化机由几十片玻璃钢薄片组成，形成圆盘状，通过机械传动，使盘片缓慢转动，交替出没水面，在盘片上附着大量微生物及其他生物，形成一层生物膜，生物膜能够对水体进行净化处理。

（4）饲料加工设备　主要选用膨化颗粒饲料机。在越冬期间，为了维持鱼的正常生活，需要投喂少量优质饲料，投喂的饲料以浮性颗粒饲料为佳，这种饲料适口性好，不易散失浪费，不恶化水质。

（5）其他设备　水泵、控温装置及配电屏等也是越冬鱼池必要的配套设备。

第六节　战略思考及政策建议

虽然目前我国罗非鱼养殖产业发展中存在一系列问题，但也应看到，当前我国具有进一步发展罗非鱼养殖的明显优势。如养殖区域相对集中，有利于形成规模化生产的产业带；养殖技术日趋成熟，有利于制定养殖技术规范，提高产品质量，提高国际市场的竞争能力等，针对罗非鱼养殖中存在的问题，有必要从以下几个主要方面进行改进：

一、罗非鱼养殖病害防治基本思路及对策建议

从当前基本国情出发，我国水产疾病防治仍需坚持以"预防为主、防治结合"的方针，以保持优良养殖生态环境为基础，以实现水产品质量安全为目标，加强病原监测工作，以生态、免疫防控为主导，免疫、药物和生态防控相结合的综合防控技术路线，并积极探索养殖小区标准化生产的有效模式。

（一）提高苗种质量、加强鱼体自身免疫力、升级健康养殖模式

首先应加强国家级和省级良种场建设。通过良种选育、引进、提纯复壮，实施养殖苗种的良种化工程，提高良种覆盖率。

通过疫苗、免疫增强剂、抗病品种等手段促进养殖动物产生对特定病原的抵御力和提高机体的基础抗病水平、提高水产养殖动物免疫力。

"一家一户"分散经营的养殖模式难以满足水产食品安全和健康养殖的要求。可

试行小区管理模式，以相对封闭的养殖小区为载体的养殖组织管理，引入企业或管理公司，对小区实行统一水源处理、养殖生态养护、优良种苗和饲料提供、疫苗接种、疫病监测等养殖全过程的系列技术服务，并统一进行重大疾病预警预报，标准化养殖技术推广，建立以罗非鱼、虾等混合养殖为基础的生态养殖模式，统一管理服务，提高农民收入，确保水产品质量安全。

（二）建立数字化病害综合监控技术体系

首先应加强病害早期预测能力，控制病原传播，开发病原早期快速检测试剂盒技术，建立由病原监测、生态因子监测、专家分析库等组合成早期预警预报功能体系。建立相应疫苗、免疫增强剂、环境改良生物制剂等系列产品及其配套应用技术信息库，构建具有病害信息分析、指导控制防治方案、技术产品优化推荐等监控技术系统。

（三）完善水生动物疫情测报体系，强化疫情测报工作

进一步完善水产养殖病害测报体系，初步形成了从中央到地方，覆盖全养殖区的病害测报网络。继续开展重点疫病专项监测，要求疫情疫病预防控制机构每年定期或不定期开展重大罗非鱼疾病流行病学调查与实验室监测，准确分析评估疫情发生发展的趋势，科学指导重大罗非鱼病的防控工作，逐步引导各级水产技术推广和病害防治部门积极向水生动物疫病预防控制机构的职能方向转变，同时还要吸纳相关科研单位积极参与疫情监测，多方面汇总疫情情况。

（四）加快鱼体病害防治相关技术研发和设施配套

积极争取财政补贴，加速罗非鱼疾病快速诊断技术产品和渔药研发进程。重点解决：加快禁用渔药替代产品研发；加大生态、免疫技术及其产品研发力度；积极推动疫苗研发基础性工作；对目前允许使用的渔药进一步筛选，并开展药代动力学研究，分批确立最低残留限量、合理休药期及产品质量检测标准，为修改完善规范用药方法提供科学依据。

（五）加快水生动物疾病防治关键设施和资质认证配套

加强水生动物病原库等基础平台建设；加快国家级水生动物疫病预防控制中心建设；逐步改善试验站水生动物防疫基础设施，提高基层监测水平；对国家投资建设的省级"三合一"中心进行水生动物疾病预防控制技术力量的相应资质认证，为水生动物疫病管理工作做好技术支撑。

（六）以生态、免疫预防为重点，大力推进健康养殖技术的应用

大力宣传养鱼就是养水的理念，加强健康养殖技术培训。以规模化罗非鱼养殖为

重点，通过财政补贴方式积极推广应用芽孢杆菌制剂、光合细菌制剂、以乳酸菌为主导菌的 EM 菌剂等微生态制剂，形成以微生态制剂为主体调控养殖生态的对虾健康养殖技术，逐步淘汰以化学品为主要成分的水质净化消毒剂。重点开发罗非鱼病害疫苗，通过财政补贴方式开展罗非鱼免疫预防试点、推广和普及工作。以水产品出口基地为重点，建设标准化养殖示范区，全面提高出口水产品的养殖技术水平。

（七）以《水生动物疫病应急预案》颁布为契机，突出重点，狠抓水生动物重大疫病管理。

（八）进一步加强水产养殖安全用药的监管和指导，建立水产用药"处方制"等制度，进一步促进行业协会在市场的作用。

（九）加大政府政策引领促进渔业可持续发展

加大对公益性和产业共性技术的投入，设立水产产业发展研究创新基金，对疫苗、良种采用政策资金补贴，引导渔农新技术应用；加大推广体系的人才队伍和设备条件资金的投入，提升产业者素质；通过各级推广部门的技术示范，对从业者加强技术培训，全面提升养殖者的绿色生产意识和技能。

总之，要实现水产品安全、生态安全和水产养殖业的可持续发展，需构建高水平、系统化的水产养殖病害防治技术支撑体系和高效的组织管理体系。

二、罗非鱼养殖技术和模式发展思路及政策建议

罗非鱼在我国广泛养殖，养殖方式也逐渐趋向于集约化养殖，不少渔民为了片面追求产量，过多使用饲料和肥料，乱用渔药，造成养殖水体环境不断恶化，时常暴发鱼病或因药物残留等问题遭遇出口贸易壁垒。健康安全的养殖方式是罗非鱼养殖成败的关键，也是罗非鱼养殖业可持续发展的命脉。健康养殖技术应着重关注以下几个方面：

1. 保持良好的水质 一般要求水源稳定、充足、清洁、无污染源，符合国家渔业水质标准，同时要求注、排水方便。定期调节水质，施用水质改良剂，养殖期间视天气、水温及鱼类摄食情况，适当开增氧机，使水体含氧量保持在 3mg/L 以上，氨氮小于 1mg/L，亚硝酸盐小于 0.1mg/L。

2. 科学施肥投饵 肥料、饵料的多少既影响着罗非鱼的生长，又影响水质的变化。养殖期间，可以通过适度施肥增加水体中浮游生物量、溶解氧和营养物质等，从而保持良好的水质。投饵量根据鱼规格的大小规格、养殖阶段及天气情况进行调节。

3. 合理放养 适宜的放养密度，有利于鱼类的生长和保持良好的水质；适当的养殖品种搭配，可以最大限度地利用有限的养殖水体和饵料，实现经济利益最大化，同时也利于良好水质的保持。

4. 病害防治 坚持"预防为主、防治结合"的防治方针，杜绝易引起病害暴发的相关因子。加强病原监测工作，坚持以生态、免疫防控为主导，免疫、药物和生态防控相结合的综合防控技术路线。

近年来，随着养殖环境的恶化，病害的频繁发生，成鱼质量安全受到威胁。我国水产科技工作者和养殖户也在不断探索合理的养殖模式，虽然我国罗非鱼养殖模式已由原来的主要以粗、套养为主，逐步转向目前以池塘单、精养为主，网箱养殖、流水养殖、多品种混养等多种方式并存转变，但是目前我国的养殖模式仍然相对滞后，大型养殖场基本采用循环水、网箱高密度养殖，而中小型养殖场除部分采用净水池塘养殖，投喂全价颗粒饲料，大多数仍采用传统的养殖模式。

养殖户应从经济效益、产品质量安全、市场形式以及当地水环境、气候特点及自身条件选择合适的养殖模式，以促进罗非鱼养殖业的可持续发展。大力推进传统养殖方式的标准化、规模化发展，大力推进工厂化养殖规模，提高设施养殖水平。

三、养殖设施发展思路和政策建议

设施化养殖已成为未来罗非鱼大规模养殖发展的主要方向，主要目标有：节水、节地、污染小；生产可控性强、周期短、产量高、效益大；产品品质高、无公害等。但设施化养殖的投资大，对生产技术及管理的要求高，所以，投资风险较高。因此，综合利用养殖设施，提高利用率，从而降低相应成本和风险，对设施化养殖的发展具有重要的促进作用。

目前我国设施化程度较高的养殖模式主要是池塘养殖、流水型养殖设施、循环水养殖设施和网箱养殖设施。与其他养殖方式相比，它们具有更高的生产效率。据2005年的统计数据，全国3 393万t水产养殖总量中，上述4种模式的产量占82%。上述养殖设施，除最为低级的池塘养殖设施在养殖生产中占主体地位外，其他几种模式在生产量上都还处于相对弱小的地位，而且设施化程度越高，应用程度越低，这是由养殖设施的投资、生产成本、运行管理要求等因素造成的。随着社会的发展和工业化程度的提高，必然对水产养殖生产在资源、环境、效率等方面提出越来越高的要求，养殖生产模式的设施化是必然趋势。未来的养殖生产必然通过设施化而全面走向工厂化，进而实现工业化。

罗非鱼养殖设施的发展必须为"集约化生产、健康型养殖、资源利用率高、排放控制"的渔业可持续发展的战略要求服务，要符合渔业生产的实际和社会快速发展的要求，要利于水资源的合理利用、养殖废水循环利用，利于养殖过程的精准、标准化和智能化。

我国罗非鱼养殖设施的发展要坚持以下几个原则：

（1）对源水的有效处理措施，以防止水域污染对养殖系统的侵袭。

（2）对养殖水质的积极调控，以创造健康养殖的水环境。

（3）注重与种植系统的工程化结合，以吸收氮磷等营养物质。

（4）机械化、数字化的发展，以符合现代精准化生产方式的需要。

（5）重视各养殖设施系统的集成创新，以充分发挥各自特长，创造经济和生态效益的最大化。

第五章 中国罗非鱼饲料业战略研究

第一节 罗非鱼饲料业发展现状

一、中国罗非鱼饲料生产销售概况

我国水产饲料工业始于 20 世纪 80 年代，到 1991 年我国大陆水产饲料产量仅 75 万 t，到 2006 年达到 1 275 万 t，2010 年 1 502.4 万 t，19 年间增长了 20 倍。超过了世界其他各国水产饲料产量的总和，也产生了世界最大的水产饲料生产企业，逐步建立了较为完整的水产饲料工业体系。

罗非鱼饲料产业是紧随我国水产饲料产业的发展而发展的。我国罗非鱼饲料产业同样是呈现起步晚、历史短和发展快的特点。20 世纪 80 年代，我国大陆无专门的罗非鱼饲料，饲养罗非鱼时投喂的是通用渔用饲料。从 20 世纪末，罗非鱼专用饲料生产开始兴起。罗非鱼饲料生产企业主要分布于广东、海南、广西和福建等四省（区），饲料产量最大的是广东省，其次是海南省、广西壮族自治区和福建省。罗非鱼养殖中投喂全价配合饲料的养殖面积约占 85%。罗非鱼专用饲料主要有浮水性的膨化饲料及沉水性饲料。目前养殖罗非鱼的饲料系数，投喂膨化料的养殖方式通常在 1.2 左右，投喂沉性料的养殖方式在 1.5 左右。近年来，全国罗非鱼饲料年产量稳定在 150 万 t 左右，膨化料的价格约为 4 500 元/t，沉性料的价格约为 3 800 元/t。

广东省是我国罗非鱼养殖产量最大的省份，产量约占全国总产的 45% 左右。广东省罗非鱼饲料年产量约为 80 万 t，约有 30 家饲料企业生产罗非鱼专用饲料，其中海大集团年产罗非鱼饲料约为 24 万 t、通威集团年产罗非鱼饲料约 11 万 t 左右。广西壮族自治区目前罗非鱼饲料年产量约为 15 万～17 万 t，以膨化料为主，其中百洋水产集团年产罗非鱼饲料约 6 万 t、通威集团年产罗非鱼饲料约 2 万 t。海南省罗非鱼饲料年产量约为 35 万 t，其中通威集团年产罗非鱼饲料约 8.2 万 t、海南裕泰科技饲料有限公司年产罗非鱼饲料约 7 万 t、新希望集团年产罗非鱼饲料约 5 万 t、统一集团年产罗非鱼饲料约 3 万 t、恒兴集团年产罗非鱼饲料约 2.5 万 t。福建省目前有台湾福寿、厦门通威、福州大福（正大）、新希望集团等几十家罗非鱼饲料生产厂家，罗非鱼饲料年产量在 14 万 t 以上。

二、罗非鱼营养需求研究概况

我国从"六五"至"十五"期间，相继开展了"我国主要养殖鱼类的营养需求和饲料配方的研究""主要水生动物饲料标准及检测技术的研究""鱼类营养及饲料配制技术的研究"等研究项目，取得了罗非鱼的营养需求和配合饲料的主要营养参数，为实用饲料的配制提供了理论依据。随着罗非鱼产业的发展壮大，在"十一五"至"十二五"期间，农业部又启动了"国家罗非鱼产业技术体系建设专项"及相关的研究项目，罗非鱼营养与饲料的研究工作得到稳定的支持，加强了研究的深度及广度，取得了较好的成效。

从国内外研究现状看，罗非鱼的营养需求一直是罗非鱼营养与饲料研究的重点。鱼类营养需要量的研究，主要通过以增重率、饲料转化率、鱼体成分分析以计算鱼体内能量和营养素的沉积作为观测指标，根据目的设计和实施饲养试验来完成。因此，除了必须遵循一般实验设计的原则外，鱼类营养饲养试验还必须满足试验鱼正常生长所需的生态环境要求，并设计一种能使试验鱼正常生长的精致饲料作为基准试验饲料，用以作各种试验处理的对照。经过长期的研究，不同研究者已得出罗非鱼营养需要量的一些数据。2011 年 NRC 重新修订了《鱼类营养需要量》，并公布了罗非鱼的营养需要，为罗非鱼实用配合饲料的配制提供了理论依据。

三、罗非鱼替代蛋白源研究使用概况

罗非鱼作为杂食性的养殖鱼类，对鱼粉依赖性低于肉食性鱼类和虾类，鱼粉由于富含必需氨基酸、矿物质、维生素、可消化能，为罗非鱼饲料中一种主要的蛋白源。目前中国的罗非鱼饲料中，大多使用价格较低廉的国产鱼粉，而且添加比例一般在5％左右，相比三文鱼饲料中大量使用优质鱼粉和30％左右的添加比例，罗非鱼对鱼粉的依赖相当低。在鱼粉价格高的时候，罗非鱼饲料中甚至可以完全不用鱼粉而使用其他动物性或者植物性蛋白源替代。因此，与其他水产饲料相比，罗非鱼饲料原料的来源更加广泛。

动物性的蛋白源主要包括水产副产品（如鱼蛋白浓缩水解物、虾粉、磷虾粉、鱿鱼粉等）和陆生动物副产品（如家禽副产品粉、血粉、水解羽毛粉和肉骨粉等）。研究表明，这些动物蛋白源含有丰富的蛋白质和必需氨基酸，但往往缺少一种或几种必需氨基酸。如血粉中最受限制的必需氨基酸为异亮氨酸，水解羽毛粉和肉骨粉中为蛋氨酸。如果把这些副产品按合适的比例混合使用，或与鱼粉按照一定比例混合使用可以克服必需氨基酸不平衡的问题，使饲料质量得到改善。如用肉骨粉或肉骨粉：血粉（4∶1）补充蛋氨酸后可替代蛋白质含量 45％的罗非鱼饲料中 50％的鱼粉蛋白。

相对动物蛋白源而言，我国植物蛋白源种类多、来源广、营养价值高且价格低廉，是替代鱼粉的理想蛋白源。可作为植物性蛋白源的主要有豆科籽实、饼粕等，目前在罗非鱼饲料中的使用量逐渐增大。

从蛋白质含量和必需氨基酸组成看，豆粕是最好的植物蛋白源。豆粕必需氨基酸含量高，组成合理，赖氨酸含量在饼粕类中最高，约 $2.4\%\sim2.8\%$，赖氨酸与精氨酸比例为 100：300，比例较为恰当，异亮氨酸含量也是饼粕类原料中最高，约为 2.39%，是异亮氨酸与缬氨酸比例最好的一种。色氨酸、苏氨酸含量也比较高，而蛋氨酸含量不足。大量研究表明使用豆粕作为罗非鱼饲料鱼粉替代物，但与饲料蛋白质水平，豆粕的来源和加工方法相关。

棉粕是来源广的植物蛋白源，既便宜，又有较高的蛋白含量和较合理的氨基酸组成。但赖氨酸和蛋氨酸含量相当低，棉酚含量高，限制了它在动物饲料中的应用。另外棉粕在饲料使用中容易产生黄曲霉毒素，也是限制其在饲料中应用的另一原因。饲料中棉粕的最大使用量为 $25\%\sim30\%$。通过浸提处理可以解毒棉粕中的抗营养因子，并且保护棉粕中的蛋白质和氨基酸不受高温处理的影响，正是因为其棉酚含量低，保留了较高的蛋白质和氨基酸含量，浸提处理棉粕很可能成为优质蛋白源的选择方法。

菜粕的粗蛋白含量约为 $35\%\sim45\%$，氨基酸比较完全，几乎不存在限制性氨基酸，与其他油料饼粕蛋白相比，菜粕的必需氨基酸指数比较高，蛋氨酸、胱氨酸含量较高，赖氨酸略低于大豆，此外菜粕中钙、磷、镁是豆粕的 3 倍，硒是豆粕的 8 倍，还富含维生素和矿物质，对水产动物有较高的营养价值，但菜粕中含有的多种毒素和抗营养因子，如硫代葡萄糖甙、芥酸等限制了菜粕在水产饲料中的使用。但是菜粕通过膨化热处理，可钝化菜粕中芥子酶，从而起到部分去毒作用，同时提高其适口性和消化率的作用。我国菜粕资源丰富，充分利用这一廉价饲料蛋白源，可以大大提高其在罗非鱼饲料中的利用率。

其他植物性原料如玉米蛋白粉、花生粕、葵仁粕、木薯粉、蚕豆等，作为罗非鱼的蛋白源也有很大的开发潜力。玉米蛋白粉具有蛋白质含量高，纤维含量较低，蛋氨酸高，富含 B 族维生素、维生素 E 等特点，作为罗非鱼饲料的蛋白源，其消化率也较高。在无鱼粉饲料中，如果氨基酸齐全，玉米蛋白粉作为适宜蛋白源可满足罗非鱼的生长。在罗非鱼饲料中用适量木薯粉替代鱼粉，鱼体蛋白质含量增加，脂肪含量显著降低。蚕豆可以提高罗非鱼肌肉的脂肪含量和耐折力，因此具有改变养殖罗非鱼肉质的效果。

鱼类对蛋白质的需求主要是对各类氨基酸的需求，因此，饲料中氨基酸的组成在很大程度上决定了饲料的营养价值。鱼粉中各必需氨基酸含量较高，种类齐全，氨基酸之间的配比与鱼类的需求比例相似。当用植物蛋白源替代鱼粉时，由于其中的必需氨基酸含量较低，一般蛋氨酸和赖氨酸为主要的限制性氨基酸，会成为限制植物蛋白源利用的主要因素。当饲料中植物蛋白源的添加量逐渐升高时，氨基酸不平衡表现得也越来越明显，影响蛋白质的合成，对鱼体生长的抑制作用也越来越显著。可以通过在饲料中补充晶体氨基酸以改善植物蛋白源中氨基酸的组成，也可以将含有必需氨基酸的豆科植物和谷类等多种蛋白源混合使用，或通过物理及化学方法使抗营养因子失活，以及在水产饲料中添加诱食剂等改善植物蛋白源的适口性，都可以提高罗非鱼对植物蛋白源的利用能力。

四、罗非鱼饲料原料消化率研究概况

饲料原料中的营养成分是指原料中各种营养物质的实际含量，是配制饲料时不可缺少的参考依据。中国农业科学院畜牧研究所联合多个高校于"六五"期间完成了国家重点攻关项目，并完成了"中国饲料成分及营养价值表"。该表包括了中国80余种主要饲料原料的营养成分，该表于1990年发布第1版，之后结合每年的农业部重大行业科技项目、科技基础条件平台建设项目等研究工作，同时参考国内外一些权威数据库，如Feedstuffs饲料成分表、法国饲料数据库、德固赛饲料氨基酸数据库，在此数据基础上每年修订1次，截至2012年已经修订到第23版，该表是开发饲料资源、提高饲料利用率、优化饲料配方的重要依据。但不同的养殖对象对于同一饲料原料的消化率存在差异，因此，测定罗非鱼对不同饲料原料的消化率将有助于评定原料的生物学效价，目前，研究学者已经测定了罗非鱼对鱼粉、豆粕、棉粕、菜粕、肉骨粉、花生粕、鸡肉粉、玉米蛋白粉、木薯粉、大豆浓缩蛋白、大豆分离蛋白、羽毛粉等多种常用饲料原料中干物质、粗蛋白、粗脂肪、能量和氨基酸的表观消化率，为罗非鱼饲料配方的设计提供了更多的理论依据。

五、罗非鱼膨化料发展概况

我国南方地区广东、广西、海南、福建等得益于气候，罗非鱼养殖发展迅速，成为这些地区主要养殖对象之一。而养殖业的发展势必推动饲料业的发展，目前我国罗非鱼饲料生产也集中在广东、广西、海南、福建几个罗非鱼养殖大省。

目前，我国罗非鱼人工配合饲料形态有两种，一种是普通颗粒料，另一种是膨化饲料。膨化饲料经过了充分调质，糊化度好，水中稳定时间较长，饲料外形光滑美观。一般膨化饲料价格高于普通颗粒料，但膨化饲料养殖效果优于普通颗粒料，养殖效益突出。膨化饲料的优点：使蛋白质变性降解；长链淀粉被剪切成短链淀粉、糊精和低分子糖类；一些天然存在的抗营养因子（如大豆中的胰蛋白酶抑制因子）和有毒物质（如棉粕中的棉酚等）被破坏；大大减少饲料成品中的微生物数量；转化饲料在贮藏期间劣变的各种酶；改善饲料的适口性。膨化过程中蛋白质的变性是四级结构变性而一级结构保持完整，更易被吸收，同时也提高酶消化效率。因此膨化后的饲料处于易被酶水解的状态，从而提高饲料的消化率。另外，膨化饲料由于浮于水面，养殖人员能够清楚知道鱼的吃料情况，避免浪费；在纯投料模式下，常常出现水质过肥的情况，使用膨化料能减少饲料对水质的污染，保持水质。

罗非鱼的膨化饲料首先是在两广地区得到推广和应用，膨化饲料由于饲料配方、加工工艺等因素比普通颗粒饲料价格要高出 20%～30%。仅从价格上看，膨化料完全没有优势，但用膨化料养殖的罗非鱼，生长速度快，甚至可以比普通料提前 1 个月达到同样的上市规格。同时用膨化料浪费相比普通料少，对池水的污染也小，降低了病害发生的几率，对罗非鱼链球菌病的防治能起到一定的积极作用。因此，罗非鱼膨化料在养殖户、饲料经销商、饲料生产企业等环节也能够获得较硬颗粒饲料更好的经济效益。但与鲈、金鲳、乌鳢、黄颡鱼、黄鳝、鲟等市场价格高的品种相比，罗非鱼在鱼产品价格、饲料价格上都要低很多，在养殖户、饲料经销商、饲料生产企业环节获得的经济效益也相对低一些。但是，由于养殖量大、膨化饲料的市场容量大，罗非鱼也是拉动水产膨化饲料数量增长的主要品种类型。罗非鱼饲料市场由以前单一的颗粒饲料向膨化料与普通颗粒饲料并存转变，以后膨化料所占比例会越来越大。

2012 年，两广地区新装膨化料生产线 70 条以上，产能将增加 70 万 t 以上 2011 年大型饲料企业争相批量上大产能机械，全面进军罗非鱼和草鱼膨化料。2011 年，两广地区膨化料销量大概是 140 万 t，新增的生产线可提供 70 万～80 万 t 的膨化料。

但膨化料的推广也受一些因素的制约，如鱼价、养殖户的传统养殖方法等。当罗非鱼成鱼的价格好，养殖规模就可能扩增，膨化料需求继续走旺的可能性很大。当鱼价低的时候，直接后果就是养鱼户投苗量减少，养殖户多用不起价格高的膨化料，本来由于养殖规模的减少带来的压力，再加上膨化料涨价带来的影响，就会导致膨化料的需求量减弱。但值得关注的是，随着膨化料的规模化生产，加工成本也逐渐下降，与普通颗粒料的差距正在缩小。

六、罗非鱼饲料质量发展概况

罗非鱼饲料生产常用的原料有鱼粉、豆粕、棉粕、菜粕、次粉、小麦、玉米和鱼油等。目前市面上的罗非鱼饲料基本同质，营养水平基本一致。以膨化饲料的营养水平为例，各种氨基酸含量相差很小，蛋氨酸在 0.5%～0.6%，氨基酸总量在 25%～26%，粗蛋白在 30%～31%，粗脂肪在 5%～8%，淀粉在 14%～16%。部分膨化饲料的能量水平较高，淀粉含量接近 20%。近年来，罗非鱼产业有了长足的发展。纵观罗非鱼饲料，罗非鱼膨化饲料能量水平有上升趋势，罗非鱼饲料的饲料效率继续提高，近年来发展进步巨大。

第二节　罗非鱼饲料业存在问题

目前，我国饲料工业发展取得了令人瞩目的成绩。但由于发展时间太短，目前在饲料工业中仍然存在不少问题，制约饲料工业发展。

一、罗非鱼饲料业深受罗非鱼养殖与出口影响

罗非鱼养殖一直都影响着罗非鱼饲料产业的发展。我国的罗非鱼饲料产业和养殖发展并不平衡，首先在资金投入上存在巨大的差异性。我国罗非鱼饲料产业从无到有，从小到大，虽然只经历了 10 多年的发展，但罗非鱼饲料产业从一开始就在走工业化的发展道路，能够得到社会广泛的资金支撑，其产业本身的自我发展、自我修复、自我造就的功能十分强大，投入的资本回收率和增值率较高，而罗非鱼养殖产业则完全不同，长期以来都是作为解决农业人口基本生计的农副产业看待的，大量的农村散养经济，造成了整个行业的散乱发展格局。罗非鱼养殖业规模比较大，但行业集中度相对较低，主要表现为：养殖分散化程度高、集约化程度低及区域化养殖明显。罗非鱼养殖业主要从业者是大量农村养殖户，其养殖积极性深受养殖效益的影响。

因而，随着罗非鱼市场价格的波动，罗非鱼养殖量也跟着剧烈波动，罗非鱼饲料的生产和销售也深受影响。另外罗非鱼养殖业主要局限于广东、广西、海南、福建、云南等省，其饲料业也主要局限于以上 5 省，其向外扩张的空间有限。

近两年，我国罗非鱼养殖连续的大面积病害暴发，给养殖造成很大损失，鱼价低迷，加工厂收鱼量减少，导致养殖户的养殖热情降低，随之而来的是投苗量减少，饲料需求量相应降低，直接影响到罗非鱼饲料的产销量。

我国罗非鱼主要出口欧美等国家和地区，而近年来，欧美发生次贷危机，经济不景气，影响了罗非鱼的出口，直接表现为对罗非鱼需求不足，进而导致整个罗非鱼养殖业养殖效益不高，这也间接影响罗非鱼饲料业的生存发展。

二、饲料资源短缺的矛盾日益突出

据农业部饲料工业信息中心统计，2012 年我国饲料产量已经达到 1.8 亿 t，随着居民生活水平的提高，动物产品消费量的增加，我国饲料产量将继续稳定增长。

原料是饲料生产的源头和基础，也是饲料企业竞争力的核心和关键。随着我国养殖业和饲料工业的迅猛发展，饲料资源紧缺的矛盾日益突出。长期以来，我国主要以鱼粉、豆粕作为水产饲料的主要蛋白原料，而近年来鱼粉、豆粕供应日趋紧张，价格不定期上涨波动，一些杂粕（棉粕、菜粕、花生粕等）价格也随之上涨，饲料成本居高不下。我国蛋白质饲料资源缺口较大，主要蛋白质饲料原料的供给明显不足，对国际原料市场有很深的依赖性，每年需要进口 3 500 万 t 大豆、120 万 t 鱼粉等蛋白质资源，价值人民币约 1 500 亿。蛋白质饲料原料加工业发展的严重滞后，不仅制约了我国饲料工业的快速发展，而且因营养失衡造成了其他饲料资源的浪费。

罗非鱼作为杂食性的养殖鱼类，目前中国的罗非鱼饲料中，大多使用价格较低廉的国产鱼粉，而且添加比例一般在 5% 左右，比起三文鱼饲料中大量使用优质鱼粉

30％左右的添加比例，罗非鱼对鱼粉的依赖相当低。在鱼粉价格高的时候，罗非鱼饲料中可以少用或者不用鱼粉而使用豆粕等植物蛋白替代。但是随着豆粕价格的上涨，许多饲料厂家开始采用其他价格低廉的植物蛋白源来替代豆粕。在饲料原料日益紧缺的环境下，饲料企业只有进一步开发新的饲料资源，特别是蛋白质原料资源，来进一步降低生产成本，才能提高企业的核心竞争力。

三、罗非鱼饲料业竞争激烈，企业利润低

我国水产饲料企业经过近 30 年的发展，经过市场竞争与优胜劣汰后，我国饲料行业已逐步形成以海大集团、通威饲料、新希望集团等少数全国性大型企业集团为主导，部分中型企业占据区域性市场，大批小企业为补充的市场竞争格局。大型企业市场占有率在 50％以上，垄断优势明显。但由于水产饲料行业资金和技术壁垒偏低使企业进出容易，而且养殖业的分散直接导致了饲料行业集中度不高。据不完全统计，全国约有 100 多家从事罗非鱼饲料生产的企业。

由于豆粕、鱼粉等原料价格持续上涨，饲料行业在成本压力传导给下游养殖业的同时，企业自身的经营压力也有增无减；二是竞争环境下，企业让利抢占市场，成本消化难度增大；三是经营成本上涨，工业用地成本、劳动力成本、物流成本、环保压力等综合生产成本攀升。

四、竞争恶质化，质量安全形势日趋复杂

饲料安全是动物性食品安全的基础，社会关注度和媒体聚焦度不断加大。虽然从农业部历年组织开展的饲料质量监督例行检测结果看，饲料产品合格率逐年提高，饲料质量安全总体上呈现出不断提高的好势头。但是非法使用违禁添加物、制售假冒伪劣饲料等问题还没有从根本上解决，生产、流通和使用等环节质量安全隐患依然存在。这些问题是监管薄弱、主体复杂、诚信缺失等各种因素交织作用的结果。小部分饲料企业尤其是小饲料企业，为了生存不惜采取非常规竞争手段。譬如虚报营养含量，拔高饲料转化率欺诈用户。

五、科技支撑仍然不足

我国从 20 世纪 80 年代开始，已开展了大量罗非鱼营养与饲料的研究工作，取得了罗非鱼的营养需求和配合饲料的主要营养参数，为实用饲料的配制提供了理论依据。目前我国养殖的罗非鱼主要包括尼罗罗非鱼、奥尼罗非鱼以及吉富罗非鱼，由于罗非鱼品系之间在营养素的需求上存在差异，所以对单一品系以及品系之间营养需求差异进行系统的研究很有必要，目前这一块的研究工作相继开展，但研究数据并不

完善。

目前市场上罗非鱼饲料品种也相对比较单一，缺少对不同水温、不同养殖阶段、不同养殖模式等针对性较强的饲料品种，从目前的研究情况来看，对罗非鱼的营养需求研究多集中在稚幼鱼阶段，对于成鱼的营养研究还不深入，基础数据还有很多空白。不同生长阶段的罗非鱼对营养素的需求是有一定差别的，若使用相同的饲料配方，必然会造成罗非鱼对营养素的利用率下降，造成饲料浪费。随着罗非鱼饲料行业的发展，罗非鱼配方势必会根据罗非鱼不同的生长阶段而调整，罗非鱼饲料配方将会更加精准，以适应生产的需求。

铁、铜、锰、锌、碘、硒、钴等是罗非鱼养殖必需的微量元素，主要通过饲料给动物补充。微量元素在养殖类饲料中的使用，的确能在不同程度上促进养殖品种的健康，提高其生产性能，但因为不同地区养殖环境不同，土壤类型繁多，不同地区的土壤的化学组成差异较大，因而不同地区养殖的罗非鱼所需要的微量元素是不同的，应当针对当地的基础饲料研制对应的微量元素预混料。

由于土地资源和水资源紧缺，人力成本快速上升等因素的影响，罗非鱼养殖业总的发展趋势是集约化高密度养殖。因而罗非鱼对饲料的营养配比和质量要求更加苛刻，饲料企业需要生产适应当地养殖模式和养殖环境的罗非鱼饲料。这就必然需要开展大量的研究，而当前全国的高校科研单位从事罗非鱼营养与饲料研究人员相对较少，而且其中相当一部分人员还是从事基础研究，还未涉及产业应用研究。这就必然要求饲料企业开展这一部分应用研究，但是绝大多数饲料企业没有研发部门，更没有研发经费。

第三节　营养与饲料技术发展趋势

传统的罗非鱼营养的研究主要集中在营养素的需求种类、营养需求量和饲料的利用率等方面，这些研究虽然取得了一些成果，但远不能满足现代化罗非鱼养殖业的要求，需要从更深层次、多角度、多学科综合来开展罗非鱼营养与饲料技术研究。现代罗非鱼营养与饲料技术研究由粗到细、由浅入深、由表及里、由整体到个体、由静态到动态，正向着更深入、更全面和更系统的方向发展，以下从十个方面分别阐述罗非鱼营养与饲料技术发展趋势。

一、营养需求的研究与饲料营养参数的定制

随着对鱼类生理及营养理解的深入研究，精准的饲料配方技术，越来越多的在实践中应用。精准的饲料配方技术需要参考饲料营养参数，而研究获得的动物营养需求量，是制定饲料营养参数的基础。但是，影响饲料配方的因素有许多，理清各因素对配方的影响则要求研究者更关注此方面的工作。

从养殖品种或是品系方面来说，研究已经证明不同品系的营养需求的差异是存在的。如吉富罗非鱼对 n-3 和 n-6 不饱和脂肪酸的需求要小于红罗非鱼。从研究对象的规格来讲，目前，已经有了对小规格罗非鱼鱼种阶段（<50g）对蛋白质与氨基酸、脂肪与脂肪酸、碳水化合物、维生素和矿物质需要量研究的完整报道，而对于中等规格（50～150g）和大规格（>150g）阶段的研究报道较少。已经证明，不同规格的鱼类的营养需求会存在差异，因此，研究不同规格的罗非鱼的营养需求将是未来营养研究的热点之一。从养殖环境来看，不同养殖环境得到的鱼类营养需求存在差异。在海水养殖条件下，对蛋白质的需求来说，罗非鱼需要量要低于淡水养殖条件下所获得的数据；在低温条件下，罗非鱼可能会需要较少的蛋白质。所以，在制定营养参数的过程中，环境因素的考虑也是必不可少的。从养殖模式角度考虑，不同养殖模式的饲料配方思路是存在差异的。养殖模式涉及的因素有很多。例如，单一品种养殖、多品种混合养殖、网箱养殖、池塘养殖、流水养殖等。一般以罗非鱼为单一养殖对象时，饲料配方的定制过程中所考虑的营养需求一般要多于混养方式；网箱养殖因为环境因素较好，可以设置较为优良的营养水平，而对于池塘养殖模式，考虑池塘环境的复杂性，低水平的饲料营养也可以取得相对满意的养殖效果；同样，对于流水养殖模式来讲，也可以设置较为高质的营养水平。

二、建立完整的饲料原料消化率数据库

无论是开辟和利用一种新的天然饵料，还是研制人工配合饲料，在评定该饲料的营养价值及养鱼效果时，都离不开要了解饲料的营养组成及鱼类对饲料营养成分消化吸收率的测定。消化吸收率（简称消化率）是动物从食物中所消化吸收的部分占总摄入量的百分比。消化率是评价饲料营养价值的重要指标之一，也是配制平衡日粮的前提。我国饲料原料品种多，营养成分含量差异大，加工方式各异，最重要的是鱼类生活环境的特殊性，使得鱼类饲料消化率的测定变得比较困难。如何选择一种准确、简便、实用的消化率测定方法对评价鱼类饲料配方有着十分重要的意义。

完整系统的鱼类原料消化率数据库是鱼类营养与饲料研究者、饲料配方师等渴望得到的资料，畜禽方面早已建立与完善，但由于鱼类消化率测定的复杂性，主要原因在于鱼类生活在水中，收集完整未溶失营养成分的粪便几乎不可能，而且养殖品种的多样性则更增加了研究工作的任务量，需要大量的人力财力支持，所以相关工作进行得较为零散。目前，对罗非鱼饲料消化率的研究数据已经有了相对大量的研究报道。但是，值得注意的是大部分报道仅仅涉及部分常规营养成分的消化率，如蛋白质、干物质、脂肪等，对于氨基酸、脂肪酸的研究报道相对较少，而对于矿物质的研究也仅限于钙、磷，对其他矿物质的研究和维生素等营养素的研究基本为空白。而且这些研究所涉及的原料一般为常见的 10 种以内，在研究结果上也存在一定得差异。因此，制定相对完整的，并随时补充的罗非鱼饲料原料消化率数据库，将是未来罗非鱼饲料

与营养的发展趋势。

三、分子营养学

分子营养学是研究营养素与基因之间相互作用的一门新兴的边缘学科。目前，对于水产科学来说，分子营养学相关研究尚处于起步阶段。与其他水产动物类似，罗非鱼的分子营养学研究亦刚刚起步。如何利用日粮营养对代谢相关基因调控以提高罗非鱼的饲料利用效率和改善鱼产品品质，如何通过改变日粮组成成分来调节体内相关基因的表达，从而使罗非鱼机体处于最佳生长状况等已成为现代罗非鱼营养学研究的重点。通过营养对罗非鱼基因表达的调控途径及机制的研究，将不仅为人们更有效地利用营养对某些特定有益基因的调控表达提供理论依据，而且对于指导配比合理的罗非鱼饲料具有重要的意义。迄今，人们已对多种罗非鱼营养代谢相关基因进行了分离鉴定、表达模式分析，以及不同营养水平对其影响等的研究。食欲素（Orexin）通过其受体发挥作用，参与机体摄食、能量稳态、体温、睡眠、觉醒周期、生殖、内脏活动和内分泌等方面的调节。陈文波等克隆了尼罗罗非鱼 Orexin 前体基因，并分析了其组织表达模式以及在摄食前后、饥饿和再投喂状态下的基因的表达变化，发现在摄食前后，Orexin 前体基因的表达量显著低于在摄食状态中；饥饿后，Orexin 前体基因在下丘脑中的表达量与正常投喂组相比均显著升高，饥饿 4 d 再投喂后，表达量又恢复至正常水平。说明 Orexin 在罗非鱼摄食中可能有着重要的调节作用。

谷胱甘肽是机体内重要的生物活性物质，作为抗氧化剂和清除机体内的氧自由基发挥重要生理作用。李玺洋等采用荧光定量的方法对不同季节广州显岗尼罗罗非鱼肝脏中谷胱甘肽转移酶 GST 基因的表达情况与摄入蓝藻量相关性进行研究，发现尼罗罗非鱼 GSTA 和 GSTR2 的表达量与食物中的产毒蓝藻生物量多少成正比，即食物中的产毒蓝藻生物量较大时，GSTA 和 GSTR2 的表达量亦较高。

田娟等在研究饥饿和再投喂期间尼罗罗非鱼生理变化情况时发现，饥饿时生长激素（GH）含量及其在肝胰脏中 mRNA 表达丰度显著升高，类胰岛素生长因子-Ⅰ在肝胰脏中 mRNA 表达丰度降低，恢复投喂后两者均显著升高；甲状腺素 mRNA 表达丰度在饥饿 7～21d 显著升高，饥饿第 28d 时无显著差异，再投喂后显著降低。

Pallab 等分析了膳食生物素及抗生物素蛋白对于罗非鱼生长、存活率、生物素缺乏综合征以及肝脏中重要的生物素代谢酶基因的影响，发现在生物素缺乏时，肝脏生物素酶（hepatic biotinidase）的表达升高，可能是机体为了保持生物素平衡状态。

水温与饲料蛋白对于罗非鱼生长素基因具有显著的影响，Qiang 等分析了不同温度，不同饲料蛋白水平对多种生长相关基因（Growth hormone，GHR1，IGF-Ⅰ）的影响，认为生长相关基因根据温度，蛋白水平调节他们的表达情况来调节生长和饲料利用率。

作为传统营养学的发展，虽然分子营养学研究才刚刚起步，但是运用分子生物学的方法研究营养与基因的相互作用关系已成为必然的发展趋势和研究前沿。作为一种重要的养殖鱼类，罗非鱼的分子营养学亦将更深入的进行研究。罗非鱼的分子营养学的研究将对于更深入地阐明营养素在罗非鱼体内的确切代谢机理、寻找评价动物营养状况更为灵敏的方法以及调控养分在体内的代谢路径、提高养殖罗非鱼的生长效益等，都具有重要的划时代科学意义。

罗非鱼分子营养学的研究目前还有许多工作需要进行，主要集中在以下几方面：①需要更深入并更全面地分析探讨基因表达调控的机制，例如不同营养素对罗非鱼分子调节机制的全面性影响的研究；②扩大营养素的种类，开发新的饲料源，并从分子水平对其进行评价；③不断探索新的研究手段、方法。分子生物学、基因工程的研究手段日新月异，要及时把这方面的新方法，新技术手段应用到营养、基因相互关系的研究上来。

总之，从分子水平上阐明营养素在鱼体内的代谢过程和机理，准确掌握罗非鱼的营养需求，促进水产动物健康快速生长，并为以后揭示和解决各种营养学的相关问题提供理论基础。

四、营养与免疫

在养殖过程中，罗非鱼会遭遇到各种各样的应激胁迫，如捕捞、水环境变差、水温不适、溶氧过低等激烈变化，造成鱼体免疫力下降，有害病原生物乘虚而入，诱发疾病，甚至引起死亡。传统的用于防治病害的方法主要包括：一是化学药物治疗法；二是免疫防治。化学药物治疗存在抗药性和药物残留等问题，疫苗预防则由于其特异性和操作困难（注射免疫）而存在一定的局限性。研究发现，营养与免疫存在密切的相关性。因此可以通过营养调控来提高鱼类的免疫力，不仅可克服传统方法存在的缺陷，有利于健康养殖，减少对环境的污染，保证食品的安全，而且这已经被证明是一种行之有效的途径。

饲料是鱼类营养的来源，是水产养殖业的物质基础，也是取得高产稳产的关键因素之一。优质的饲料可保证水产动物营养的供给，满足水产动物对能量消耗和机体生长发育代谢的需要，同时增强免疫力，提高抗病能力，促进健康生长。饲料中营养不足或不平衡都可能对免疫功能产生不利的影响，而水产动物的健康状况又反过来影响营养素的需求量。当饲料中某种营养物质缺乏或各种营养物质平衡失调时，会影响其免疫功能，并可直接导致水产养殖动物对各种寄生虫和病原菌的抵抗力下降。营养和免疫的关系显著地影响水产养殖生产，故必须大力加强水产动物营养免疫学的研究。它着重研究水生动物营养与免疫的协同作用、营养不良与疾病的关系、营养素（能量、蛋白质、氨基酸、碳水化合物、脂肪、维生素和矿物质）与免疫系统的细胞分化和细胞代谢产物的关系，同时研究水生动物在应激状态下，保持最佳免疫功能的营养需要量。

水产动物（包括罗非鱼）的免疫，包括体液免疫和细胞免疫。鱼类的细胞免疫主要涉及非特异性免疫，包括吞噬细胞的吞噬率、呼吸爆发和杀菌能力。而体液免疫可分为特异性和非特异性免疫。非特异性免疫包括凝集素、溶菌酶、补体等。而特异性的则是抗体的产生。大多数的鱼类抗体只有 IgM。在罗非鱼营养免疫学方面已做了一些工作，如一些水产动物营养学家已经研究了蛋白质、脂肪、多糖、维生素 A、维生素 E、维生素 C 和矿物质 Fe、Se 以及 EPA、DHA、ARA 等对罗非鱼免疫反应的影响，用研究成果指导养殖生产并取得了一定的成效，以期通过营养手段增强养殖动物免疫抗病力。如饲料中的脂肪含量能提高超氧化物歧化酶活性，但并不随脂肪含量的增加而增加，维生素 E 能明显提高超氧化物歧化酶活性，其过量添加并不能提高超氧化物歧化酶活性；脂肪含量对溶菌酶活性提高作用有一定影响，维生素 E 能明显提高溶菌酶活性，其过量添加并不能提高溶菌酶活性。

由于机体免疫与健康养殖、绿色养殖紧密联系，营养免疫在水产动物营养与水产养殖动物的免疫研究中的地位将越来越突出，它的免疫广谱性，应用方便性，无毒无残留的安全性，激活免疫系统调控非特异性免疫因子的整体性都显示出强大的生命力，它必将在免疫中占有重要的地位，但由于对水产动物的免疫系统还未完全搞清，加上一些评价标准、检测指标难以确定、检测手段还落后等，这些制约着水产动物营养免疫学的发展。今后应开展营养素对水产动物免疫系统作用机制的深入研究，借鉴畜禽营养学和免疫学等其他学科的技术、方法和手段，建立一套适合水产动物营养免疫学的研究和检测评价的方法。

五、营养与养殖生态

现有的渔业生产技术难以满足这一要求，无论是网箱养鱼、流水养鱼，还是池塘精养，均是以投喂饲料来获取一定的鱼产量，在现有生产方式下既污染了养殖水域环境，也易使鱼类出现病害，影响鱼类生长。据综合资料分析结果表明，在现有投喂饲料的养殖生产中，70%左右留存于水域环境损失的饲料中，有 15%～25%的饲料在饲料投喂过程中损失，有 20%～30%以鱼体粪便的形式损失（鱼类对摄食的饲料消化率一般只有 70%～80%），在被鱼体摄食的饲料中有 50%～60%的饲料物质在代谢中被作为能量消耗，其废物排除鱼体外而进入水域环境中。因此，开发对水域环境污染小、对鱼体和人体均健康的新型水产配合饲料就十分的必要。其核心技术包括：

（一）确定日粮中罗非鱼最佳吸收率的营养物质含量

动物对营养物质的最佳吸收率并不是动物的最大生长率时，随着营养物质供给量的增加，动物的生长速率趋于平台，而动物对营养物质的利用率则降低，在吸收率最大时，动物的生长速度却还没有达到最佳。因此，营养学家设计配方时以达到最大生长速度的 95%～98%日粮，这样就可以使罗非鱼对营养物质的吸收率达到最大，以减轻排泄物对生态环境的影响。

(二) 精确设计饲料配方，确保饲料营养平衡

罗非鱼并不能利用原料或饲料中全部氨基酸，而氨基酸平衡可以减少氮的排泄量。利用理想蛋白模式，特别是以可消化氨基酸为基础的理想蛋白模式来配制日粮，可使饲料中的可利用氨基酸的水平和动物对可利用氨基酸的需要量更加接近，提高氨基酸的利用率，减少某些过量氨基酸的代谢对动物造成的营养代谢负担，更能降低氮的排泄量。

(三) 合理降低饲料中蛋白质的水平和添加合成氨基酸

合理降低饲料中的营养水平可明显增加动物对营养物质的利用，减少营养物质的排泄量。最明显的例子是，罗非鱼可以有效地利用饲料中的额外添加的蛋氨酸，达到降低饲料蛋白的目的。

(四) 阶段性饲养

动物对营养物质的需要量随着年龄、生理状况和环境等因素而改变。因此，在生产中应根据此区别采取特定的饲养方法。阶段性饲养能最大限度地满足罗非鱼不同条件下的实际营养需要，从而有利于提高饲料的利用率、减少营养物质尤其是氮、磷的流失。

(五) 研究开发高品质的饲料原料

开发高品质的饲料原料是提高动物消化利用率，减少排泄物质对生态环境污染的最佳方法之一。现今有很多的研究报告认为，通过转基因技术或遗传育种方法培育出的高赖氨酸、高有效磷玉米，其磷的相对生物学效价为 $45\%\sim52\%$，而普通玉米为 10%。

(六) 饲料加工工艺的改进

饲料加工工艺的改进，如粉碎、混合、制粒以及膨化等有助于消除饲料中的抗营养因子、提高饲料中营养物质的消化率和利用率，降低动物对营养物质的排泄量，减少对环境的污染。对于粉碎粒度而言，可以改变饲料转化效率 $5\%\sim10\%$，但不同动物要求不一样。制粒则可减少成品饲料的分级现象和分离程度，保证动物采食全价的平衡日粮，从而改善饲料利用效率；膨化可以改变蛋白质、碳水化合物、脂肪等的分子结构，不仅提高了动物对营养物质的消化率，而且降低了大豆等饲料原料的免疫原性和抗营养因子，可改善饲料的消化利用率。

(七) 降低微量元素的排泄量

有机微量元素复合物的效价通常高于无机微量元素，所以用有机微量元素复合物

取代无机微量元素，可减少微量元素在饲料中的添加量。最近的研究表明：用氨基酸络合锌取代无机锌可取得良好的效果。同时，应充分考虑饲料原料中本身的微量元素含量，从而减少饲料中微量元素的添加量。

（八）合理使用饲料添加剂

国内外大量的研究表明，各种营养物质的代谢作用不仅与这些物质本身的特性有关，而且还受一些非营养性代谢调节剂影响，包括酶制剂、益生素、酸化剂、中草药等。这些物质的合理使用，会改善动物机体代谢机能，提高养分的利用率，从而减少动物排泄物中营养物质对生态环境的污染。饲料中植物性蛋白源中含有多种抗营养因子，如植酸、单宁、抗胰蛋白酶、非淀粉多糖等，添加酶制剂可消除相应的抗营养因子，提高饲料利用率。

六、营养与品质

随着水产养殖规模的不断扩大，养殖技术的不断提升，我国水产品产量逐年递增。然而在养殖产量不断增加的同时，人们更多关注的是水产品的安全性和营养性，除了要求产品中不能残留对人体有害的成分外，还要求其营养丰富、口感好，对养殖鱼类的肉质品质也提出了更高的要求。罗非鱼以其繁殖力强、生长速度快、抗病力强等优点成为我国淡水养殖的主养品种之一，同时以其肉质厚、骨刺少，便于加工保鲜、富含多种不饱和脂肪酸等优点被公认是健康食品，在全球的消费量呈上升趋势。罗非鱼贸易除部分在国内以鲜活产品形式销售外，大部分以冷藏、冷冻鱼片的形式出口，然而人工养殖条件下的罗非鱼由于生长速度过快，普遍表现出肉质松软、口感较差，同时罗非鱼肉片在冷藏过程中易氧化变质，这些均成为罗非鱼食用消费和加工利用的重要限制因素，也制约了罗非鱼产业的健康发展。目前，加工方式上多以一氧化碳对罗非鱼肉片进行发色处理，但仅能获得较鲜艳的感官色彩，对提升产品内在品质并无贡献，如何提高罗非鱼肉质成为了水产工作者亟待解决的问题。

对于鱼肉品质的研究大多集中在对肉质指标的常规研究上，运用现代分子生物学、基因工程技术手段以及从 DNA 水平对肌肉品质相关基因，如脂肪酸结合蛋白（FABP）和 μ-钙蛋白酶（μ-Calpain）等主要基因的研究还不够深入。因此，有必要对鱼肉品质的屠宰加工后各指标的变化规律、影响鱼肉品质的遗传机制和杂交效应、营养因子对肉质变化的代谢和生化过程中的机制和作用以及加工对肉质的影响进行深入研究，合理改善饲料配方，保护水体免遭污染，最终达到生产出优质水产品的目标。

七、实际养殖环境中可应用的饲料添加剂

添加剂在罗非鱼饲料中的用量很低，但是起着举足轻重的作用。添加剂的作用主

要表现为对营养素补充和调节营养素的平衡、对营养素利用的调节和促进、对饲料质量和性质的改善等方面，可以总结为"补充、改善、调节、促进"四大方面的作用。添加剂对于配合饲料营养作用的发挥具有非常重要的作用，但是这些作用的发挥必须建立在饲料原料的营养质量的基础之上。

对罗非鱼饲料添加剂的研究报道较多，例如增加免疫力的添加剂：槲寄生植物的提取物、β-葡聚糖、酵母菌，而促生长的添加剂有螺旋藻、苹果酸、罗非鱼肠道中提取的细菌。还有报道发现番茄红素可减轻罗非鱼的应激反应，但对生长、饲料利用、肌肉成分、体色等无明显影响；饲料中添加少量食盐可以提高对亚硝酸盐的耐受性。也有一些研究发现饲料中某些微量物质可以影响罗非鱼的生长及产品品质，如硒可以显著增加鱼体硒含量，从而增加鱼的营养价值。然而，这些结果都是在试验条件下获得，在真正的养殖条件下，罗非鱼生活的复杂的水体环境中，这些添加剂的效果如何，还不得而知。未来，要想将如此种类繁多的添加剂应用到罗非鱼饲料中，还需要更进一步的研究。罗非鱼饲料添加剂的主要发展方向应该集中在添加剂的高科技化、高度专业化、饲料添加剂产品系列化、更加环保化和安全化，饲料添加剂产品标准化和法制化、饲料添加剂产品的高效化和规模化。

八、饲料投喂技术

配合饲料技术的发展必须延伸到饲料的投喂环节，这是饲料质量得以最终实现的最后环节，也是与养殖技术相联系的关键环节。

已经有资料表明，网箱养殖在饲料投喂过程中损失的饲料量高达30%，池塘精养损失的饲料量也在10%～30%；同时，池塘精养人工投饲的饲料损失量（10%～30%）大于机械投饲损失的饲料量（5%～10%）。这些损失的饲料既造成了饲料的浪费、增加了养殖成本，又污染了养殖水域环境。究其原因主要有以下几个方面：①颗粒饲料的粉末量过大，在同时具有颗粒饲料和粉末饲料时鱼群一般抢食颗粒饲料；②饲料的投喂量超量，有实验结果表明，"八成饱"损失的饲料量为14%～16%，而"全饱"损失的饲料达到23%，稍有疏忽就会增加饲料的浪费；③颗粒规格与鱼群的口径和摄食习性不适应。

饲料投喂技术的发展应该主要向以下几个方向发展：①大力提倡发展和推广使用膨化饲料；②提倡国外的饲料限量投喂法，即在满足鱼体达到一定的生长速度的要求下，计算出每天投喂的饲料量，每天就按照这个量进行投喂而不管鱼体是否达到饱食状态的"八成饱"；③根据饲料的质量水平和养殖动物的生理、环境条件的变化对饲料的投饲率进行调节，我们假设投饲率是按照配合饲料的粗蛋白质30%来制定的投饲量为M，现在如果提供的配合饲料的粗蛋白质为31%，那么要保证100kg养殖对象能摄取到同等量的蛋白质，此时的饲料投饲量就应该为调整为"M×（30%/31%）"，即如果饲料蛋白质含量增加，那么相应的饲料投饲率就应该减少，相反，如果现在提供的饲料的粗蛋白质的含量下降，饲料的投饲量就应该增加；④根据养殖动物的摄食和生理节律确定每日的饲料投喂次数和投饲的时间。

九、水产饲料加工技术发展

研究表明，影响颗粒料质量的最重要的因素是：饲料配方（40%）、研磨（20%）、调质（20%）、压模选用（15%）以及冷却和干燥（5%）。写在前述每一个因素后的百分数代表了该因素在颗粒料总体质量中所起作用的相对大小。重要的是要看到，虽然配方单独占到了 40% 的作用，但是饲料的加工工艺却占到了颗粒料质量的 60%。因此，许多颗粒料质量问题可以通过对饲料加工工艺的改进而得到改善。

对于罗非鱼饲料，其发展的主要趋势应该有：①饲料原料微粉碎或超微粉碎技术和设备的发展；②加工工艺流程的改进，主要是对原料的混合质量、调质效果、产品的含水量等的调节和控制；③膨化饲料加工技术和设备的发展，膨化饲料作为继粉料、硬颗粒料之后的新一代产品具有许多的优越性，如消化利用率高、对养殖水域环境的污染小、饲料浪费小等，具有巨大的市场发展潜力。

十、饲料原料的开发

养鱼的饲料成本一般占养殖总成本的 30%～70%，有时甚至更高。如何选择利用廉价饲料原料，降低饲料成本，一直是研究者感兴趣的研究方向，因此，新原料的开发及合理利用在以后的研究中将得到更广泛的关注。

一直以来，鱼粉是水产动物饲料中最主要也是价格最昂贵的蛋白源。由于近年来鱼粉资源的匮乏以及蛋白原料价格的波动，水产饲料中替代蛋白源的研究已经成为学术界和企业界共同关心的话题。由于鱼粉等优质蛋白源日益短缺，价格攀升，新蛋白源的开发便成为一个热门的研究领域，以降低饲料成本和保证养殖业的可持续发展。

（一）动物性蛋白源的开发利用

动物蛋白源尤其是肉食性鱼类蛋白含量高，鱼粉粗蛋白含量为 55%～70%，氨基酸种类齐全，糖含量低，还含有丰富的矿物元素和维生素，营养价值一般比植物蛋白高。由于植物蛋白价格的季节波动和可利用基本氨基酸含量差异较大，使用动物蛋白从费用方面考虑也是适宜的。随着饲料业的发展，鱼粉需求量逐年增大，价格上涨。因此鱼粉蛋白源市场潜力很大，开发前景看好。为解决动物性蛋白源不足的矛盾，可采用畜禽类副产品如肉骨粉、羽毛粉、血粉等以及其他廉价动物资源作蛋白源部分或全部代替鱼粉，从而缓解鱼粉缺乏对配合饲料发展的限制。肉骨粉蛋白质含量在 45%～50%，铁、钙、磷等矿物质含量很高。动物血经膨化加工或酶解后制成血粉，其蛋白质含量高达 80%～93%，是一种非常有开发前景的蛋白源。

在实际生产中往往将几种蛋白源互相配合使用，起到了营养互补作用，使配合饲料营养成分更全面。几种蛋白源配合应用，并不是各原料的机械相加，而是利用营养学配伍原则，以养殖对象的营养需求为依据，以氨基酸平衡为中心，通过几种原料各自占优的成分间互补及其他成分间的累加，将几种蛋白源配合使用，从而在整体上提高配合饵料的营养水平，增强整体养殖效果。

（二）植物性蛋白源等新饲料原料的开发利用

大豆制品、各种饼、粕等植物蛋白源的开发利用是水产养殖饲料蛋白源研究的重要方面，而饲料酵母、单细胞藻类则以质优价廉，易于生产而成为最具开发前景的饲料蛋白源。

此外，研究者已经不再仅仅满足于探讨各种蛋白原料在动物饲料中的极限用量。一方面，通过基础营养学的研究，找到限制替代蛋白源利用的因素和代谢机理。二是通过不同的手段，如微生物发酵、酶制剂的使用、补充晶体氨基酸等，改善替代蛋白源的蛋白利用效率。展望未来，替代蛋白源的研究依旧会是水产动物营养研究热点，下一步的研究重点，一是发现鱼粉中除氨基酸外刺激动物快速生长的物质，如牛磺酸、胆固醇等，通过在植物蛋白中添加这些添加剂来提高植物蛋白的用量；二是通过在替代原料生产的过程中进行工艺改善，从而提高其利用率，如在淀粉、酒精工业中先行提取蛋白的技术，植物蛋白源去除抗营养因子的技术等；三是与基因技术、分子生物学、免疫学技术相结合，研究新饲料原料对水生动物生长、健康以及机体代谢情况的影响。

第四节　战略思考及政策建议

反思我国罗非鱼饲料业发展的十余年的历史和成就，我们在主要养殖品系饲料配制，产业发展方面取得了显著的成就，但是营养与饲料的基础研究，饲料质量安全、管理水平等方面还处在一个相对落后的环节。

一、加强科研投入，提高科技支撑强度

罗非鱼饲料业发展的关键问题是营养与饲料研究基础薄弱，目前罗非鱼养殖已从过去的肥水养殖方式转向全价配合饲料投喂方式，但各地区间仍存在严重的技术不平衡；鱼苗鱼种培育期、养殖前后期等不同生长阶段营养素需求量的研究仍不全面，基础数据存在大量空白；符合水产可持续发展要求的低氮、磷排放饲料配方技术、低鱼粉配方配制技术、饲料原料有毒有害物质去除技术、功能性绿色饲料添加剂应用技术等尚未系统性建立；饲料加工和应用环节中可能影响产品质量安全的因素仍未确定，所以罗非鱼产业的健康发展需要国家政府决策层的认可和支持、国家要制定优惠政

策，增加科研经费的投入，支持应用基础研究；提高科技对罗非鱼产业的健康发展支撑作用。

（一）确定罗非鱼主要养殖品系对主要营养素的需要量

精准的饲料配方设计是以精准的营养需要和饲料原料生物利用率数据为基础的。到目前为止罗非鱼的营养参数尚未完全建立，其不同生长阶段的营养参数也未建立，饲料配方无法精准设计，饲料效率不高。我们需要构建代表罗非鱼不同生长阶段营养需要参数和饲料原料生物利用率数据，为不同生长阶段进行精准饲料配方设计奠定基础。另外，由于罗非鱼养殖品系较多，而不同的品系从生长来看，具有明显的差异（如奥尼罗非鱼和吉富罗非鱼），因而其对营养的需求具有较大的差异。但从目前的研究情况来看，奥尼罗非鱼研究相对较全面，其他品系的罗非鱼研究较为零星。因此需要选择我国主要养殖品系的罗非鱼（吉富罗非鱼和奥尼罗非鱼），对其营养需要、营养代谢及相关机制问题进行比较研究，为配制适应罗非鱼生产需要的饲料提供可靠的理论依据。

（二）开展罗非鱼饲料中替代蛋白源的研究

目前国际市场上优质动物和植物蛋白质饲料原料的价格居高不下并有节节攀升的趋势，使得饲料成本也居高不下甚至不断上升，罗非鱼养殖成本也随之上升，利润空间也就越来越小，不利于罗非鱼行业的健康持续发展，廉价蛋白源替代优质鱼粉、豆粕等饲料原料的研究势在必行。用以替代鱼粉的植物蛋白源主要包括大豆类、玉米类、菜籽粕、棉籽粕、花生粕、谷沅粉、藻类蛋白、土豆蛋白和树叶粉等，动物性蛋白源包括肉粉、肉骨粉、鸡肉粉、血粉、昆虫粉和其他畜禽类副产品等，以及酵母菌、真菌、霉菌、非致病性细菌等单细胞微生物体内所产生的菌体蛋白质即单细胞蛋白。现有的研究结果一般认为，非肉食性鱼类能较好地利用鱼粉替代物，在配合饲料中可用鱼粉替代物部分或全部替代鱼粉。但在肉食性鱼中，鱼粉替代物替代鱼粉后相当大的程度上降低了动物的食欲，并造成了负面影响（生产性能下降、生理和免疫机能降低、肉质品质劣化等），从而极大限制了蛋白源在肉食性鱼类上的应用，替代比例不宜超过40%。其主要原因为饲料适口性差、存在抗营养因子、氨基酸不平衡、消化率低等。因此，我们必须开发新的鱼粉替代物，并深入研究鱼粉中可能存在的未知营养因子或鱼粉所含营养物质间存在协同作用，努力提高鱼粉替代物的利用率，同时还要做到不影响罗非鱼的健康、品质和安全。

（三）加强安全、高效、环保饲料开发

开展罗非鱼饲料有毒有害物质以及非营养性饲料添加剂对罗非鱼的毒副作用、体内残留及食用安全性研究。开展营养免疫学的研究，开发替代抗生素和化学消毒剂的免疫增强剂、微生态制剂，提高罗非鱼的抗病抗逆能力，减少经饲料途径导致罗非鱼

食用安全问题的危害。开发高能低蛋白饲料，降低罗非鱼氮的排泄；开发复合酶制剂和中性植酸酶，提高罗非鱼对饲料中氮和磷的利用，减少水体污染；开发微生态制剂，改善水质，以保证饲料对水体的环境影响达到最小限度，保障水产养殖的持续发展。

（四）开展动态水产饲料配方技术研究

过去水产饲料企业很少也不敢轻易改变饲料配方，一是怕出现质量问题；二是怕因适口性的改变而影响鱼的摄食，遭客户投诉。但饲料生产过程中，饲料原料因产地、季节的改变会导致同一原料营养价值发生变化，同时价格也在很大程度上影响了原料的选择，甚至水温、苗种也会影响饲料需求，比如水温偏低时就要求加大饲料的能值，苗种抗病力差就要求添加一些免疫增强剂等，这些动态的变化都要求企业由过去的静态配方技术过渡到动态配方技术，这同时也要求企业具有极强的设备技术及科研能力。

（五）开拓中国的新鱼粉资源——加工与净化技术

尽管我国饲料所用鱼粉几乎全部依赖于进口，但是并不表明我们国家缺少鱼粉资源。我国每年有 400 万 t 的鲜杂鱼直接投喂到养殖水域，这一方面污染了环境，另一方面也增加了病害。如果立法禁止直接使用鲜杂鱼和饲料原料进行水产养殖，这可以增加 75 万～80 万 t 鱼粉产量，相当于目前鱼粉用量的 50％以上，十分可观。

另外对于水产品而言，按照中国的消费特点，更倾向于吃鲜活、非加工产品，这种消费习惯不仅浪费资源、污染环境，而且提高了消费成本，降低了养殖效率，还不低碳。据 FAO 统计，世界水产品产量的 75％左右是经过加工后销售的，鲜销比例占总产量不到 25％，而目前我国水产品鲜销比例高达 70％左右。水产品加工综合利用不仅可以提高资源利用的附加值，并且带动了加工机械、包装材料和调味品等相关行业的发展，具有明显的经济效益和社会效益。按照目前我国年消费水产品 6 000 万 t 计算，若均以鱼片形式消费，水产品非食用部分可生产出 250 万 t 鱼粉。因此，为了提高我国渔业产业整体效益，应通过扩大宣传力度，提高水产品加工水平，极力转变传统的消费习惯，这对促进水产养殖的发展具有重要意义。

（六）开展饲料投喂及加工技术研究

开展自动投饲技术及设备的研究，自动投饲技术及设备是集约化养殖中一个重要的配套性工作，在国外已得到普遍使用，随着罗非鱼养殖在我国的迅速发展，也要予以重视。研究主要养殖品种不同生长阶段合理的投饲率，研制自动投饵系统。开展罗非鱼最适合饲料形态及环保型饲料的原料组成、加工工艺的研制，同时对饲料加工工艺（配料仓微机控制系统、制粒过程自动控制系统、新型高效混合机、液体配料称和压送技术等）进行优化与升级，推广应用饲料生产中近红外快速分析检测技术和装置。

二、完善罗非鱼饲料质量安全检测体系，加强监管，规范企业行为

建立健全法规体系，依法促进罗非鱼饲料质量安全水平的提高。加强罗非鱼饲料的生产、经营、使用的法律法规以及相关标准配套完善工作，推动罗非鱼饲料监测体系、质量安全监管体系的建立与完善，引导、监督罗非鱼饲料企业全面执行饲料质量标准。政府有关部门应定期向养殖户公布饲料监测结果、质量状况，共同营造一个使用环保、安全饲料的大环境。加强依法管理罗非鱼饲料的力度，促进罗非鱼饲料质量安全水平的提高。

三、鼓励罗非鱼饲料生产企业发展

罗非鱼饲料业是整个罗非鱼产业中规模化、专业化程度最高、经济实力最为雄厚的分支产业，在以往的罗非鱼产业发展中，罗非鱼饲料业起到积极推动罗非鱼产业壮大、升级发展的作用。但是其与养殖、加工、销售的关系还不够紧密，没有真正形成"饲料→苗种→养殖→加工→流通销售"的产业化经营模式。当前罗非鱼饲料生产企业已经具备相当强大的实力，如海大集团、通威饲料、广西百洋集团等，初步形成了产业化、规模化的龙头企业地位。但总体而言，其宏观调控能力还较弱，对整个罗非鱼产业化发展缺乏整体规划，产业链尚未有机地连接起来，产业发展波动激烈。目前国内的罗非鱼行业发展已经处于无序竞争状态，这样不仅会搞乱整个行业的秩序，还给了国外采购商从中渔利的机会，导致整个行业存在很大风险。基于以上分析，国家可以给予适当补贴或优惠政策引导大型饲料企业通过产业有序扩张，在整个产业中，形成2~3个"饲料→苗种→养殖→加工→流通销售"大型龙头企业。

目前中国水产饲料企业的现状是大型饲料企业巨头化的同时，中小企业也在蓬勃发展。一些大型企业通过收购、兼并、合作的方式，促进了中国水产饲料业的发展，这一方面提高了水产饲料的技术含量、资本回报率、企业管理水平等，另外也使中国的水产饲料企业走向了世界。同时中小企业也在为生存而拼搏，仍然保持着顽强的生命力，中小企业在提供税收、创造就业、维护竞争、促进技术创新、扩大出口、实现机会均等、缩小贫富差距和促进社会稳定等方面对于整个产业都有不可忽视的作用。因此，政府应制定相关优惠政策，鼓励中小企业发展。

第六章　中国罗非鱼加工业战略研究

第一节　罗非鱼加工业发展现状

我国罗非鱼加工业始于 20 世纪 90 年代末，在 20 世纪中期以后快速发展。罗非鱼加工是一个拉动性很强的产业，不仅能促进罗非鱼生产从原料的初级生产向工业制成品转化，还促进罗非鱼产业化发展，让渔农增产增收。据 FAO 统计，世界水产品产量的 75％左右是经过加工后再销售的，鲜活销售的比例只占总产量的 1/4。在我国，罗非鱼是淡水产品加工的主要品种，大约占鱼类总加工量的 50％。近年来，随着我国罗非鱼产业的快速发展，产量逐年增长，以及国际市场对罗非鱼需求量的不断扩大，一批中小型专门加工罗非鱼的企业也迅速发展起来，激发了我国罗非鱼加工业迅速发展，罗非鱼加工企业数量、产量和产值不断增加，推动了罗非鱼加工业的快速发展和推进了我国渔业经济结构战略的调整，增强了罗非鱼的国际市场的竞争力。

一、我国罗非鱼加工产业发展迅速

随着全球人口不断增长，人们对食物供应需求将愈演愈烈，在全球可供耕种及畜牧的土地资源不断减少的大背景下，鱼类产品可供养殖且富含蛋白质的特性使其成为人类不可或缺的营养来源，人类对渔业资源的依存度越来越高。根据 FAO 的估计，2030 年全世界的平均鱼类产品的消费量将由现在的每人每年 16.7kg 上升到 19～20kg，而随着目前全球捕捞渔业资源的日益匮乏，养殖渔业将成为未来人类水产品需求的主要来源。

罗非鱼因其肉质细嫩、味道鲜美、无肌间刺、腥味较少、价格适宜等原因，深受广大消费者喜爱。在我国，无论是沿海还是内地，南方还是北方，早已成为千家万户餐桌上的当家鱼之一。罗非鱼营养丰富，是一种高蛋白、低脂肪的优质食材，其蛋白质含量高于鸡蛋的蛋白质含量，且富含人体所需的 8 种必需氨基酸，尤其是赖氨酸，被公认为营养全面的优质蛋白源；罗非鱼肌肉富含多种微量元素和多不饱和脂肪酸，是人类理想的动物食品，由于具有物美价廉，在国际上被称为 21 世纪之鱼。

(一)"一条鱼工程"铸造了一个大的产业

我国罗非鱼加工始于 20 世纪 90 年代末，由于广东独特的自然条件，加上养殖方式的改进和技术水平的提高，在 90 年代中期，罗非鱼养殖商品基地不断扩大，获得迅速的发展，罗非鱼加工出口也应运而生。1997 年 2 月，佳鸿水产（廉江）有限公司（台资）在广东省湛江市廉江营仔建设我国第一家罗非鱼加工企业投产，主要加工冻罗非鱼出口，取得了较好的效益。1998 年湛江市国溢水产有限公司建设罗非鱼加工生产线，1999 年他们加工的罗非鱼便打入了美国市场。随后，由于对虾养殖受到病害的影响，原有的对虾加工企业也纷纷改建罗非鱼加工生产线，在广东省湛江、广州、深圳、佛山、茂名和肇庆等地新建多家罗非鱼加工厂。

20 世纪初，我国罗非鱼加工出口进入快速发展期，但由于企业自身实力不强，罗非鱼出口形式部分是承担外商代理加工出口，许多是接我国台湾的第二手订单，缺乏自主出口渠道，这种代加工出口方式，不利于扩大出口，提高企业经济效益，也不利于企业自身的发展壮大。2001 年由广东率先提出并实施的"一条鱼"工程有效地推动了该省渔业发展和渔民的脱贫奔小康步伐。渔业，特别是养殖业已成为广东省大农业经济新的增长点。"开发一个品种，深化一门科学，形成一个产业，致富一方群众"的产业发展思路，被农业部向全国推广，已成为指导全国渔业产业结构调整和产业化经营的方略。目前，广东、广西、海南、福建已经形成罗非鱼养殖、加工出口的产业圈。

随着我国罗非鱼产业的快速发展，产量逐年增长，以及国际市场对罗非鱼需求量的不断扩大，一批中小型专门加工罗非鱼的企业也迅速发展起来，激发了我国罗非鱼加工业迅速发展，罗非鱼加工企业数量、产量和产值不断增加。到 2005 年，我国罗非鱼加工企业有 120 家左右，专业加工罗非鱼的大型企业有 30 家左右，具有一定加工规模，其中有出口注册的厂家近 10 家，集中分布在广东、广西和海南三省，其中广东省年出口量在 9 000t 以上的企业就有 3 家。

近几年，随着国际水产品需求量的不断增大和我国罗非鱼产业的不断发展，我国罗非鱼加工企业的数量和生产规模也在迅速扩大，除上述三省份的罗非鱼加工企业有所增加外，福建省的罗非鱼企业也增加不少。据不完全统计，目前国内有罗非鱼加工企业 200 多家，其中，加工出口企业 170 多家，年加工能力超过 200 万 t，但全年实际加工量仅有 60 万 t 左右。罗非鱼加工能力和加工量从 2002 年的约 4 万 t 增长到 2012 年的 60 万 t，增长了 15 倍，平均年增长率为 136%。形成了一个罗非鱼巨大的产业链。

（二）不断涌现罗非鱼加工出口龙头企业产业链

我国罗非鱼产业的发展在很大程度上得益于国际罗非鱼贸易的大幅增长。根据国际市场对罗非鱼加工产品的需求，通过培育发展加工出口龙头企业，拉长罗非鱼的产业链条，拓展国际和国内大市场，使罗非鱼养殖觅寻到产业发展的条件和空间。加工出口企业运用"公司＋基地＋农户"的产业化经营方式，将罗非鱼传统分散型养殖生产与国际罗非鱼市场有机地联系起来，既解决了罗非鱼产品季节性、区域性的过剩和

"卖鱼难"，同时可以显著地拉动罗非鱼的销售价格，增加养殖效益，产业化作用十分明显。

我国的罗非鱼产业凭借育苗技术全球领先的优势，已经发展成从苗种繁育、养殖生产、加工出口相对完整的产业链，我国已经成为全球最大的罗非鱼生产、加工出口基地。罗非鱼加工产业经十多年的发展，已涌现出广东鹭业水产有限公司、广东恒发水产有限公司、广东湛江恒兴水产科技有限公司、湛江市国溢水产有限公司、茂名长兴食品有限公司、电白晟兴食品有限公司、茂名新洲海产有限公司、广东雨嘉水产食品有限公司、茂名市海名威水产科技有限公司、茂名海亿食品有限公司、广东高要振业水产有限公司、广西百洋集团有限公司、海南泉溢食品有限公司、儋州珠联冷冻有限公司、海南果蔬食品配送有限公司、海南勤富实业有限公司、云南西双版纳君纳水产食品有限公司等一大批具有竞争力的罗非鱼龙头加工企业，初步形成区域集聚格局，并呈现出产业分工和价值分工的雏形。从全国来看，其养殖加工企业主要集中在广东、广西、海南和福建，广东省多年来是中国罗非鱼生产和出口的第一大省。从总体上来看，中国罗非鱼出口主要集中在南部沿海省份，2011年广东、海南、广西和福建4省罗非鱼出口额占全国罗非鱼出口总额的99.27%，这4个省也是全国罗非鱼的生产大省，说明罗非鱼生产和出口的集中度较高。以广东省为例，罗非鱼养殖区域主要集中在粤西的茂名市和湛江市，产量接近全省的50%，加工出口企业也主要集中在以上二地。其中，被誉为"中国罗非鱼之都"的茂名已是中国最大的罗非鱼生产加工基地，年产量约占全国的1/8，占全球的1/12，逐渐形成了边片集中、规模化、集约化、标准化的养殖加工基地。这些大型罗非鱼龙头企业基本都实施以"公司＋基地＋农户"的产业化组织形式和经营模式，增强辐射带动作用，形成龙头加工企业、深加工基地、养鱼场、养殖户的相互联动局面，建立起种苗培育、养殖、产品加工、包装、流通、饲料及供应、产品经销等相互配套、综合经营的"一条龙"产业体系。已经发展成从苗种繁育、养殖生产、加工出口相对完整的产业链，我国已经成为全球最大的罗非鱼生产、加工出口基地。

（三）实施名牌带动战略，涌现出一批名牌产品

我国的罗非鱼加工产品大多是由外国经销商包揽销售，虽然我国罗非鱼的出口量为世界第一，但我国罗非鱼的名牌产品并不多，加上我国的罗非鱼加工产品质量参差不齐，与国外的品牌产品相比，价格相差甚远，降低了我国罗非鱼产品的国际竞争力，在一定程度上影响了我国罗非鱼产品的国内外知名度和综合效益。

近年来，通过实施名牌带动战略，运用名牌树立我国罗非鱼产业的品牌形象，带动产业及产品结构调整，提高我国罗非鱼产品质量总体水平、企业开拓市场能力和产业整体素质；是我国优化产业结构和企业组织结构，优化社会资源配置，增强经济发展后劲的重要途径；也是提高我国罗非鱼产业国际竞争力，加快我国罗非鱼产业从"代加工"向"自有品牌"转变，提升在国际市场价值链中的地位的重要举措。

目前，我国罗非鱼加工企业 200 多家，其中加工出口企业 170 多家，据统计已有 17 个冻罗非鱼产品取得省级名牌产品（表 6-1），其中广东省 10 个、海南省 4 个、福建省 2 个、云南省 1 个。在名牌产品战略带动下，罗非鱼加工企业规模不断发展、经济效益明显增强、产品质量不断提高，呈现出良好发展势头。品牌就是效益，品牌就是信誉，各主要罗非鱼养殖加工省份都非常重视罗非鱼名牌产品的培植和建设，对优化产业资源配置，调整经济结构，加速地方经济发展也发挥了重要的作用。总的来说，我国现有 17 个省级罗非鱼名牌产品，没一个能获得中国名牌，而且品种单一，基本都集中在冻罗非鱼片产品上，这在一定程度上也影响了我国罗非鱼产品在国内外市场的知名度和综合效益，这对于我国是罗非鱼生产、加工出口大国来说是不相符的，也不利提高我国罗非鱼产业国际市场的竞争力。

表 6-1　我国罗非鱼加工产品省级名牌

序号	罗非鱼加工企业	省级名牌	名 牌
1	广东汕头龙丰食品有限公司	龙丰牌	单冻罗非鱼片
2	广东湛江亚洲海产（湛江）有限公司	ASZJ 牌	冻罗非鱼片
3	广东省中山食品水产进出口集团有限公司	宝平牌	冻罗非鱼片
4	广州市恒发水产有限公司	钻石牌	冻罗非鱼片
5	广东茂名市佳辉食品有限公司	JH 牌	冻罗非鱼片
6	广东中山万通冷冻食品有限公司	万通牌	冻罗非鱼柳
7	广东湛江市国溢水产有限公司	国溢牌	冻罗非鱼
8	广东高要振业水产有限公司	振业牌	冻罗非鱼片
9	广东湛江汇丰水产有限公司	钟氏汇丰牌	冻罗非鱼片
10	广州澳洋水产有限公司	澳洋牌	彩虹雕冻罗非鱼片
11	云南新海丰水产科技集团有限公司	滇海丰牌	冻罗非鱼片
12	福建龙海市格林水产食品有限公司	格林氏牌	冻罗非鱼片
13	福建漳州泉丰食品开发有限公司	盈丰牌	冻罗非鱼片
14	海南勤富食品有限公司	勤富牌	冻罗非鱼片
15	海南果蔬食品配送有限公司	生态岛牌	冻罗非鱼片
16	海南新天久食品有限公司	新天久牌	冻罗非鱼片
17	海南翔泰渔业有限公司	翔泰牌	冻罗非鱼

注：数据根据各省公布的省级名牌产品数据统计。

（四）实施标准化生产提升罗非鱼加工行业整体水平

2003 年广东省首次发布并实施"DB44/T 149—2003 冻罗非鱼片"省级地方标准，并于 2007 年升级为国家标准（GB/T 21290—2007 冻罗非鱼片）；2006 年农业部发布并实施"SC/T 3037—2006 冻罗非鱼片加工技术规范"水产行业标准，并于

2011 年升级为国家标准"GB/T 27636—2011 冻罗非鱼片加工技术规范"。通过建立罗非鱼标准化生产管理体系,实施罗非鱼加工标准规范化生产,对推动我国罗非鱼加工业发展起到良好的作用。罗非鱼相关标准的实施,使罗非鱼加工生产企业有了规范化的法规依据,为我国罗鱼生产企业提供统一的冻罗非鱼加工操作技术规范和统一的产品质量标准,对提高生产企业和从业人员的标准化意识、提高整个行业的生产加工技术水平、提高产品成品合格率和生产效益、提高我国罗非鱼在国际市场上的质量形象和竞争力、提高生产企业的经济效益和推动罗非鱼养殖业和精加工的进一步发展起到重要的作用。

(五)实施出口质量认证提高国际市场竞争力

近年来,我国水产加工出口企业近几年加强质量认证的工作。根据国家有关水产品加工法律法规,通过采取国际通用标准来组织罗非鱼生产加工和开展国际贸易,掌握所有出口国家的进口要求和标准评定,做好罗非鱼加工的质量认证工作,建立罗非鱼加工质量控制体系,同时制定和实施企业内部质量控制措施。将企业质量控制体系有机地结合运用于生产,预防、消除或减少潜在危害。建立从罗非鱼育种、养殖、收获、加工、包装、储存、运输、销售全过程完整的文档记录和追溯审核记录。罗非鱼加工出口企业大多数都通过美国 HACCP、欧盟注册、BRC 全球标准食品认证、ISO 9001、ISO 22000 质量体系、CQC 食品安全管理体系和 BAP(Best Aquaculture Practice)/ACC(Aquaculture Certification Council)系列标准等各类的认证,获得对欧、美、韩等国家和地区出口资格认证,从而不断提高我国罗非鱼加工产品在国际市场的地位。从相关机构获悉的数据显示,截至 2012 年 4 月,通过 BAP/ACC 认证的罗非鱼养殖场,全球共有 25 家,17 家来自中国大陆,占 68%;通过 BAP/ACC 认证的罗非鱼加工企业,全球共有 46 家,40 家来自中国大陆,占 87%;而且全球唯一一家通过 BAP/ACC 三星(即苗种、养殖、加工)认证的罗非鱼企业也在中国大陆。这是一个跨越式的发展,表明了我国罗非鱼出口企业的主战场已参与国际高端市场竞争的能力有了提高。我国的罗非鱼加工产品主要销往美国、墨西哥、俄罗斯、欧盟等国家和地区。我国的罗非鱼产业凭借育苗技术全球领先的优势,已经发展成从苗种繁育、养殖生产、加工出口相对完整的产业链,我国已经成为全球最大的罗非鱼生产、加工出口基地。

二、罗非鱼加工出口实现跨越式发展

罗非鱼是最适应世界水产品市场需求增长的一大新品种,是全球最具消费需求和最具发展前景的养殖鱼类之一。我国罗非鱼加工出口起步于 1996 年,当时仅有 100 多千克出口到美国,到 1999 年增加到 5 000 多 t,并从此掀起罗非鱼加工出口热潮。水产品加工企业纷纷投入资金建设罗非鱼鱼片或单冻鱼生产线。正是由于加工生产线的投入运行，促进了罗非鱼养殖的发展。2000 年广东罗非鱼出口达 8 700t，占全国 60%；2002 年出口达 18 600t，出口创汇 3 040 万美元，占全国 58.3% 和 60%，深受欧美市场欢迎。

（一）建立与国际市场接轨的质量体系，加速罗非鱼加工出口

随着市场经济深化发展，水产品加工企业建立"业内和国内外双重竞争"机制，围绕罗非鱼加工产品国际市场需求的扩大，通过加大科研投入、更新设备，革新加工工艺，建立 HACCP 认证、EEC/EC 欧盟注册、BRC 全球标准食品认证、ISO 9001、ISO 22000 质量体系、CQC 食品安全管理体系和 BAP（Best Aquaculture Practice）/ ACC（Aquaculture Certification Council）系列体系国际认证，达到与国际市场接轨，实现提升罗非鱼产品加工质量，提高国际市场竞争力，扩大罗非鱼产品加工出口。冻罗非鱼片成为我国水产品的重要出口产品。

罗非鱼的加工产品受国际消费市场需求的影响不断发生着变化，加工品种逐渐增多、产品质量不断增强。2013 年的 3 月初，Monterey Bay Aquarium（北美海产领域最具影响力的非政府组织之一）网站上，公布了其对中国罗非鱼的评级由红色（避免"Avoid"）升级为黄色（好的选择"Good Alternative"）。此前不论是该机构还是 WWF（世界自然保护基金）等国际组织都一直认定中国罗非鱼为"红色"，不推荐消费者食用，这间接导致了长时间以来中国罗非鱼在海外市场的产品形象低端、没有定价权的困境。这是我国罗非鱼首次在国际社会获得黄色评级，提高了我国罗非鱼产品在国际市场的认可程度，对我国今后罗非鱼产品出口提供了更大的市场空间。表明我国罗非鱼产品在国际市场具有较强的消费优势，从国际市场占有率、贸易竞争指数显示，我国罗非鱼出口产品在世界市场的竞争潜力很大。经十多年的发展，我国成为世界上最大的罗非鱼养殖和出口国，出口数量和金额呈逐年上升趋势。

从 2002 年我国加入世贸组织以来的近 10 年（2002—2012 年），我国罗非鱼加工产品出口得到迅速发展，罗非鱼加工产品出口总量从 2002 年的 3.63 万 t 增长到 2012 年的 36.2 万 t，增长了 8.97 倍，平均年增长率为 81.57%；出口总额由 2002 年的 0.5 亿美元增长到 2012 年的 11.63 亿美元，增长了 22 倍，平均年增长率为 201.8%。除 2009 年由于受到国际金融危机的影响出口额同比下降了 3.21% 外，总体上我国罗非鱼产品出口呈稳定增长趋势（表 6-2）。我国罗非鱼加工出口在近几年经历了跨越式的增长。

表 6-2 我国历年罗非鱼出口总量及出口总额

年度	2002	2003	2004	2005	2006	2007	2008	2009	2010	2011	2012
出口总量（万 t）	3.16	5.95	8.73	11.17	18.08	21.52	22.44	25.90	32.27	33.03	36.2
出口总额（亿美元）	0.50	0.98	1.56	2.41	4.03	4.91	7.34	7.10	9.96	11.1	11.63

数据来源：中国海关统计年鉴；中国水产流通与加工协会罗非鱼分会统计报告。

（二）罗非鱼加工出口产品结构向高值产品发展

目前，我国加工出口的罗非鱼产品种类主要有：条冻罗非鱼、冻罗非鱼片、冰鲜罗非鱼片和裹面包屑罗非鱼片、液熏罗非鱼片、腌制等制作的产品。2002—2005 年罗非鱼出口产品以条冻罗非鱼为主，2006—2008 年罗非鱼出口产品以制作或保藏的罗非鱼为主，2009—2011 年罗非鱼产品以冻罗非鱼片为主（图 6-1）。我国加工冻罗非鱼的出口比重由 2002 年的 90.6％下降到 2011 年的 18.3％，调理制作的罗非鱼产品出口比重由 2002 年的 6.6％增加到 2008 年的 92.9％，至 2011 年降至 21.7％，冻罗非鱼片的出口比重由 2007 年 2.8％增加至 2011 年的 59.9％，冰鲜罗非鱼、调理制作的罗非鱼产品出口比重一直比较低。

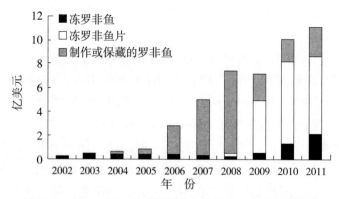

图 6-1　2002—2011 年中国罗非鱼主要出口产品结构变化

近 10 年来，我国罗非鱼加工出口的产品主要有冻罗非鱼片、条冻罗非鱼、活罗非鱼、鲜冷罗非鱼、盐腌及盐渍罗非鱼以及精加工的裹面包屑调理罗非鱼片等产品。

罗非鱼加工产品主要为冻罗非鱼片，冻罗非鱼片贮藏期长，食用方便，非常适合欧美市场的需求，利润也比条冻罗非鱼高。同时，由于受到罗非鱼养殖品种、养殖技术产业化程度、加工的设备、技术水平和地理位置（如纬度）等多种因素的影响，我国加工的罗非鱼片以 85～140g 规格最多，很难达到国际市场以 140～200g 规格鱼片销售为主的需求量。因此，多数罗非鱼加工企业处于不饱和状态，发展速度缓慢，这与罗非鱼生产大国不符，严重阻碍了我国罗非鱼产业化的发展。

（三）罗非鱼出口的市场占有率不断增加

据国家海关统计，2012 年我国罗非鱼产品出口到 88 个国家和地区，2012 年我国罗非鱼出口的前 10 个国家分别是：美国（出口额为 5.99 亿美元，占我国罗非鱼出口的 54.04％）、墨西哥（1.57 亿美元，占 14.15％）、俄罗斯（0.66 亿美元，占 5.97％）、以色列（0.33 亿美元，占 2.94％）、喀麦隆（0.24 亿美元，占 2.13％）、科特迪瓦（0.18 亿美元，占 1.62％）、西班牙（0.16 亿美元，占 1.46％）、波兰（0.16 亿美元，占 1.42％）、法国（0.13 亿美元，占 1.20％）、加拿大（0.13 亿美元，占 1.17％）。我国向这 10 个国家出口的罗非鱼产品总额为 9.55 亿美元，占我国罗非鱼出口总额的 86.11％。往美国、墨西哥、俄罗斯三国的出口比重较高，但也呈下降趋势，由 2002 年 86.61％降至 2011 年 74.16％，下降了 12.45％。罗非鱼产品的出口市场集中度有所下降，在 2008 年三大主要罗非鱼进口国的进口量均有不同程度下降的前提下，我国罗非鱼出口量仍能有 4.2％的提升，主要原因在于我国逐步实现了市场多元化战略，开发了大量的亚非市场，如尼日利亚、科特迪瓦和赤道几内亚等国家，这些市场的成功开发，有效地缓解了经济危机对我国罗非鱼市场的冲击。

（四）我国罗非鱼加工出口主要省区有所增加

近年来，海南、广西占全国罗非鱼出口比例不断上升，相反广东的比例出现下降。不过广东仍然在北美市场中占有相当高比例，海南、广西出口的市场多元化明显好于广东。2011 年中国罗非鱼出口省份有广东、海南、广西、福建、云南、湖北、浙江和辽宁省。出口额超过 1 亿美元的有：广东 4.52 亿美元，占全国罗非鱼出口总额的 40.79％；海南 3.17 亿美元，占全国罗非鱼出口总额的 28.57％；广西 2.25 亿美元，占全国罗非鱼出口总额的 20.28％；福建 1.07 亿美元，占全国罗非鱼出口总额的 9.63％。广东省多年来是中国罗非鱼生产和出口的第一大省。从总体上来看，中国罗非鱼出口主要集中在南部沿海省份，2011 年广东、海南、广西和福建四省罗非鱼出口额占全国罗非鱼出口总额的 99.27％，这 4 个省也是全国罗非鱼的生产大省，说明罗非鱼生产和出口的集中度较高。

（五）我国罗非鱼加工出口形势面临较大挑战

我国罗非鱼的出口也是随着国际市场不断增大的需求和我国罗非鱼养殖业的发展而呈现相当速度的增长，出口额从 2002 年的 0.5 亿美元上升到 2009 年的 7.1 亿美元，增长了 13 倍，平均年增长率为 146％，而同期我国水产品出口额年增长率为 18.6％，由此可见罗非鱼在我国水产品的国际贸易中已经占有非常重要的地位，这种重要的地位及跨越式的增长使得罗非鱼被中国水产品养殖界誉为"21 世纪最有价值的一条鱼"。在我国罗非鱼出口目标国中，美国、墨西哥是最大的 2 个出口目标国，2012 年对两国的出口量分为 19.55 万 t 和 5.12 万 t，分别占当年我国罗非鱼出口总量的 54.04％和 14.15％。而俄罗斯罗非鱼市场在近几年来迅猛增长，从 2005 年我国对俄罗斯的零出口到 2012 年达到 2.16 万 t。在面对这一批批鼓舞人心的数据时，我们必须看到我们的不足，纵观我国罗非鱼产业的发展历史及现状，虽然罗非鱼产业的出口数量整体上得到了较大的提升，但该产业的国际贸易良性发展正面临着巨大的问题与挑战。

我国罗非鱼产业规模持续扩张，出口量大幅增加。我国拥有罗非鱼较高的国际市场占有率，在国际显示性竞争力评价方面也拥有较高的出口优势，但在价格竞争力方面，我国罗非鱼产品在价格方面显示的竞争优势水平远远小于其贸易比较优势水平，其质量竞争力提升也不明显。并且，出口价格走低的趋势和生产成本的直线上升正不断削弱我国罗非鱼产业的盈利能力。我国罗非鱼出口最多的市场为美国、墨西哥与欧盟。而我国在美国市场的贸易集中度超过50%，大部分罗非鱼出口加工企业本着以美国市场为主，以其他国家市场为辅的方针加工生产，由此可见我国罗非鱼产业在美国市场上是否具有盈利能力直接决定该产业在国际产业链中的长期发展走势。

根据《中国海关统计年鉴》统计，2002—2009年间，中国罗非鱼的国际市场占有率总体上呈现增长态势，由2002年的22.02%增加到2009年的81.45%，增加了59.43%，说明我国罗非鱼的国际竞争力极强。但从出口利润来说，我国罗非鱼出口近几年出现了量增价减的现象。与2008年相比，2009年全国罗非鱼出口利润明显降低，与2011年相比，2012年中国罗非鱼出口单价明显下降。这种现象的产生与国外贸易保护主义、我国罗非鱼产业的恶性竞争和过于依赖出口、出口市场集中度高、国内罗非鱼产业链发展不完善等多种因素有关。

三、我国罗非鱼加工技术成熟发展

随着国际罗非鱼及其加工产品市场的发育，我国的罗非鱼出口在近几年呈逐年上升趋势，在这种势头的带动下，原来是养殖业单独发展的格局发生了很大的变化。据不完全统计，目前国内拥有罗非鱼加工企业200多家，其中加工出口企业170多家，年加工能力超过200万t，但全年实际加工量仅有60万t左右。罗非鱼加工能力和加工量从2002年的约4万t增长到2012年的60万t，增长了15倍。这些加工厂主要集中在广东、海南、广西、福建等罗非鱼主产区。罗非鱼加工产品一直以来主要用于出口，近年来开始出现在国内市场销售。因罗非鱼具有肉质细嫩、骨刺少、略有甜味等优点，颇受美欧人士青睐。目前已被联合国粮农组织列为六大主食之一。

（一）我国罗非鱼加工品种结构向多元化发展

我国罗非鱼加工品种，在早期主要加工条冻罗非鱼和冻罗非鱼片这2种产品，其中冻全鱼加工技术含量低，市场价位也低，利润不大。近10年来，根据国际市场和国内市场的消费需求，我国罗非鱼加工产品品种也有很大的发展。目前，我国罗非鱼加工的产品形式可分为四大类：

1. 冻整条罗非鱼 主要为原条两去（去鳞、去内脏）及三去（去鳞、去内脏、去鳃）等产品；

2. 冻罗非鱼片 按加工方式可分为：浅去皮罗非鱼片和深去皮罗非鱼片。浅去皮罗非鱼片又可分为发色和不发色2种。出口产品中，浅去皮罗非鱼片主要规格有30～55g、55～85g、85～140g、140～200g、200～260g、260g以上这6种规格；深去皮罗非鱼片主要规格有85～140g、140～200g这2种规格。我国由于受到罗非鱼养殖品种、养殖技术和地理位置（如纬度）等多种因素的影响，我国加工的罗非鱼鱼片以 85～140g 规格最多，很难达到国际市场以 140～200g 规格鱼片销售为主的需求量。

3. 冰鲜罗非鱼片 加工后的罗非鱼片贮藏在 0～4℃的条件下流通销售。冰鲜产品能保持其良好的品质，但由于保鲜时间短，限制了该产品的流通。

4. 调理制作罗非鱼产品 包括：裹面包屑罗非鱼片、液熏罗非鱼片、腌制和罐头等制作的产品。裹面包屑罗非鱼片，可分为冻裹面包屑罗非鱼片和油炸裹面包屑罗非鱼片产品。

虽然罗非鱼加工产品以条冻罗非鱼和罗非鱼片为主，但罗非鱼加工除了初级加工成冻鱼片及条冻鱼外，也研发了种类繁多的罗非鱼加工制品。目前开发的产品有：罗非鱼干、罗非鱼鱼糜、罗非鱼鱼罐头、罗非鱼鱼丸、烤罗非鱼、罗非鱼松、罗非鱼排、罗非鱼糕、罗非鱼饼、熏制罗非鱼、调理冷冻食品、各种休闲即食食品等。百洋水产为推进罗非鱼内销推出了杰厨家宴等一系列食品化的罗非鱼菜品，茂名长兴利用罗非鱼鱼头开发出鱼脸颌、鱼下巴等小包装冷冻产品，对罗非鱼的开发利用取得较好的加工增值示范作用。

（二）罗非鱼加工工艺技术发展逐步完善

我国罗非鱼加工产业经过十多年发展，目前正处于从粗放生产向标准规范化转变，从规模产量型向质量效益型转变的关键时期，通过实施标准化规范对罗非鱼原料进行高值化综合加工利用，确保罗非鱼加工产品的品质与质量安全，是提高我国罗非鱼加工出口国际市场竞争力的必由之路。要实现这一目标，必须依靠技术创新和标准化生产来实现产业升级，以保障我国罗非鱼产业可持续稳定发展。

随着我国罗非鱼产业的迅速发展，相关科研院所及高校的科研工作者围绕罗非鱼加工前、加工中和加工后各阶段的罗非鱼加工工艺、新产品开发和质量控制技术进行攻关。近几年，活体发色技术、冷杀菌技术、冰温气调保鲜技术、快速冻结技术、抗冻保水技术、液熏加工技术、罐头加工技术、酶解加工技术、低碳节能的加工技术、高值化利用新技术和加工副产物回收利用技术等共性技术已逐渐应用于罗非鱼加工业。逐步形成了系列具有自主知识产权的罗非鱼产品成套加工技术与质量控制体系，强有力地推进了我国罗非鱼加工技术的发展，促进了罗非鱼加工产品的多元化发展。目前，我国罗非鱼加工企业积极应用《HACCP 管理体系》等质量控制标准，正确应用科学的加工工艺，开发相关罗非鱼产品的加工工艺技术有：冻罗非鱼片加工技术、冻裹面包屑罗非鱼片加工技术、条冻罗非鱼加工技术、罗非鱼片气调保鲜加工技术、液熏罗非鱼片加工技术、冻罗非鱼鱼柳加工技术、香脆罗非鱼鱼排加工技术、冻罗非鱼下巴加工技术、腊罗非鱼干加工技术、烤罗非鱼片加工技术、罗非鱼罐头加工技术、罗非鱼鱼糜及制品加工技术、罗非鱼加工副产物中鱼油提取加工技术、罗非鱼骨制备活性钙加工技术、罗非鱼鱼皮、鱼鳞明胶加工技术、罗非鱼鱼皮、鱼鳞胶原蛋白加工技术、罗非鱼蛋白活性肽加工技术、罗非鱼内脏蛋白酶提取加工技术、罗非鱼调味料加工技术、罗非鱼休闲食品加工技术、罗非鱼加工副产物饲料蛋白加工技术。

四、我国罗非鱼加工企业生产装备水平日臻完善

我国罗非鱼加工业经过十余年的探索、发展，产业规模不断扩大，层次不断提升，结构不断优化，加工技术与装备不断完善。随着罗非鱼加工技术、加工设备和管理水平的不断提高，促进了许多大型罗非鱼加工企业建立先进的自动化生产线投入运营和建立良好的国际销售网络，基本形成我国罗非鱼加工的产业链，使罗非鱼成为"一鱼独秀"的局面。目前许多罗非鱼加工企业已经形成集优质种苗繁育、饲料生产、成品鱼养殖、罗非鱼加工、副产物高值化加工、科技研发、进出口贸易为一体的产业集团化农业龙头企业。

（一）罗非鱼加工生产设施建设快速发展

我国罗非鱼加工发展始于 20 世纪 90 年代末，1997 年 2 月，佳鸿水产（廉江）有限公司（台资）在广东省湛江市廉江营仔建设我国第一家罗非鱼加工企业，加工技术和生产设备都是从我国台湾引进，生产车间和冷冻设备是在原有对虾加工生产线的基础上进行改造，生产线的设备相对简单，大部分工序都是由手工操作。随着国际对罗非鱼产品需求量的不断增大和我国罗非鱼产业的不断发展，我国罗非鱼加工企业的数量和生产规模也在迅速扩大。在国际市场的竞争日益激烈，罗非鱼产业化水平直接关系到我国罗非鱼的国际竞争力，我国加大了罗非鱼加工的发展力度。并对现有加工企业进行技术改造，引进国际先进加工设备和通行的质量管理体系，推行良好生产操作（GMP）、危害分析与关键控制点（HACCP）和 ISO 9000 等质量管理与控制体系，提高管理水平，增强企业新产品开发能力，增强国际市场竞争力。目前国内成立罗非鱼加工企业有 200 多家，建有罗非鱼加工专用生产线 600 多条。许多罗非鱼加工企业厂房均按现代化水平进行建造，从厂房选址、生产车间、生产条件、生产设施到质量控制体系均按国家标准"GB/T 27304—2008 食品安全管理体系水产品加工企业要求""GB/T 20941—2007 水产食品加工企业良好操作规范""GB/Z 21702—2008 出口水产品质量安全控制规范"和"HACCP"质量体系的技术要求进行设计与建设。罗非鱼加工生产设施建设技术水平不断提高，从原料接收到产品出厂基本实现流水生产线生产，部分企业的罗非鱼加工生产线的装备技术已达到国际先进水平。

（二）罗非鱼加工应用机械设备逐步增多

一直以来，我国罗非鱼加工基本是靠手工操作，是典型的劳动密集型生产方式。经过十多年的发展，通过引进、吸收、研发、创新，开发出一系列适用罗非鱼加工的机械设备。目前，我国大多数罗非鱼加工企业逐步采用了罗非鱼加工流水生产线，配置有活鱼发色自动输送机、规格分选机、放血、去头、开片、磨皮、修整、检验分选生产线、臭氧消毒清洗线、半自动鱼片发色柜、半自动罗非鱼开片机、半自动鱼片去

皮机、鱼片冷冻深去皮机、自动金属探测机、输送式隧道 IQF 速冻机、输送式螺旋 IQF 速冻机、大型低温冷库、自动包装机、自动真空封口机等加工设备。采用的先进技术有木烟发色、臭氧消毒、低温速冻、超低温速冻等技术；一些罗非鱼加工龙头企业在产品质量控制方面建立先进的实验室，并配置先进的气相色谱仪、高效液相色谱仪、质谱仪、原子吸收光谱仪、分光光度计等实验室高科技分析仪器。通过设备革新和技术提升，不仅改善了工人的劳动强度，也提高了产品质量和效率，保证了产品的质量安全。

五、罗非鱼加工向精深加工发展

罗非鱼在加工成鱼片的生产过程中，采肉率在 $30\%\sim37\%$，必然会产生大量的罗非鱼加工副产物，这些副产物约占鱼重的 60%，其中鱼鳃约占 2.50%，鱼肠约占 2.53%，鱼内脏约占 10.94%，鱼鳞约占 2.96%，鱼皮约占 3.83%，鱼排约占 9.18%，鱼头约占 11.61%，下颌肉约占 8.65%，鱼脑约占 0.04%，鱼眼约占 0.83%，另外还有鱼尾、鱼血等，这些罗非鱼加工副产物大多未进行有效的利用，国内主要将这些罗非鱼加工副产物用于饲料加工或直接作为肥料，一定程度上减少了罗非鱼加工副产物对环境造成的污染。在这些副产物中含有各类功能活性物质，近年来，不少专家学者纷纷开展罗非鱼加工副产物进一步的高值化开发利用，尤其是中国水产科学研究院南海水产研究所在开展罗非鱼加工副产物零废弃高值化综合加工研究方面取得显著成果，实现了罗非鱼全鱼加工利用技术，可开发的产品与工艺（图 6-2）。

近年来，随着罗非鱼产业的变化发展，罗非鱼加工副产物精深加工技术越来越受到行业的关注，国内已有部分罗非鱼加工企业认识到，单纯依靠粗加工罗非鱼片的传统模式已不能满足竞争愈发激烈的国际市场的需求，许多科研院校和企业纷纷开始探索罗非鱼加工副产物的精深加工技术和开发高值化产品。除了利用罗非鱼加工副产物加工鱼油、鱼粉外，还充分利用罗非鱼鱼皮、鱼骨、内脏等副产物进一步精深加工，开发高附加值的明胶、胶原蛋白、胶原肽、功能活性肽、调味料、生物酶类、活性钙等产品。目前我国在利用罗非鱼加工副产物进行高值化加工大致有以下几个方向：

（一）利用罗非鱼加工副产物加工鱼粉和提取鱼油

罗非鱼加工副产物中含有丰富的油脂，特别是内脏。传统的罗非鱼加工副产物处理方式除了直接丢弃就是用来提取鱼油、鱼粉，制备饲料。统计数据表明，在世界水产渔业范围内，加工成鱼粉的低值水产品加工副产物占的总比例高达 36%。

目前，我国利用罗非鱼加工副产物加工鱼粉和提取鱼油多用于饲料生产。我国现有用罗非鱼加工副产物加工饲料鱼粉、鱼油的企业有：广东雷州市泰源鱼粉有限公司、广东茂名长兴食品有限公司、广东茂名利马饲料原料有限公司、广东雨嘉水产食

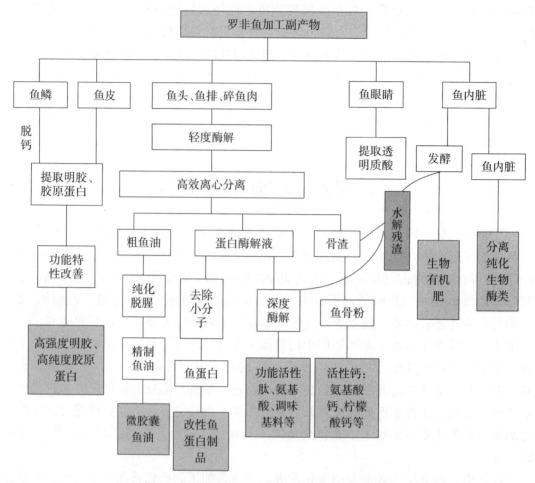

图 6-2 罗非鱼加工副产物综合开发利用流程图

品有限公司、云南西双版纳君纳水产食品有限公司、海南思远鱼粉鱼油有限公司等十多家企业，年总生产能力罗非鱼鱼粉约 10 万 t，鱼油约 3 万 t。

利用罗非鱼鱼油可提炼高值化的 EPA、DHA 保健食品，但是由于我国在生产保健食用鱼油产业上起步较晚，保健食用鱼油产品还未能在国际市场发挥明显优势。近年来，有专家研究表明：对罗非鱼内脏通过轻度酶解或采用钾盐蒸煮法提取到罗非鱼鱼油，再经过脱胶、脱酸、脱色、脱臭处理后，鱼油质量可达到一级食用鱼油标准。有专家研究选择合适微胶囊化壁材，以蔗糖 13.50%，明胶 5.10%，黄原胶 0.31%，鱼油 6.50%。得到的微胶囊化罗非鱼油产品的包埋率达到 89.16%。产品水分含量低，抗氧化性高，色泽洁白，溶解性好，溶解后呈牛奶状，有较好的鱼油味。经脂肪酸分析表明，罗非鱼油含有 $C_{12}\sim C_{22}$ 脂肪酸 29 种，其中饱和脂肪酸 10 种，单不饱和脂肪酸 7 种，多不饱和脂肪多烯酸 12 种，不饱和脂肪酸和饱和脂肪酸分别占脂肪酸总量 57.58% 和 42.42%。

鱼油之所以具有特殊的重要价值，是因为鱼油具有特殊的化学组成。鱼油富含

ω-3系列多不饱和脂肪酸，其中二十碳五烯酸（EPA）和二十二碳六烯酸（DHA）不仅是人类生长发育必需的营养物质，且具有预防心脑血管疾病、增强记忆力、预防老年痴呆症、抗炎、抑制过敏反应和肿瘤生长、促进婴儿视网膜发育等多种生理功能。据美国F&S公司的调研报告称：从2002年到今，国际鱼油市场规模以每年8%的速度扩大，2010年鱼油及其制品的全球市场销售额超过50亿美元，预计今后几年国际市场鱼油交易量将维持在26万～30万t的水平上，EPA/DHA等鱼油衍生物产品将呈供不应求态势，价格将继续上涨。因此，鱼油具有很高的营养价值和广泛的开发利用前景。利用罗非鱼加工副产物提取鱼油，不仅能提高罗非鱼产品的附加值，而且还能促进罗非鱼养殖加工产业良性发展，具有重要的经济价值和现实意义。

（二）利用鱼鳞、鱼皮为原料生产胶原、明胶和胶原蛋白

随着罗非鱼加工出口业的快速发展，在加工罗非鱼片过程中会产生大量含有丰富胶原蛋白的鱼鳞、鱼皮等副产物，其中鱼皮和鱼鳞中含有较高的粗蛋白，说明其胶原蛋白的含量较高。通过现代酶工程技术，从罗非鱼鱼皮中提取胶原蛋白，获得不同分子量级的胶原蛋白肽，这些胶原蛋白肽不仅使人体消化系统更易吸收，而且也可以应用于皮肤的保养，能够直接透皮吸收，提供肌肤细胞合成胶原蛋白所需的基础物质，使皮肤更加柔嫩幼滑，可广泛用于食品及化妆品工业。由罗非鱼鱼鳞、鱼皮制得胶原蛋白的多肽分子量大部分在1 000Da以下，分子量小于1 000Da的胶原蛋白多肽不含细胞及组织相容性胶原，不会诱发抗体和免疫反应，而且对皮肤的渗透性非常强，可迅速补充肌肤流失的胶原质，同时小分子量的胶原蛋白多肽更易被人体吸收，其保湿、营养、抗衰、除皱、美白、修复肌肤等功效更为明显。近年来，关于罗非鱼胶原蛋白的研究主要集中在以罗非鱼鱼皮、鱼鳞为原料，胶原蛋白的提取工艺条件及胶原蛋白的特性方面。罗非鱼皮、鱼鳞胶原蛋白的提取方法主要有碱法、酸法、酶法和热水法等，特性研究主要包括黏度、凝胶强度和热变性温度等方面。近几年，我国一些企业的也开始关注罗非鱼加工副产物的高值化利用，涉足鱼胶原蛋白领域，2007年，五丰水产率先建成罗非鱼胶原蛋白肽研发生产线，目前国内涉足罗非鱼胶原蛋白领域的企业见表6-3。

表6-3 目前涉足罗非鱼胶原蛋白领域的企业

序号	企业名称	产品	生产能力（t/年）
1	广东五丰海洋生物科技有限公司	罗非鱼胶原蛋白肽	150
2	湛江中南岛生化有限公司	罗非鱼鱼胶原蛋白面膜 罗非鱼胶原蛋白粉 罗非鱼胶原蛋白口服液	500
3	广东百维生物科技有限公司	罗非鱼鱼皮胶原蛋白 罗非鱼鱼鳞胶原蛋白	1 500 1 200

（续）

序号	企业名称	产品	生产能力（t/年）
4	海南华研生物科技有限公司	罗非鱼食品级鱼胶原蛋白 罗非鱼化妆品级鱼胶原蛋白 罗非鱼饮料级胶原蛋白粉	5 000
5	厦门源水水产品有限公司	罗非鱼功能性胶原蛋白	500
6	山东临沂澳雅康生物制品有限公司	罗非鱼胶原蛋白	
7	上海娇源实业有限公司	罗非鱼皮胶原蛋白	
8	天津万德芙特科技有限公司	罗非鱼鱼鳞、鱼皮胶原蛋白粉	
9	青岛未来生化有限公司	罗非鱼鱼鳞胶原蛋白肽粉 罗非鱼胶原肽	
10	烟台磐瑞喜医药生物科技有限公司	罗非鱼胶原蛋白粉	
11	天医堂（厦门）生物工程有限公司	罗非鱼饮料级小分子胶原蛋白 胶原蛋白粉 鱼鳞胶原蛋白	
12	山东得利斯食品股份有限公司	罗非鱼鳞胶原蛋白粉	

注：数据来源于网上调查。

目前我国罗非鱼胶原蛋白行业还处于起步阶段，生产厂家实力较弱。国内现有涉足生产罗非鱼胶原蛋白的企业仅有十多家，而真正产能规模超过千吨的仅有 2 家，大部分厂家年生产能力在 100～300t，而且几乎全部以原料供求模式提供给国内保健品类、化妆品类、OEM 贴牌厂家或者部分出口。事实上，目前在国内市场所谓的品牌产品大部分是 OEM 贴牌产品。虽然国内胶原蛋白行业发展速度较快，市场规模迅速增长，国外需求量也在上升。但是目前国内胶原蛋白行业在既定价格下，基本保持供需平衡的状态。但据不完全统计，目前国内胶原蛋白实际生产总量不到 10 000t，远远低于市场容量评估值。

近年来，随着罗非鱼产业的变化发展，下脚料深加工技术越来越受到行业的关注。部分罗非鱼加工企业逐步认识到，依靠粗加工罗非鱼片出口的传统模式已经不能满足愈发激烈的国际市场竞争的需求。而进行下脚料深加工不仅成为进一步赢得市场优势的不二选择，更是罗非鱼产业发展的必然方向。但由于这是一个新的领域，科技含量高、投入大、市场前景并不明朗，许多罗非鱼加工企业多处于观望状态，不敢轻易涉足。

广东省汕尾市五丰水产食品有限公司于 2006 年投资组建汕尾市五丰海洋生物科技有限公司，成为我国最早进入罗非鱼下脚料深加工行列的企业之一，于 2007 年建成了首条罗非鱼胶原蛋白肽生产线，设备投资就达 2 000 多万元上。历经近 3 年的研发，到 2010 年公司推出了一系列自主研发的产品，包括保健、化妆品、食品冲剂等美容、保健系列产品。

广东湛江市国溢水产有限公司于 2007 年组建湛江中南岛生化有限公司，是继五丰之后成为广东省第 2 家进入罗非鱼胶原蛋白肽深加工领域的企业。建成胶原蛋白生产线，胶原蛋白粉车间、胶原蛋白饮料车间等，开始了罗非鱼胶原蛋白肽的研发，2010 年中南岛罗非鱼胶原蛋白肽系列产品成功上市，生产鱼胶原蛋白面膜、胶原蛋白粉、胶原蛋白口服液等产品。最大年设计加工下脚料达 10 万 t，成为广东省规模化生产胶原蛋白的工业基地。

海南华研生物科技有限公司是海南唯一专业从事鱼胶原蛋白及其相关产品的研发、生产与销售的高新技术重点企业。2008 年建成了首条罗非鱼胶原蛋白肽生产线，2009—2011 年连续 3 年鱼胶原蛋白外贸出口冠军企业，公司旗下百福美产品系列被评为中国胶原蛋白十大品牌产品。海南华研生物科技有限公司从 2011 年开始扩产胶原蛋白至 5 000t/年，是国内最专业的鱼胶原蛋白生产商。主要生产食品级鱼胶原蛋白、化妆品级鱼胶原蛋白和饮料级胶原蛋白粉。

2010 年由广西南宁百洋饲料集团有限公司和化州市群康生物油料有限公司共同投资组建成立的广东百维生物科技有限公司，总投资 3 600 万元。后由日本新田明胶株式会社、统园国际有限公司增资成立中外合资企业。合资公司成立后，总投资将为 1.6 亿元，于 2011 年 3 月正式投产，年产鱼皮胶原蛋白可达 1 500t，鱼鳞胶原蛋白 1 200t。该项目产品为纯鱼胶原蛋白粉，广泛用于美容护肤、医药保健品及食品行业，市场前景广阔。

由于国内胶原蛋白行业仍然处于发展初期，行业较为混乱。大量贴牌产品的泛滥，又缺乏专业性的产品售后服务，在损害国内消费者利益的同时，也使得国内消费者在选购时因缺乏辨识商品优劣的能力而无所适从，从而抑制了国内消费者对于该类产品的购买。广大消费者迫切需要国内专业胶原蛋白厂商能够尽快生产出质量优良、价格合理的胶原蛋白品牌产品以供选择，这为国内专业胶原蛋白生产上提供了很大的市场操作空间。因此国内胶原蛋白行业的品牌建设进度大小，在一定程度上决定了其产品的市场占有率。

目前国内市场胶原蛋白品牌五花八门，但绝大部分为 OEM 贴牌产品。同行业厂家的品牌建设尚属起步阶段，都未形成适合不同消费群体的完整产品结构体系，企业发展策略及对市场消费目标划分各有偏重，渠道选择方面也大有不同。从目前胶原蛋白品牌市场来看，国内厂家成品年销售额过亿的几乎没有。市面上未曾形成一线强势品牌壁垒，这为胶原蛋白生产商的品牌建设工作提供了机会。

从胶原蛋白市场供求状况及销售规模来看，国内胶原蛋白行业依然属于形成期，究其原因是：一是大部分生产厂家刚刚建立，渠道开拓比较单一，难以形成良好的产品流通渠道；二是众多下游产业尚未开发，终端需求尚未完全激发；三是市场未能形成一个强势导入品牌，全面拉动市场消费。因此，无论是从产能供应、市场品牌、还是下游产业链开发，胶原蛋白行业依然存在庞大的潜力等待挖掘。

（三）利用罗非鱼加工副产物生产方便食品

在加工罗非鱼片的过程中，产生的大量鱼碎肉，这些碎肉约占鱼重的 10%，没有得到充分利用；规格较小的罗非鱼不适合生产鱼片及冻全鱼。因此，以小规格罗非鱼及罗非鱼片加工过程中产生的鱼碎肉为原料进行罗非鱼鱼糜的生产，并进一步加工成鱼卷、鱼丸、鱼饼、鱼香肠、鱼松、鱼糕及鱼面条等鱼糜制品，大大提高罗非鱼原料的利用率。

充分利用罗非鱼加工副产物尚存可以食用的部分，国内已有研究单位和企业研究开发罗非鱼加工副产物生产即食休闲食品，如将鱼排制作成鱼骨休闲食品，水发鱼皮，烤制鱼下巴、鱼划等即食食品。对罗非鱼的开发利用取得较好的加工增值示范作用。

（四）利用罗非鱼加工副产物生产调味基料

罗非鱼加工出口产品主要是冻罗非鱼片，但在加工过程中产生了大量的副产物，近年来很多专家学者对以罗非鱼加工的副产物进行研究生产调味品。采用现代生物技术对罗非鱼加工副产物进行酶解，制备营养型高档调味料，可为罗非鱼加工副产物的高值化利用开辟一条新途径。

有专家利用生物酶复合降解技术处理鱼肉碎片，有效提取其中的蛋白质，得到了氨基酸含量全面的调味料。酶解型天然调味料是深受国际市场欢迎的新型天然调味料。有专家利用罗非鱼加工副产物发酵鱼露，所得鱼露中含有丰富的精氨酸、谷氨酸、丙氨酸、赖氨酸、亮氨酸等，具有强烈的鲜味，鱼露成品可达到一级鱼露的标准。有专家以罗非鱼加工废弃物与麸皮为主要原料，采用低盐固态发酵工艺生产鱼鲜酱油，可获得较佳经济指标，蛋白质利用率与氨基酸生产率分别为80.5％与53.6％，而曲蛋白酶最高活力出现在48h，随制曲时间延长，蛋白酶活力会降低，但成品酱油中的鱼腥味会减少。有的专家以罗非鱼副产物为原料，采取酶水解、乳酸菌发酵与双糖化美拉德反应相结合的工艺制备的调味基料，产品主要成分为氨基酸、呈味核苷酸及小肽等，具有天然海鲜香气和滋味，因而有较好的市场发展前景。目前，中国水产科学研究院南海水产研究所利用罗非鱼加工副产物研制出调味基料和海鲜风味的调味品，在广东兴亿海洋生物工程有限公司等几家专门生产调味料的企业进行推广应用生产。

（五）利用罗非鱼鱼骨加工活性钙

罗非鱼骨中的钙、镁等营养物质丰富，是一种很好的钙源，罗非鱼加工副产物中鱼头和鱼排，经轻度酶解或蒸煮得到鱼骨，鱼骨经超微粉碎之后得到鱼骨粉。鱼骨粉中含有丰富的钙质，含钙量约达到27％，是很好的补钙材料。

近几年来，随着罗非鱼养殖业的不断发展，加工罗非鱼的下脚料（鱼排、鱼头）的数量也在不断地增加，如何综合利用这些废弃物，增加附加值，减少环境污染是今后要解决的难题。中国水产科学研究院南海水产研究所利用罗非鱼鱼排、鱼头酶解获得鱼骨粉和复合氨基酸液，然后以罗非鱼骨粉的酸解液为钙源，与复合氨基酸液进行螯合反应制备氨基酸螯合钙，并对其抗氧化性进行研究。研究以柠檬酸和苹果酸混合酸对罗非鱼鱼骨粉进行 CMC 钙的制备工艺，钙提取率为 92.1%，产品在热水中溶解度达 88%。研究采用乳酸菌发酵法，通过接种发酵菌种为嗜酸乳杆菌和嗜热乳酸链球菌，使罗非鱼鱼骨粉中的钙与酶解液中的氨基酸进行结合，得到氨基酸螯合钙。取得氨基态氮质量浓度 1.6g/L，产品螯合率为 57.22%。抗氧化研究结果表明，在一定的体积范围内，氨基酸螯合钙浓缩液的还原力随着其体积的增大而增大。氨基酸螯合钙浓缩液对羟自由基的清除率和对超氧阴离子自由基的抑制率分别为 6.60% 和 51.67%。这 2 种活性钙经生物利用率测试表明，活性钙的生物吸收率 80% 以上，产品经小白鼠动物实验，证明属于无毒级、食用安全。

（六）利用罗非鱼内脏提取内脏酶的应用研究

近年来，不少专家学者利用罗非鱼加工废弃物内脏为原料，提取胃蛋白酶、酸性蛋白酶、碱性蛋白酶、肠蛋白酶，从而作为食品加工和其他工业加工助剂，进一步扩大了罗非鱼内脏的利用途径。有专家研究表明罗非鱼肠经超声波提取的粗蛋白酶，用 30%～70% 的硫酸铵盐、HitrapTM Q FF 阴离子交换柱层析和 Sephadex G‑100 凝胶柱分离纯化，得到电泳纯级的罗非鱼肠蛋白酶。取得的罗非鱼内脏中蛋白酶，SOD 酶、碱性磷酸酶有较高的活性和含量，具有提取开发的价值。目前，利用罗非鱼加工废弃物的内脏为原料，提取罗非鱼的内源酶还处于研究阶段，暂时未发现国内企业利用罗非鱼内脏提取上述天然活性物质。

第二节　罗非鱼加工产业存在的问题

我国罗非鱼工厂化加工始于 20 世纪 90 年代末，在 20 世纪中期以后快速发展。近 10 年来我国罗非鱼加工出口进入快速发展期，罗非鱼加工产业得到了长足的发展。近年来随着我国经济高速发展，廉价劳动力这一成本优势正在逐渐丧失，出口利润微薄，靠"出口"廉价劳力获利的产业结构必须转型。加上罗非鱼进口国利用技术壁垒和反倾销手段，打击了我国罗非鱼的出口。此外，由于人民币升值、饲料价格上涨等因素的影响，也使得罗非鱼产业链以成本优势取胜的策略难以为继。罗非鱼产业在其一直依赖的"出口市场"上处于被动状态，企业为了扩大出口迎合国外市场，缺乏主动性。再次，罗非鱼销售渠道被外商控制，威胁出口企业的生存发展。面对日益微薄的出口利润和国际市场的激烈竞争，加工企业逐步认识到国内市场巨大的潜力而纷纷转型内销，开始了"两条腿"走路，国内市场升温迹象明显。由于缺乏经营国内市场经验和有效的营销模式，开拓国内市场总体并不成功，一些先知先觉的加工企业以及后来者均陷入"内外交困"的境地。目前，由于我国罗非鱼加工产能不断扩大，产品出口受到制约，加工罗非鱼的企业在产能上基本处于严重的过剩状态，而且发展速度和扩大生产规模的速度亦不容乐观，致使我国罗非鱼加工业在迅速发展的同时存在不少问题。

一、罗非鱼加工企业产业化水平不高，组织程度较低

我国罗非鱼加工出口进入快速发展期，由于我国罗非鱼体系在科研、养殖、加工、销售基本上还处于各自独立的状态，罗非鱼产业化程度不高，有相当数量的企业在上述环节是彼此分离的，且规模较小，没有真正形成"饲料→苗种→养殖→加工→流通→销售"的产业化经营模式，有关科研和技术推广等基本上还处于各自独立的状态。行业间相互依存、促进的关系脆弱，产业化不完整。企业实力不强，难以形成产业化、规模化，也难以形成具有实力的龙头企业。对于罗非鱼产业的宏观调控能力较弱，发展缺乏整体规划，产业链尚未有机地连接起来，产业发展波动激烈。目前国内的罗非鱼行业发展已经处于无序竞争状态，这样不仅会搞乱整个行业的秩序，还给了国外采购商从中渔利的机会，导致整个行业存在很大风险。但由于企业自身实力不强，罗非鱼出口形式大部分是承担外商代理加工出口，许多是接我国台湾的第二手订单，缺乏自主出口渠道，这种代加工出口方式，不利于扩大出口，提高企业经济效益，也不利于企业自身的发展壮大。我国罗非鱼科研、加工、销售基本上还处于各自独立的状态，产业链尚未有机地组装起来，企业实力不强，难以形成产业化、规模化，也难以形成具有实力的龙头企业：

（1）加工企业的整体素质不高。加工水平和技术装备与国外先进水平比有较大差距，企业技术创新能力弱，管理水平较低。

（2）产业化龙头企业带动农户只占农户总数的 1/4 左右。原料生产品种和品质结构不适应加工要求，分散生产与集中加工的矛盾突出。区域优势发挥不充分，发展水平低与结构趋同并存。

（3）产业化规模小，组织化程度低，我国罗非鱼出口逐渐形成气候，由于我国渔业信息化程度相对滞后，信息不畅，企业得不到实时反应市场需求的信息，现在罗非鱼养殖、加工、科研和销售基本上处于各自独立的状态，龙头企业规模小，组织化程度低，产业链还没有建立起来，不利于参与罗非鱼国家化水平的竞争。

二、罗非鱼加工技术水平低，高新技术和深加工利用不足

我国罗非鱼加工领域基础起步较晚，应用研究和高技术研究较为薄弱，学科间的相互渗透不够，缺乏自主技术创新。近年来，虽然国家在罗非鱼加工技术研究方面加大了投入力度，但资助经费还是难以从事系统深入的研究。同时也存在研究与生产应用相脱节，致使成果转化率低。由于初加工要求的生产技术水平低和消费习惯问题，我国罗非鱼产业发展至今仍是以量的增长为主，加工以初加工生产出口的条冻罗非鱼、冻罗非鱼片为主，且初加工产品单一，存在低价、同质化竞争严重。虽然，我国罗非鱼加工业存在不少问题，但由于国际市场对罗非鱼产品有巨大需求量，且我国罗非鱼资源丰富、生产成本低廉，罗非鱼加工业具有巨大的前景及强劲的产业带动能力。

目前，罗非鱼加工产品主要是以冷冻罗非鱼鱼片为主，鱼片加工出肉率 35%～40%。罗非鱼加工过程中产生大量的鱼鳞、鱼皮、鱼头、鱼骨、内脏等加工副产物，传统处理方法往往将其加工成鱼粉等产品用于饲料加工行业的原料，虽也能得到有效利用，但其产品附加值较低，缺乏副产物的精深加工利用。虽然国内已有少数企业涉足罗非鱼精深加工，但是由于罗非鱼精深加工需要技术含量高，且市场不够明朗，大部分企业处于观望状态，罗非鱼精深加工只占罗非鱼产业的很小比例。

罗非鱼初加工过程中会产生大量含有蛋白质、高度不饱和脂肪酸、有机钙等多种营养成分和活性物质的加工副产物。如何处理和利用罗非鱼加工的副产物，减少污染环境，是我国各加工企业急需解决的问题。如果能利用生物工程、酶工程等高新技术将加工副产物开发研制成富含蛋白质、氨基酸、胶原蛋白和活性肽的功能性食品出口或内销，则能很好提高罗非鱼深加工的附加值，并大幅度增加企业经济效益。

三、罗非鱼企业装备落后，质量安全监管体系不健全

（一）罗非鱼加工装备自动化程度低

纵观近年来我国罗非鱼加工从企业装备的发展现状，看到罗非鱼加工产业的不断发展的同时，也必须看到在罗非鱼加工装备的创新研究方面还是在罗非鱼加工设备的应用上，都还存在着很大的不足。罗非鱼加工企业的设备普遍较为落后，在装备的使用上，大多数罗非鱼加工企业均采用了半自动罗非鱼加工流水生产线，配置有半自动活鱼发色装置、臭氧消毒清洗线、半自动鱼片发色柜、半自动鱼片去皮机、自动金属探测机、输送式隧道 IQF 速冻机、输送式螺旋 IQF 速冻机、大型低温冷库、半自动包装机、半自动真空封口机等一系列以半自动为主的加工设备。大多数罗非鱼加工企业在发色、规格分选、放血、去头、开片、磨皮、修整、检验分级、冻结、包装等工序上仍主要是依靠需要大量的人力进行手工操作与控制，这就使得我国的罗非鱼加工需要较多的劳动力而形成劳动密集型企业。在罗非鱼加工操作过程中由于众多人的参加操作与控制的随意性，便容易带来产品的安全隐患。这与国外先进罗非鱼的加工企业还是存在很大的差距，这就得要求整个从事罗非鱼产业的从业者必须有着高度的社会责任感和道德意识，但就目前的情况来说，罗非鱼加工行业的从业者整体的责任、意识和觉悟还是有待进一步提高。只有从最根本的方面改善我国目前罗非鱼加工行业的问题，才能真正提高和改善罗非鱼加工产业的安全。

（二）加工企业检测设备落后

近几年来，随着我国渔业结构的调整，罗非鱼养殖的产量和面积都有了较大的增长。同时，一批中小型专门加工罗非鱼的企业也迅速发展起来，特别是广东、海南和广西地区。虽然罗非鱼总产量和出口额都非常高。于是一些发达国家纷纷提高进口产

品的质量检测指标，即所谓"绿色壁垒"来提高进口的门槛。欧美国家对孔雀石绿、结晶紫、硝基呋喃、氯霉素等药物残留的检测日益严格。为了确保产品质量，加工企业都是需要批批检验。因此，我国罗非鱼加工环节一直受大量检验费用的困扰。一些大企业还购买液相色谱、气相色谱、原子吸收、酶标仪等昂贵的检测设备，但大多数加工企业的检验仪器设备还是比较落后和不足。遇上国外的技术壁垒，出口渠道经常受阻，罗非鱼加工企业也备受考验。如何在当今食品安全与卫生严格要求的形势下获得稳定的发展，将成为很多中小罗非鱼加工企业面对的难题。所以如果我国罗非鱼产品要进入欧美市场，就必须设立我们自己的罗非鱼出口产品质量监测体系，并根据国际市场的发展逐步提高安全、卫生等指标，与国际先进水平接轨，从而提高我国罗非鱼产品质量，以此主动打破贸易壁垒。

（三）质量安全监管体系不健全

罗非鱼出口虽获飞速发展，但符合我国自身特点及国际市场要求的质量监测体系仍未完全建立，只能被动地适应各进口国对水产品质量检测的要求，不断提高，并随时可能遭遇技术性贸易壁垒的限制。同时，实用化的药残快速检测技术及产品亟待开发，符合水产发展方向的可追溯系统也仍有待于加强研究与建立。

（四）罗非鱼加工出口产品包装质量差

近几年，我国在罗非鱼加工出口产品因包装问题而发生退货缕缕发生，往往造成很大的损失，主要表现为：其一，材质不过硬，经不住长途运输和多次搬运，造成包装体的破碎，损坏了产品的内在质量。尤其是罗非鱼产品，一经污染，便成了次品、废品。其二，不符合"绿色包装"的要求，材料中含有污染环境和影响健康的有毒成分，最终影响了水产品自身的质量。其三，包装标识图案及文字识明不符合进口国的要求和规定，最终导致产品"退回没商量"。如今，美国、欧盟等国家已将罗非鱼产品的包装检验标准从原先的几项、十几项增加到几十项，有些指标甚至细微到了包装的印刷层面，例如标签，只要是在包装上少了个标识，即使品质再好也照退不误。

四、加工率低，加工工艺落后，加工品种单一

近几年，我国罗非鱼养殖年产量仍持续上升，到 2012 年养殖年产量已达 144.11万 t，而加工年产量才 60 万 t，加工率还不足 50%，主要还是以鲜活产品销售为主。

我国罗非鱼加工领域基础起步较晚，应用研究和高技术研究较为薄弱，学科间的相互渗透不够，缺乏自主技术创新，在水产品加工技术研究方面投入较少，难以从事系统深入的研究。支撑水产品加工业快速发展的技术支撑和科技储备缺少。我国罗非鱼的加工技术水平还较低，仍以冷冻加工为主，高附加值产品少，利润低。产品形式

单一，目前我国罗非鱼产品除鲜销外，主要以冻全鱼、冻罗非鱼片加工为主，鲜鱼片数量还相对较少。精深加工比例较低，废弃物综合利用少，既浪费资源，又污染环境。大规格鱼种少，加工产品竞争力弱。

罗非鱼初加工过程中会产生大量含有蛋白质高度不饱和脂肪酸、有机钙、甲壳素等多种营养成分和活性物质的加工副产物。如何处理和利用加工副产物，减少污染环境，是我国各加工企业急需解决的问题。目前，这些副产物大多加工饲料用鱼粉等低值制品，未能进行精深加工，充分利用蛋白质资源。虽然国内已有少数企业涉足罗非鱼精深加工，但是由于罗非鱼精深加工需要技术含量高，且市场不够明朗，大部分企业处于观望状态，罗非鱼精深加工只占罗非鱼产业的很小比例。

目前国际水产品加工正向多功能方向发展，在进行方便、风味、模拟水产食品开发的同时，还注重一些新的食品领域，如保健、美容水产食品等医药生物领域产品的开发。而我国罗非鱼产品仅限于鱼的本身，如原条鱼、鱼片等，没能很好地开发其他多样化产品，如鱼鳞、鱼皮、鱼糜等，其中主要原因是技术开发、高科技的应用、产品市场分析、信息交流等环节跟不上。

五、产业链不够完善，国内市场发育不全

罗非鱼产业链纵向表现在产业链各部分发展不平衡，整体架构呈现两头小、中间大的橄榄形格局，即在中间的生产加工环节优势较为明显，而处在两端的研发和品牌营销环节能力相对薄弱，主要停留在初加工水平，产业链条较短，不利于整个产业效益的提高。一个产业的发展不仅需要上游企业提高研发竞争力，而且需要下游企业加强市场开拓和品牌营销，产业下游的价值链活动在本质上一般是非生产技术性的，但对产品价值的实现却是必需的，并很大程度上决定了产品的利润。

目前国际水产品加工正向多功能方向发展，在进行方便、风味、模拟水产食品开发的同时，还注重一些新的领域，如保健、美容水产食品等生物医药领域产品的开发。而我国的罗非鱼加工产业集中在劳动密集型的初加工部分，全国每年产的罗非鱼一半用于加工罗非鱼出口产品，另外还有一部分销往国内鲜活水产市场，罗非鱼的综合利用以及高值化利用比例低。部分大型罗非鱼企业开始关心产业链问题，逐步完善罗非鱼产业链。

由于国内对水产品的消费习惯以鲜活产品为主，加上适合国内消费者口味的罗非鱼加工品还比较少，加工品与消费需求脱节，罗非鱼在国内的市场一直没有过大的消费增长率。而由于罗非鱼的综合利用较少，也影响了罗非鱼的内销。国内已有企业开始开拓内销渠道，但短时间内效果不是很明显。罗非鱼加工业在国内市场具有巨大的拓展空间。

罗非鱼的产业化是一项复杂而又艰巨的多学科、多系统资源整合的系统工程。但目前我国罗非鱼的规模化养殖、科研、饲料、加工、销售和出口基本上还处于各自独

立的状态，罗非鱼产业链还没有良好的组装起来。但仅仅靠行业内自发性的协调无法适应罗非鱼产业化的需要，亟待政府加大支持力度，充分发挥、协调整合各系统的资源优势。把培育罗非鱼龙头企业与扶持罗非鱼产业化发展紧密结合起来，通过扶持罗非鱼产业化发展来培育罗非鱼龙头企业，通过龙头企业来带动罗非鱼产业化的发展。积极参与适应国际市场罗非鱼加工制品的竞争。政府支持和协调罗非鱼产业化协会或商会，整合各系统的资源优势，以"罗非鱼龙头企业＋基地＋农户"的产业化组织形式，把粗放的、分散的、小型的一家一户的小生产纳入罗非鱼产业化、规模化大生产的轨道上来。进行科学管理，走罗非鱼健康养殖的通道，保证罗非鱼出口规格和商品质量，做好商品均衡上市，积极争创罗非鱼出口品牌。以"龙头企业＋基地＋农户"的组织形式，建立较完善的养殖、加工、流通一体化的生产经营模式，建立完善的技术推广和质量安全检测监督体系，树立各具地方特色的罗非鱼国际品牌，避免行业内的恶性竞争，共同参与国际罗非鱼市场的竞争。

六、缺乏自主出口渠道和品牌优势，高品质出口产品较少

罗非鱼出口虽然发展较快，但由于缺乏在国际市场上具有较高信誉的品牌，使我国罗非鱼出口一直未能摆脱中低档产品的地位。主要原因：一是我国罗非鱼加工企业品牌意识淡薄，对品牌的重要作用认识不足，到目前为止还没有一个罗非鱼产品获得国家名牌产品；二是罗非鱼出口起源于外资企业，出口渠道长期受控于外商，贴牌生产，代理加工是普遍现象，抑制了品牌的创立；三是大多数企业安于现状，缺乏长远眼光，只注重有形产品的生产，不愿投资于无形资产的建设。

我国的罗非鱼加工产品大多是由外国经销商包揽销售，虽然罗非鱼的出口量为世界第一，加上罗非鱼加工产品质量参差不齐，与国外的品牌产品相比，价格相差甚远，降低了我国罗非鱼产品的国际竞争力，在一定程度上影响了我国罗非鱼产品的国内外知名度和综合效益。

从近几年罗非鱼出口统计数据可以看出，我国罗非鱼出口还是数量推动型，而不是质量推动型的，更不是品牌领袖型的模式。虽然罗非鱼的出口量为世界第一，但我国罗非鱼的名牌产品并不多，这在一定程度上也影响了罗非鱼产品的国内外知名度和综合效益。

由于养殖品种和养殖技术以及其他等原因，我国罗非鱼产品的泥腥味较重，严重地制约了在欧美市场上的出口。另外一个原因就是我国的罗非鱼规格较小，我国罗非鱼加工原料普遍以 0.75kg 以下为主，加工后的冷冻罗非鱼片难以达到国际市场上以 140～200g 或 200～260g 为主的规格要求。但哥斯达黎加、我国台湾等国家和地区的罗非鱼加工原料则以 1kg 以上为主。而且由于地理位置和保鲜技术落后等的影响，我国在目前国际市场上逐渐备受欢迎的冰鲜罗非鱼片的出口量有限，使得我国罗非鱼加工企业为国际市场提供最受消费者欢迎的高附加值产品较少。

七、出口市场过于集中，国内消费市场未能形成规模

我国目前的出口市场集中度较高，美国、墨西哥、俄罗斯这三大出口市场集中了我国罗非鱼80%以上的出口额，其中，美国是我国第一大出口目标国，虽然近年来出口集中度指标在一直下降，但其值一直保持50%以上。这表明我国罗非鱼对美国市场的依赖性较强，美国市场的消费趋势和消费心理的变化均会对我国罗非鱼产业产生巨大影响。事实也已证明，2006年美国减少对冻罗非鱼及冻罗非鱼片的需求及2008年金融危机对我国罗非鱼出口均造成较大震动。因此我国必须进一步拓展国外的其他贸易市场，以降低市场集中度。在2008年三大主要罗非鱼进口国的进口量均有不同程度下降的前提下，我国罗非鱼出口量仍能有4.2%的提升，主要原因在于我国逐步实现了市场多元化战略，开发了大量的亚非市场。尼日利亚、科特迪瓦和赤道几内亚等市场的成功开发有效地缓解了经济危机对我国罗非鱼市场的冲击。因此，我国罗非鱼贸易的市场结构存在进一步优化的可行性和必要性。

目前国内的罗非鱼以活鱼销售为主，罗非鱼加工产品（如鱼片等）的国内市场尚未形成。随着罗非鱼加工产品的多样化、社会消费水平的整体提高以及人们对罗非鱼产品了解的加深，国内市场，尤其是对鱼片等产品的消费量必将有较大增长。拓展罗非鱼产品的国内市场不仅可以降低我国罗非鱼产品出口过于集中、国外贸易技术壁垒不断提高等带来的罗非鱼出口贸易风险，还有利于缓解国内罗非鱼产量剧增带来的压力，更有利于国内罗非鱼产业链的长远发展。

八、罗非鱼生产国不断扩大，严重冲击我国罗非鱼出口

随着罗非鱼跨国产业链的不断发展完善，国际竞争增强已成为各罗非鱼贸易国必须面临的一个现实。世界罗非鱼市场供给与需求的不断扩大，WTO框架下贸易自由化的发展，为中国罗非鱼出口提供了机会与挑战。如何充分发挥自身的自然享赋资源优势及丰富的劳动力资源优势，逐步提高我国罗非鱼的国际竞争力，占据罗非鱼跨国产业链的主动权，是我国罗非鱼产业现在亟须解决的一个问题。

近年来，我国罗非鱼出口量虽然持续增长，但出口利润几乎完全体现在廉价劳动力上，易造成廉价倾销的嫌疑。同时，我国冻鱼片出口量的增加和价格的降低没有明显停止的趋势，造成冻鱼片和冻全鱼总体价值接近，加工已没有明显的优势可言。由于我国罗非鱼的出口市场过于集中美国市场，从长远考虑存在潜在风险，其他国家出口贸易渠道有待开发。2005年，美国97.3%的冻全鱼和84.8%的冻鱼片来自中国，几乎垄断了美国市场，而且中国产品在美国市场上如此高的比例，非常容易导致针对性的贸易措施出现。除中国大陆和中国台湾外，拉丁美洲的厄瓜多尔、哥斯达黎加、洪都拉斯和牙买加等国家由于其优于亚洲出口国的地理位置，是美国市场上鲜罗非鱼

片出口的主要国家，这些国家的渔民晚上起捕，夜间加工，凌晨在美国上市。厄瓜多尔正快速地成为鲜罗非鱼片最大的出口国，2004 年出口了 10 164t 鲜鱼片，比 2003 年增长 8.2% 了，占据美国鲜罗非鱼总进口量的 52.2%，但由于厄瓜多尔的生产商转回到虾生产，因此其能否维持或者是扩展它当前的地位还有待观察，哥斯达黎加是内陆出口高质量罗非鱼片的倡导者，其地位正在上升，哥斯达黎加 2004 年出口美国的鲜罗非鱼片占美国总进口量的 21.0%。洪都拉斯 2004 年成功地扩展了它的地位，现在的市场份额正接近哥斯达黎加，达到 20.7%，并且将会有超过哥斯达黎加的可能。与此同时，特别值得关注的是巴西，其鲜鱼片出口量正在上涨，2004 年达到了 323t，是 2002 年的 3 倍，占 1.7%。越南泰国最近也加入了罗非鱼世界市场，开始向美国出口冻罗非鱼。

另外，还有越南的巴沙鱼与之竞争，越南巴沙鱼年产 150 万 t，而我国罗非鱼年产 130 万 t。巴沙鱼片成品色泽比罗非鱼片好，巴沙鱼海外市场的竞争不利于罗非鱼的出口。

九、行业协会难以发挥作用，"内杠式"恶性竞争严重

目前我国罗非鱼主产区都建立起罗非鱼协会，罗非鱼行业协会在促进产业经济健康发展、增强农村经济社会发展、提高渔民收入方面发挥了一定的作用，但是当前协会发展中仍然存在着一些问题，阻碍着其更有效地体现经济价值和社会价值。协会的服务领域较为狭窄，缺乏产前、产后等环节的相关服务，各地的罗非鱼协会在为产业服务的过程中，服务功能层次较低，只注重于养殖生产环节，而忽视了产前、产后等相关服务的提供。

由于缺乏行业的自律，无序竞争有所加剧，而行业协调管理工作又未能跟上，因此，罗非鱼加工出口企业基本上处于各自封闭、各自为战的状态，无法形成行业整体力量去应对国际市场压力。在流通与加工过程仍处于自由发展的状态，无序竞争经常发生。

由于我国罗非鱼加工企业数量众多，却始终不能形成引领全行业的龙头企业，即使已经具有相当规模的企业也没有价格决定权。任何盈利机会都会吸引潜在企业进入罗非鱼产业进行竞争，在最小的经济规模上进行生产。而在价格下降到无利可图时，它们会带着已得的利润转向其他市场。在这种情况下，即使是大中型企业也无法将价格提高到长期平均成本之上。而且我国出口罗非鱼产品同质化现象严重，罗非鱼加工企业为获取和保障市场份额大多采取降价竞争，因此我国出口罗非鱼价格每每逼近生产成本。

近年来随着加工规模的扩大，产能超过实际需求，许多企业抬价争夺原料、压价出口的恶性竞争现象严重，这不仅降低本国企业收益，也容易引起进口国的反倾销调查。特别是在加工出口领域，竞争十分激烈，主要表现在三个方面：一是原料鱼收购

的竞争，包括产地和价格；二是出口市场的竞争；三是出口价格的竞争。而出口价格的竞争尤为残酷和激烈。在争取出口市场、收购原料鱼时，出现"内杠式"恶性竞争，有的企业甚至收购价格较低、质量较差的鱼，以比其他厂家更低的价格出售罗非鱼加工产品。这种松散型的产业结构，严重阻碍了我国罗非鱼产业化得发展和深化。

第三节　罗非鱼加工产业的发展趋势

20 世纪 90 年代以来，世界水产品加工技术进步很快，自动化程度进一步提高，发达国家水产品加工率达产量的 70%，产品附加值高。随着科技的不断创新和人类认知程度的不断深入，加工领域由单一食品功能向医学、保健、卫生、饲料、工业用途扩展，利用水产品开发功能性食品以满足大众的需要，将是未来发展的趋势之一。

一、罗非鱼加工产品趋向于高质化、多样化

为满足 21 世纪人们对健康关注程度加大、生活节奏加快、消费层次多样化和个性化发展的要求，根据罗非鱼加工副产物的资源现状，开展多层次、多系列的水产食品，提高产品的档次和质量，来满足不同层次、不同品味消费者的需求。

近年来随着加工规模的扩大，产能超过实际需求，大规格商品鱼比例低，产品收购价格与品质脱节。因此，要明确质量分级方法，推进罗非鱼分级制，充分体现质高价优。未来罗非鱼加工业发展方向应以优化产品结构，使罗非鱼产品实现高质化、多元化、系列化，提高罗非鱼的加工附加值。

随着人们生活水平的提高和生活节奏的加快，对于冷冻调理食品、鱼糜制品以及方便即食食品的国内市场需求逐渐增加。罗非鱼的精深加工应以市场为导向，不断开发出适合人们需要的产品，使罗非鱼产品在色泽、口味、风味方面更加丰富。目前，我国的罗非鱼出口产品仍以冻罗非鱼片和冻全鱼为主，国内以鲜活或冰鲜销售为主。虽然开发了种类繁多的罗非鱼加工制品的加工技术，如液熏罗非鱼片、罗非鱼罐头、腊罗非鱼制品、冰温气调保鲜罗非鱼、罗非鱼鱼丸、烤罗非鱼、罗非鱼松、罗非鱼排、罗非鱼糕、罗非鱼饼、熏制罗非鱼、调理冷冻食品、各种休闲即食食品等系列产品加工技术，但在实际应用上总体还比较少。随着技术的发展和市场的需求，高质、多样化罗非鱼加工产品将逐步走向市场。

二、罗非鱼内销产品逐渐扩大

国内罗非鱼市场潜力非常大，罗非鱼未来的市场将在国内。部分罗非鱼加工企业已经认识到了这一点，开始研究国内市场对罗非鱼的需求，并研发生产罗非鱼在国内市场的销售产品。罗非鱼产业必须执行市场需求发展方向，罗非鱼的内销市场将进一

步向家庭速食、快餐店、西餐店等方向发展。内销市场开发关键是推出更多的产品形式，注重加工生产出适合国内消费的罗非鱼产品。

目前内销罗非鱼基本是鲜销的，如果内销多样化的罗非鱼加工产品，我国国内的罗非鱼市场将进一步延展。同时由于西部地区劳动力大量进入沿海地区，适应了东部的饮食习惯，将使罗非鱼消费逐步增加。

三、罗非鱼加工副产物的零废弃高值化利用

罗非鱼在加工的过程产生的副产物（包括头、尾、骨、皮、鳞、内脏及其残留鱼肉），其重量约占原料鱼的60%，且大多未进行有效利用，不仅污染环境，而且会浪费资源。通过以现代生物工程技术、酶工程技术等为主的高值化加工处理技术，对罗非鱼下脚料进行高效综合利用，包括从鱼皮、鱼鳞中提取胶原蛋白和制备胶原多肽，从内脏中提取精炼鱼油以及鱼肝膏，以鱼骨钙为原料开发新型活性钙制品，水发鱼皮加工和鱼鳞休闲食品开发等，提高罗非鱼资源的利用率，减少对环境的污染，开拓了罗非鱼加工零废弃的途径。

近年来，随着罗非鱼产业的变化发展，罗非鱼加工副产物精深加工技术越来越受到行业的关注，国内已有部分罗非鱼加工企业认识到单纯依靠粗加工罗非鱼片的传统模式已不能满足竞争愈发激烈的国际市场的需求，许多科研院校和企业纷纷开始探索罗非鱼加工副产物的精深加工技术和开发高值化产品。除了利用罗非鱼加工副产物加工鱼油、鱼粉外，还充分利用罗非鱼鱼皮、鱼骨、内脏等副产物进一步精深加工，开发高附加值的明胶、胶原蛋白、胶原肽、功能活性肽、调味料、生物酶类、活性钙等产品。目前我国在利用罗非鱼加工副产物进行高值化加工大致有以下几个方向：

（1）方便罗非鱼食品　以罗非鱼加工副产物和小规格鱼为原料，采用一定工艺提取其中的营养物质，加工成浆，然后配以淀粉、植物蛋白、植物胶等食物组分，生产出各式各样的鱼糕、鱼卷、鱼饼、鱼丸、鱼片、鱼酱和鱼香肠等风味浓郁的水产方便食品。这样的食品不用烹调即可直接食用，既富有营养又便于保存，还有携带方便的特点。

（2）开发罗非鱼风味食品　用罗非鱼加工副产物或小规格鱼加工成具有独特风味的小包装休闲食品。如油炸鱼排、烤鱼片、鱼丸等。

（3）开发模拟水产食品　以罗非鱼加工副产物原料中的鱼肉，配合以淀粉、植物蛋白、食用植物胶等组分，采用一定工艺技术制成色、香、味、形近似虾、蟹、贝的人造虾仁、蟹肉和干贝等，这类食品具有营养丰富，价格便宜的优点。

（4）开发罗非鱼功能食品　功能食品被誉为"21世纪食品"，代表了当代食品发展的新潮流。如何利用罗非鱼加工副产物中的活性成分，其中包括活性多肽、氨基酸、鱼油不饱和脂肪酸和磷脂等，进行深加工，制成风味独特和保健功效显著的水产功能食品，是当前水产加工副产物一个重要开发研究方向。

近年来，我国罗非鱼的加工行业正在逐步走向精、深加工。罗非鱼加工副产物的高值化综合利用成为行业未来发展的亮点，通过做好罗非鱼的全鱼综合利用来提高资源利用率，使行业发展模式从传统的单向经济发展模式向循环经济发展模式转变，同时产生良好的经济效益，提升产业整体利润水平。

四、罗非鱼加工机械与设备的机械化和自动化越来越高

水产品加工过程的机械化、智能化，是水产品加工实现规模化发展、保证产品品质、提高生产效率、应用现代科技的必然趋势。欧美等国家在水产品加工与流通方面具有相当高的装备技术水平，主要体现在鱼、虾、贝类自动化处理机械和小包装制成品加工设备。德国 BAADER 公司是世界上最先进的水产品加工设备生产企业之一。该公司 2008 年生产的鱼片细刺切割、鱼片整理和分段一体机，鳕鱼片生产能力每分钟高达 40 片，其鲇鱼加工生产，从原条鱼开始到产出鱼片和鱼糜，形成了一整套生产流水线，生产过程中产生的脚料可用鱼糜机加工利用。加拿大 Sunwell 公司以开发浆冰设备而闻名，2006 年为日本提供了世界上第一套船用低盐度深冷浆冰系统，液态深冷冰浆可为鱼获物提供快速冷却。著名的瑞典 Arenco VMK 公司 2008 年开发的渔船用全自动鱼类处理系统能精确地去除鱼头和鱼尾，并采用真空系统抽空鱼的内脏，开片、去皮操作全自动且可调节。日本精于水产品加工设备研发，技术领先的产品为鱼糜制品加工设备。

随着我国社会经济发展，人工生产成本逐年增长，对于劳动力密集型的罗非鱼加工方式将受到很大的影响。因此，罗非鱼加工过程的机械化、智能化，是罗非鱼加工实现规模化发展、保证产品品质、提高生产效率的必然趋势。以低能耗的生物加工与机械化加工方式代替传统的机械化与手工加工方式，形成低投入、低消耗、低排放和高效率的节约型增长方式，将成为罗非鱼加工产业的必然选择。

五、越来越多的高新技术应用在罗非鱼加工中

随着科学的发展，在罗非鱼加工中逐步运用液熏技术、冰温气调技术、生物酶工程技术、膜分离技术、微胶囊技术、超高压技术、冷杀菌技术、无菌包装技术、微波能及辐照技术、超微粉碎和真空技术等高新技术对罗非鱼进行深度加工开发，充分利用罗非鱼资源，将加工原料进行二次利用，坚持开发与节约并重、注重资源综合利用，完善再生资源回收利用体系，才能全面推行清洁生产，形成低投入、低消耗、低排放和高效率的节约型增长方式，为罗非鱼功能性食品的开发提供更多、更有效的资源。使罗非鱼精深加工的水平和技术含量不断提高，同时对罗非鱼产业加工的废弃物进行综合利用的速度也大大加快。从罗非鱼加工副产物提取制备功能性活性成分成为提高企业市场竞争力、推动罗非鱼产业健康持续发展的有力保证。

在罗非鱼加工和副产物进行高值化开发过程中，要特别注重控制生产过程中产生的能源和资源排放，将其减少到零，同时将那些不得已排放出的能源、资源充分再利用，包括废水的处理，加工残渣的无害化处理及二次利用等，最终做到全鱼无废弃的加工方式。

第四节　战略思考及政策建议

经过 10 多年的发展，我国罗非鱼产业发生了巨大变化，在罗非鱼加工能力、出口加工产量、加工企业管理体系和加工技术研发及装备建设等都有了长足发展，但与发达国家相比，仍存在很多不足，主要体现在基础研究薄弱、加工与综合利用率比较低、加工产品品种少附加值低、缺乏自主名牌、加工装备落后、标准体系不健全、产品质量不高等方面。近几年来，随着渔业结构的调整，罗非鱼养殖的产量和面积都有了较大的增长。同时，一批中小型专门加工罗非鱼的企业也迅速发展起来，特别是海南和广东地区。虽然罗非鱼总产量和出口额都非常高，但是，遇上国外的技术壁垒，出口渠道经常受阻，罗非鱼加工厂也备受考验。如何在当今食品安全与卫生严格要求的形势下获得稳定的发展，将成为罗非鱼加工企业面对的难题。所以，针对上述情况，在新的形势下罗非鱼加工厂如何提升产品质量、提高企业内部竞争力是罗非鱼加工产业长远发展的战略问题。

一、加强企业内部建设，建立有效管理并提升企业形象

罗非鱼加工企业质量控制体系既能用于生产指导和控制产品质量，又能用于管理阶层学习和自律。罗非鱼加工企业要跳出传统的家族式管理制度，要以制度管人，以规范管人，总的管理就一个目标：创质量第一，创企业名牌。罗非鱼加工企业应充分利用自己的优势，提高产品质量和安全水平的同时，突破技术壁垒，走发展之路，接纳新型综合性人才，求同存异，提高企业活力和市场竞争力。

目前，我国罗非鱼产业发展仍处于可以大有作为的重要战略机遇期，既面临历史机遇，也面临风险和挑战。在这样的环境下，更需要罗非鱼企业抓住机遇、树立信心，坚持以深化改革为动力，以加强管理和管理创新为基础，以提升产业层次、提高技术含量为中心，促进企业持续健康发展。就企业管理而言，需要重点做好以下几个方面的工作：一是调整经营策略，由以出口贸易为主，向"巩固出口，扩大内销"经营思路转变；二是调整产品结构，积极构建多元化产品格局，积极开拓国内外市场；三是调整人员结构，不断加强企业内部管理和国内营销队伍建设；四是调整原料储备方式，进一步增强企业发展后劲；五是进一步加强风险管理，增强企业风险管控能力。

总的来说，针对当今罗非鱼出口技术壁垒，应不断了解国内外加工新动态，研究

探讨如何从技术上适应国际要求，特别是罗非鱼出口检测规定、出口国家要求与标准，搜集国际市场上加工罗非鱼生产设备环保要求，设备上与国际接轨，提高产品国际市场竞争力。

二、注重基本建设，提升整体水平

只有加强罗非鱼资源开发的基本建设，夯实基础，才能不断积累科技创新的能量，提升罗非鱼资源开发的整体水平。在基本建设中，最重要的是队伍建设、平台建设和能力建设。

实施人才强海战略，加强科技人才队伍建设。在罗非鱼产业资源开发中，要特别重视创新人才、工程人才、转化人才的培养和造就。依托重大科研和建设项目，加快造就一批具有世界前沿水平的创新人才，大力培养学科带头人，积极推进创新团队建设。优化人才队伍结构，培育和造就一批科技工程人才和成果转化人才，提升我国罗非鱼产业加工开发能力。

积聚整合各种资源，加强罗非鱼产业公共技术平台建设。在罗非鱼资源开发中，要特别注重加强科技研发平台、信息共享平台和产业化平台的构建。建设罗非鱼加工产业技术与装备重要理论和关键技术为目的的现代化高水平的研发平台和公共数据集成服务共享平台，强化技术发展的支撑能力。建设罗非鱼种质、养殖、加工产业链关键技术研发和产业化的共享平台，实现技术与产业衔接，集成重大技术成果，建设罗非鱼产业化示范基地。将研究、开发、应用和产业化工作有机结合起来，以企业为主体，坚持罗非鱼产业链关键技术创新的市场导向，激发科研机构的创新活力，并使企业获得持续创新的能力，拓展产业链，逐步提升罗非鱼加工产业的整体水平。

三、加强关键配套技术研发，解决罗非鱼加工产业发展的瓶颈问题

我国罗非鱼加工领域基础研究起步较晚，应用研究和高技术研究较为薄弱，学科间的相互渗透不够，缺乏自主技术创新。由于 20 世纪末以来国家对罗非鱼加工技术研究支持减少，科研经费相对不足，很多科研机构无法从事系统深入的应用基础理论研究。要转变罗非鱼加工业的增长方式，人才和研发经费是关键，基础性研究是应用型研究的后盾和技术保证。罗非鱼加工基础性研究投资高、风险大、周期长。我国罗非鱼加工企业本身研究能力差，投资积极性也不高，因此迫切需要政府的支持。我国从事罗非鱼加工的科研机构也不少，这些科研机构隶属国家、省及企业，分设或挂靠在不同的管理部门而使相应的沟通、合作和联系不紧密，限制了科研水平的整体提高。罗非鱼产业是由养殖、加工和市场流通三足支撑起来的一项产业，而目前罗非鱼产业的加工和市场开发力量明显薄弱，这不仅在一定程度上制约了罗非鱼产业的发

展，而且在与国际罗非鱼产品市场竞争中处于明显的不利地位，应引起主管职能部门的高度重视。

因此，需要根据我国罗非鱼加工产业发展需求，在研究罗非鱼营养特性、加工特性的基础上，开展罗非鱼产品加工理论与产品创新、罗非鱼保鲜与保活贮运技术开发、罗非鱼品质与安全控制、水产品加工装备研发与工程设计等工作，形成完备的科学研究与技术创新体系，为罗非鱼加工产业发展提供强有力的技术支撑。

罗非鱼加工企业应大力开展精、深加工生产和产后保鲜新技术的运用，积极引进和开发先进的加工、包装、保鲜技术和设备，使罗非鱼肉制品、加工副产物能实现工业化生产；同时运用先进的保鲜、防腐、运输、加工和包装技术，改变目前原始产品多、初级加工产品多的现状，提高产品附加值和质量档次。罗非鱼加工企业应按照先进标准或规范进行生产，淘汰落后的生产技术及工艺，完善产品质量检测手段，建立符合国际标准的生产管理体系。同时政府部门应加大扶持力度，组织科研院所及高校在罗非鱼深加工方面开展研究，为罗非鱼深加工提供技术支撑，并有效地将科研成果运用到生产实践中去。

罗非鱼加工企业应提高自主研发和创新能力，建立领先全球罗非鱼产业链各环节技术的强国地位。我国是传统的罗非鱼生产大国，目前国内外的罗非鱼产业加工技术水平正处于上升阶段，随着国际市场的原料竞争、产品竞争日益激烈，通过建立国家工程中心平台，对产业重大加工技术领域进行重点攻关，力争获得一批具有核心竞争力的自主研发技术，为行业进一步开拓国际市场和开发国内市场提供支撑，促进我国罗非鱼产业的平稳健康发展。

四、推动产业升级，培育罗非鱼加工
功能生物制品新兴产业

目前，国内罗非鱼大多以鲜活或冰鲜销售，出口产品以冻全鱼和冻鱼片为主，市场模式单一，抗风险能力弱。通过以现代生物工程技术、酶工程技术等为主的高值化加工处理技术，对罗非鱼加工副产物进行高值化综合利用，包括从鱼皮、鱼鳞中提取胶原蛋白和制备胶原多肽，从内脏中提取精炼鱼油以及鱼肝膏，以鱼骨钙为原料开发新型活性钙制品，水发鱼皮加工和鱼排休闲食品开发等，提高罗非鱼资源的利用率，减少对环境的污染，开拓罗非鱼加工"零废弃"的途径，同时加强相关的成果转化和产业化，培育水产生物制品、罗非鱼内销等新兴产业，促使行业发展模式从传统的"原料→加工出口→废弃物"单向经济发展模式向"原料→加工出口与内销并行→副产品综合利用"循环经济发展模式转变，同时产生良好的经济效益，提升产业整体利润水平，推动产业由规模型向质量型转变。

加强罗非鱼产业的"产、学、研"关联合作，延伸产业链，逐步使价值链向"微笑曲线"两边延伸，是促进我国罗非鱼产业结构升级的重要途径。现阶段我国罗非鱼产业链分散，链条间企业相互挤压等现状，严重制约着我国罗非鱼产业的发展。加工企业要增加科研投入，提升加工技术水平，不断开发适应消费者的新品种，优化产品结构，加强副产物的开发利用。

五、高度关注产品质量安全问题，建立一个完整的质量安全保障体系

食品质量安全已成为社会的敏感问题，因水产品质量安全问题导致的出口受阻事件屡有发生，极大地损害了我国水产养殖及加工企业的经济效益。一些发达国家强调绿色、有机罗非鱼生产和生态养殖技术，提高进口产品的质量检测指标，即以"绿色技术壁垒"来提高进口的门槛，纷纷对罗非鱼等水产品制定了一系列法律法规，严格限定了水产品的准入标准，并不断加大对进口产品质量的检验检疫力度。例如，在美国市场行销生鲜罗非鱼片，必须注意养殖罗非鱼不可使用含有荷尔蒙成分的饲料，及避免鱼类变味的问题，切片的外观应具备粉红色的肉质及鲜红色的血色肉，展现产品的鲜度。美国对食品生产实施危害分析和关键控制点的风险管理体系（HACCP），进口罗非鱼加工厂须通过 HACCP 认证，且不得使用化学药剂或防腐剂。孔雀石绿、结晶紫、氯霉素等药物残留在美欧受到严格控制。欧盟于 2006 年 1 月开始实施的《欧盟食品及饲料安全管理法规》，提高了食品市场准入标准，强化了食品安全的检查手段；日本制定的《食品卫生法》及从 2006 年 5 月起实施的"肯定列表制度"，对罗非鱼等水产品的药物残留量设定了苛刻的标准。此外，美国、欧盟等国家及地区已将罗非鱼产品的包装检验标准从原先的几项、十几项增加到几十项，有些指标甚至细微到了包装的印刷层面，包装上不能缺少标识与标签等。

罗非鱼加工企业要根据国家有关水产品加工的法律法规，采取国际通用标准来组织生产和开展国际贸易，掌握所有出口国家的进口要求和标准评定，建立罗非鱼加工质量控制体系，同时制定和实施企业内部质量控制措施。企业质量控制体系有机的结合运用于生产，预防、消除或减少潜在危害。所以企业必须建立从罗非鱼育种、养殖、收获、加工、包装、储存、运输、销售全过程的质量控制体系和追溯体系。一旦出现产品质量问题，可以查清某一环节出现的问题。一些企业为了通过各种各样的认证，忽视文档记录的重要性，虚造文件或记录，不仅文件资料虚假无法指导生产，往往还会影响企业正常运作。罗非鱼加工企业质量控制体系要能真正指导和控制生产，使企业受益。

罗非鱼产业在我国经十多年的快速发展，已经成为我国第一类主要出口水产品，从着眼行业长期发展及挑战，罗非鱼需要通过建立专业科研平台，建立更强的质量安全保障体系。重点发展一体化的经济经营模式，由龙头企业引导养殖户进行生产结构调整，带动苗种、养殖、饲料、加工、流通等相关企业发展，以尽快形成我国罗非鱼产业基地，逐步形成特色优势产业规范罗非鱼健康养殖技术、饲料加工

和罗非鱼加工技术，加大质量安全生产技术的执行力度，不仅要在加工环节有严格的质量控制，而且要加强养殖和流通环节的质量控制，严格监控罗非鱼产业链各个环节，同时要加强产品质量检测体系建设，做好水产品质量安全工作，确保产品的质量安全，巩固我国罗非鱼产品在国际市场中的主导地位。因此，罗非鱼加工企业应重视和强化加工原料鱼生产基地建设，采用利益共享与责任共担的机制，组成"加工龙头企业＋养殖基地"的产业化经营模式，加强生产调度，强化质量标准体系、安全生产与质量控制体系建设，从而保障罗非鱼产品质量和安全，保障罗非鱼加工企业所需原料鱼的周年均衡供应，促进水产养殖业与罗非鱼加工业的同步发展。

六、完善行业协会产业化组织管理，强化行业协会职能

中国罗非鱼产业已经是一个影响世界的庞大的产业，除了需要罗非鱼产业的组织体系优化，还需要一个罗非鱼行业组织来承担统筹和管理工作。中国罗非鱼产业已经成立了各级罗非鱼行业协会，罗非鱼发展一定要有高控力的行业组织。但是，目前行业协会都未能发挥作用，既缺少权力，也未能承担责任，对行业和从业者没有任何约束力和影响力。

按照国际惯例，行业要有自己的组织，如美国南方虾业联盟不是政府的组织，也不是政府的某一个部门控制的组织，而是市场化的、能够自己说了算的组织。有效的罗非鱼行业协会，必须能获得一定的政府授权，能够制定行业标准，确保公平竞争，维护成员的正当利益；能够承担市场保护功能，应对贸易壁垒，建立预警机制；能够真正代表和维护行业利益，同时具备行业培训、交流、信息发布等功能。

罗非鱼行业协会必须充分发挥企业的主体作用，采取各种措施，积极开拓国际、国内两个市场。以行业协会为平台，发展好罗非鱼产业，形成涵盖种苗繁育、养殖、饲料、技术服务、产品回收和加工销售的完整产业链。

（1）通过协会章程规范约束企业行为，必须建立行业内的协调和约束机制，强化行业自律，推进罗非鱼产业化步伐。

（2）促进产业信息交流，并在生产技术、产品质量、价格信息、订单生产等方面互相交流、互帮互助，统一对外竞争。

（3）行业要建立起专业性的预警体系，企业更要建立起企业自身的预警体系。

（4）维护行业有序竞争。减少企业之间因不正当竞争造成的损失，减少企业之间的内耗，防止恶性竞争，努力增强罗非鱼产品在国际市场的竞争力。

我国罗非鱼行业要想进一步健康持续发展，必须走产业化、规模化的道路，在加大科技投入，不断改进罗非鱼的良种选育、无公害养殖、饲料加工、养殖环境调控、加工以及质量检测等配套技术的同时，还要积极采取各种措施，提高行业的反倾销的

能力，包括创建品牌优势、分散出口市场、建立质量安全管理和监控体系、完善行业协会并协助行业管理，指导行业内生产，提高渔民的组织化程度，沟通产销渠道，培育一批行业带动明显的企业，通过行业协会制定最低出口保护价，防止低价倾销，研究食品质量安全生产的法律法规，搜集和整理国际市场中罗非鱼的需求信息，为我国制定罗非鱼产业的发展目标提供科学依据。

第七章　中国罗非鱼质量控制及可追溯体系战略研究

第一节　质量控制及可追溯体系发展现状

自 20 世纪 60 年代引种以来，我国罗非鱼产业发展迅速，产量逐年上升，从 2000 年的 62.9 万 t 增加到 2011 年的 144.1 万 t，年均增长率为 8.12%，年产量一直稳居世界首位，成为我国最具国际竞争实力的品种，也是最具产业化发展条件的品种。经过多年发展，我国罗非鱼养殖业从小规模的家庭作坊养殖和就地消费，逐步发展到跨国、农工结合的产业链生产，国际贸易规模不断扩大，并在国际市场上占有明显的出口优势。

与此同时，罗非鱼产品的质量安全水平"总体稳定、逐步趋好"。从 2010—2012 年度农业部组织开展的产地水产品质量安全监督抽检结果来看，罗非鱼产品抽检合格率均在 98% 以上。为了保障产品质量安全水平，促进罗非鱼产业健康、稳定、可持续的发展，从中央到各地各级主管部门、从科研推广单位到企业生产一线都对产品质量安全问题给予高度重视，采取各种措施加强罗非鱼等水产品的质量安全管理。本章将从政府监督管理、养殖过程质量安全控制和可追溯体系建设 3 个方面对罗非鱼产业质量安全发展状况进行梳理。

一、监督管理层面发展现状

(一) 行业质量安全管理背景

按照 WHO 的定义，食品安全是指食物中有毒、有害物质对人体健康影响的公共卫生问题。罗非鱼的质量安全可概括为专门探讨在罗非鱼产品原料生产、加工、存储、销售等过程中确保食品卫生及食用安全，排查疾病隐患，防范食物中毒的一个跨学科领域。在我国，罗非鱼产品的质量安全管理是包括在整个食品和农产品质量安全管理体系中的。因此其质量安全水平，在趋势上与国家食品和农产品的质量安全总体水平大致相同。

国以民为本，民以食为天，食以安为先。食品、农产品质量安全风险已成为当今社会风险之一，因其关系劳动力生产与再生产的质量、社会道德与国家诚信的建立、农业生产经营方式的改进以及和谐社会的构建，是各国社会政治经济发展到一定水平后政府重点管理的领域。因其一头连着生产，一头连着消费，一旦发生问题，常出现"伤两头"的情况：一边是产品滞销，影响产业发展和农民收入；一边是消费者信心不足，难以放心消费。食品、农产品安全不仅是一个重要的公共安全问题，也是全球重大的战略性问题，是世界各国的共同问题，而且会长期存在。但由于各国不同的经济、社会发展阶段和具体国情，各国所面临的具体问题不尽相同。中国政府历来高度重视农产品质量安全工作。随着 20 世纪 90 年代农业发展进入数量安全与质量安全并重的新阶段，为进一步确保农产品质量安全，我国明确提出发展高产、优质、高效、生态、安全农业的目标。根据国家统一部署，2001 年农业部在全国启动实施了"无公害食品行动计划"，着力解决人民群众最为关心的高毒农药、兽药违规使用和残留超标问题；以农业投入品、农产品生产、市场准入 3 个环节管理为关键点，推动从农田到市场的全程监管；以开展例行监测为抓手，推动各地增强质量安全意识，落实管理责任；以推进标准化为载体，提高农产品质量安全生产和管理水平。2002 年党的十六大召开以来，产品的质量安全水平"总体稳定、逐步趋好"。自 2007 年开始，在对近 100 类农产品、100 余个参数的抽检中，合格率从开始的 50%，提高到近 3 年连续保持在 97% 以上。农产品质量安全监管体系基本构建完成，乡镇一级监管机构覆盖率达到 82.9%，标准化生产过程控制评价体系（即认证体系）、科研创新体系、风险评估体系、检测体系四大业务（技术）支撑体系基本搭建完成。同时，各级渔业主管部门重视水产品质量安全工作，采取各种措施加强水产品质量安全管理，着力开展药残检测和监控，建立完善出口企业注册登记制度，积极推广以"危害分析与关键控制点"（HACCP）为核心的科学质量管理规范，实施"从鱼塘到餐桌"的全过程质量管理，水产品质量安全水平显著提高。

（二）法律法规体系

以往，政府和渔业行政主管部门对水产养殖的职能主要是以发展生产为中心的宏观管理，直到进入 20 世纪 90 年代以后，随着水产养殖业的快速发展，自身深层次问题慢慢凸现，养殖产品质量安全问题屡屡发生，养殖法律制度建设逐步受到重视，并在近 10 年取得明显完善。目前，我国已制定了一系列与罗非鱼等水产养殖产品质量安全有关的法律法规、部门规章及地方性的法律法规。

1. 主要有关的国家法律

（1）《农业法》和《渔业法》　《农业法》于 1993 年首次通过，2002 年修订，自 2003 年 3 月 1 日起实施。《渔业法》1986 首次通过，2004 年修正实施。这两项法律是我国渔业生产的基本法，体现了国家对发展渔业的重视，突出了渔业资源和渔业生态保护，注重了渔业的科学管理，建立并完善了各项渔业管理制度，强化了法律责任，进一步明确了依法行政的管理要求，充分体现了依法治国、依法治渔，促进渔业可持续发展的原则，具有鲜明的时代特点，标志着我国依法治渔，依法兴渔又进入了一个崭新的阶段。为确保我国渔业可持续健康发展，奠定了坚实的法律基础。

（2）《农产品质量安全法》和《食品安全法》 《农产品质量安全法》于 2006 年通过。该法的出台标志着我国农产品步入了安全管理的轨道，填补了我国食用农产品只有卫生法规没有安全法规的空白。它的颁布将在保障农产品质量安全，维护公众健康，促进农业和农村经济发展方面发挥更加积极的作用。

该法所称的农产品，是指来源于农业的初级产品，包括水产养殖产品。该法对农产品质量安全标准、产地、生产、包装和标识、监督检查作了具体规定。

《食品安全法》于 2009 年 6 月 1 日起正式施行。通过该法，建立统一协调、地方政府负总责、分段管理、各部门各司其职的食品安全全过程监管制度；建立食品安全风险监测和评估制度；建立统一的食品安全国家标准制定、食品检验等制度；强化企业责任，建立生产经营许可、索票索证、不安全食品召回等制度，加大违法行为处罚力度。食品安全法进一步明确了各部门的监管职责，其中规定农业部门负责食用农产品的监管。

（3）其他有关法律 《动物防疫法》于 1997 年通过，旨在加强对动物防疫工作的管理，预防、控制和扑灭动物疫病，促进养殖业发展，保护人体健康。

《产品质量法》旨在明确工业产品（包括罗非鱼等水产加工产品）的质量责任，维护用户和消费者合法权益，对产品质量的监督、销售者的产品质量责任和义务、损害赔偿进行了具体规定，适用于包括食品在内的经过加工、制作用于销售的一切产品。它是我国加强产品质量监督管理，提高产品质量，保护消费者合法权益，维护社会经济秩序的主要法律。该法不直接规范水产养殖产品的质量安全，但其调整对象包括与水产养殖有关的饲料、渔药等属于加工产品的投入品。

《进出境动植物检疫法》于 1991 年通过，旨在防止动物传染病、寄生虫病和植物病虫害传入、传出国境，保护农业生产和人体健康，促进对外贸易发展。

《进出口商品检验法》于 1989 年通过，2002 年修订。该法规定了对进出口商品要进行检验，明确了对进出口食品要进行卫生检验，并制定了进出口商品检验的监督管理和法律责任。

《标准化法》于 1988 年通过，规定了对包括食品在内的工业产品应制定标准，并明确了标准制定、实施和相关职责及法律责任。

2. 主要有关的国务院法规 《兽药管理条例》于 1987 年发布，2004 年修订。旨在加强兽药管理，有助于控制动物疾病和避免兽药残留，促进动物源食品安全。

《饲料和饲料添加剂管理条例》于 1999 年颁布实施，2001 年修订。旨在加强对饲料和饲料添加剂的管理，提高其质量，促进饲料工业和养殖业的发展，维护人民身体健康。这是我国有关饲料的第一部权威性法规，其中明确提到了饲料的安全性问题。

《进出境动植物检疫法实施条例》于 1996 年公布施行。规定国家动植物检疫局统一管理全国进出境动植物检疫工作，收集国内外重大动植物疫情，负责国际进出境动植物检疫的合作与交流。

《进出境商品检验法实施条例》于 1992 年公布。该条例对《进出境商品检验法》的实施细则作了具体规定。

3. 部门规章 涉及罗非鱼等水产养殖产品安全的部门规章（主要由农业部发布）主要包括《渔业法实施细则》《水产养殖质量安全管理规定》《水产苗种管理办法》《饲料药物添加剂使用规范》《兽药管理条例实施细则》《动物检疫管理办法》等。

《水产养殖质量安全管理规定》：农业部令第 31 号发布，旨在提高养殖水产品质量安全水平，保护渔业生态环境，促进水产养殖业的健康发展。其中规定：国家鼓励水产养殖单位和个人发展健康养殖，减少水产养殖病害的发生；控制养殖用药，保证养殖水产品质量安全；推广生态养殖，保护养殖环境。《规定》对养殖用水、养殖生产、渔用饲料和水产养殖用药作了具体要求。

《水产苗种管理办法》为《渔业法》的实施细则，具体对水产种质资源保护、水产原良种生产许可管理、水产苗种生产许可管理、苗种质量检验、检疫等有关苗种质量安全进行了规定，是水产苗种生产、经营、进出口等全方位的管理办法。其他如《水产原良种生产管理规范》《水产新品种审定办法》《国家级水产原良种场验收办法》等部门规章制度也是保障水产苗种质量安全的重要措施。

《饲料药物添加剂使用规范》：为了加强兽药使用方面的管理，2001 年由农业部发布。其中对饲料药物添加剂使用进行了具体规定。农业部第 105 号公告公布了《允许使用的饲料添加剂品种目录》，共计 173 种（类）。

另外，《渔业法实施细则》《兽药管理条例实施细则》《动物检疫管理办法》分别根据各自上位法《渔业法》《兽药管理条例》和《动物防疫法》制定，并做出各自领域的细化规定。

4. 地方性法律法规 与水产养殖产品质量安全有关的地方性法律法规可以简单地分为两类：一类是为配合相应的国家法规和部门规章，由地方人民政府或行政主管部门配套出台的地方性的细则或具体的实施办法等，包括《兽药管理条例》《饲料和饲料添加剂管理条例》《水产苗种管理办法》《渔业法实施细则》等法律法规的地方配套法规等；另一类是各地为保证本地区食品或水产品质量安全水平出台的综合性的水产品（食品）质量安全地方性法规，如《江苏省渔业管理条例》《上海市食用农产品安全监管暂行办法》等。

这些地方性法律法规以有关国家法律法规为依据，结合各地自身实际情况，并在一些环节突破上位法的约束，在水生动物防疫检疫、水域环境污染和从事污水养鱼、水产品销售市场准入、渔药、饲料等投入品监管、安全水产品认证管理等方面，对其相关业务管理机构建设、人员配置、监管程序、具体权限等方面做出了明确规定，从法律上确立了各行政部门负责职责权限，提供了实施水产品质量安全监督的法律依据，为进一步加强全省水产品质量安全监管机构和队伍建设，全面保障水产品质量安全奠定了坚实基础。

（三）管理措施和制度体系

根据上述法律法规的规定，我国已形成了一整套与罗非鱼等水产养殖产品质量安全有关的管理措施和制度体系，其中主要包括养殖证制度、水产养殖用地和用水规划保护制度、水产苗种生产管理制度、水产养殖饲料和添加剂及饵料监管制度、水产养殖用药监管制度等。

1. 养殖证制度　养殖证制度是保证养殖水产品质量安全的基础性制度，也是保障水产养殖者利益的基石。所谓养殖证，是指由单位或者个人依法向县级以上地方人民政府渔业行政主管部门提出申请，经过审核批准，由同级人民政府发放的、允许其占有使用国有水域、滩涂等自然资源从事水产养殖生产活动，进而获得经济利益的法律证明文件。养殖证制度的建立对于加快水产养殖业的健康发展、繁荣农村经济等发挥了巨大作用，稳定了渔业基本经营制度，保证了党和国家农业与农村政策的连续性和稳定性。

2. 水产养殖用地和用水规划保护制度　水产养殖用地和用水规划保护制度主要包括两方面：首先，在各级政府的领导下，渔政部门应与国土资源、水利、海洋、环保等部门合作，制定水产养殖用地和用水规划，实现自然资源的合理利用、综合利用。科学合理且公平地制定水产养殖用地、用水、用海规划，保证养殖水产品的质量安全，实现水产养殖业的健康发展是至关重要的。

其次，在养殖生产过程中，渔政部门对养殖场所依法承担着监督、检查及指导的职责，以确保养殖用地和用水质量符合国家规定。根据《农产品质量安全法》第15、17条以及《水产养殖质量安全管理规定》第5、6条，渔政部门有权禁止在不符合规定的场所从事水产养殖生产活动。水产养殖者应当定期监测养殖用水水质，填写《水产养殖生产记录》。对于直接或间接地向养殖场所排放或倾倒废水、废气、废弃物或者其他有毒有害物质的任何单位或个人，养殖生产者有权要求其停止侵害，并有权向渔政部门举报，请求行政救济。渔政部门有权依法对污染者予以行政处罚，以维护养殖水产品的质量安全。

3. 水产苗种生产管理制度　水产苗种是养殖生产的重要投入品。为了保护野生的渔业生物资源，保证水产苗种的产品质量，防止鱼病爆发、传播，《渔业法》设立了天然苗种专项（特许）捕捞许可制度和人工繁育水产苗种生产许可制度以及水产苗种进出口审批制度和转基因水产苗种安全评价制度。苗种管理制度是保护和合理利用水产种质资源，加强水产品种选育和苗种生产、经营管理，提高水产苗种质量，维护水产苗种生产者、经营者和使用者的合法权益，促进水产养殖业持续健康发展的关键。

4. 水产养殖饲料和添加剂及饵料监管制度　为了保证饲料和饲料添加剂的产品质量，《饲料和饲料添加剂管理条例》规定了多项监管制度：①新饲料、新饲料添加剂审定公布制度；②饲料、饲料添加剂首次进口登记制度；③设立饲料、饲料添加剂生产企业事先审查制度；④饲料添加剂、添加剂预混合饲料生产许可制度；⑤饲料添加剂、添加剂预混合饲料产品批准文号制度；⑥饲料和饲料添加剂生产记录和产品留样观察制度；⑦饲料、饲料添加剂产品质量标准和检验合格证制度；⑧饲料和饲料添加剂产品包装和标签制度；⑨饲料和饲料添加剂产品质量监督抽查制度以及饲料和饲料添加剂经营、使用管理制度等。

除了经过工业化加工制作的饲料和饲料添加剂外，水产饲料、饲料添加剂、青饲料、生物饵料以及肥料等都是水产养殖生产的重要投入品，其质量和投喂、施用的方式方法直接影响着养殖业的经济效益、养殖水产品的质量和消费者健康。为保证这些投入品的质量符合有关标准和技术要求，施用方法应符合养殖技术规范，保证养殖水产品的质量安全，防止污染环境。

5. 水产养殖用药监管制度　水产养殖用药亦称渔药，是指用以预防、控制和治疗水产动植物的病、虫害，促进养殖品种健康生长，增强机体抗病能力以及改善养殖水体质量所使用的一切物质。为了保证兽药的质量，防治畜禽、水产等动物疾病，促进养殖业的健康发展，维护人体健康，《兽药管理条例》规定了多项制度。主要包括处方药和非处方药分类管理制度；兽药储备制度；新兽药评审注册制度；兽药生产许可制度；兽药产品质量合格证制度；用药记录制度；休药期制度；新兽药监测期和不良反应报告制度；兽药经营许可制度；兽药经营购销记录制度；兽药首次进口评审、注册制度以及兽药国家标准制度等。

为保证养殖水产品的质量安全，维护水产品消费者的身体健康，防止渔业水体污染，养殖生产者应科学合理地使用渔药。根据《渔业法》《水产养殖质量安全管理规定》《农产品质量安全法》等法律法规的相关规定，渔政部门一方面对水产养殖生产技术、病害防治工作等负有行政指导和技术推广的义务；另一方面对违法使用渔药的养殖生产者有权予以行政处罚。渔政部门应依法组织对养殖初级水产品的渔药残留量进行检测，推动无公害水产品认证活动，禁止销售含有违禁药物或者渔药残留量超过《无公害食品　水产品中渔药残留限量 NY 5070—2002》标准的水产品。

6. 其他管理措施和制度　另外，2009 年开始施行的《食品安全法》，要求针对食品（包括罗非鱼产品在内的食用农产品）质量安全管理建立了一系列管理制度，其中主要包括：建立统一协调、地方政府负总责，分段管理、各部门各司其职的食品安全全过程监管制度；建立食品安全风险监测和评估制度；建立统一的食品安全国家标准制定、食品检验等制度；强化企业责任，建立生产经营许可、索票索证、不安全食品召回等制度，加大违法行为处罚力度。

可以说罗非鱼等水产品质量安全管理作为一个管理系统，其法律法规和制度体系在我国已初步确立。这些涉渔法律法规的颁布实施，对加强罗非鱼等渔业管理、促进产业发展、保障渔民权益发挥了重要作用。

（四）标准体系

1. 罗非鱼等水产养殖标准管理机构　为推动罗非鱼等产业标准化工作的进程，

国家标准化管理委员会、农业部标准化管理部门、农业部渔业局和各省渔业主管部门进行专门的标准化行政管理，同时，我国还建立了全国水产标准化技术委员会（以下简称水标委），各省市也逐步建立了标准化技术委员会等技术支撑机构。经过不断地发展，水标委已成为一个设有淡水养殖、海水养殖、水产品加工、渔具及材料、渔业机械及仪器、珍珠、观赏鱼7个分技术委员会（以下简称分技委）和1个水生动物防疫标准化工作组的组织机构，共有分技委委员124位，形成了一支专业从事水产品标准化工作的骨干队伍。其中，罗非鱼相关的标准主要归属于淡水养殖分技术委员会管理。

水标委在水产标准制定、宣传、培训、技术服务等方面做了大量工作，为推进罗非鱼等水产品健康化养殖，保障产品质量安全做出了积极贡献。同时，也使罗非鱼等水产标准化技术工作队伍更加健全、完善，分工更加合理，为罗非鱼等水产标准化工作的开展提供了技术和组织保证。这些年，分技委秘书处通过各种途径，加强与委员联系，在传达有关罗非鱼标准化工作方针、政策，介绍标准化工作的开展情况方面也做了大量工作。

2. 罗非鱼等水产养殖标准体系现状　我国水产标准体系架构按照《中华人民共和国标准化法》规定，按标准级别分为：国家标准、行业标准、地方标准和企业标准。按标准专业分为：渔业综合基础、海淡水养殖专业、水产品加工专业、渔具及渔具材料专业、渔业机械仪器专业、渔业资源专业、水生动物防疫专业等。经过近30年的努力，我国水产标准体系基本建立，据不完全统计，共有包括罗非鱼在内的水产国家和行业标准804项，其中包括淡水养殖标准185项，海水养殖标准65项，无公害食品（渔业）标准70项，同时各地以养殖为主的地方标准数量已达1 126项，还有275项地方标准正在制定中。

据统计，与罗非鱼健康养殖相关的现行有效标准约有47项，其中涉及产地环境、投入品、生产管理、产品要求等（表7-1）。

表7-1　罗非鱼健康养殖标准体系表

序号	标准名称
1　产地环境	
1	渔业水质标准
2	农产品安全质量 无公害水产品产地环境要求
3	绿色食品 产地环境技术条件
4	绿色食品 产地环境调查、监测与评价导则
2　投入品	
2.1　种质要求标准	
5	养殖鱼类种质检验
6	尼罗罗非鱼

（续）

序号	标准名称
7	奥利亚罗非鱼
2.2　亲本苗种标准	
8	奥利亚罗非鱼 亲鱼
9	尼罗罗非鱼 亲鱼
10	奥利亚罗非鱼 鱼苗、鱼种
2.3　饲料标准	
11	饲料卫生标准
12	无公害食品 渔用配合饲料安全限量
13	罗非鱼配合饲料
14	渔用配合饲料通用技术要求
15	鱼类消化率测定方法
3　生产管理	
3.1　养殖技术标准	
16	尼罗罗非鱼养殖技术规范 鱼苗、鱼种
17	奥尼罗非鱼亲本保存技术规范
18	良好农业规范
19	绿色食品 肥料使用准则
20	绿色食品 渔药使用准则
21	无公害食品 尼罗罗非鱼养殖技术规范
22	无公害食品 渔用药物使用准则
23	水产养殖质量安全管理规范
24	淡水网箱养鱼 通用技术要求
25	淡水网箱养鱼 操作技术规程
26	池塘常规培育鱼苗鱼种技术规范
27	池塘养鱼验收规则
28	网箱养鱼验收规则
29	奥尼罗非鱼制种技术要求
30	罗非鱼鱼种性别鉴定方法
3.2　疫病防治标准	
31	鱼类检疫方法
32	水产养殖动物病害经济损失计算方法
33	水生动物产地检疫采样技术规范
34	水生动物检疫实验技术规范

（续）

序号	标准名称
35	鱼类细菌病检疫技术规程

4　产品要求

4.1　产品标准

36	鲜海水鱼
37	冻罗非鱼片
38	冻裹面包屑鱼
39	绿色食品　鱼
40	水产养殖品可追溯标签规程
41	水产养殖品可追溯编码规程
42	水产养殖品可追溯信息采集规程

4.3　安全限量标准

43	鲜冻水产品卫生标准
44	食品中污染物限量
45	农产品安全质量　无公害水产品安全要求
46	无公害食品　水产品中渔药残留限量
47	无公害食品　水产品中有毒有害物质限量

3. 罗非鱼标准宣贯及实施推广情况　为推动罗非鱼标准化工作进程，保障产品质量安全，水标委及各分技委秘书处常年为罗非鱼等品种进行标准宣贯，为水产养殖、苗种、原良种场、水产品加工、饲料、渔药等生产企业及质量检测单位提供技术咨询服务，讲解有关标准，提供标准文本、资料和信息，并指导地方和企业制定标准。各分技委秘书处还对标准实施情况进行跟踪调研，收集各方对标准实施情况的反映，以总结经验，寻求罗非鱼标准化工作新思路。同时，水标委协助农业部渔业局开展了多次包括罗非鱼在内的养殖相关标准宣贯和标准培训活动，培训了 1 000 余名学员；组织编写了水产标准化宣传文章，并在《中国水产》等媒体上进行了系列连载。

通过以上活动的开展，与罗非鱼相关的水产标准化知识得到传播和普及。到目前为止，全国建有包括罗非鱼在内的国家级渔业标准化示范区 191 个、省级示范区 608 个，示范面积累计达到 1 100 万亩，初步形成了政府主导推动、龙头企业带动、行业协会互动、渔民积极主动的渔业标准化推广模式。

（五）质量安全检测体系

农业部作为农产品质量安全的主管部门，从 20 世纪 80 年代中期开始，按照国家关于加快建立健全农产品质量安全检验检测体系的有关要求，从产业发展的客观需要出发，加强了罗非鱼等水产品质量安全检验检测体系的建设和管理工作。

经过多年的建设和发展，农业部以条件、技术良好的中央和省属农业科研、教学、技术推广单位为依托，利用现有的专业技术人员和实验条件，通过授权认可和国家计量认证的方式，分批规划建设了1个国家级水产品质检中心和19个部级水产品质检中心。2002年以来，由农业部投资先后在31个省（区、市）建立了渔业环境、病害防治和水产品质量检测中心（简称"三合一中心"），目前已有20余个质检中心建成并承担了国家的水产品药残监控任务。截至目前，农业系统共有国家级水产品质检中心1个，部级水产品质检中心19个，省级、计划单列市级水产品质检中心14个，拥有检测技术人员约500多名，其中具有高级技术职称人员约占10％以上。经过多年的规划建设，目前我国部、省、市三级构成的水产品质量安全检验检测体系已初具规模，质检机构的检测条件有了一定的改善，从业人员素质得到了显著提高，检测能力基本能满足我国重点行业和罗非鱼等重点产品现有国家、行业标准和地方标准的规定要求。这些质检机构在推动我国水产品健康养殖的发展、促进罗非鱼等水产品质量安全水平的全面提高、保障水产品消费安全方面发挥了重要作用。具体开展的罗非鱼等水产品质量安全监控工作主要包括以下几个方面：

1. 水产品产地监督抽查　2003年起，农业部建立了国家水产品药残监控计划，根据国际高度关注、各省常用的原则确定罗非鱼等水产品种和孔雀石绿等药物品种作为本年度监控对象，重点在无公害水产品产地、大中型养殖场、获证产品养殖场和大中城市水产品市场进行抽样，并由通过计量认证的质检机构采用国际通行方法进行检测。除国家监控计划外，山东、浙江、江苏、广东、福建和江西等主要出口省份还建立和实施了本省的水产品药残监控计划，水产品药残监控工作正逐步得到完善。监测范围从最初的几个沿海省（市）扩大到现在31个省（区、市）；监测指标从最初的几种禁用药扩大到现在的9种禁限用药；监测产品种类从最初的包括罗非鱼在内的十几个产品品种扩大到现在的近30个水产品品种。累计抽检样品总数超过1万个，检测数据超过5万个。2010—2012年3年间，罗非鱼产品抽样总数为657个，检测数据2 181个，检测项目主要包括孔雀石绿、氯霉素、甲基睾酮和硝基呋喃类代谢物等。

2. 城市例行监测　从2004年开始实施的罗非鱼等水产品质量安全例行监测工作首先在上海、北京、天津、广州和深圳等五个城市进行，随后监测城市范围逐年扩大，2009年已达到70个城市。同时，监测指标从1种禁用渔药氯霉素扩大到氯霉素、孔雀石绿、硝基呋喃类代谢物、磺胺类和喹诺酮类5种禁用和限用渔药，监测频次为每年5次，累计监测样本数近万个。

3. 重点养殖水产品质量安全专项抽查和水产苗种药残专项抽查　2009年，农业部又启动了罗非鱼等重点养殖水产品质量安全专项抽查和水产苗种药残专项抽查两项质量安全监管工作，这标志着我国政府持续加强水产品质量安全管理，推动健康养殖快速发展的态度和决心。在重点养殖水产品质量安全专项抽查计划中将罗非鱼、海参、贝类、对虾4个品种列为重点抽查对象，检测包括禁用药物、限用药物、重金属、微生物、有机污染物等18项有毒有害物质的残留情况；水产苗种药残专项抽查计划对来自全国 10 个省的罗非鱼等 16 种水产品苗种开展了抽查工作，重点检测氯霉素、孔雀石绿、甲基睾丸酮、硝基呋喃代谢物 4 种禁用渔药的残留情况。

通过质量安全检测工作的开展，罗非鱼等水产品中药残污染状况得到了有效控制，生产经营秩序得到了明显规范。针对水产品市场供应和出口贸易屡屡遇到药物残留问题冲击的状况，"十五"期间，农业部先后针对罗非鱼等水产品，在全国范围组织开展了氯霉素、恩诺沙星、孔雀石绿等重点禁用药物的专项整治活动，积极开展有关法规与标准的宣传培训，并对重点渔药经销点、养殖场、加工企业和捕捞渔船进行整顿和规范。一些省市还根据当地实际情况，开展了二氧化硫、甲醛、硝基呋喃类代谢物等药物的专项整治。通过宣传培训，清理渔药市场，加大查处力度，使不少渔药生产经营和使用者知法知标，渔药生产经营秩序初步得到规范，养殖过程中违法用药行为明显减少，企业和渔民的水产品质量安全意识有了较大提高。

（六）水产养殖质量安全认证体系

目前，在我国开展的与水产养殖产品质量安全相关的认证品种有无公害农产品、绿色食品、有机食品、地理标志、CHINAGAP 认证和 ACC（国际水产养殖认证委员会）的 BAP 认证等。其中无公害农产品认证和绿色食品认证是由农业部自主开发和管理的认证项目，这两者与有机食品、地理标志一起简称为"三品一标"认证工作，是农业部主推的标准化生产过程控制评价工作。同时国家认监委从国际了引进的有机食品认证和 CHINAGAP 认证。BAP 认证则是由 ACC 开发并独立经营的国际认证项目。

1. 无公害渔业产品认证　2001 年，在中央提出发展高产、优质、高效、生态、安全农业的背景下，农业部提出了无公害农产品的概念，并组织实施"无公害食品行动计划"，各地自行制定标准开展了当地的无公害农产品认证。在此基础上，2003 年实现了"统一标准、统一标志、统一程序、统一管理、统一监督"的全国统一的无公害农产品认证。

无公害农产品认证采取产地认定和产品认证相结合的基本认证制度。根据《无公害农产品管理办法》，产地认定由各省渔业行政主管部门负责。产品认证由农业部农产品质量安全中心（以下简称农质安中心）负责。

目前，在农质安中心的推动下，全国建立了产地认定和产品认证一体化的工作机制，基本形成了以农质安中心及其 3 个专业分中心为核心，以省、地、县三级工作机构和检查员队伍为基础、检测机构和评审专家队伍为支撑的无公害农产品工作网络。

截至 2012 年年底，全国明确了省级工作机构 67 个、无公害农产品定点检测机构 164 家、产地环境检测机构 120 家；拥有认证评审委员会专家 290 人；培训合格无公害农产品师资 598 人次、无公害农产品检查员 19 173 人次、无公害农产品内检员 77 197 人次。已经组成了一支强有力的无公害认证工作队伍。

水产品无公害认证工作有力地促进了无公害食品（水产）标准的实施。农业部无公害渔业产品认证分中心促进以类别制定无公害水产品标准，迅速扩大了罗非鱼等无公害水产品认证的范围，到目前为止，现行有效的无公害食品（水产）标准共有70个，涵盖了包括罗非鱼在内的绝大部分的水产品种类，满足了无公害水产品认证的需要。2010—2012年，认证罗非鱼产品170余个，生产规模合计12余万亩，年产量13万t。

2. 绿色食品认证　我国农产品认证始于20世纪90年代初农业部实施的绿色食品认证。农业部1992年11月正式成立的中国绿色食品发展中心，是组织和指导全国绿色食品开发和管理工作的权威机构。1993年5月该中心加入国际有机农业运动联盟。

目前，中国绿色食品发展中心已在全国委托了42家省级管理机构，64家环境定点监测机构和38家产品定点检测机构，在全国已形成较为完善的管理体系和监测体系。绿色食品认证检查员794人，标志监管员845人。

绿色食品标准以"从土地到餐桌"全程质量控制理念为核心，由绿色食品产地环境标准、绿色食品生产技术标准、绿色食品产品标准、绿色食品包装、贮藏运输标准4个部分构成。目前，现行有效的绿色食品标准共80个，其中与水产品直接相关的标准仅有5个（1个是渔药使用准则，4个是产品标准）。

近年来，绿色食品一直保持了快速发展的态势，产品以年均30％以上的速度增长，产业整体水平不断提升。部分绿色食品产品已形成了集中优势产区，与农业部农产品优势产业带规划紧密结合，为促进农村经济结构调整，增加农民收入和提升我国农产品在国际上的竞争力提供了良好的平台。至2009年3月，全国共11 718种产品获得绿色食品认证，其中通过绿色食品认证的水产（加工）品约1 140个，约占总量的10％。

3. 有机食品认证　目前对中国有机食品进行认证的机构共有20余家，其中包括农业部所属的中绿华夏有机食品认证中心（COFCC）。COFCC是中国农业部推动有机农业运动发展和从事有机食品认证、管理的专门机构，也是中国国家认证认可监督管理委员会批准设立的国内第一家有机食品认证机构，具有独立的法人资格，在各省设有分中心。

经过近20年的发展，我国有机食品生产已见成效，开发的规模和种类迅速增长，产品以外销为主。在国内外市场有着巨大的市场潜力和广阔的发展前景。但是，有机水产养殖的生产尚处于起步阶段。2005年，全国有机水产品认证面积250万亩，204个产品，产量为4.7万t，国内销售额为63 163万元，出口额为3 920万美元。有机水产品的产品数约占有机农产品总数的16％。我国有机水产品的产业近年来也在起步发展，但生产规模和产量还不大。

4. ChinaGAP认证　ChinaGAP是国家认监委推出的一种自愿性体系认证。其认证依据ChinaGAP标准（GB/T20014）是在GLOBALGAP（全球良好农业规范）的基础上，遵循FAO的基本原则，结合中国国情由国家认监委组织制定的。该标准分为 24 部分，内容包括农场基础标准、种类标准（作物类、畜禽类和水产类）和产品模块标准 3 个层级，其产品模块标准包括了罗非鱼。

ChinaGAP 目前在我国的认证产品数量较少，规模不大，尤其是水产品，对国内市场的影响力还远远不及"三品"认证。然而 GAP 认证对于出口农产品的影响值得我们关注。

5. ACC 的 BAP 认证　水产养殖认证委员会（ACC）是 2002 年成立的设于美国西雅图的国际非政府组织，BAP 认证是 ACC 开展的一种水产品相关的第三方认证。该认证依据的主要标准为《全球水产养殖联盟最佳水产养殖行为规范》系列标准，其内容包括现场检查、排污抽样、环境卫生控制、鱼病防治控制和可追溯性。

BAP 认证主要针对水产品的生产过程进行，而不是对产品本身进行认证，其次，其服务对象并不是水产品的消费者，而是大的采购商，认证目的是为生产者和大的采购商架起一座桥梁。目前，ACC 认证已发展到罗非鱼、对虾和斑点叉尾鮰的育苗场、养殖场、加工厂和饲料厂。

自从 2003 年开展 BAP 认证以来，已认证 90 多家加工企业和 68 家生产企业，认证加工产品产量超过 40 万 t。经过 BAP/ACC 认证的罗非鱼养殖场，全球共有 25 家，17 家在中国大陆；经过 BAP/ACC 认证的罗非鱼加工企业，全球共有 46 家，40 家在中国大陆。经过 BAP/ACC 认证具有三星（种苗、养殖、加工）的罗非鱼企业，全球仅 1 家，也在中国大陆。

二、生产过程质量安全控制方面发展现状

（一）养殖过程质量控制

我国罗非鱼养殖方式主要有池塘、网箱、小水库、山塘河沟、稻田养殖等。罗非鱼养殖既可在淡水中，也可在半咸水或盐度低于 25 的海水中进行。按照投喂方式区分养殖模式分主要分为：纯投料养殖模式（简称健康养殖模式）和立体养殖模式（简称综合养殖模式）。纯投料养殖模式是在整个养殖过程中投喂颗粒饲料或膨化料，其优点在于较高的养殖效率，容易控制产品质量，缺点是养殖成本较高。而立体养殖模式则是在养殖的前期将畜禽粪便熟化后投入塘中培育起生物饵料，养殖中后期投商品料，这样优点是成本较低，缺点是产品质量不易控制。为保障罗非鱼质量安全，我国针对罗非鱼养殖过程质量控制情况如下：

1. 罗非鱼产业标准化建设　一些大型罗非鱼基地，采用了现代遗传育种技术，围绕品质、抗病、高产等性状，开展了罗非鱼的遗传选育，建立了罗非鱼杂交繁育体系，培育出了具有市场竞争力和具有自主知识产权的罗非鱼新品种和新组合，迅速扩大了罗非鱼良种覆盖率，保障了罗非鱼养殖的生产需要，大幅度降低了苗种生产成本。

在加工出口企业质检、CIQ 检验检疫和出口目的国强化抽检力度等多重外力推

动之下，罗非鱼养殖的标准化程度在不断加强。但是，这种良好势头也存在一些负面的阻力，比如养殖环境恶化、病害频发、罗非鱼收购价持续徘徊在成本线附近等，在利益驱动之下，这些阻力严重影响了养殖户采用无公害养殖技术的积极性，从而拖延了养殖技术标准化的发展进程。

2. 市场倒逼促进养殖企业提高产品质量　由于罗非鱼每年产量的 1/3 用于生产出口的条冻罗非鱼和罗非鱼片，国外市场对水产品的质量要求较高，原料鱼必须是经 CIQ 备案的养殖场，这就促使罗非鱼产业链中的企业和农户积极做好质量控制工作。目前，我国规模的罗非鱼加工企业都通过海外的认证，如 HACCP、GMP、BAP、BRC、IFS、SQF、ISO 2200 等，加工企业由于产品出口的需要，积极引入先进的检测仪器、设备，主动做好产品的质量控制和检测工作，并督促养殖户做好养殖记录，包括鱼苗来源、投放饲料、用药情况、养殖环境等，使得每批次的产品都可追溯到产品检测信息、养殖场甚至苗种。

目前我国罗非鱼育苗场格局还是以中小型育苗场为主体，大型品牌育苗场数量较少，但是育苗场走品牌化、集约化的趋势较为明显。现在养殖户对市场更加了解，养殖罗非鱼更加理性，越来越倾向于选择具有品牌优势和抗病性强的杂交种苗。

3. 养殖罗非鱼产品质量安全形势依然严峻　近年来，我国罗非鱼产业发展迅速，产品质量不断提高。但罗非鱼养殖中不合格饲料应用与药物滥用现象仍然存在，水产品药残超标事件屡屡出现；部分渔业水域环境质量下降，导致罗非鱼被污染的概率增加；一些苗种成活率低、生长速度慢、易生病。2009 年以来链球菌病给南方罗非鱼主养区养殖户造成很大的损失，由此引发了滥用乱用药物的隐患。

目前，针对养殖罗非鱼的化学物质残留检测的方式与环节众多，主要包括养殖场自检、工厂采购预检、工厂成品检测、CIQ 养殖场和工厂的抽检与法检、出口目的国政府部门抽检、农业主管部门的例行监测等。药残检验项目主要包括氯霉素、孔雀石绿、硝基呋喃类、磺胺类、喹诺酮类等多个项目。根据项目参与工厂、美国 FDA 检测通报与 CIQ 检测通报的检测结果来看，在罗非鱼养殖场和加工过程中均没有发现氯霉素残留问题，在罗非鱼养殖和加工过程的抽样检测中，均发现了一定比例的硝基呋喃类、磺胺类与喹诺酮类等药物残留问题。然而，由于抽样单元和抽样比例的原因，有些罗非鱼成品，在养殖环节、加工环节、CIQ 检测环节都未被检测到药残超标问题，但在出口到国外后仍被抽查出药残超标。随着人们生活水平的提高和健康意识的增强，对罗非鱼的安全与营养提出了更高要求，而罗非鱼产业在产品标准、技术设备、管理水平和行业自律等方面还有较大差距。

（二）加工过程质量控制

发展健康的和可持续发展的罗非鱼产业链必须从产业链的源头——养殖开始抓起，同时深入发展健康的罗非鱼加工体系和进出口贸易体系。近些年，我国的罗非鱼加工企业也逐渐意识到了这些问题，并就此做出了不少努力：

1. 从源头上严格管理养殖场，以收获优良品质的罗非鱼加工原料　为了让中国的养殖企业与世界先进的养殖管理模式接轨，中国罗非鱼企业最近几年投入了很多接受认证的工作。经过 BAP/ACC 认证的罗非鱼养殖场，全球共有 25 家，17 家在中国大陆；经过 BAP/ACC 认证的罗非鱼加工企业，全球共有 46 家，40 家在中国大陆。经过 BAP/ACC 认证具有三星（种苗、养殖、加工）的罗非鱼企业，全球仅 1 家，也在中国大陆。在这些良好的质量控制管理制度下，中国的罗非鱼企业逐步转向以无公害养殖替代鱼鸭、鱼猪立体混养模式为主的养殖模式，从罗非鱼种苗、养殖期间药物使用、塘头日常管理等各方面都能详细记录，真正实现了产品源头可追溯，因此其生产的产品质量（包括药残、微生物和土腥味过重等）越来越高，因产品质量问题导致的退货等负面报道也越来越少。

2. 与罗非鱼加工质量安全相关的技术规范与标准逐步出台　其中，包括产品标准 GB/T 21290—2007《冻罗非鱼片》；加工产品操作规范类标准有 SC/T 3037—2006《冻罗非鱼片加工技术规范》、DB44/T 950—2011《冻面包屑罗非鱼片加工技术规范》和 DB44/T 737—2010《罗非鱼产品可追溯规范》等；质量控制及有毒有害物质残留检测标准有 SC/T 3032—2007《水产品中挥发性盐基氮的测定》及 DB44/T 479—2008《鱼片中一氧化碳测定方法》、DB44/T 1013—2012《水产品鲜度指标 K 值的测定》等系列地方标准。这些标准的发布实施，为中国罗非鱼产业提供了统一的规范与标准，有利于引导罗非鱼行业的各生产链按标准进行规范生产，确保罗非鱼产品的质量安全，进而提高中国罗非鱼产品在国际市场上的竞争力。

三、追溯体系建设现状

（一）水产品质量安全可追溯体系建设总体情况

建设水产品质量安全可追溯体系，可以实现对水产养殖品生产、加工、流通等各个环节关键信息的全程跟踪和监管，是发生质量安全事件后落实生产责任主体的有效手段，也是畅通信息渠道、引导消费者正确消费、建立消费者监督长效机制的重要途径，对提高我国水产品质量管理实践具有十分重要的意义。近年来，我国在追溯制度建设、系统构架、技术研发和试点运行等方面取得了很多突破。

1. 制度雏形基本形成　水产品质量安全追溯的核心要素是生产档案记录和包装标识，只有在法律层面对生产经营主体进行明确要求，才有利于推进水产品质量安全追溯管理。现行《农产品质量安全法》和《食品安全法》的颁布与实施，标志着我国农产品（水产品）质量安全管理进入了法制化管理阶段，对生产企业和农民专业合作经济组织进行了相关规定。同时还要求对市场上销售的不符合质量安全标准的产品追根溯源，查明责任，依法处理。《国务院关于加强食品等质量安全监督管理的特别规定》对质量安全追溯和责任追究等方面提出了明确要求。

2. 理论研究不断深入　国内学者早期研究注重向西方国家追溯系统的学习和总

结，主要研究集中在建立我国追溯系统的必要性、国外追溯系统的概念和实施情况以及对我国实施农产品追溯体系的启示等方面。其中，中国水产科学研究院提出追溯体系的概念可以包括狭义（即指单纯对责任主体信息的追溯）和广义（即指覆盖供应链全程的以产品和责任主体追溯为主线的质量安全控制和监管体系）不同理解。明确指出追溯体系建设包括"企业层面控制-内部追溯"和"政府层面监管-外部追溯"两个层面，进而提出追溯体系建设需要解决 6 个关键问题，分别为信息有效传递、责任主体、追溯单元划分、标识编码方案、产品标签和信息系统，并且立足行业现状，提出了解决问题的措施，为追溯体系建设做好了理论准备。随着我国关于追溯系统的立法相继出台，结合我国实际情况探讨追溯体系的重要性、系统组成和制度建设等方面的研究逐渐增多，包括对应用追溯系统的企业研究、消费者对追溯产品的支付意愿研究、建立追溯系统需要的制度建设等。随着追溯系统试点企业和基地的不断增加，我国学者相继在理论上探讨追溯技术研发及应用、EAN/UCC 系统的应用等。

3. 溯源技术多元发展 水产品质量安全追溯管理的实施需要建立一整套的技术体系，涉及自动识别技术、自动数据获取和数据通信技术等，这些技术的基础是产品标识和编码，主要应用 EAN/UCC 编码、IC 卡、RFID 射频识别电子标签、GPS 等技术和设备。2006 年开始，中国水产科学研究院在部渔业局的支持和国家农业信息技术研究中心的合作下，广泛开展水产品可追溯领域的研究工作。通过几年的时间，研究提出了我国水产品质量安全追溯的关键环节、关键控制要素和追溯模式，创造性地制定出了贯通养殖、加工、批发、零售和消费全过程、多品种的水产品追溯单元编码规则与编码生成技术，开发设计了水产品主体标识与标签标识技术，建立了水产品供应链数据传输与交换技术体系，科学设置了追溯信息导入与查询动态权限分配原则与方法，成功研发出了水产养殖与加工产品质量安全管理软件系统、水产品市场交易质量安全管理软件系统和水产品执法监管追溯软件系统，集合形成了水产品质量安全可追溯技术体系，取得了一系列技术上的突破，基本解决了罗非鱼追溯体系建设中的关键技术问题，为追溯制度和体系建设打下了良好的基础。

4. 地区试点初见成效 自 2004 年以来，农业部启动了北京、上海等 8 个城市农产品质量安全追溯试点工作，并开展了水产品追溯研究和试点工作。2004 年 10 月国家条码中心海南分中心建立并启动了海南水产品生产全过程质量跟踪与追溯系统研究项目。2006 年 7 月，山东省标准化研究院在东营海兴水产养殖公司开展水产品质量追溯体系试点工作。2006 年开始，中国水产科学研究院提出"水产品追溯体系构建"项目，在部渔业局的支持和国家农业信息技术研究中心、广东省海洋渔业局的配合下，在广东省开展水产品追溯体系构建推广示范试点工作，其中品种涉及包括罗非鱼在内的近 20 个品种。至 2009 年，取得阶段性成果。2010 年，新增天津市为示范区，示范应用工作进展顺利。2012 年，农业部渔业局在 6 省 2 市开展水产品质量安全追溯体系建设试点工作。

（二）追溯体系建设试点工作进展情况

2012年，在前期试点基础上，农业部渔业局启动了6省2市的追溯体系建设试点工作，取得了显著进展。

1. 广东、天津、江苏、辽宁、山东五省市，示范应用中国水产科学研究院水产品质量安全追溯技术体系进展情况 中国水产科学研究院配合各省行业主管部门，结合实际情况，开展水产品质量安全追溯技术体系试点工作。截至目前，在上述五省市建立了面向政府管理部门的省级监管追溯平台4个，建立涵盖不同生产和组织模式的养殖生产单位试点116个，流通环节试点22个，覆盖包括罗非鱼在内的近20个水产养殖品种，成功建立了包含政府监管部门、养殖企业、批发市场、渔业行业协会、渔民专业合作社和消费者查询平台等组成的质量全程跟踪与溯源体系。

表7-2 广东等五省市水产品质量安全追溯体系建设情况汇总

省份		广东	天津	江苏	辽宁	山东	合计
开始时间		2006	2008	2011	2011	2012	
追溯平台（中心）	省级	1	1	1	—	1	4
	地（市）级	7	—	—	—	3	11
	县级	13	—	6	1	8	28
	养殖企业	29	5	50	8	24	116
流通环节	批发市场	4	3				7
	直销店	—				15	15
品种		罗非鱼、草鱼等近20个	罗非鱼、草鱼等	河蟹等5个	网箱养殖淡水鱼	海参	20余个
面积（亩）		约60 000	—	524 877	198（网箱）	—	

2. 福建、湖北、北京三省市体系建设情况

（1）福建省 通过公开招标，确定项目单位，建立水产品质量安全追溯体系信息管理系统。目前，已有大黄鱼、鲍鱼、对虾等8类水产品、26家养殖企业纳入水产品质量安全追溯体系，覆盖该省所有设区市。

（2）湖北省 以长阳县清江鱼为重点，建设完成清江鱼质量安全追溯与监管集成应用平台（包括追溯信息管理系统、追溯监管系统、检测系统、追溯数据中心和追溯信息查询系统五部分）。实现了电子档案管理养殖基地600多户，基地全部实现了三品认证、标准化管理模式；对苗种生产企业和水产品加工企业实行电子监控管理。投入品实行了备案管理；产品实行批检，率先实行产地准出；对产品配送所到的100多家星级餐饮连锁店可实施追溯。

（3）北京市 该市主导的水产品质量安全可追溯系统的建设自2006年开始实施。

现已经安装了 37 套水产品质量追溯系统，其中北京市 32 套、天津市 1 套、海南省 2 套。建立和完善了企业水产品生产履历系统和信息化监管追溯平台，设计了色彩鲜艳、外观漂亮、价格低廉的"鱼"形防水标签，主要通过将标识牌粘贴在包装箱上（主要应用于苗种的销售）或通过标识枪将标识牌打在背鳍上（鲜活水产品）来使用。

3. 主要成效

（1）**产品质量安全管理的支撑保障更加有力** 通过追溯体系建设，将水产品生产主体逐步纳入追溯管理，使得各级行业主管部门以及生产经营主体的管理职责和质量安全责任进一步明确和强化，政府部门和生产者、经营者和消费者参与质量安全管理的手段和通道更加畅通，质量安全风险应对和处置能力大幅度增强。

（2）**产品质量安全水平进一步提升** 通过推进水产健康养殖，强化质量安全监管，质量安全责任得以追究，生产单位的责任意识提升，促进了试点企业产品的质量安全水平的提高。

（3）**企业品牌形象显著提升，经济效益明显提高** 通过对追溯工作的不断宣传，可追溯水产品"信息可查询、质量有保障"的观念深入人心。假冒伪劣产品在查询系统中现出原形，追溯试点企业的品牌形象得到保护，企业的品牌价值大幅提升。在广东、江苏开展追溯体系示范工作中，不少企业主动要求加入追溯体系示范工作。品牌形象的提升为企业带来直接的经济效益，追溯水产品的市场份额迅速提高。福建宁德金盛水产有效公司开展追溯体系建设试点一年来，可追溯水产品的网络销售量翻了一番；宁德海洋技术开发有限公司的可追溯大黄鱼产品还成功打入山姆沃尔玛超市。

（4）**社会认可程度普遍加强** 随着追溯试点工作的深入推进，可追溯产品的销售量不断攀升，消费者对可追溯产品的认可程度不断加强。消费者也从对追溯产品一无所知、不了解，到部分消费者愿意为追溯产品支付较高的价格。消费者反映，可追溯水产品的信息可查询，质量有保障，买得放心，吃得放心，在同等条件下会优先选购可追溯水产品。

（三）罗非鱼生产环节追溯体系建设情况

1. 基于纸质化的罗非鱼质量安全可追溯 目前几乎所有罗非鱼出口加工企业都建有罗非鱼产品质量安全可追溯程序，并建立了整套纸质化质量安全可追溯记录，这是 CIQ 对该类企业的基本要求。对于内销加工企业、养殖场和育苗场来说，只大部分规模化企业建有生产操作记录，而对于可追溯程序和要求的记录系统则很难到达。通常说来，通过国内 ChinaGAP 认证和国外 GlobalGAP 认证、BAP 认证的养殖场与育苗场也都建立了相应的可追溯程序与记录系统。

目前，罗非鱼出口加工企业的可追溯系统基本都是以产品为中心、基于加工流程建立的可追溯程序，并针对原料采购→暂养→活鱼 CO 发色→放血→取片→去皮→修整→CO_2 补色→分级→消毒→清洗→真空、排盘→急冻→金探→包装→冷库→发货等各个加工环节进行监控并形成书面记录。

绝大多数内销加工企业、养殖场与育苗场基本没有书面化的可追溯程序和相关监控记录，其中仅有部分采用现代全过程管理技术的企业，建立了一套适用自己的质量安全可追溯程序和记录系统。

不过，养殖场与育苗场当中也不乏做得较好者，以已经获得众多国内外认证证书的北海宜利水产养殖有限公司小江养殖场为例，该养殖场隶属于大型罗非鱼加工出口企业——北海北联食品工业有限公司，采取网箱养殖方式，早在几年前便已针对整个养殖环节建立了可靠、有序的质量安全可追溯程序与记录系统，甚至囊括了苗种采购，各种投入品的采购、储存和领用，以及产品销售等各个方面。经过实地调查发现，罗非鱼在不同网箱之间的移动线路、时间、数量等都在日常记录之中具有清楚的记录，每次移动均有相应网箱移动线路记录表。而且每个网箱在养殖过程中都配有一张养殖日报表，日报表的内容包含编号、养殖的品种、来源、数量、入箱日期和备注栏，其中来源栏是要填写该网箱鱼的上一个来源的地方，是直接从苗场来的或都是从其他塘分过来的，备注栏要注明该网箱鱼送检内容、捕捞或转移分苗时间，转移到的塘号和数量，当该箱的鱼捞完后，此养殖日报表便归档存放，此网箱再投放鱼时再建立一张新的养殖日报表。

2. 电子化的罗非鱼质量安全可追溯　尽管追溯体系建设试点工作在很多个试点省区涉及罗非鱼生产，但由于尚处于试点阶段，覆盖面仍较小。目前只有极少数参与到相关电子化可追溯科研示范项目的企业建立了质量安全可追溯系统，并应用了基于电子软件或 WEB 的罗非鱼质量安全可追溯。例如，"十一五"期间，在广东省、云南省就有一些罗非鱼养殖场与加工厂加入了中国水产科学研究院牵头的国家"863"计划"主要农产品质量全程跟踪与溯源技术研究与应用"项目，示范应用了基于电子软件的水产养殖质量安全管理系统与基于 WEB 的水产品质量安全可追溯软件系统。"十二五"以来，中国水产科学研究院依托罗非鱼产业技术体系通过相关试验站推荐试点单位加入追溯体系示范工作。但总体来说，目前仍处于研发、示范应用和修改完善阶段，政策、制度、监管等各方面条件尚不完全成熟，还无法达到在罗非鱼行业全面推广的阶段。

通过调查发现，开始有企业通过 ERP 系统（企业管理软件）进行企业内部人员、财务、货物等全方位内部管控。但是经过现场使用发现，多数软件还是欠缺的质量安全管理与追溯单元，如检测结果、CCP 监控结果、追溯批次记录等。

此外，也有个别企业为了应对国外认证要求，加入了国外基于 WEB 的 Trace-register 网上追溯系统，但是该套系统也有很大局限性，它仅包括：追溯单号、出口商基本信息（厂家名称、联系方式等）、采购商基本信息（公司名称、联系方式等）、运输公司名称、运输日期、货柜编号、产品信息（产品品名、产品规格、报检批号、货柜重量等）。里面也不涉及相关的 CCP 监控信息、原料信息和品质检测信息等质量安全信息。

第二节　质量控制及可追溯体系存在问题

2013 年 3 月初，在 Monterey Bay Aquarium（北美海产领域最具影响力的非政府组织之一）网站上，公布了其对中国罗非鱼的评级由红色（"避免，Avoid"）升级为黄色（"好的选择，Good Alternative"）。这是我国罗非鱼首次在国际社会获得黄色评级，此前不论是该机构还是 WWF（世界自然保护基金）等国际组织都一直认定中国罗非鱼为"红色"，不推荐消费者食用，这间接导致了长时间以来中国罗非鱼在海外市场的产品形象低端、没有定价权的困境。

自 2002 年我国加入世贸组织，罗非鱼对外贸易日益兴盛，在国际市场旺盛需求的带动下，近 10 年来罗非鱼订单不断，价格也比较理想。同时，我国在水产品质量安全方面做了很多工作，取得了快速发展和显著成效。但不得不承认由于基础差、底子薄、起步晚等客观条件限制，总体水平仍有待提高。水产品质量安全仍存在诸多风险和隐患，在罗非鱼产业上就表现出随着国际贸易技术标准的不断更新，我国的罗非鱼贸易也出现了不少因质量问题而导致的退货和反倾销等事件的发生。甚至可能造成危害公众健康、产生重大经济损失、引发国际贸易争端、影响政府公信力、损害国家形象等严重后果，罗非鱼等水产品质量安全形势依然严峻。

其质量安全问题主要表现为：产品药残和重金属等有毒有害污染物超标，如硝基呋喃类、甲基睾丸酮和重金属中的镉以及加工过程中的非法添加剂等；微生物污染和生物毒素超标；产品掺杂使假、滥竽充数、以次充好等。

本节将从产业外部环境（社会层面）、产业监管层面和产业生产层面来梳理和分析罗非鱼质量安全管理存在的问题和成因，并简要分析罗非鱼可追溯体系建设当前面临的问题和困难。

一、产业外部环境因素

行业外部因素，也就是经济社会因素，是罗非鱼产业质量安全问题的背景，对其有着重要影响。

（一）在市场经济下强烈的利益驱动

自给自足的小农生产和计划经济下不存在现代的水产品质量安全问题。市场经济下的商品生产，产品不是自己消费，生产经营为了盈利。盈利的诱因极易刺激人们采用一切有利于扩大产量、压缩成本、促进产品销售的技术。一旦缺乏有效的监管手段，生产者可能唯利是图、违法乱纪。

（二）工业化对传统农业生产的影响

工业化对传统农业的影响是双重的。积极的一面是带来了先进的技术、投入品、装备、经营管理理念等，极大地提高了农业生产力水平。消极的一面是巨大的工业废气物对环境的污染，化肥、农药、生物激素等农业投入品大量使用对质量安全的影响。气候环境的变化导致病毒、疫病的流行。

（三）农产品生产增长方式与生产经营方式的不相适应

目前，农业客观存在粗放型增长，体现在罗非鱼生产上就是主要靠增加养殖密度和投入品使用实现产量增长。同时，生产组织基础依靠一家一户为单位家庭经营模式，主体数量众多，组织化、规模化程度低。粗放型的增长方式与家庭型生产经营方式与现代渔业的需求不相适应，也影响着质量安全水平的提高。

（四）农产品信息不完全导致市场机制失灵

完全信息是市场机制充分发挥作用的重要前提。交易双方对相关信息完全把握，从而优质优价，劣质低价，不存在欺诈、损害的问题，也就不存在农产品质量安全问题。但实际情况是，农产品质量信息传递断链，存在信息不对称的现象和"柠檬市场"效应，劣质产品驱逐优质产品，市场机制失灵，产品质量安全问题加剧。

（五）与我国居民"好食生鲜"的消费习惯有关

对于"鲜活"水产品的钟爱，使得不能依靠加工环节中精准的工业化手段控制产品质量安全危害，也使得最终消费环节容易因为不当的处理方式产生质量安全危害。"活体运输"增加了运销过程的保鲜难度。

（六）社会治理的缺失和社会诚信体系建设不健全

我国仍处于经济、政治社会重要转型时期。政治、法制社会还没有完全形成。经济正面临发展方式转变，即由粗放经营向集约经营的转变，新型社会建设还只是起步。社会受市场经济影响，传统道德伦理受到冲击，重建社会秩序任务十分沉重。特别是由于我国经济发展水平总体不高、改革开放的冲击、传统文化的势微、城市化进程的迅速推进以及法制建设进程的明显滞后等原因，我国社会诚信体系建设尚不健全，针对社会责任主体缺乏有效的包括检测预警、社会监督、责任追究在内的监管机制，仅靠说教使经营者树立"诚信为本"的意识显得乏力。面对经济利益，生产经营者往往由于缺乏社会诚信约束，见利忘义，唯利是图。

二、产业监管层面

（一）法律法规和制度体系还很不完善

1. 水产养殖法律法规法律地位低，影响执行的效果 我国水产养殖法制建设起步较晚，近年来虽已出台了不少相关的法律法规，但是这些法律法规中很多法律地位低，影响了执行的效果。如在大农业的各行业中，种植业对种子依据《种子法》实施管理，畜牧业虽没有畜牧法，却制定了《种畜禽管理条例》，唯有渔业对水产苗种的管理主要依据部门规章水产苗种管理办法，法律地位是导致对养殖执法不受重视的根本原因。

2. 法规体系不完善，执法依据不足 在渔用药物的监管方面，目前尚没有专门的渔药和渔用饲料管理法规。近年来国家陆续出台了诸如《水产养殖质量安全管理规定》《兽药管理条例》《兽药生产质量管理规范》《饲料和饲料添加剂管理条例》等法律法规，但因渔药属兽药范畴，现行法律法规大多缺乏对水产养殖用药的针对性。在监管中，只得参照《兽药管理条例》《饲料和饲料添加剂管理条例》及有关行业标准进行执法。

新修订的《兽药管理条例》规定，水产养殖过程中使用兽药（即渔药）的监督管理由县级以上政府渔业主管部门及所属渔政管理机构负责，兽药（包括渔药）生产经营环节仍归兽医部门管理。因多数地方渔业与兽医分属不同的政府部门，相互间缺乏有效的协调机制，加之兽医部门管理重点不是渔药，缺乏相应的水产专业技术力量，造成了渔药生产流通环节管理不到位。因监管不到位，渔药经营者领了《兽药经营许可证》后的经营几乎处于失控状态，有的甚至只有工商部门核发的营业执照，根本没有《兽药经营许可证》。大多渔药经销者缺乏基本的渔药使用和水产病害防治知识，仅凭简单的药品说明推销，给水产养殖造成了安全隐患。还有的药被故意夸大疗效，看其说明书似乎是包医百病的灵丹妙药，其实只不过是普通成分的简单配制。

《饲料和饲料添加剂管理条例》相应的配套法规和文件不完善。除《饲料卫生标准》属强制性指标外，其他如饲料产品质量标准是企业标准。所有营养指标由企业制定，一方面导致饲料产品质量低劣，不能满足动物营养的需要；另一方面造成有些企业滥用廉价低劣原料使饲料有毒有害物质增加。特别是对饲料中微量元素、药物饲料添加剂等影响饲料安全的因素，缺乏具体科学的限定，因而造成一些企业滥用微量元素和饲料药物添加剂，这不仅给环境造成了污染，而且对人类健康产生很大威胁。

3. 一些法规缺少罚则或处罚力度不够，法律强制力不够 我国现行《渔业行政处罚》规定只针对捕捞行业，未涉及水产养殖。而一些水产养殖有关的法律法规的有些条款规定欠严谨科学，对违反水产品质量安全行为缺少处罚或处罚力度不够，惩处不力。《渔业法》对无证养殖的处罚，只规定"责令改正，补办养殖证或者限期拆除养殖设施"，如此轻的法律责任追究力度对违法养殖者显然起不到多大的威慑作用。

对已领养殖证但不按规定区域和种类养殖的，无明确的处罚条款。

《水产养殖质量安全管理规定》对养殖生产各个环节的管理都有规定，但缺乏落实的措施和手段。如对无用药记录的没有制订处罚细则，给执法部门查处造成困难。水产养殖用药记录制度由于养殖生产者属于个体经营，分散生产，一家一户的生产格局，普遍存在填不填用药记录无所谓态度，又没有经济上的利益挂钩，而水产部门又没有处罚依据，造成这项工作很难做到填写登记的内容翔实，数据可靠，养殖用药记录制度出现真空，很难推广开来。

《水产苗种生产管理办法》只强调了苗种许可证的发放，未涉及发放后的管理问题，增加了执法的难度。

《饲料和饲料添加剂管理条例》第二十九条"违反本条例不按照国务院、农业行政主管部门的规定使用饲料添加剂的，由县级以上地方人民政府饲料管理部门责令改正，可以处3万元以下罚款。使用本条例第二十八条规定的饲料和饲料添加剂或者在饲料和动物饮水中添加激素类药品和农业行政主管部门规定的其他禁用药品的，由县级以上地方人民政府饲料管理部门没收违禁药品，可以并处1万以上5万以下的罚款。"这一条没有规定情节严重的可以追究刑事责任。但最高人民法院、最高人民检察院在司法解释［2002］26号文件中又规定可以追究刑事责任。因此，这一条规定处罚不完善。此外，没有规定饲料使用应当遵守饲料安全使用规定（如停用期）、建立饲料使用记录；对饲料管理部门和检验单位工作人员利用职务上的便利收取他人财物或者工作严重渎职，造成严重后果的，没有规定行政处分和刑事处罚；对制假、销假等行为没有规定终身不得从事饲料行业的处罚。

4. 管理体制不顺，执法职责不清　一直以来，我国罗非鱼等水产品质量安全管理是由农业、质监、卫生、工商、商业、药监、出入境检验检疫等多个部门对"从池塘到餐桌"整个水产品供应链进行分段管理。对农产品安全的监督涉及部门较多，从理论上说，是各职能部门职责明晰，但具体操作困难，往往出现监督断链脱节，水产品安全管理不统一、条块分割、互相推诿等问题，从而造成水产品安全管理的缺位。

农业部《水产养殖质量安全管理规定》指出："县级以上地方各级人民政府渔业行政主管部门主管本行政区域内的水产养殖质量安全管理工作"，但在实际执行过程中却存在多头管理、多家执法的问题。譬如渔业水域环境由环保和渔业部门管理；渔药的使用由渔业部门负责，而其生产与流通环节则由畜牧等部门管理；水产品质量由质监、工商、卫生、渔业等多家管理。其中渔业部门多不是执法主体。这种管理职能的交叉，在管理中容易产生政出多门、互相推诿的现象，执法效果可想而知。

另外在渔用药物、饲料及水生动物防疫管理方面，主要依据《兽药管理条例》、《动物防疫法》和《饲料添加剂管理条例》，这些法律法规的执法主体是县级以上畜牧行政主管部门，而这些部门由于缺乏对渔业产业发展政策、水生动物养殖、生长习性及发病用药常识的基本了解，无法行使其应尽的职能，造成渔药、饲料及疫病防治执法管理的空位。

（二）水产养殖标准体系及其管理问题较多

1. 养殖标准体系不健全　从目前整个渔业产业看，标准化还处于"双低"水平，即渔业标准的覆盖率低、生产过程的标准化程度低，这与我国作为渔业大国的地位不相称。对于罗非鱼等产业，目前我国初步形成了从苗种、养成，到加工、流通一体化的生产体系，但由于标准体系不健全，生产标准化程度低，一直未能将生产优势转化为产业优势。

此外，我国还没有针对罗非鱼等水产品质量控制及可追溯的可操作性法规和标准，也没有建立起完整的保障罗非鱼等水产品可追溯制度实行的管理体系。2009年6月1日起开始实施的《食品安全法》对食品的生产、加工、包装、采购等供应链各环节提出了建立信息记录的法律要求，以便日后的追溯和召回；随后实施的《食品安全法实施条例》则明确食品生产经营者为食品安全第一责任人，规定生产企业需如实记录食品生产过程的安全管理情况，记录的保存期不得少于2年；食品批发企业应如实记录批发食品的名称、购货者姓名及联系方式等，记录、票据的保存期不得少于2年。《食品安全法》及其实施条例的实施为我国开展罗非鱼质量安全追溯提供了法律保障，也是建立健全追溯体系的良好契机。

2. 标准的管理和运行机制落后　标准立项的需求主要来自政府和标准化技术机构而不是市场和企业，制定的标准不能完全与经济社会的发展相协调，不能体现南北地方差异性、饮食多样性，在实践中要有效实施较困难。标准制定周期长，修订不及时，跟不上技术进步、产品更新速度。有些标准的制定与实际脱节，缺乏深入、科学地研究，特别是一些质量安全指标，基本上是采用国外的，造成在国际标准体系的建立中没有发言权，对一些国家制定的技术壁垒束手无策。甚至为了迎合一些进口国的不合理要求，我们制定的一些标准比先进国家的还要严格，与生产的现实不相符，对产业的发展较为不利。

3. 标准宣贯、实施方面的力度不够　目前，水产品市场准入机制还未建立，有关法律、规章不健全，渔业标准的全面推广应用缺乏应有的动力，按标准规范组织生产还未成为广大渔户的自觉行为。另外，渔业生产方式仍是以千家万户的分散生产为主，要全面推行渔业标准化生产任重而道远。人员素质不高，缺乏专业化的标准化推广队伍，也制约着渔业标准化工作的开展。从近6年工作情况看，水标委及各分技委在标准制定方面做了很多工作，取得了可喜进展，制定了335项国家标准和行业标准。但从总体上讲，在标准宣贯、实施方面的力度相对薄弱。

4. 养殖技术标准适用性亟待提高　当前养殖技术规范的适用性亟待提高，对于养殖技术规范是否适合制定行业标准仍然存在争议。我国各地养殖情况存在巨大差异，在养殖场建设、养殖条件、养殖环境、养殖气候等方面均有所不同，导致统一的养殖技术规范具体到省市出现不适用的情况，养殖场对使用养殖技术规范没有积极性和主动性。专家提出应针对大宗品种在行业标准层面制定技术要求，规范原则方面的问题，然后由各地或者企业制定具体的地方或者企业标准。

5. 渔业标准化示范县的品牌意识还不强　各省的县一级渔业管理部门重项目核心示范区建设，轻非核心示范区管理的现象具有普遍性；普遍没有建立产品品牌。内抓品质，外创品牌，应是下一步推进罗非鱼等渔业标准化示范县建设的主要目标和任务。

（三）质量安全监督检测体系缺乏制度和技术

1. 监督抽查和例行检测没有形成制度化和法制化　目前，我国的质检体系承担的监督抽查和例行检测计划均是以农业部文件形式下发，没有形成制度化和法制化。此外，由于缺少制度化和法制化的规定，使得两项工作的经费得不到长期保证。抽样数量由于受经费制约，抽样缺少统计学设计，不能建立风险评价的数据库，风险评价以及水产品安全风险预测工作更是难以开展，检测结果不能有效利用。

2. 水产品质量安全技术研发能力亟待加强　由于在农业进入发展新阶段以前，我国农业科技创新的主攻方向一直以增产为主，对水产品质量、安全、生态环境等方面重视不够，以致目前我国从事水产品质量安全技术研发工作的专业机构少，技术力量十分薄弱，研发工作严重滞后。主要表现在：一是当前市场急需的如优质抗病品种、无害化生产技术、高效低毒低残留投入品、多残留及快速检测等有关水产品质量安全方面的科技创新成果稀缺；二是标准的缺失和检测技术水平低，既限制了罗非鱼等水产品质量安全监管能力的提高，也限制了健康养殖的推广。

3. 水产品检测体系建设和发展中交流不足　在这个问题上既存在制度问题，同时也存在人为因素。在制度方面，由于各部委之间沟通渠道不畅，质检机构之间没有形成资源信息共享机制，使得资源和信息利用效率不高；由于没有构建信息交流平台和网络，使得很多性质相同或相似的工作重复开展，严重浪费社会资源。在人为因素方面：质检机构与外系统兄弟单位的合作交流能力差，与各部委所属质检机构之间的合作缺乏灵活性；在国际合作与交流方面，一是与国际质检机构之间的交流缺乏主动性，跟踪国际前沿检测技术工作进展缓慢；二是缺少与技术领先的科研机构建立长期学习和合作的意识。

（四）认证工作动力不足

实施"无公害农产品行动计划"，推行无公害农产品认证的主要初衷是"从源头入手，推行标准化生产，实现农产品产地和产品安全"。然而从目前情况来看，在产地认定工作的推进过程中，不同程度上存在着重审查、轻培育，重环境、轻管理的现象。导致无公害农产品产地在获证以后，标准化生产和质量管理水平提高不明显，少数获证产地的产品质量安全水平不稳定。

同时，无公害食品系列标准，仅对禁用药进行了规定，未限定允许用药。可以说，除了国家明令禁止使用的兽药，水产养殖生产中其他化学品的使用处于开放状态，长此以往，将不可避免产生新的安全隐患。

我国水产品销售渠道多种多样，基本上处于开放状态。在此条件下，无论是产地准出，还是市场准入都难以有效实施。市场是企业一切活动的原动力，没有市场的约束机制，企业申报无公害农产品认证的积极性就大打折扣，从而影响无公害农产品事业的推进进程；反过来，无公害农产品事业如果不能在有限时间内完成对绝大部分农产品的认证，市场准入制度也很难全面开展。

长期以来，各级渔业主管部门在环境保护、改善渔业基础设施、整顿投入品市场和技术推广与服务方面进行了卓有成效的努力，但养殖环境恶化、设施陈旧落后，原良种供应短缺、饲料和渔药科研基础薄弱以及病害防治技术服务体系不健全等行业基础性问题尚未得到根本性解决。在这种大环境下，如何长期稳定地保证罗非鱼等无公害水产品质量安全水平是一项非常艰巨的课题。

三、产业生产层面

（一）多种因素对罗非鱼养殖的质量控制造成影响

罗非鱼养殖过程中受到多种因素影响，包括天气变化、水质、病害、种苗质量、饲料质量、产品价格等。这些因素在不同程度上影响着养殖户对罗非鱼成鱼养殖的质量控制。

1. 养殖水质　养殖用水方面潜在的危害有：水源因工业"三废"、农业废弃物、医疗机构污水及废弃物、城市垃圾、生活污水等的污染，导致池塘受到污染，可使罗非鱼存在生物或化学危害；水源自身水质恶化，产生大量寄生虫、病原菌、病毒等污染池塘，可使罗非鱼存在生物危害；池塘水质因养殖生产者盲目追求产量，进行高密度、高强度养殖，采用立体养殖模式，不合理使用投入品和养殖技术操作不规范造成水质恶化，养殖自身产生生物或化学污染，可使罗非鱼存在生物或化学危害。

2. 病害　罗非鱼属热带鱼类，适宜水温为 $25\sim32℃$，中国罗非鱼主产区位于两广、福建和海南等地，夏季是罗非鱼病害高发的时期。当前我国渔业产业结构大幅调整，水产养殖从粗放型逐步向集约化效益型发展，采用高密度养殖并大量使用各种渔药添加剂激素等。养殖水体环境的恶化、高温多变的天气、高密度养殖、立体养殖都容易引发病害的暴发。近几年，链球菌病病害暴发，给罗非鱼养殖造成巨大的打击。链球菌病已成为危害罗非鱼养殖最严重的细菌性疾病，其特点是流行性广、范围大、持续时间长。病害的发生以及渔药的使用给罗非鱼质量安全留下了隐患。

3. 苗种质量　好的罗非鱼水产苗种成活率高、生长速度快、抗病力强，是养殖成功的重要基础。虽然我国已经建立起比较完整的良种苗种生产体系，国家级和省级的良种场占主导地位，但仍存在很多小规模、条件有限的苗种场，生产过程等缺乏有效的监督和指导，因而造成罗非鱼引种质量良莠不齐，种质质量差异大，这类苗种成活率低、生长速度慢、易生病。如果养殖场（户）购买了这样的苗种，为了弥补苗种的先天不足，在养殖过程中就会使用抗生素等多种药物，导致药物及抗生素残留时有存在。

4. 饲料和添加剂 罗非鱼产业链中饲料行业利润丰厚，当前个别水产饲料、添加剂生产企业为了增强产品的市场竞争力，降低成本，采用质量差的原料生产饲料，在产品中违规添加促生长、防治病、提高饵料效率等作用的违禁成分。这些违禁成分在水产动物体内如果不能被充分代谢就会不断蓄积，这样不仅会对水产动物本身造成伤害，更为严重的是如果消费者食用了这类水产品身体健康将会受到损害。添加了土霉素、硝基呋喃等抗生素成分的饵料可以减少水产动物发病率，但水产品中残留的这些药物会对人体造成不同程度损害。在水产饲料中添加适当剂量的铜、锌、镉等，可提高鱼的生产性能，并在生产中得到广泛应用。但大剂量使用铜、锌、镉等重金属不仅导致环境受污染、水体生态系统受到破坏，而且直接影响水产品的食用安全。

5. 罗非鱼成鱼价格太低或波动过大 成鱼的价格太低或波动过大也会对罗非鱼养殖的质量控制造成一定的影响。最近 3 年天气的复杂多变对投苗的成活率有很大的影响，如 2012 年春季南方忽冷忽热的天气，造成很多地区投苗死亡率高。病害的连年暴发也给罗非鱼养殖业带来很大损失。加上池塘租金的飙升，致使养殖成本大幅上涨。而罗非鱼原料收购价基本稳定，养殖户的利润空间小。出现病害时，养殖户出于自身利益考虑，从成本出发做出让鱼死或者是投药的抉择，有的养殖户为了不造成经济损失，投放违禁药物，造成质量安全隐患。

（二）部分养殖户质量控制意识淡薄

我国水产养殖生产分散、经营规模多样，小农户生产所占比例较大，各生产者的生产方式和生产能力参差不齐。目前罗非鱼养殖队伍中，大部分养殖户是农民出身，养殖技术不高，质量控制意识淡薄。规模化的养殖场生产的成鱼大部分提供给罗非鱼加工企业，为了顺利出塘，一般都会配合企业积极做好质量控制工作。而大部分散户质量控制意识淡薄，不懂得遵守相关法律法规以及按标准养殖。市面上药物泛滥，遇到罗非鱼病害时，不懂使用何种药物，不懂得辨认市面上的违禁药物，无意识使用违禁药物等。

规范化管理养殖场是做好罗非鱼养殖质量控制及可追溯的重要前提。而部分养殖户没有规范化管理意识，没有做养殖记录的习惯，或者被检查前临时做假记录。这些养殖户养殖记录不完善的原因有：

（1）养殖场缺乏系统的管理，有生产记录，但是涉及可追溯的记录不规范、不全面，没有统一的格式，没有一套完整的生产记录体系；

（2）养殖记录包括养殖所有的投入品以及投入量，部分养殖户担心养殖记录会泄露个人养殖经验，不如实填写养殖记录；

（3）使用不符合规定的渔药，或渔药过量，如实记录会影响成鱼销售。这些没有完善养殖信息的成鱼往往以低价流入不规范的加工厂，或者与规模养殖场的鱼进行拼车流入加工厂，加工厂以低价购买这些原料鱼再以同等或低于其他规范加工厂生产的产品价格将产品卖出，形成恶性竞争，严重影响了罗非鱼产业的良性发展。这些养殖场生产的鱼加工成产品销往市场后，一旦产品在售出后出现问题无法明确责任，同时严重影响了中国罗非鱼产品在国际市场上的声誉，损害了其他正规厂商的利益。

（三）不健康养殖方式依然存在

面对罗非鱼出口目标国对产品质量标准的提高，我国罗非鱼养殖质量有待提高。2008 年 FDA 公布的黑名单中有 2 例我国罗非鱼产品被查出药残超标，另据美国客商反映我国个别企业出口的罗非鱼片有异味。问题表明个别养殖场在养殖环节中存在用药不规范和使用"肥水养殖"的现象依然存在。受养殖成本制约，一些养殖户采用"肥水养殖"和"鱼禽混养"等不健康养殖模式替代"饲料养殖"。低廉不健康的养殖模式影响了罗非鱼的品质、口味、肥满度和出肉率。一些商品鱼混入出口加工原料，损害了我国出口罗非鱼产品的信誉，即使在国内市场流通，也会使罗非鱼产品在消费者心目中大打折扣。

（四）逆向淘汰的问题在罗非鱼产业中表现的越来越突出

所谓"逆向淘汰"简单说就是产品质量好的企业因为成本高而无法经营，被行业淘汰；产品质量差的企业成本低，还能暂时生存下去。受罗非鱼进口经济低迷和贸易技术壁垒门槛提高等原因我国罗非鱼出口受阻、但国内养殖量却不断增长等的影响，一些罗非鱼加工厂为了承接一些罗非鱼国际采购商的低价订单，获取微薄利润，竞相压低价格收购罗非鱼原料，养殖场被迫采用不规范的养殖方式来降低成本，出售低质原料。对罗非鱼养殖场来说，要生产高品质的罗非鱼原料，必须投喂足够的饲料，其养殖成本就高出 1 元/kg 左右，但在原料收购价被不合理压低的情况下，投喂饲料越多，亏损越严重。好的加工出口商受到不公平竞争，而且不断遭遇境外采购商压价，好的养殖场由于采用健康的养殖模式，生产成本较高，遭遇低成本生产原料鱼的不合理竞争。目前罗非鱼出口低价的现状，使好的加工出口贸易商和养殖者面临尴尬的窘境。这种逆向淘汰的局面仍在扩展，增加了国内罗非鱼产业的不稳定性。

（五）罗非鱼产业分化的现象进一步显现

目前，海南省因气温高于其他养殖地区而可以错开出鱼高峰期的紧张竞争，因此海南的罗非鱼收购价格和出口价格均比其他地区高。近几年海南省的罗非鱼养殖产量突飞猛进，质量也有保证，因此出口市场逐步拓宽，深受欧洲市场的喜爱。进一步发展的结果可能就是高品质、高价格的罗非鱼到海南采购，低价格的产品就只能到其他地区去寻找货源了，导致产业分化现象。为什么有的地区低价的原料也能收购到，就是因为养殖者为了应对市场低迷的现状，通常在养殖的前期根本不投喂饲料，采用肥水养殖，到了后期才投喂饲料。还有一个环节应引起行业关注，就是加工厂收购原料多通过中间商来收购，中间商将根据加工厂给出的收购价，低价低质来收购，套用出口备案养殖场的注册号就可以顺利进入加工厂了，这其中的隐患便可想而知。

总之，就目前罗非鱼产品质量控制体系方面而言，我国罗非鱼产业存在质量标准体系、食品安全控制体系、检验监测体系及质量认证建设相对滞后的问题。与发达国家相比，质量标准体系不完善，如现行标准中有许多可操作性和指导性不强；产品中的安全卫生指标较少；感官指标中描述性的语言过多，缺乏量化指标；养殖过程中滥用药物及生产加工过程中滥用食品添加剂的现象较为突出；检测技术和设备落后；国家标准化体系、安全生产及危害评估体系、全程质量控制体系不健全，产品的质量安全仍存在隐患，特别是中小型企业情况更为严重。我国应积极推广 ISO、HACCP、BRC、BAP（ACC）等质量控制认证，大力实施行业标准，从育种、养殖、收获等各环节广泛采用先进技术，真正保证"从农场到餐桌"的全过程质量控制，打响"中国品牌"，切实提高罗非鱼的出口竞争力，而不是单纯应付国外的检查。

四、可追溯体系建设面临的困难

现阶段，在追溯管理推进过程和追溯体系建设过程中，主要存在以下难点：

（一）缺乏统一要求，使得追溯管理整体推进难

从水产品追溯管理和试点现状来看，不同部门、不同地区分头建设追溯体系，使得追溯体系面临重重困难：一是管理者管理难。追溯体系参差不齐的现状，不利于政府部门的监管，造成了有限资源的较大浪费，难以充分发挥整体实效。二是生产者应用难。目前已经出现企业在追溯系统建设过程中要面对不同标准、满足不同部门要求的现象；另外，部分地区在批发和零售环节，不同商家的电子台账互不兼容，难以纳入追溯体系。三是消费者查询难。由于不同追溯体系具备不同查询平台和查询方式，这给消费者查询带来不便。

（二）工作保障不足，使得追溯管理持续推进难

组织保障方面，追溯体系建设不仅包括平台建设和数据管理，还要涉及与相关部门协调，以及对企业的技术指导和监督管理等工作，很多地方追溯体系建设由于缺乏行政支撑、未明确专门机构、工作手段有限及部门协调难度大等原因，造成上述工作难以开展。制度保障方面，由于目前缺乏追溯管理相关法规，未对企业追溯管理做出硬性要求，大部分企业从资金、人力成本及收益等方面考虑，实施追溯管理动力不足。资金和人员保障方面，追溯体系建设、终端机布设、系统维护、信息录入更新、业务指导、真实性确认等都需要大量人力物力做支撑，部分地区即便前期在项目支撑下建立起了追溯平台，后期维护管理工作也很难实施。

（三）水产品生产和贸易的特性，使得追溯管理全面推进难

各地追溯体系尽管首先选择条件相对较好的企业和便于开展追溯管理的品种进行试点，但不同企业管理水平、生产规模及生产环节等方面的差异，使得制定的标准规范难以全面落实；由于水产品生产过程复杂、投入品更新快，使得追溯基础信息量大、管理繁琐；产品流通呈现散装、批量大、鲜活运输的特点，不易包装标识，增加了追溯管理的难度。在试点基础上，如何对生产分散、种类繁多的农产品全面推进追溯管理，有待进一步探索研究。

第三节　质量控制及可追溯体系技术发展趋势

中国的罗非鱼产业链一路走来，优势明显，在国际市场上占有绝对的产量优势和低价优势等，但也存在不少问题，尤其是在质量安全方面，并不占优势。

虽然罗非鱼市场行情前景不明，但在困难的罗非鱼市场变化中也让我们看到了行业的健康发展希望。目前的困境有助于行业洗牌，淘汰众多在罗非鱼产业中淘金的投机分子和机会主义者，也有助于中国罗非鱼产业调整产业结构，走向优质优价、优胜劣汰的市场竞争道路，确保行业的健康化、集约化与标准化。而在这个过程中，罗非鱼产业在质量控制及可追溯体系技术发展方面也体现出了很多可喜的势头。

一、行政监管向预防过程控制为主的管理模式转变

受经济发展水平的制约，发展中国家和不发达国家食品安全保障能力仍然较低，每年都有大量的食源性疾病发生，不发达国家甚至每年约有 220 万人死于食源性腹泻，发达国家每年仍约有 1/3 的人感染食源性疾病，食品安全事故时有发生。保障食品安全已经成为世界各国面临的共同难题。

发达国家基本都建立了较为完善的食品安全监管体制和科学的管理模式，发展中国家食品安全保障能力也正在加强。在全球食品安全不容乐观的形势下，我国的行政管理部门也在逐步完善食品安全监管体制，建立科学的管理模式。

行政主管部门在水产品生产、加工、储运和销售过程中的关键环节进行监管具有重要作用。一直以来，都是产品出了问题后，才被动地检查出现质量问题的环节。近年来，随着国民对食品安全重视程度的提高，我国不断强化对包括水产品在内的食品安全监管工作，水产品质量管理正在从对最终产品进行事后检查的传统方法向以预防、过程控制为主的管理模式转变。罗非鱼是我国的大宗出口水产品，作为国际食品安全监管中重要的机制保障，质量安全追溯的理念与管理机制正在逐渐引起国内罗非鱼加工企业、质量监管部门和有关学者的关注。

二、养殖趋向规模化，管理趋向规范化

近些年，受罗非鱼加工业的影响，罗非鱼养殖业已不像几年前利润可观。天气的复杂多变对投苗的成活率有很大的影响，病害的连年暴发也给罗非鱼养殖业带来很大损失。再加上池塘租金的飙升，致使养殖成本大幅上涨。而罗非鱼原料收购价格太低、波动过大，养殖户在经历了诸多风险后依然不赚钱，对罗非鱼养殖的信心不高，很多养殖户转向养殖其他品种，最终能存活下来的将是规模化的养殖场。规模化养殖、规范化管理有利于养殖过程中的质量控制及可追溯，规模化养殖、规范化管理是罗非鱼产业链中养殖业的最终选择。

三、产业趋向标准化

实施标准化是保障罗非鱼等水产品质量安全的有效途径。而从目前罗非鱼产业发展趋势来看，无论是苗种、养殖还是加工环节，都呈现出通过标准化生产，以稳定产品质量，确保产品安全，提高产品品质的趋势。

(一)罗非鱼苗种环节

伴随着近年罗非鱼产业的快速发展和苗种培育技术的不断创新与完善，今年罗非鱼苗种的市场供应量比去年增加明显，但是，苗种产量的提高并非换来苗种销售的同期增加，销售反而有着明显的滞销现象。前几年罗非鱼供不应求，经济收益喜人，因此激发众多苗种场不断扩大生产规模，同时吸引了众多行内人员进入罗非鱼育苗环节。

众多大型罗非鱼基地的建设旨在采用现代遗传育种技术，围绕品质、抗病、高产等性状，开展罗非鱼的遗传选育，建立罗非鱼杂交繁育体系，培育出具有市场竞争力和具有自主知识产权的罗非鱼新品种和新组合，迅速扩大罗非鱼良种覆盖率，保障罗非鱼养殖的生产需要，大幅度降低苗种生产成本。同时，众多规模育苗场的出现和标准化育苗技术的推广应用，非常有助于实现罗非鱼产业的健康可持续发展。

近日，广西罗非鱼良种南繁基地建设项目在海南省乐东县九所镇顺利开工，此举将解决罗非鱼鱼苗在广西越冬难题。该项目主要建设单位是广西水产研究所，总投资1 600万元，占地面积145亩，主要工作以罗非鱼良种选育、保存、培育、繁殖为核心，应用现代渔业新技术、经营新理念、运行新方式，并注重技术创新，不断培育出罗非鱼良种新品系，为广西罗非鱼养殖生产服务。项目建成投产后，预计每年向广西提供罗非鱼良种鱼苗1.8亿尾，带动广西养殖罗非鱼10万亩以上，创造社会效益8亿元以上。年均销售收入401万元，年均利润总额173万元，年均所得税17万元，年均净利润156万元。

仅以广东茂名的茂南区为例，水产部门致力于渔业科技创新，大力推进渔业产业化、规范化、标准化、现代化进程，有力推动了现代渔业发展。到目前为止，茂南已建成省级罗非鱼技术创新专业镇 1 个，国家级罗非鱼良种场 2 个，农业部水产健康养殖示范场 4 个，打造出无公害水产品产地产品 8 个，广东省名牌罗非鱼苗产品 3 个，罗非鱼苗远销省内外。

各育苗场的规模扩大、育苗场数量的快速增加和经济回报的跌宕起伏，对于罗非鱼产业标准化建设来说并非是好事。数量稳定和产能稳定，才有助于调动育苗场积极性推动罗非鱼产业标准化建设。根据有关资料显示，目前我国罗非鱼苗种厂家有 100多家，但育苗场规模大小不一，罗非鱼苗种质量良莠不齐，上规模、走品牌化路线的育苗场只占其中的非常少数，严重制约着罗非鱼产业的发展，从而也对罗非鱼育苗的标准化提出了严峻挑战。

据了解，海南大大小小的苗场众多，苗种质量也是参差不齐，往年，有不少广东的小苗场会到海南购买水花回来标粗后，冒充品牌苗场的苗销售，业内称之为"山寨苗"。"山寨苗"以次充好，扰乱市场秩序，向来受业内鄙夷。但是，在往年品牌苗供不应求的情况下，"山寨苗"还是具有一定的市场。往年是由于品牌苗供不应求，才让"山寨苗"有机可乘，但是今年的情况却大不相同，由于整体的罗非鱼投苗热情不高，罗非鱼苗需求量较往年少，品牌苗不再像往年那么紧缺，于是，"山寨苗"销售也将遭遇寒冬。而且今年养殖户在苗种的选择上更加谨慎，更为理性，对品牌苗的信任度更高。病害当前、鱼价低迷，均让养殖户投苗前考虑再三。选择品牌苗，无论从生长速度、雄性率还是抗逆性方面都有所保障。

（二）罗非鱼养殖环节

罗非鱼养殖在我国依然存在分散经营、单体规模较小、集约化程度较低等特点。但是在加工出口企业质检、CIQ 检验检疫和出口目的国强化抽检力度等多重外力推动之下，罗非鱼养殖的标准化程度依然在不断加强。但是，这种良好势头也存在一些负面的阻力，比如养殖环境恶化、病害频发、罗非鱼收购价持续徘徊在成本线附近等，在利益驱动之下，这些阻力严重影响了养殖户采用无公害养殖技术的积极性，从而拖延了养殖技术标准化的发展进程。

部分省市在罗非鱼养殖标准化方面取得了不少进展。例如，福建省水技总站承担的省种业工程罗非鱼项目中的《罗非鱼高效优质养殖模式的开发与示范推广》于2012 年 11 月 2 日在福清通过专家现场验收。该子项目开展以"新吉富"罗非鱼越冬种为主，适量配套鲤鲫鲢鳙草大规格鱼种，采取轮捕轮养池塘混养的模式示范，共示范面积 139.33hm²，单产 25.4t/hm²，每 hm² 净增产 19.4t，其中主养品种罗非鱼单产 15.5t/hm²，规格 752g，效益达 3.56 万元/hm²，完成了年度示范目标任务。罗非鱼高效优质养殖模式的开发，提高了池塘养殖效益水平，同时为池塘健康养殖和稳产技术提供了示范，为破解当前罗非鱼养殖面临的市场困境进行了积极的尝试。

广西检验检疫局技术中心承担的课题《食品安全管理体系在罗非鱼养殖和加工中的应用研究与示范》，也于今年通过了自治区科技厅组织的鉴定委员会专家组的鉴定。研究人员深入了解企业罗非鱼养殖过程和罗非鱼的深加工流程，识别为保证产品质量和安全所要控制的全部工作要素，完成了罗非鱼养殖基地和加工厂食品安全管理体系的质量手册、程序文件的编写，建立了示范化的加工厂和罗非鱼养殖基地。并通过选购优质鱼苗、饲料管理、水质控制、鱼病综合预防的质量管理、鱼病治疗的质量管理、加强养殖场的卫生控制等技术措施，保证规模和数量，开发出罗非鱼"环保-无药"的健康养殖技术。据介绍，通过推广该课题健康养殖技术，广西2009—2011年累计出口冻罗非鱼系列产品2.02万t、创汇7 343万美元。2011年，全区罗非鱼销售收入2.57亿元，产生了显著的经济效益和社会效益。同时，该质量安全管理体系也应用在罗非鱼养殖和加工中，首次采取高通量快速方法，可同时测定罗非鱼肉中300种农药残留。

（三）罗非鱼加工环节

目前，我国大部分养殖罗非鱼仍以出口为主。在原料收购、备案养殖场监管、加工出口过程中，罗非鱼加工龙头企业对养殖场的带动效应明显。在广东江门地区，6万多 hm² 的水产面积，只有6 600多 hm² 用于养殖罗非鱼。从2010年9月开始，江门振业水产罗非鱼加工厂在鹤山市共和镇大凹工业园区动工建设，该项目已于2012年建成投产，目前已成为全国最大的罗非鱼加工企业之一。该工厂一期的建设项目已经完成并已投产，安装了5条生产线，目前每年加工罗非鱼原料3万～5万t，预计成品的产量为1万～2万t，其中第一期的项目建筑面积有1.7万 m²，1万t的冷藏库存容量。每条生产线加工罗非鱼日产能力达30t。该企业的投产对改变当地的水产养殖结构以及提高农民收入发挥了重要作用。目前该公司按照"公司＋基地＋农户＋标准"的经营模式来运作，该企业已将500多 hm² 罗非鱼养殖面积纳入该企业的 CIQ 备案养殖场之中，通过企业监管、技术支撑、质量安全检测等手段，确保收购罗非鱼的质量安全水平，也保障了养殖户的合理收益，并且在当地起到了明显的标准化养殖示范带动效应。

罗非鱼主要出口市场包括美国、墨西哥、欧洲、俄罗斯、中东等多个国家和地区。出口到这些国家和地区的罗非鱼产品要经过高标准的生物和化学检验。其中生物检验主要包括细菌总数、粪大肠杆菌、大肠杆菌、沙门氏菌、金黄葡萄球菌、霍乱菌和李斯特菌等。药残检验主要包括氯霉素、孔雀石绿、硝基呋喃类、磺胺类、喹诺酮类等多个项目，而且每个项目均规定最低限量指标。海外市场对罗非鱼产品有诸多标准，要突破贸易壁垒就要从养殖模式做起，高标准，严要求。出口加工企业希望通过对一部分农户推广规范化、标准化、专业化的健康养殖模式，从而影响到周边的更多养殖户，推动罗非鱼养殖业的整体标准化水平和质量安全水平的提升。因此，出口加工企业在带动扩大养殖面积的同时，率先推广规范化、标准化、专业化的健康养殖模式，确保加工原料的食用安全和出口达标。

2012 年 11 月 12 日，中国水产流通与加工协会秘书长崔和在"第九届罗非鱼产业发展论坛"会上表示，保守估计今年全年中国罗非鱼产量约为 145 万 t，出口量将超过 35 万 t，但由于出口价格低迷，加工企业处于近年来的利润最低点。据了解，目前全国加工出口罗非鱼产品的企业有 200 多家，在利润较低和行业约束力较低的情况下，为了维持生产、养活工人、保证设备正常运转，更加容易产生价格战，抢夺订单，从而产生恶性循环，在加工生产过程中，也出现了收购廉价药残超标原料、短斤缺两、过度泡药、一氧化碳的不正当使用等问题也开始出现在出口产品之中。因此，在出口形势不好的情形下，部分企业碍于生存压力，已经做出了一些破坏出口加工标准化良好形象的投机行为，这些行为也进而破坏了中国出口水产品的市场声誉，国外对此也采取了压价、转移订单、加强抽检等各种措施，周而复始，最终伤害了国内整个罗非鱼产业上下游各个环节。

四、技术趋向先进化

建立可追溯的质量控制体系必须实现从塘头到餐桌的质量保障体系，必须做到从养殖、加工、流通到餐饮消费的整个流程的质量有效控制和质量溯源体系，为此，必须调动饲料厂、加工厂、苗种厂、养殖场、出口流通企业、质量管理部门、罗非鱼产业协会等企事业单位、个体户等的积极配合，实现对养殖品种、养殖环节、水环境、产品质量控制、饲料、加工、养殖模式、市场、产业管理等整个罗非鱼产业链的技术调整和技术革新。

改进罗非鱼加工工艺。除了生产出口主打产品冻全鱼和冻罗非鱼片之外，国内对罗非鱼冰鲜、深加工产品和副产品开发利用较少，今后这些将纳入国内罗非鱼产业发展的一个方向。目前，国内罗非鱼加工体系的加工岗位团队已完成了罗非鱼冰温气调保鲜关键技术、罗非鱼加工发色工序等关键技术的研究，确定了罗非鱼片冰温气调包装减菌化预处理技术及相应的冰温气调保鲜条件；开发了罗非鱼活体发色工艺，降低了发色成本。经国内相关企业管理层及专家评定均具有良好的开发前景。

五、"物联网"成为质量安全管理与控制的新趋势

由于物联网（The Internet of Things）是具有全面感知、可靠传输、智能处理特征的连接物理世界的网络，是互联网和通信网的拓展应用和网络延伸，它通过感知识别、网络传输互联、计算处理三层架构，实现了人们任何时间、任何地点及任何物体的连接，使人类可以以更加精细和动态的方式管理生产和生活，提升人对物理世界实时控制和精确管理的能力，从而实现资源优化配置和科学智能决策。因此，其可能成为未来 10 年间，罗非鱼等水产行业质量安全管理与控制信息化发展的新趋势。

渔业领域的物联网包括：利用二维码、RFID、农业专用传感器、GPS 等感知、探测、遥感等技术在任何时间与任何地点对渔业领域物体进行信息采集和获取（即全面感知）；通过感知设备接入传输网络中，借助有线或无线的通信网络，随时随地进行更可靠的信息交互和共享（即传输）；用云计算、数据融合与数据挖掘、优化决策等各种智能计算技术，对渔业感知数据和信息进行融合、分析和处理，实现智能化的决策和控制（即智能处理）。

通过物联网技术，可以帮助实现对养殖全过程的自动监测和科学管理，实现渔业的装备化、现代化、智能化和信息化，保障水产品的质量安全。到目前为止，具体技术成果主要包括：①发明了适用于水产养殖水质监测电化学传感器低功耗智能变送方法；②开发了光学溶解氧、叶绿素、浊度传感器；③发明了水产养殖多传感器集成与信息融合方法，提高水质检测技术及设备的智能化水平和测量的精度，减少误差，降低了水质传感器的生产成本；④发明了一种用于水产养殖的水质远程动态监测系统，实现了水质多参数实时动态、远程无线化监测，组建了大规模、分布式的水质远程动态监测网络；⑤发明了自组织、低功耗无线传感器网络构建方法，有效解决了无线传感网络能耗约束瓶颈；⑥发明了基于无线网络的水产集约养殖无线监控关键技术，有效解决了多元水质数据在线监控问题；⑦发明了水质实时在线智能预测预警模型，提出了基于模糊 PID 的智能控制方法，开发了水产养殖水质智能管理系统；⑧发明了水产品饲料配方优化和智能投喂决策技术，解决了水产品精细化喂养决策问题；⑨发明了水产养殖疾病预警与疾病远程快速诊断技术，解决了面向不同用户的疾病诊断系统普适性问题；⑩集成水产养殖先进传感技术、无线传感网络技术、智能处理技术，研发了一套集约化水产养殖智能管理系统；⑪系统开发了水产养殖专用溶解氧、pH、电导率等 7 种传感器，5 种无线节点，1 个水产养殖智能管理系统平台，手机、电脑、触摸屏 3 种终端；⑫围绕水产养殖的水质管理、增氧、营养与饲料和病害防治等养殖技术的信息化，重点开展了水质的精准化预测和预警、饲料投喂精细化决策、疾病预警与远程诊断模型研究，为水产集约养殖信息化提供了理论模型和方法。

在罗非鱼养殖质量安全控制和追溯领域可以开展"基于物联网的水产品质量安全保障技术研究"。具体研究内容可包括：高可靠、低成本、适应恶劣环境的养殖动物和环境因子检测的软、硬件技术开发；射频识别（RFID）、红外感应器、全球定位系统、激光扫描器等信息传感设备、信息传递、交换和通信技术的开发；基于物联网技术的养殖生产管理信息系统开发、集成和应用；渔业物联网技术国家标准的制定和推广等。通过物联网技术的研究和运用，逐步实现罗非鱼产业的现代化、智能化，保障水产品质量安全。

第四节　战略思考及政策建议

保障罗非鱼产品质量安全，促进我国罗非鱼产业做大做强，实现可持续发展，可以从以下几个方面入手。

一、加强宏观监督管理

（一）加快立法进程，完善法律体系

要完善法律保障体系，如建立以预防为主、以科学为基础的水产品安全法律体系；扩大食品安全法涵盖范围，将天然污染物、营养、转基因、动物福利等方面的内容包含在内；提高惩罚标准，增加违法者的风险成本等。

要尽快制定《水产养殖管理条例》，该条例的制定主要是解决养殖证制度、养殖环境保护、水产苗种管理、养殖生产过程、渔药与渔用饲料等执法依据问题。根据目前养殖证制度实施过程中出现的法律依据地位低、执法依据不明确等问题，建议农业部要尽快认真总结，对《完善水域滩涂养殖证制度试行方案》进行修改和完善，为《水产养殖管理条例》的制定奠定基础，同时要争取将该条例列入国务院立法规划，尽快提请国务院制定出台，使养殖证制度能够得到顺利实施。

对《饲料和饲料添加剂管理条例》尽快进行修改，制订《饲料安全法》。借鉴美国、日本等发达国家的经验，结合本国实际，对现有《饲料和饲料添加剂管理条例》进行修改完善，制定比较严谨、科学又便于操作的我国饲料安全主体法律。在这部主体法律中，要明确执法主体为县级以上地方人民政府畜牧兽医行政主管部门。对饲料产品检验机构必须进行整合，并由国家规定省、市法定检验机构，使执法部门与检验机构实行分离。国家必须明确饲料安全监督抽检不准收费，各级财政必须保证饲料监督检验所必需的经费。同时建议饲料监督管理实行垂直管理，避免地方行政干预，影响公正执法。对违反《饲料安全法》，给人民健康和生命安全造成严重后果的生产、经营、使用单位及执法监督检验等部门必须规定严厉的行政处分和刑事处罚。如日本对饲料安全违法处罚是很严厉的，除处以经济处罚和执行不合格产品召回制度外，对卫生指标严重超标的企业法人处以 1 年以下有期徒刑；对违禁生产经营药品和造成严重后果的企业法人处以 3 年监禁。同时建立健全饲料安全标准体系。在《饲料安全法》这部主法律指导下，农业部应对影响饲料安全的各个方面制定比较详细的可操作的饲料安全标准体系。特别是对饲料微量元素、药物添加剂品种目录要实行严格限定，建议饲料用抗生素与人用抗生素必须严格分离，并逐步取消在饲料中长期添加抗生素类产品。同时对饲料用微量元素、药物添加剂必须制定严格的产品质量规格和有毒有害物质残留限量标准，并与国际食品法典委员会（CAC）和国际兽医局（OIE）的标准接轨。

完善有关渔药使用与管理方面的法规，制订出适合我国渔业生产实际的渔药使用目录。水产养殖用药管理是一项系统工程，生产、销售、使用各环节相互影响。另外，由于我国幅员辽阔，水域环境千差万别，养殖品种繁杂，生产方式多样，各地还要因地制宜地制定出具体的、有针对性的、操作性强的水产养殖用药技术规范。应积极探索渔药管理的新模式，逐步推行水产养殖用药的处方制、经营登记制、休药期制和可追溯制，在实行水产养殖"三项记录"（生产记录、用药记录和产品标签）中重点抓好用药记录，从制度上保证水产养殖用药管理的科学化、规范化。

对违反水产品质量安全的行为明确处罚标准，进行严厉处罚，增加违法成本。修订《渔业行政处罚规定》，增加针对水产养殖中违反国家有关法律、法规和管理制度的处罚规定。在《渔业法》、《水产养殖质量安全管理规定》、《水产苗种管理规定》、《水产苗种生产管理办法》等法律法规中，明确违反水产品质量安全行为的处罚标准，从而提高法律法规的可操作性。提高处罚力度，增加违法者的风险成本。

（二）健全管理制度，加强罗非鱼产业链上每个环节的管理

罗非鱼产业对我国的渔业相当重要，建议政府组织社会各界力量，包括地方水产主管部门、地方罗非鱼协会、渔业协会、渔业合作组织、饲料厂、加工厂、苗种场、养殖场、出口流通企业等单位及个体养殖户，对养殖品种、养殖环节、水环境、产品质量控制、饲料、加工、养殖模式、市场、产业管理等方面的现状及存在的问题进行了深入调研和问题探讨，研究出适合我国国情和符合国际市场需求的扶持政策和管理制度，积极发挥政府的指导性作用和监管性作用，让我国的罗非鱼产业经久不衰。

全面建立和推行罗非鱼等水产品市场准入制度。一是生产准入，结合养殖证的发放和水产品认证工作，以国家和省市级水产原良种场、示范基地、龙头企业等单位为重点，强制实行准入制度，对养殖容量开展广泛调查和科学规划、避免因高密度养殖而导致的对渔业环境的破坏和水产品质量的下降。二是市场准入，在水产品流通环节，特别是大型的集贸市场和批发市场、超市等要加强质量监测和监控，对进入农贸市场、超市销售的水产品进行抽检，禁止有毒有害的水产品进入市场销售。完善水产品的质量安全追溯机制和质量追究管理机制，建立农产品生产、加工、经营等环节的信用体系，形成农产品质量安全监管的长效机制。

建立罗非鱼等水产品质量安全可追踪体系，推行水产品质量安全可追溯制度。食品安全问题关系到人类的健康和生存，饲料作为人类动物性食品的生产原料，其安全问题与畜产品的食用安全密切相关。应加强管理，逐步建立、健全可追溯制度。做好水产养殖用药记录，建立可追溯制度是提高水产品质量的必要监控措施。这也是国际水产品贸易发展的需要。联合国粮农组织渔业委员会水产品贸易分委会进行了水产品生态标签、水产品质量追溯等问题的讨论，并将就此酝酿国际水产品贸易新规则。通过用药记录等生产记录，确保严格按照无公害水产品生产技术规范要求从事生产，保证产品质量，并使水产品像其他商品一样具有标识、标签、生产日期、用药记录等可追溯资料。

建立罗非鱼等水产品安全预警体系。政府应建立以预防为主的国家食品安全预警体系，对高风险食品进行安全性评估，做出科学、公正的评估报告，使水产品安全问题能够早发现、早控制、早处理、早告知，以增强消费者对政府控制水产品安全的

信心。

（三）建立罗非鱼优质优价、优胜劣汰的产业发展机制

目前，对于罗非鱼产业而言，一边是养殖户大呼鱼价太低，饲养符合质量安全的罗非鱼只有亏本；一边是加工出口企业抱怨高质量的罗非鱼太少，影响了出口，出口价格高不了，鱼价也就上不去，价格也一直在成本线上下徘徊。在这种产业现状下，行业呈现出劣币驱逐良币的局面，产业陷入困境，养殖生产企业根本无法顾及养殖罗非鱼产品的质量安全问题。因此，建议进行罗非鱼产品分级，推动建立罗非鱼优质优价，优胜劣汰的产业发展机制，解决生产安全罗非鱼产品内在动力不足的问题。

（四）建立产业突发性事件的应对机制

针对罗非鱼产业的突发性事件和重大事件，及受国际金融危机和贸易技术壁垒的出台导致罗非鱼出口受阻、产业受创的情况，探讨应对危机的措施，建立产业突发性事件的应对机制，为我国罗非鱼产业提出建设性意见。

二、规范和引导市场建设

（一）开拓国内市场，减少出口依赖性

国内消费市场广阔，加工企业应联手销售商积极拓展国内消费市场，尤其是气温较低不适合养殖罗非鱼的北方和内陆市场，致力发展产业多元化市场。不断革新运输技术水平，实现鲜活罗非鱼"南鱼北运"工程，并积极推广条冻罗非鱼和深加工产品在国内的消费，以逐步降低对国际市场的依赖。

（二）加强品牌意识，打造罗非鱼国际知名品牌

目前我国罗非鱼出口大都是借牌出口，没有自主品牌，这不利于我国罗非鱼产业的持久健康发展，为此必须抓住机遇实施品牌战略。我国台湾地区的经验值得借鉴，主要是通过行业联盟拟定科学苛刻的生产规范，养殖者必须加入联盟，并按规范组织生产，统一品牌。例如，"台湾鲷"品牌已在国际上被公认为是罗非鱼的极品，在国际市场上享有良好的声誉。

（三）建立罗非鱼产业行业协会，实现行业统一管理

政府部门应动员罗非鱼产业链各环节的人士，包括养殖场、加工厂、流通部门、监管部门、信息服务部门、律师事务所等，组建可以有效实施罗非鱼产业行业管理的罗非鱼产业行业协会，强化行业协会职能，加强行业自律，制定行业规章，规范行业行为，建立正常的行业秩序，加强信息沟通，及时有效地解决现存的突发问题，维护行业有序竞争，促进罗非鱼产业持续、健康、快速发展。

(四) 加强法制宣传，营造健康有序的发展氛围

加强法制宣传，营造健康有序的罗非鱼产业发展氛围。通过近年来水产养殖业法制的建设，各级渔业行政主管部门和养殖业者对加强养殖管理、规范养殖行为的意识正在逐步加强。今后，各级政府和渔业行政主管部门要加大宣传力度，组织开展多种形式、多渠道的宣传活动，如利用电视报刊等新闻媒介宣传水产养殖法律法规，深入渔区、养殖区，举办水产养殖普法教育培训班等，使养殖业者充分认识到实施养殖证制度是进一步稳定水域滩涂养殖使用权和承包经营权，保护养殖生产者的合法权益，依法管理和促进科学规划养殖水域滩涂资源，引导促进渔业结构战略性调整，提升水产养殖产品质量，是推进产业健康持续发展的重要手段；使养殖业者充分认识到实施水产养殖质量安全管理规定是提升水产养殖产品质量，保障产品食用安全，提高产业竞争力的重要手段；使养殖业者能够自觉遵守养殖管理法律法规，以促进罗非鱼等水产养殖业健康有序地发展。

(五) 加强宣传和完善奖惩制度，提高企业和养殖户的质量安全意识

宣传推广是罗非鱼质量安全管理体系的保障。加强对《产品质量法》的宣传，采取多种形式对生产企业、渔民、加工企业和商贩进行普法教育，使他们懂得有法可依、有法必依、执法必严、违法必究。针对水产养殖业千家万户分散生产的特点，且渔民安全用药意识淡薄、缺乏安全合理用药知识的现状，渔业行政主管部门要采取多种形式，开展广泛的宣传和科普教育，组织水产专业技术人员开展健康养殖等有关技术的培训，以提高养殖生产者的科学知识水平和质量安全意识。要加大对新方法、新工艺、新技术的推广力度，改变陈旧的养殖方式和对环境污染严重的养殖模式，改变目前水产加工技术水平低、效益差的局面，提高整个行业的工艺技术水平；要加大力度推广应用国际新的检测标准和科学的认证体系，与国际接轨。

除了严格的标准，世界各国均通过高额的违法成本与强有力的外部监管，迫使食品生产加工企业守法。借鉴当今发达国家如美国对违规生产劣次食品实行严厉处罚的办法，按现行法律法规从快从重进行处罚，对积极做好质量控制及可追溯工作的企业和养殖户给予一定的奖励。

(六) 创建农户合作模式，发展一体化经营模式

水产品质量问题大多出在养殖环节，创建农户合作模式有利于企业的技术支持及质量控制体系延伸到原料鱼生产的全过程，形成完善的产品质量追溯体系，有利于产品质量控制。

高度关注食品质量安全问题，提高罗非鱼品质和规格，建立一个完整的质量安全保障体系，发展一体化的经济经营模式，由龙头企业引导养殖户进行生产结构调整，带动苗种养殖、饲料加工、贸易等相关企业发展，以尽快形成我国罗非鱼产业基地，

逐步形成特色优势产业，规范罗非鱼健康养殖技术和饲料加工技术，加大无公害食品生产技术的执行力度，不仅要在加工环节有严格的质量控制，而且要加强养殖环节的质量控制，严格监控罗非鱼产业链各个环节，同时要加强产品质量检测体系建设，做好水产品质量安全工作，确保产品的质量安全，巩固我国罗非鱼产品在国际市场中的主导地位。

三、加强生产过程质量控制

（一）控制药物残留及化学环境污染物

严格规定药物的最大残留限量，严格规定休药期和水产品药物的最大残留限量，可以保证水产品药饲和药浴后组织中的残留物浓度降至安全范围以内。合理使用药物，推广健康养殖模式，在使用药物时应充分考虑到其残留问题，禁止使用禁用药物，告诫养殖户不能只追求治疗作用而忽视由此带来的副作用。各级主管部门应该加强对罗非鱼和饲料的检测和监督工作，同时还应关注被批准使用药物的潜在危害。建立渔用饲料的监控体系，强化行业监督抽查，进一步加强质量监督抽查，专项检查确保渔用饲料的安全性，同时建立质量监督体系，促进渔用饲料的健康发展。搞好综合利用，减少工业污染，对养殖区附近工厂污水进行无害化处理，定期监测养殖区水域，严禁使用不合格污水养殖罗非鱼。

（二）大力推广健康养殖模式，确保养殖水产品的卫生安全

在大力发展水产养殖业的过程中，要积极推广健康养殖技术和生态养殖模式，对养殖水域进行合理规划和布局，彻底改革目前不良的养殖模式，要从提高产品质量来提高效益，采用先进的现代生物技术、转基因工程和基因重组等来优化种质体系，研究出高效、优质、对环境无污染、对鱼体无残留的渔药，提高渔用饲料的质量和利用率，减少对养殖环境的污染，大力发展生态、健康的养殖规模。

加强渔用药物的生产、经营以及使用管理。通过实施渔药处方制度，渔用处方药和非处方药名录制度等各种制度来严格渔药的使用范围、用量以及用法，促使乱用以及滥用渔药的问题得到彻底的根治。此外，应该建立全面的登记备查制度，对药物的销售以及使用进行详细的登记，从而实现用药的可追溯。

建立一整套养殖病害监测预报系统。贯彻预防为主的方针，对水产病害监测网点、队伍、监测设备和监测经费保障进行逐步的完善，提高整体的监测预报水平，从而实现有效防疫防病的目的。并要加大水产病害防治攻关的研究力度，不断开发出高效安全的防病药物。

（三）加大对新兴技术的前瞻性研究和推广应用

建议针对我国罗非鱼产业面临的资源、环境、质量安全、国际市场开拓等问题，

开展罗非鱼产业发展的储备性、跟踪性和前沿性研究。主要包括：罗非鱼保鲜加工及高值化利用技术研究；检验检测技术；品质安全、标准化控制和可追溯系统研究等。并加强对外宣传工作，向社会公众（包括养殖户、基层农技人员、企业员工、管理人员及体系人员等）进行积极的技术培训，使新兴技术深入人心。

四、深入推行可追溯制度和技术体系建设

罗非鱼养殖正逐步成为产业化生产，并已融入国际大市场，这就需要随时了解其养殖、加工、流通、出口等各环节的状况，即应建立一个能及时反映各方面信息的平台，以便于养殖户、加工企业、外贸出口公司等随时随地检索产地检测结果、养殖状况、市场价格、国内外市场行情等信息，使罗非鱼养殖产业链能高效地运转。同时，产业链各环节需要建立行之有效的质量安全可追溯系统，确保产品质量安全信息的溯源与监控，给买家与消费者足够的安全信心。而且，各种信息的公开，有助于社会各界发挥监督作用，规避罗非鱼市场的投机行为和机会主义行为，促进生产经营者采用无公害养殖技术和科学规范的加工生产技术，从而提高产品品质。

（一）适时开展中央级水产品质量安全监管追溯平台的开发试用

各地追溯体系分散建设，因具体需求不同，技术细节不尽相同，存在标准不统一、信息未共享、资源未整合的问题。鉴于追溯体系建设存在国内外形势、管理实践、政策制度多方面的要求，建议适时开展中央级水产品质量安全监管追溯平台的开发试用。充分发挥现有各地追溯体系建设成效，组织协调已有追溯体系在总结实践经验的基础上，按照统一要求对现有追溯资源调整和整合，统一纳入全国水产品质量安全追溯信息平台，统筹兼顾，全面规划。

（二）构建并不断完善水产品质量安全可追溯的法律法规体系

随着《农产品质量安全法》《食品质量安全法》《农产品包装和标识管理办法》等法律法规的相继出台，为我国水产品质量安全可追溯体系建设提供了良好的环境，但是上述法律法规中只涉及对产品需具备追溯性的要求，而对于如何使产品具备可追溯性则没有明确的要求。应尽快构建并不断完善水产品质量安全可追溯的法律法规制度体系，力争出台《水产品质量安全追溯管理办法》《水产品标识管理办法》等法规，明确追溯管理职责，界定相关主体的义务和责任，加强追溯信息的核查，针对提供虚假信息制定相应的处罚措施，严厉打击失信行为，以保障追溯信息的准确信和可靠性。

（三）科学搭建体系构架，明确各级平台定位

在系统构架设计中，建议对部、省、市、县各级平台工作重点进行明确定位，通

过模块化设计和权限划分，满足不同层级监管主体的监管和追溯需求。建议采取"数据录入汇总重在部县两头，信息管理应用重在省市各级"的设计思路，县级平台负责组织生产经营主体完成信息录入工作，具体包括主体备案、编码发放、信息录入指导和基地检查等；部级平台负责数据接收汇总分析，具体包括数据内部交换和调度、统一查询、企业推荐和举报受理等；省、市各级依据监管职责侧重对辖区内追溯信息进行监管和应用，具体包括本省市追溯信息存储汇总和统计分析、生产过程信息监督管理、质量安全风险在线分析、生产技术咨询指导和农产品质量安全突发事件应急处置等。在建立部、省、市、县平台基础上，可设置批发市场平台，其定位为信息存储和查验。建议将部级平台设为统一的消费查询平台，通过追溯码，可查询到该批次产品的责任主体信息。省级农业部门可根据当地工作需要，参照中央追溯管理平台模式，建设省级追溯查询平台，消费者如需了解该产品更为详尽的生产过程信息，可通过部级平台网页链接形式在省级平台查询。

战略对策篇

ZHANLUE DUICE PIAN

第八章　中国罗非鱼产业政策研究

产业政策是政府为了实现一定的经济和社会目标而对产业的形成和发展进行干预的各种政策的总和，是国家促进市场机制发育，纠正市场机制的缺陷及其失败，对特定产业领域加以干预和引导的重要手段。科学合理的罗非鱼产业政策，对实现罗非鱼产业由小做大、由大到强，提升中国罗非鱼产业的自主创新能力、自我发展能力和参与国际竞争能力意义重大。为了准确把握罗非鱼产业政策对罗非鱼产业的影响，本章将重点阐述国内罗非鱼产业政策演变，在分析中国罗非鱼产业政策存在问题和发展趋势的基础上，进一步探索未来中国罗非鱼产业的发展方向和政策选择。

第一节　产业政策演变

一、中国罗非鱼产业政策演变

（一）中国渔业产业政策演变

政府在产业发展中具有影响生产要素、市场需求、相关产业发展和维护市场竞争的秩序与公平的作用。政府不仅可以调控土地制度的更新、基础设施的建设、技术研发与技术推广，而且可以根据国际农业市场的变动不断调整本国农业结构，在农产品价格、财政、金融、外贸等方面的倾斜给予农业直接的支持。随着中央扶持"三农"的各项方针政策不断完善，社会主义新农村建设的不断深入，全社会关心农业、关注农村、关爱农民的良好氛围不断形成，渔业作为农业的重要组成部分，在国家支农、补农、惠农政策的普照下，发展环境将不断改善和优化，渔业增长方式转变步伐将进一步加快，科技进步与创新能力将不断增强，渔民素质和企业素质将有较大提高。近年来，中央实行"以工补农，以城带乡"和"多予少取放活"的方针，加大渔业投入，减免税赋，增加直接补贴，开辟政策性保险等，夯实了渔业发展的基础，保障了我国渔业持续健康快速发展。这些都将从根本上提高我国水产品的国际竞争力，增强企业开拓国际市场能力，促进水产品贸易健康持续发展。从中国整个渔业来说，我国的渔业政策经历了以下 4 个时期的演变：

（1）*建国初期（1949—1958 年）*　我国近海丰富的渔业资源为解决食物短缺提供了可能，且建国初期我国经济资源匮乏，不能大量用在建设水产养殖设施上，而发展近海捕捞则投入少、见效快、回报大，因而发展海洋捕捞渔业成为当时政府渔业政策的重点。到1958年，海洋渔业得到高速发展，当年人均捕捞产量达4.81kg，海洋捕捞总产量比1952年增长了11倍。

（2）计划经济时期（1959—1978年）　国家提出开展淡水和海水养殖，肯定了"以养为主、积极发展捕捞"的方针。这一时期，我国海洋捕捞能力不断增强，到1971年，渔船比解放初期增加了14倍多。捕捞强度的增长与近海渔业资源蕴藏量的矛盾日益加剧，到1978年，中国近海海洋渔业资源的可持续利用出现警情。此时期实行的渔业政策效果并不明显。

（3）改革开放以后（1979—2005年）　20世纪80年代起，我国近海渔业资源已经严重衰退，渔业政策重点转向水产养殖和远洋渔业。1986年，农业部颁布了《中华人民共和国渔业法》，从法律体制上调整了延续数十年的以海洋捕捞为主的渔业经济政策；2000年修改后的新《渔业法》进一步规范了养殖业健康发展、实行捕捞限额制度，为渔业可持续发展奠定了法律基础。1979年后我国的水产养殖业进入快速发展期，同期海洋捕捞产量也在逐年增长，但在2000年首次下降，降幅15%，人均海洋捕捞量也随之下降，与此相反，人均养殖产量则快速增加。1993年，我国成为世界上唯一的养殖产量超过捕捞产量的渔业大国。此后至今，养殖水产品在我国水产品供给总量中的比例一直超过50%。目前普遍认为，我国渔业已成功实现由"捕捞为主"向"养殖为主"的增长方式转变。同时，研究者也指出随着我国近海和内陆渔业自然资源的衰竭，水产养殖在未来我国渔业发展中的作用将会更加突出。

（4）2006年至今　2006年，农业部颁布的《全国渔业发展"十一五"规划》中提出，"十一五"（2006—2010年）期间渔业发展的目标要做到确保水产品安全供给、确保渔民持续增收、促进渔业可持续发展、促进农村渔区社会和谐发展。因此，面对自然渔业资源相对萎缩、生态环境局部恶化的严峻现实，我国水产养殖业的发展必然以增加养殖水产品供给、提高水产养殖主体收入为目标。

2011年，《全国渔业发展"十二五"规划》指出，到2015年，我国渔业经济总产值水产品总产量将超过6 000万t，年均增长率超过2.2%。其中，养殖产品比重达到75%以上；水产养殖面积稳定在666.67万hm²以上，完成133.33万hm²中低产池塘标准化改造。渔业经济总产值达到2.1万亿元、增加值达9 900亿元、渔业产值达到1万亿元、增加值达0.64亿元。全国渔业将坚持和完善"以养为主，养殖、捕捞、加工并举"的发展方针，在提高传统产业发展水平的同时，要努力拓展增殖渔业和休闲渔业等新兴产业，着力构建现代渔业"五大产业体系"。为此，国家将加大对现代渔业建设的财政支持，争取财政投入增幅不低于大农业投入的增幅水平。调动社会投入渔业的积极性，加大对渔业小额信贷的支持，探索养殖权和捕捞权证抵押质押及流转方式，增加对渔业生产经营者的信贷支持，促进形成多元化、多渠道的渔业投融资格局。扩大渔机补贴的产品种类和支持力度。推进将渔业保险纳入国家政策性农业保险范围，尽快建立稳定的渔业风险保障机制。同时，促进渔业在税收和用水、用电、用地等全面享受农业优惠政策，将渔业基础设施建设纳入农业农村发展总体规划以及优质高效农产品基地的国土整治、农田水利设施改造等项目中统筹推进。

总体来说，"十二五"期间及今后一段时期内，水产养殖将成为渔业发展的重中之重。就水产养殖而言，今后的发展目标是：加快推进标准化健康养殖，科学合理调整拓展养殖空间；加快水产养殖标准化创建，推广应用健康养殖标准和养殖模式；发展与水产养殖业相配套的现代苗种业，加强水产新品种选育，提高水产原良种覆盖率和遗传改良率，不断调整优化养殖品种结构和区域布局；积极推广安全高效人工配合饲料，促进水产养殖向集约化、良种化、设施化、标准化、循环化、信息化发展。

(二) 中国罗非鱼产业政策演变

罗非鱼产业一路走来，正是在上述国家政策扶持下得到了迅速的成长，罗非鱼被农业部确定扶持为优势产业，经过近 10 来年的迅猛发展，罗非鱼一跃成为继三文鱼、对虾之后的第三大国际性养殖品种，也成为国内水产养殖业中重要的养殖品种，养殖罗非鱼的技术成熟，效益可观，加工产品的市场需求量大，在国内外市场上有着较强的竞争力，罗非鱼产业已经成为国内农业支柱性产业。农业部和财政部于 2008 年联合启动了第二批 40 个现代农业产业技术体系建设工作，其中罗非鱼产业技术体系作为 5 个渔业产业体系的其中之一被单独列出来。罗非鱼体系建设将要完成 3 个功能研究室和 10 个综合试验站的建设，集聚全国 90％以上的人才队伍和研发能力，使罗非鱼产量到"十一五"末，总产量达 120 万 t，显著提高大规格罗非鱼产量和比重，全面提升罗非鱼产品品质，促进罗非鱼产业科技保持世界领先水平。进入"十二五"，罗非鱼产业更是被列入了"十二五"工作计划中，并提出了罗非鱼产业体系的 3 项重点任务和 6 项研究室任务。从中长期发展看，罗非鱼国际性持续发展的基本面仍然良好，且罗非鱼全球贸易额和贸易量均在持续增长，我国成为了全球最大的罗非鱼生产国和出口国。因此，如何推动我国罗非鱼产业的全面、深入、持续、健康的发展，将是我国罗非鱼产业政策的研究重点。我国罗非鱼产业政策经历以下 3 个时期的演变：

(1) 2003 年之前　产业政策目标主要集中在进行罗非鱼产业布局、打造生产示范基地，扩大罗非鱼养殖规模、进行池塘改造等。期间，规模化的罗非鱼种苗繁殖场及养殖场大量呈现。

(2) 2004—2010 年　产业政策目标主要集中在进行罗非鱼重点养殖区域布局、因地制宜制定罗非鱼产业规划、扶持罗非鱼加工厂发展。随着罗非鱼产业的快速发展，越来越多的企业和科研院所加入到罗非鱼产业的研发链中，用科研成果与国际前沿的现代生物技术和传统的遗传育种技术相结合，不断改良优选，培育出具有中国特色的罗非鱼良种，中国的罗非鱼产业已进入快速成长阶段。

(3) 2011 年以后　主产区纷纷将发展罗非鱼产业列入省级的"十二五"发展规划中，产业政策目标主要集中在加大财政投入力度、加强罗非鱼质量安全监控系统的建设，加大科技投入以保障罗非鱼产业的健康发展。

1. 罗非鱼产业布局政策 产业布局政策是对产业的空间分布的引导和调整，由于政府干预性较强，一般都是通过规划产业的布局，实现地区的合理分工，理论依据是产业集聚的经济效益，实现各地区的协调发展。罗非鱼产业布局是罗非鱼产业存在和发展的空间形式，布局政策的目标是实现罗非鱼产业布局的合理化，鼓励各地区根据自身资源、经济、技术条件，因地制宜形成区域性罗非鱼产品合理布局，从而保证投资效率高、经济效益好、发展速度快的地区优先发展，促进地区间经济、技术交流，形成分工合理、互利协作的协调体系。完善罗非鱼产业区域布局，促使我国罗非鱼产业的布局更加合理，有利于生产、加工、销售资源的合理分配和利用，以及产业的持续健康发展；有利于发挥各地的比较优势，提高罗非鱼产业化经营水平；有利于集中投入，改善罗非鱼生产条件；有利于推广和运用农业现代科学技术，加强农业生产的科学管理，促进农业现代化。

2003 年，农业部将罗非鱼列为七大优势出口水产品之一，并作了布局规划，其中广东省、广西壮族自治区、海南省等被列为罗非鱼优势区域。同年，广西壮族自治区规划重点在南宁、北海、钦州、防城港市，抓好新开发 0.2 万 hm^2 水面养殖罗非鱼的示范工程。

2004 年，广东省规划在茂名市建设打造罗非鱼"金三角"产业基地。2006 年，海南省出台的《海南省罗非鱼产业化行动计划》中确定了琼东北、琼西北、琼西南和琼南 4 个罗非鱼养殖区。2008 年，农业部出台的《优势农产品区域布局规划（2008—2015 年）》，对水产品的布局为：着力建设黄渤海出口水产品优势养殖带、东南沿海出口水产品优势养殖带、长江流域出口水产品优势养殖区 3 个优势区。东南沿海出口水产品优势养殖带包括浙江、福建、广东、广西、海南 5 省（区）的 121 个县，着力发展鳗鲡、对虾、贝类、大黄鱼、罗非鱼、海藻。

2011 年，农业部颁布的《全国农业和农村经济发展第十二个五年规划》明确了罗非鱼作为优势品种发展的重要性，以及罗非鱼发展的优势区域（黄渤海、东南沿海和长江流域），这些区域的罗非鱼主要养殖省份包括北京、广东省、广西壮族自治区、福建省、海南省、云南省、江苏省、山东省及四川省等。广东省、广西壮族自治区、福建省、海南省及云南省作为罗非鱼产业体系的跟踪示范点，积极地响应中央的号召，根据当地发展罗非鱼产业的资源优势，制定相应的罗非鱼布局发展规划。

2. 罗非鱼产业成长政策 罗非鱼产业成长政策，是指有利于促进罗非鱼产业成长的一系列扶持措施，包括基础设施建设、信贷扶持、技术投入等。明确产业结构调整的方向，确立罗非鱼产业成长合理化的政策，为罗非鱼产业的发展指明了前景。

2003 年前罗非鱼产业政策主要集中在高起点规划布局，高标准建设生产基地，加强技术支撑，制定政策措施扶持罗非鱼发展。政策内容包括致力于创新池塘养殖模式，打造规模化罗非鱼生产基地，进行标准化养殖，扩大罗非鱼养殖规模，总结出一套适合的罗非鱼优质养殖模式及其相关的配套技术，完成池塘主养罗非鱼、小山塘水库主养殖罗非鱼和罗非鱼水库网箱优质养殖技术操作规范的制定，完成病害快速诊断、水质调控、无公害脆化专用配合饲料研制等罗非鱼产业配套关键技术的创新与集成，建设规模大、水平高的工厂化水产养殖产区等，主要目的在于创造罗非鱼健康标准化养殖、生产的前提条件。

2004—2010 年，罗非鱼产业政策主要集中在制定罗非鱼产业长期规划，围绕"优质、高效、高产、生态、安全"的可持续发展理念，成立省市级罗非鱼良种场，完善罗非鱼良种生产体系建设，确保亲本苗种质量，吸引资本从事罗非鱼加工出口。政策内容包括加强罗非鱼产业链的整合与品牌培植，建立高标准、高新技术支撑、规模化的外向型罗非鱼出口生产示范基地，出台多项优惠政策吸引社会资本和外资从事罗非鱼加工出口，打造罗非鱼产品品牌，开拓市场。加大对罗非鱼产业的科技投入，充分利用省市县三级水产技术推广网络，广泛开展对养殖生产者的技术培训，提高群众性生产技术水平，形成"育苗、养殖、饲料、加工、销售"各环节紧密合作的产业联盟。

"十二五"以来，罗非鱼产业政策主要集中在加大财政扶持力度，加强产品质量安全管理，全面提升罗非鱼产品品质。政策内容包括各级财政设立罗非鱼产业发展资金，加大对出口罗非鱼加工企业的支持，将罗非鱼精深加工项目和企业列为信贷扶持重点，对收益好、有前景的项目和企业优先安排信贷资金，主动提供优质金融服务。重点扶持罗非鱼加工企业的新建、改扩建、开拓市场、物流体系建设等，将罗非鱼加工企业列为担保服务的重点对象，每年安排一定的担保额度用于罗非鱼加工企业流动资金贷款担保。加强产品质量安全管理，制订罗非鱼产品的养殖技术规范，按照出口产品的技术、质量标准从事罗非鱼的养殖、加工，同时加强水质监控和渔业投入品的规范管理，建立水产品全链可追溯跟踪系统。

3. 罗非鱼产业组织政策　产业组织政策是政府制定的调整和处理同一产业内各企业之间关系、规范市场行为的公共政策。实质是通过权衡自由竞争与规模经济的矛盾，充分利用规模经济带来的效益，发挥自由竞争带来的活力，防止垄断和过度竞争，实现产业组织的合理化和社会福利的最大化。主要通过选择高效、高收益的产业组织形式，保证供给的有效增加，使供求总量的矛盾得以协调的政策。实施产业组织政策可以实现产业组织合理化，为形成有效的、公平的市场竞争创造条件。

目前我国罗非鱼养殖生产以一家一户的松散型、家庭式经营为主，苗种来源、养殖规格均由个人决定，采用季节性生产和集中上市，罗非鱼产品不能均衡供应。目前罗非鱼国内市场规模小、组织化程度低，罗非鱼养殖、加工、流通和贸易分割，形不成竞争合力，严重阻碍了我国罗非鱼产业化的发展和深化。通过引进带动力强、发展前景好的罗非鱼生产加工龙头企业，可以降低生产成本，争创名优品牌。龙头企业通过建立起罗非鱼产前、产中、产后的"一条龙"经营体系，开发罗非鱼深加工产品，提高产品的附加值，增加罗非鱼养殖利润，促进罗非鱼产业发展。而农民专业合作组织作为单个农户的结合体，拥有比单个农户更强的谈判能力，合作社可以降低交易成本，实现小农户与大市场的有效对接。因此，提高罗非鱼产业组织化程度，推广罗非鱼"龙头企业＋合作社＋农户"的产业化组织模式，大力发展农业产业化经营和农民专业合作社，建立起种苗培育、养殖、产品加工、包装储运、饲料供应、产品经销等相互配套、综合经营的"一条龙"体系，有利于促进罗非鱼生产规模化和专业化水平，稳步提高罗非鱼产量和增加养殖户收入，加快罗非鱼养殖产业化进程。

2003年，广东省农业厅颁布的《关于加快发展农民专业合作经济组织意见的通知》，鼓励和引导各类农民专业合作经济组织规范发展，进一步提高农业的组织化程度，农村各种合作经济组织发展工作进入新的阶段。每年安排专项资金扶持农民专业合作经济组织扩大经营，加快渔业产业化进程，大力推进产业化经营，提高生产加工的组织化、现代化水平。

2006年，中华人民共和国人民政府颁布的《中华人民共和国农民专业合作社法》，扶持发展以专业合作组织为主体的互助服务，积极倡导以社会化中介组织为主体的市场服务。2008年颁布的《优势农产品区域布局规划》中提出要突出龙头企业与优势区域之间的"血缘关系"和"地缘关系"，引导和鼓励龙头企业向优势区域内集聚，通过"公司＋合作组织＋农户""公司＋基地＋农户""订单农业"等模式，与农民结成更紧密的利益共同体，让农民更多地分享产业化经营成果。由罗非鱼产业各环节的企业、个人组成罗非鱼产业联盟，成立罗非鱼协会，发挥协会和组织在政府、企业和渔民群众中的桥梁纽带作用。

2012年，国务院出台了《关于支持农业产业化龙头企业发展的意见》，相关农业龙头企业得到了政府的大力扶持，鼓励其兴办罗非鱼加工业或参股龙头企业。认真贯彻落实《农民专业合作社法》，制定财政扶持政策，在优势区域，重点鼓励、引导和支持一批农民专业合作组织发展，激发农民发展优势产业的积极性和创造力。同时支持农民专业合作组织承担国家有关涉农项目，协助渔业主管部门对罗非鱼产业进行有效管理，沟通交流各环节信息，为企业和群众提供服务，形成产、供、销一条龙的产业链，以优质品牌占领国际市场，共同应对千变万化的市场。

二、主产区罗非鱼产业政策演变

目前我国除宁夏、青海等个别省区外，其余30多个省市均有养殖罗非鱼。罗非鱼属于热带鱼类不耐寒，其养殖分布主要在我国南方地区如广东、海南、广西、福建和云南等地。这些地区得益于有利的气候和丰富的淡水资源，罗非鱼养殖发展迅速，已成为我国罗非鱼养殖的主产区，其养殖产量占全国总产量的90％以上。短短的十多年，我国罗非鱼养殖业得到了巨大的发展，产量和出口量稳居世界第一位，养殖罗非鱼已成为我国出口创汇和农民增收致富的重要途径。罗非鱼养殖业的发展同时带动了种苗、饲料、运输、加工、贸易等相关产业的发展，已形成了一条完整的产业链。主产区的各级政府对罗非鱼产业的扶持政策相对健全，本节主要从罗非鱼主产区的产业政策演变进行阐述。

（一）广东省

广东是我国最大的罗非鱼养殖大省和出口大省，由于广东独特的自然条件，加上养殖方式的改进和技术水平的提高，罗非鱼生产在广东获得迅速的发展，我国将近一半的罗非鱼产量来自广东。有了 20 世纪 90 年代的发展基础，在省市各级政府的大力扶持下，广东省的罗非鱼生产、加工和销售开始形成产业化规模，成为淡水养殖区农民致富奔小康的支柱品种。

1. 罗非鱼产业布局政策　2003 年，罗非鱼与鳗、对虾成为广东省三大被农业部列入全国优势农产品区域规划的水产品种，并且罗非鱼是广东省唯一列入农业部区域布局规划的出口优势农产品。为此，广东省海洋与渔业局适时提出"做大做强罗非鱼产业"的战略决策，制定政策措施，全方位培育，高起点规划布局，高标准建设，在湛江、茂名、珠海、汕头等市建设了一批罗非鱼养殖生产基地，并初步形成罗非鱼加工园区雏形，将茂名市、高州市、化州市打造为罗非鱼"金三角"产业基地，同时带动茂名、湛江、肇庆成为广东省罗非鱼产业大市。

2. 罗非鱼产业成长政策

（1）建设标准化产业基地　2004 年，广东省茂名市制定《加快建设茂名市罗非鱼"金三角"产业基地建设的实施方案》，把"罗非鱼"作为渔业产业发展的重点，加大政策扶持力度，出台有关奖励政策文件，财政上安排了一定罗非鱼科技发展资金扶持罗非鱼产业发展，引进大型龙头企业，并科学地引导龙头企业做强做大示范基地。如茂名市三高良种繁殖基地投资 5 000 多万元建成 1 100 多 m^2 的奥尼鱼苗孵化车间、4 500 多 m^2 的鱼苗培育车间、80hm^2 高标准亲鱼繁育池塘和 1 200 多 m^2 的科技综合楼等。该基地的建成，成为了全国首家工厂化生产、专业化培育的罗非鱼生产基地。茂名市还承担实施广东省《优质罗非鱼健康养殖及产业化生产技术》《优质罗非鱼加工技术集成产业化》《优质奥尼罗非鱼良种选育基地建设》等项目，对从养殖到加工各个环节进行科学规划，努力打造茂名市罗非鱼"金三角"产业基地。

2005 年，广东省茂名市制订了《茂名市罗非鱼产业"十一五"规划》，总体目标是在 5 年内建设一批 6.67hm^2 以上连片集中、规模化、集约化、标准化水准严、技术水平高、组织化程度好的罗非鱼养殖示范基地，全面实施罗非鱼无公害健康养殖技术操作规程，实施产业化经营，以带动整个罗非鱼产业基地的发展和提高。规划通过确立可用药及其用法、用量、停药期和最大残留量，加强渔用药物监督，确保生产的产品品质好、无污染、无公害，达到欧盟和美国的质量卫生标准，从而增强国际市场竞争力。

（2）优化育苗与养殖生产　2005 年，《茂名市罗非鱼产业"十一五"规划》中目标建成 1 个国家级罗非鱼良种繁殖场、1 个省级罗非鱼良种繁殖场和 4 个市级罗非鱼良种繁殖场。建成后，搞好原种的选育、驯化、改良、提纯复壮，加快品种的更新换代，确保至"十一五"期末年生产繁殖罗非鱼良种鱼苗 8 亿尾。为了加快罗非鱼养殖业发展，茂名市积极争取和实施了经广东省、茂名市渔业主管部门和科技主管部门立项支持的项目，进行罗非鱼苗种繁殖与成鱼养殖等方面的研究开发工作，使罗非鱼成为当地特色支柱产业。如实施该市科技计划项目"全雄性罗非鱼制种及养殖高产技术"，通过亲本选育、人工繁殖、幼苗培育、成鱼养殖综合技术等研究以及关键技术推广，解决了罗非鱼雄性率和出苗率低、全雄性罗非鱼繁育种苗技术问题，并从养殖试验中总结出一套成鱼养殖综合技术，提高了罗非鱼养殖产量和效益。

2006 年，惠州市为确保罗非鱼养殖可持续发展，大力推进罗非鱼苗良种工程建设，不断加强市水产科学技术研究所淡水基地等罗非鱼良种基地的建设，及时引进奥尼罗非鱼、吉富尼罗罗非鱼等优良品种，强化亲鱼培育，提纯复壮亲鱼种质，实施罗非鱼雄性率跟踪检测，认真把好种苗质量关，进一步提升罗非鱼养殖的品种。

2011 年，广东省人民政府颁布了《广东省现代渔业发展"十二五"规划（2011—2015 年）》，规划中将水产良种推进工程列作"十大重点工程"。主张发展和提升主导产业，巩固和发展对虾、罗非鱼等出口优势品种，加快对虾、罗非鱼与鳗鱼等主导产业的优化升级，提高集约化养殖水平，打造水产品品牌，重点建设一批对虾、罗非鱼等具有竞争优势大宗品种和出口优势品种的遗传育种中心和原良种场，提高水产苗种质量和良种覆盖率，提高主导产业的良种研发能力。

（3）制定罗非鱼的信贷政策，实施良种补贴 2010 年，广东省茂名市政府出台《茂名市罗非鱼加工企业贷款贴息资金管理办法》，决定每年由市财政安排 1 000 万元用于罗非鱼加工企业贷款贴息，这不仅规范了市财政贴息扶持资金的管理，还及时把扶持资金发放到企业，茂名长兴食品有限公司、电白晟兴食品有限公司、茂名新洲海产有限公司、广东雨嘉水产食品有限公司、茂名市海名威水产科技有限公司、茂名海亿食品有限公司等 6 家罗非鱼加工企业共获贷款贴息资金 479 万元。2012 年，茂名市已初步确定对以上 6 个企业继续进行贷款贴息补贴，通过落实融资贴息这一好政策，以促进罗非鱼加工出口进一步发展，从而更好地改善全市就业环境。这些政策为加工企业在政策、资金等方面给予了优惠，使其不断发展壮大，不断增强其产业带动能力，提高罗非鱼产业化水平。

2012 年，广东省海洋与渔业局实施"开发一个品种，振兴一方经济"和"一条鱼"工程战略，为了提高水产苗种质量和良种覆盖率，施行了水产良种补贴和亲本更新制度，省财政拿出 2 000 万元补贴市级以上的良种场，实施内容包括良种选育、亲本更新和苗场的技术改造。

（4）开展技术培训与推广 罗非鱼健康生态养殖是一项涉及多学科知识的综合技术，为使广大养殖者掌握这套技术，广东省水产部门充分利用现有的渔业科技力量和技术推广网络，采取"科技下乡活动"等多种形式进行科技普及和培训系列活动，有效地促进了渔业科技和渔业经济的结合，提高渔业生产水平，使渔民得到了实惠。

茂名市政府在《茂名市罗非鱼产业"十一五"规划》中提出要发挥技术推广中心站和罗非鱼协会的作用，对生产和经营者、技术人员和企业经理、厂长及员工实行分期分批的培训，不断提高其整体素质，使养殖与加工出口的罗非鱼都能符合收购、加工、出口的规格和质量、卫生安全食用标准等要求。特别是要重点建设好茂名市水产科学研究所，把该所建设成为集水产科研、技术培训为一体的水产技术培训基地，邀请精通罗非鱼养殖的教授、专家担任项目技术顾问，在示范场内举办各种培训班，到推广点指导技术解决技术难题，使罗非鱼"金三角"产业基地能在竞争中巩固、发展与壮大。例如茂名市政府与茂南三高良种繁殖基地等单位沟通联系，为养殖户提供优质的渔需品，并为他们提供技术服务。这些供货协作单位不仅货款给予优惠和赊欠扶助，还长期派出技术人员一起深入养殖场传授罗非鱼健康生态防病技术，帮助渔民检测水质，诊治鱼病服务，为渔民提供物质和技术支持，提高广大养殖户的技术水平。

惠州市水产技术推广部门通过举办罗非鱼健康养殖技术培训班和咨询活动，主动送技术、送资料下基层，选派技术人员深入养殖场，为罗非鱼养殖户解决生产中遇到的问题。通过发放《农产品质量安全法》《水产养殖质量安全管理规定》《无公害食品渔用药物使用准则》《食品动物禁用的兽药及其他化合物清单》等技术资料5 500份，提高了养殖户安全生产的自觉性。

（5）引进科技人才 人是生产中的主动因素，人力资源是经济发展和社会进步最重要的、决定性的资源因素。为了加快罗非鱼产业的技术创新，茂南区大力引进农业科技人才，采取"走出去""请进来"的办法，与高等院校、科研机构建立稳定的技术合作关系，联合开发培育罗非鱼新品种，打造自己的罗非鱼品牌。茂南三高良种繁殖基地从中国水产科学研究院淡水渔业研究中心和珠江水产研究所引进技术人才，从国外引进良种罗非鱼，选育繁殖奥尼罗非鱼鱼苗，成功开发出全雄性罗非鱼种苗繁殖技术，茂南区的罗非鱼选育技术保持在国内领先地位，形成以产业吸纳集聚人才、以人才支撑发展产业的良性循环。

（6）加强罗非鱼质量安全管理 茂名市茂南区成立渔业标准化科研团队，对罗非鱼育种生产的各个环节进行深入细致的研究，制定高于国家行业标准的企业质量标准，先后制定并颁布实施了《奥尼罗非鱼亲鱼》标准（Q/MWY 01—2005）、《奥尼罗非鱼养殖技术规范》标准（Q/MWY 05—2005）等一系列企业和地方标准。在罗非鱼繁育养殖生产过程中，要求各生产基地严格执行育种各环节质量标准，做到罗非鱼繁育养殖生产规范化、标准化。不合格的产品全部淘汰，决不让劣质产品流入市场，有效地提升了产品质量。

茂名市以高州市茂大养殖场的17.33hm² 罗非鱼养殖池塘为试点，应用国际上通用的 HACCP 体系，推行罗非鱼养殖 HACCP 体系建设试点工作，制定完整、有效、操作性强的罗非鱼养殖 HACCP 体系标准、规范和管理制度，并开展培训和示范推广工作，推动该市乃至广东全省在水产养殖业 HACCP 体系的建立。茂名市和高州市渔业主管部门及高州市茂大养殖场组成 HACCP 工作小组，应用判定树的逻辑推理方法，根据罗非鱼养殖危害分析，在罗非鱼养殖的关键生产环节包括养殖场环境、水源、种苗、饲料、药物、病害、养殖水质、养殖管理和成品鱼等方面，确定罗非鱼养殖 HACCP 体系的关键控制点（CCP）；根据国家有关的水产养殖无公害标准和《水产养殖质量安全管理规定》等标准和法规，制定每个关键控制点（CCP）的关键限值；建立对每个关键控制点进行监测的系统，通过监测发现关键控制点是否失控，以及时调整生产过程，防止超出关键限值，监测系统主要包括监测内容、监测方法、监测设备、监测频率、监测人员；根据监测情况和试点基地罗非鱼养殖的生产实际，建立纠偏措施。

广东省佛山市高明区通过建设食品可溯源体系、推行食品小作坊集中生产、推广"阳光厨房"实现食品制作全透明等举措，初步建立起食品安全溯源监管体系。首先在池塘养殖阶段，检测人员通过电脑监控记录罗非鱼的生长状况和健康状况，并把鱼品的名称、品种、产地、批次、饲料投放、施用药品等内容存储在 RFID 标签中；其次在加工阶段，该公司利用 RFID 标签中的信息对鱼品进行分拣，符合加工条件的鱼品，才能允许进入加工环节；加工完成后，再由加工者把加工者信息、加工方法、加工日期、鱼品等级、保质期、存储条件等内容添加到 RFID 标签中；进入包装程序后，该公司会将这些 RFID 信息转化为条码信息，粘贴于包装上，作为终端消费者的溯源凭证；最后到销售阶段，该公司可在专属门店利用 RFID 标签记录顾客购买的价格，将门店名称、销售时间、销售人员等信息写入标签中，以备顾客退货或商品召回时进行确认。

3. 产业组织政策 农民专业合作组织作为单个农户的结合体，拥有比单个农户更强的谈判能力，它代表了广大农户的利益。合作经济组织一般为农户提供集中类型的服务：一是技术性服务，如农产品技术指导；二是供销服务，帮助农户采购价格合理质量有保证的农资产品，并组织农产品的统一销售；三是政策服务，为农户争取适当的政府支持、融资贷款、风险控制等。为了降低交易成本，实现产前、产中、产后等各个环节上小农户与大市场的有效对接。

2003 年，广东省农业厅颁布了《关于加快发展农民专业合作经济组织意见的通知》，广东省各级政府加强组织领导，妥善解决农民专业合作社发展过程中遇到的困难和问题，完善农民专业合作社的运行方式、经营管理模式和利益分配机制，充分发挥农民专业合作社在促进农业增效、农民增收和社会主义新农村建设中的作用，不断提高农民专业合作社的影响力和竞争力。随着 2007 年《中华人民共和国农民专业合作社法》正式实施，确立了农民专业合作社这一新型市场主体的法律地位，进一步完善了农村基本经营制度，为农民专业合作社的发展提供了良好的机遇。2008 年，广东省级财政已安排了 1 000 万元的专项资金扶持 100 个省级农民专业合作社示范单位的发展。下文主要以广东省廉江市恒联水产养殖专业合作社为例阐述广东省的罗非鱼产业组织政策。

在廉江市海洋与渔业局的大力扶持下，该市成立了廉江市恒联水产养殖专业合作社。该合作社是以罗非鱼养殖为主的经济合作组织，紧紧围绕罗非鱼产、供、销开展生产经营活动。合作社自成立以来，已发展社员 100 多户，养殖面积达 1 666.67hm²，占全市养殖面积的 60% 以上。为了保证罗非鱼产品质量，合作社推行标准化生产，主要做法如下：首先，合作社统一推荐两家罗非鱼苗种厂、两家饲料厂供社员选用，为社员定购健康优质的种苗，对部分因特殊原因没有统一定购种苗的社员，要求种苗必须来自取得生产许可证的繁育场；其次，对罗非鱼养殖的监管贯穿于整个生产过程，按照《水产养殖质量安全管理规定》，从鱼塘环境的整治、饲料的使用、鱼病的防治等，进行全程跟踪服务，合作社执行渔医生行医制度，对鱼病对症下药，避免药物超标和残留等问题，使罗非鱼产品的质量安全得到保障；第三，合作社成立了捕捞队，负责社员养殖罗非鱼的捕捞、收购和运输。

2008 年，该合作社产前帮助渔农采购约 5 000 多万尾优质罗非鱼苗，为渔农供应优质饲料 4 000t 左右，产后帮助渔农销售罗非鱼 182 多万 kg，专业合作社的年产值高达 1 500 多万元。政府部门授权合作社，负责核定出具加工出口原料，退税证明，合作社将社员作为加工企业备案的养殖户，由合作社与水产加工企业签订供销协议，加工企业预先为养殖户支付生产资金，然后由合作社统一收购原料鱼送往加工企业，保证了加工企业有充足、优质的原材料供应，真正实现了互利共赢，在一定程度上化解了小生产与大市场的矛盾。由于合作社与加工厂关系密切，合作社能及时了解罗非鱼出口贸易的形势和信息，提高社员在与加工企业价格谈判中的地位，可以更好地就罗非鱼产品价格问题与加工企业进行交涉，从而保障了社员的利益，提高了社员的养殖积极性。

（二）广西壮族自治区

广西是我国罗非鱼养殖优势区域，同时罗非鱼养殖业也是广西水产养殖业的支柱产业。广西地处亚热带地区，气候温和，雨量充沛，江河、水库、山塘等水域资源十分丰富，十分适合发展罗非鱼养殖。广西本地也有消费罗非鱼的饮食习惯，加上罗非鱼良好的市场需求，罗非鱼从引进之日起就成为广西渔业开发的重点对象，自治区人民政府对罗非鱼产业的发展高度重视，先后出台了扶持罗非鱼产业发展的优惠政策，并在资金上给予了大力的支持，使全区罗非鱼产业得到了快速的发展，成为为广西内陆渔业的一大产业。广西渔业部门采取优化产业布局，扶持罗非鱼规模养殖基地建设，提高良种覆盖率，推广健康、生态、循环、高效的养殖模式，增强越冬保种能力，扶持加工出口企业及出口备案养殖场等有力举措，不断扩大罗非鱼养殖规模及养殖产量。

1. 产业布局政策　2003 年，广西壮族自治区人民政府《广西壮族自治区人民政府关于研究罗非鱼产业化有关问题协调会议纪要的通知》中提出要利用农用地、未利用地发展水产养殖业，鼓励农民充分利用未利用地、其他农用地、低产田养殖罗非鱼。在农民承包期内，利用农民承包经营土地养殖罗非鱼，应在农民自愿的基础上实施，不得改变原土地承包关系。规划重点在南宁、北海、钦州、防城港市抓好新开发 2 000hm² 水面养殖罗非鱼的示范工程，并在年内发挥效益。经过多年规划建设，形成了以邕江、柳江为中心的年产 1 万 t 左右的江河网箱集约化养殖区，以南宁市郊为中心的年产 2 万 t 左右的池塘高产养殖区和柳州电厂、合山电厂、来宾电厂 3 个相距不到 60km、年可生产大规格反季节罗非鱼近万 t 的工厂化流水养殖金三角。

2004 年，广西壮族自治区人民政府批复《广西养殖业优势产品（品种）区域布局规划（2004—2007 年)》。划定具有广西各地特色的渔牧品种和优势产区，最终形成"开发一个品种，建成一个产业，创立一个品牌，带动一方经济，致富一方群众"的生产经营新格局。自治区出台了《自治区人民政府关于进一步加快罗非鱼产业化发展的意见》的政策性文件，在基地建设、品种改良、技术培训、资金扶持、税收优惠等方面都提出了一系列扶持措施。行业主管部门把罗非鱼、对虾优势产品的开发与规模养殖水平同步提高，打造以南北钦防为主产区的罗非鱼规模养殖产业带，实现罗非鱼产业的较快发展。

2011 年，广西壮族自治区《广西罗非鱼产业发展"十二五"规划（2011—2015年)》中规划致力于调整罗非鱼生产区域布局、合理分布苗种生产基地。"调整罗非鱼生产区域布局"包括 3 个方面：一是将南宁、北海、玉林、钦州、柳州、防城港等六市所辖的相关县（市、区）建设为池塘精养高产区，每个县（市、区）建设罗非鱼健康养殖示范基地 1~2 个，每个示范基地连片池塘面积 20~33hm^2；二是将河池、百色两市的相关县（市、区）建设为网箱养殖高产区，利用当地丰富的大水面资源优势，扩大罗非鱼网箱高产养殖规模，发展库区罗非鱼网拦、围栏等养殖，每个县（市、区）建设 1~2 个网箱罗非鱼健康养殖示范基地，每个示范基地网箱养殖面积 500~1 000m^2；三是将玉林、贵港、来宾和崇左四市有条件的县（市、区）建设为山塘水库养殖区，每个县（市、区）建设 1~2 个健康养殖示范基地，每个示范基地连片池塘面积达到 33~53hm^2。

2012 年，自治区政府"罗非鱼良种南繁基地建设项目"提出要合理分布苗种生产基地，建设良种场、苗种繁育场、广西罗非鱼南繁基地、越冬保种基地。良种场建设在罗非鱼主产区南宁、玉林、北海、钦州、防城港、贵港、柳州、百色、来宾、河池和崇左等市，每个市新建自治区级以上罗非鱼良种场 1 个，每个场年产良种罗非鱼苗种 3 000 万尾以上。

2. 产业成长政策

（1）加大财政扶持力度　2003 年，广西壮族自治区人民政府将罗非鱼产业化生产作为当前农业结构调整的一项重要举措，根据罗非鱼加工企业的生产能力和市场需求抓好罗非鱼产业化生产。区政府发布了《广西壮族自治区人民政府关于研究罗非鱼产业化有关问题协调会议纪要的通知》，要求各级人民政府要通过示范的办法，加强政策引导，进行罗非鱼产业化开发，坚持农民自愿的原则，使农民成为投入的主体。对南宁、北海、钦州、防城港市新建罗非鱼养殖鱼塘，自治区给予每亩水面 200 元的基础设施建设财政补助。2003 年的补助资金由自治区水产畜牧局用自有资金垫付，自治区财政在 2004 年的部门预算中统筹考虑安排解决。罗非鱼加工企业从 2003 年 7

月1日起免征农业特产税，3年后按农村税费改革后的新政策办理。

2009年，《关于印发广西罗非鱼产业化发展继续扶持方案的通知》中决定从2009年起连续3年（2009—2011年）自治区财政在部门预算中安排一定额度的项目资金，专项用于扶持淡季（每年1～6月）罗非鱼原料收购环节，加快罗非鱼养殖出口基地建设。每年1～6月扶持广西全区养殖3万t罗非鱼，每吨补助养殖业主150元。以收鱼发票和磅码单日期为准，当年6月31日以前开出的收鱼发票和磅码单有效，7月1日以后开出的收鱼发票和磅码单不能享受扶持补贴。先报先补，补完为止，结余可留作下一年度使用。

2011年，广西壮族自治区颁布了《广西罗非鱼产业发展"十二五"规划（2011—2015年)》，规划致力于调整罗非鱼生产区域布局、合理分布苗种生产基地和投资重点项目上。围绕规划目标，财政投资约7.55亿元，重点实施以下项目：①按照"生态、健康、循环、集约"的要求，实施罗非鱼养殖池塘标准化改造项目，总投资3亿元；②以提高罗非鱼良种自给率和罗非鱼良种研发能力为目标，实施良种繁育体系建设项目，投资2.65亿元，计划建设1个罗非鱼遗传育种中心、10个省级以上罗非鱼良种场、25个罗非鱼良种繁育场、100个罗非鱼越冬保种场，在海南省三亚市建设占地10hm^{2}的广西罗非鱼南繁基地；③针对养殖环境的不同特点，按照农业部创建健康养殖示范场的标准要求，实施罗非鱼池塘养殖、网箱养殖、山塘水库健康养殖示范基地建设项目，投资4 000万元；④针对罗非鱼主要病害，以提高罗非鱼产品质量安全水平为目标，实施罗非鱼质量安全监控、病害防控体系建设，总投资5 000万元；⑤以罗非鱼加工企业为基础，实施罗非鱼产品开发及精深加工项目，总投资1亿元。

同年，广西壮族自治区政府财政安排专项资金7 000万元，实施罗非鱼池塘标准化改造，把池塘标准化改造示范工程列入中央财政现代农业生产发展资金项目范围。项目内容为养殖户利用寒冷不宜养殖的空塘期，进行干塘、晒塘、清淤，配套添加增氧、抽水等机械设备。该政策从罗非鱼养殖环境角度提高了养殖的效益，有利于土地流转，使渔业步入标准化、规模化、产业化、集群化轨道，无公害养殖、健康养殖和标准化养殖在更大范围内得到推广应用，节电、节水、节地、生态、循环、高效设施养殖业获得新的发展空间，从根本上推动广西水产养殖业转型升级。

从2011年起至2013年，广西壮族自治区财政将安排1.2亿元资金用于标准化池塘改造补贴。凡在南宁、北海、钦州、防城港、玉林和贵港6市内，符合条件的罗非鱼养殖户，都可以申请补贴。按照相关规定，可以申请补贴的池塘分为罗非鱼鱼苗塘和养殖塘两大类，财政补贴资金每667m^{2}分别为3 000元和1 500元，主要是帮助具有开展池塘改造积极性、主动性的养殖户，部分缓解养殖户的经济负担。

（2）优化苗种繁育　2012年，广西科技厅"十二五"重大科技专项"罗非鱼产业关键技术研究与技术集成示范"通过罗非鱼产业技术创新战略联盟的建设，建设广西罗非鱼良种南繁基地建设项目，进行罗非鱼良种选育、保存、培育与繁殖，应用现代渔业新技术、经营新理念、运行新方式，不断培育出罗非鱼良种新品系，突破精深加工关键技术，培育具有市场竞争力和具有自主知识产权的罗非鱼新品种和新组合，迅速扩大罗非鱼良种覆盖率，保障罗非鱼早春养殖的生产需要，大幅度降低苗种生产成本，提高罗非鱼苗种自给率，实现罗非鱼产业的健康持续发展。在水产良种推进工程实施中，罗非鱼苗种环节更加严格规范，对苗种质量提出更高的要求，能够选育多个罗非鱼新品系，促使苗种培育获得实质性的进展，通过提高集约化养殖水平以及良种研发能力，可以有效提高罗非鱼苗种质量以及产量，降低养殖户的养殖风险，使罗非鱼产业得到进一步发展。

（3）开展技术培训与推广　1985年以来，广西各级渔业部门共推广了100多项先进适用的罗非鱼养殖技术，其中20多项获得有关部门的科技成果奖。在罗非鱼育种方面，建立了广西水产研究所、南宁水产良场、南宁远东农牧渔发展有限公司等罗非鱼良种基地，重点推广了奥尼鱼（尼罗罗非鱼与奥利亚罗非鱼的杂交种，为高雄性的杂交子代，故又称为单性罗非鱼或全雄性化罗非鱼）。在养成技术方面，重点推广了池塘混养罗非鱼高产技术、网箱养殖罗非鱼、温流水养殖罗非鱼等。广西水产研究所积极探索科研与推广应用的快捷途径，培育出具有市场竞争力的新品种和新组合，特别是所选育的"奥尼罗非鱼"和"佳吉罗非鱼"两个良种品系，每年繁育的苗种供不应求，取得了较好的成效。

防城港市依山傍海，渔业资源十分丰富，发展罗非鱼养殖得天独厚。2005年，防城港市采取有效措施，加大罗非鱼开发力度。市渔业部门先后组织渔业生产技术人员和100名养殖大户参加罗非鱼无公害养殖技术培训班，积极为广大养殖户提供苗种供应、现场技术指导、产品销售、加工信息等方面的服务和帮助。

（4）加强罗非鱼质量安全管理　广西壮族自治区实施了罗非鱼质量安全监控、病害防控体系建设项目，建立了罗非鱼的养殖、加工的食品安全管理体系，保证了全省罗非鱼的质量，保障了罗非鱼的出口。依据ISO 22000国际标准建立了罗非鱼养殖和加工的食品安全管理体系，真正实现水产品从"水体到餐桌"的全过程安全质量控制，出口的冻罗非鱼片经检测各项卫生指标符合美国、欧盟等要求。如南宁市西乡塘区出口罗非鱼产品质量安全示范区采用"政府主导，相关部门联动，龙头企业带动，农户积极参与"的示范区建设模式，重点选取养殖条件较好、养殖规模较大、区域相对集中的3个出口罗非鱼养殖场——百洋金光基地、金南养殖场和盛满园养殖场，按照出口罗非鱼示范区建设标准，进行池塘改造、业务房改造等基础设施改造，规范苗种投放和养殖管理。目前已建立罗非鱼产品质量安全可追溯系统，实现了出口罗非鱼产品从"池塘到餐桌"、从"基地到市场"的全程监控。

3. 产业组织政策　龙头企业是按照契约约定组织农民养殖户生产，并回购、销售罗非鱼产品的产业化经营模式，具有引导罗非鱼生产、深化罗非鱼加工、开拓罗非鱼销售市场、提供全程技术服务并进行技术创新等综合功能，是罗非鱼产业发展的中坚力量。在我国普遍存在着小规模、分散的小农户生产的情况下，龙头企业发挥带动和连接作用，以契约的方式将分散的小规模生产结合在一起，扩大了经营规模，提高了农业生产的组织化程度和专业化程度。

"十一五"期间，广西重点推广"公司＋合作经济组织＋农户"模式，对完善农业产业化利益联结机制进行重点扶持，扩大产业化带动面。2007年，为引导龙头企业推广订单农业，广西结合扶持项目提出实施龙型增收工程，内容是号召所有国家和自治区重点龙头企业全面推行规范化订单农业，通过推广良种良法等创新科技措施，大力建设标准化基地，发展农产品加工，实现农民增收、农业稳定发展和企业经济效益提高。自治区对在龙型增收工程中带动农户数较多、农户增收额较大的企业给予扶持，扶持金额与项目效果挂钩，待项目实施完通过验收后，根据项目带动农户增收的情况再确定扶持金额，新增订单额和订单户越多，扶持金额就适当增加。龙型增收工程实现了大批的龙头企业统一行动大规模实施订单农业带动农民增收。区政府引进百洋集团投资罗非鱼加工项目，主要生产销售罗非鱼等水产品，是广西目前投资规模最大的水产品加工厂，从2007年至今公司年出口创汇一直居广西同行业的首位。

（三）海南省

海南是全国罗非鱼养殖和苗种生产自然条件最佳的地区，罗非鱼几乎全年都可以生长，可自然越冬。罗非鱼生长快，养殖周期短，采用标粗大规格鱼种的技术，在海南一年可养二茬至三茬，实现商品鱼全年均衡上市，为加工企业常年持续生产提供原料保障，这在其他省市是无法做到的，显示出海南养殖罗非鱼的明显优势。2003年开始海南罗非鱼产业以国际市场为导向，以加工为龙头，形成了具有相当规模的罗非鱼产业链，海南罗非鱼产业步入了快速健康发展的轨道。

1. 产业布局政策 2006年，海南省人民政府颁布了《海南省罗非鱼产业化行动计划》，努力促进罗非鱼产业发展，实现农民增收。计划确定了海南省罗非鱼产业发展的总体目标和区域布局，提出了加快罗非鱼产业发展的主要措施。按照地理区域特点和水源特点，将罗非鱼养殖划分为4个区域：①琼东北罗非鱼精养高产区（海口、文昌、琼海、万宁、定安），主要任务是继续扩大养殖规模，以池塘精养为主；②琼西北罗非鱼高产区（儋州、临高、澄迈、屯昌、白沙），扩大养殖规模，利用松涛水库灌区优势，发展大水面精养；③琼西南罗非鱼养殖区（东方、乐东、昌江），利用大广坝库区优势重点建设大水面三网（网箱、拦网、围网）养殖，通过示范基地的建设挖掘旧池塘的增产潜力；④琼南罗非鱼养殖区（三亚、陵水、保亭、琼中、五指山），加强技术培训，提高罗非鱼养殖水平。以发展小山塘、小水库为主，增加山区农民收入。建设一批以生产出口原料鱼为主的罗非鱼健康养殖示范基地。

2011年，海南省人民政府颁布的《海南省"十二五"渔业发展规划（2011—2015年）》中根据海南省东部、中部、西部地区以及城市和城郊地区渔业发展的资源、产业基础、比较优势的不同，突出区域特色，提高竞争优势，确定渔业发展布局。东部沿岸地区重点发展水产经济动物苗种的繁育和设施化养殖；东北部发展对虾、罗非鱼和海水鱼池塘健康养殖；中部主要发展罗非鱼养殖；西北部以临高后水湾深水网箱养殖基地为中心，大力发展近岸深水网箱养殖业的发展；在西南部发展暖水性水产苗种产业带。通过做优做大水产品加工业和休闲渔业，扎实推进海南省现代化渔业建设，实现传统渔业向现代化渔业的转变。

2. 产业成长政策

（1）建设标准化产业基地　2003年，海南省海洋与渔业厅发出《关于扶持开展罗非鱼养殖出口示范基地的通知》后，海南省文昌市各级政府高度重视，将罗非鱼养殖作为促进农业产业结构调整的重点，营造宽松、优越的投资环境招商引资，扶持龙头企业，大力推进罗非鱼养殖产业化经营，积极宣传连片开发养殖罗非鱼优惠政策，为养殖户提供优质服务来调动农民养殖罗非鱼的积极性。

2007年，海南省文昌市认真贯彻市委、市政府"三抓"总要求和"七大"经济发展思路，把发展罗非鱼作为"一把手"工程来抓，将罗非鱼产业作为发展区域经济的主导产业。各级政府强力推动，制定了一整套政策扶持措施，创新罗非鱼养殖模式，推广科学养殖技术，创建种苗基地和养殖基地。加大招商引资力度，引进罗非鱼加工企业，建成罗非鱼加工出口示范基地，规范罗非鱼产业链各个环节的管理，全面实施水产苗种生产许可证和养殖证管理制度，规范养殖生产秩序和市场管理。

2009年，海南省财政厅、海南省海洋渔业厅批准建设海口市三江湾万亩罗非鱼健康养殖基地项目。项目包括基地设施建设、环境整治、对农民技术培训、鱼塘改造等。新建、改扩建罗非鱼养殖池塘256hm²，硬化改造进、排水渠道11.25km，清淤、勾缝修补等治理中心大排沟2km。该项目竣工后，将有利于改善周边的环境，带动当地经济发展，提高农民收入。

（2）加大财政扶持力度　2003年，海南省海洋与渔业厅出台了扶持罗非鱼养殖出口示范基地的优惠政策，鼓励效益最大化的土地资源开发政策和鼓励农户养殖罗非鱼的资金直补政策。凡在当年9月30日前建成池塘面积13.33hm²以上的示范基地，或12月31日前建成池塘面积20hm²以上的示范基地，每亩将一次性获得补助200元。此后，补贴对象门槛降低，连片养殖3.33hm²（中部2hm²）以上也可获得海南省财政每亩100元的补贴。

2006年开始，海南一些市县政府也先后出台扶持政策，2003—2007年共安排罗非鱼产业化补助资金834.8万元，受益农户747户，补助面积共计4 933hm²，极大地推动了海南罗非鱼养殖产业的发展。

2007年，琼海市科协、琼海市海洋与渔业局及琼海市罗非鱼养殖技术协会积极从政策、资金、技术等多方面扶持重点养殖户做大做强罗非鱼产业。对连片新开发3.33hm²以上鱼塘的养殖户，每667m²补助100元。同时重点抓好塔洋、大路、潭门、中原等10个20～33.33hm²的连片基地建设，并充分运用土地流转机制，采取调整置换土地的方式，帮助养殖户连片开挖鱼塘，优先给罗非鱼养殖户供水、供电。海南省、琼海市有关部门还投入100万元建成了5.8km的碎石粉环塘公路和裕山村乡村道路，大大地促进了该地区罗非鱼生产的发展，使该地区罗非鱼养殖总面积达到 466.67hm²。

2009 年，海口市三江湾万亩罗非鱼健康养殖基地项目第一期总投资额为 2 568 万元，其中：中央投资农业产业发展资金 1 000 万元，省财政资金 100 万元，市财政资金 200 万元，农垦资金 538 万元，企业、个人投入资金 710 万元。

2010 年，海口市海洋和渔业局认真落实中央、省、市三级财政扶持罗非鱼产业发展政策，对符合条件的 51 家罗非鱼养殖户给予一次性补贴 86.58 万元。其中：中央资金补贴 9 宗，面积 52.33hm²，金额 39.25 万元；省级资金补贴 25 宗，池塘 81.67hm²，水库精养 440 万尾，金额 29.85 万元；市级资金补贴 17 宗，面积 58.27hm²，金额 17.48 万元。在 2010 年 7 月至 2011 年 12 月期间，使用中央现代农业生产发展资金对新建面积 2hm² 以上罗非鱼精养基地进行补贴。

（3）加强罗非鱼质量安全管理　2006 年，文昌市认真贯彻海南省政府的《海南省罗非鱼产业化行动计划》，文昌市质量技术监督局参与制定和发布了海南省地方标准《奥尼罗非鱼》《无公害食品奥尼罗非鱼养殖技术规范》，并与水产养殖业 3 个国家标准、4 个行业标准以及质量体系文件构成了产前、产中、产后全过程综合标准体系。

2010 年，海南省全面启动首批出口食品农产品质量安全示范区建设，在文昌、临高、儋州、东方等市县相继展开示范区建设。文昌市有出口罗非鱼养殖备案基地 320 家，7 000 多 hm²，占全省出口罗非鱼备案基地七成以上。2011 年，文昌市出口罗非鱼质量安全示范区通过国家质检总局验收考核，成为全国 55 个重点推进示范区之一，同时也是海南省首个国家级出口食品农产品质量安全示范区，对提升海南出口食品农产品质量安全整体水平起到良好的示范和辐射作用。

（4）开展技术培训与推广　为进一步增强渔民养殖技术，提高渔民收入，培养有文化、懂技术、懂经营的水产养殖新型渔民，确保渔业增值、渔民增收的目标实现。2012 年，海口市海洋和渔业局会同海南省海洋与渔业厅水产研究所在海口市演丰镇、三江镇、大致坡镇、灵山镇等举办"水产实用技术培训班"。培训班邀请省水产研究所专家授课，现场解答水产养殖户生产过程中遇到的疑难问题，通过培训班的学习，使养殖户掌握了新的养殖技术和养殖方法，提高了养殖户防治次生病害发生的能力，增强了养殖户的养殖信心。

3. 产业组织政策　为了推广罗非鱼养殖新技术与新成果，积极引领农民依靠科技做大做强罗非鱼产业，提高养殖收益，推动琼海市罗非鱼产业发展。2003 年，琼海市成立了罗非鱼养殖技术协会，协会积极引领养殖户依靠科技做大做强罗非鱼产业，打造无公害罗非鱼品牌。协会采用"协会、养殖户、服务"的模式，积极为广大养殖户解决鱼苗、饲料、技术及产品销售等一系列问题。协会现拥有会员 150 多人，养殖面积达 2 333hm²，年总产量达 7 万 t，年创产值 6.3 亿元。该协会的主要做法如下：一是协会出面与海南通威饲料厂等多家饲料厂签订购销合同，以每吨饲料低于市场价 50 元的价格在琼海设立饲料直销点，直销点与养殖户之间订立赊账合同，养殖户可先赊饲料养殖罗非鱼，等成品鱼销售后再结账，通过这种方式可以解决部分养殖户缺乏生产资金的问题；二是引进优质鱼苗直供养殖户，有利于提高罗非鱼的成活率和产量；三是协会利用手机等现代通信手段，为养殖户及时发送养殖技术、鱼料价格、市场信息和气候信息等，充分利用农业科技"110"服务平台，快速为养殖户提供技术服务；四是组织配有增氧保活专业设备的销售队伍进行捕捞，保证养殖户的成品鱼直销厂家，使养殖户获得较高的经济收益。协会还经常组织会员进行技术培训、交流和外出参观考察，先后推广应用配合饲料及科学投饵技术、分级饲养技术和山塘、水库精养技术等 10 多项科技成果，引导会员发展绿色有机罗非鱼生产，使全市 98％以上的养殖户由过去的年养一造发展为年养两造，年产量由过去的 1 000kg 增加到 2 000kg，使罗非鱼养殖户的产值得到大幅增收。2011 年，省海洋与渔业厅安排 300 万元，扶持成立了三亚海榆等 11 家养殖户捕捞专业合作社和 11 家罗非鱼养殖专业合作社，充分发挥专业合作社对海洋捕捞和罗非鱼养殖的带动作用，调整渔业生产关系，提高渔业组织化水平。

2012 年，海南省提出加强引导养殖户以"专业合作社＋基地＋农户"的养殖模式实施养殖，不断扩大养殖面积，提高养殖技术，确保各基地罗非鱼养殖密度和产量逐年稳步提高，促使罗非鱼养殖产业化进程加快。文昌市积极推行"公司＋基地＋标准化"生产管理模式，创办加工企业自属的养殖基地，由小面积分散经营向规模化、集约化、标准化、技术水平高的方向发展。

（四）福建省

福建省地处中国东南沿海，气候条件优越，水资源丰富，水质环境优良，毗邻的广东、广西、海南和台湾都是我国罗非鱼苗种生产的主产区，开展罗非鱼苗种的繁殖和培育具有得天独厚的资源优势。罗非鱼是福建省淡水养殖单一品种产量达 10 万 t 的少数品种之一。福建省水产养殖业基础好，5.33 万 hm² 水库发展罗非鱼养殖潜力极大，位处闽南地区的近 1.33 万 hm² 的小型水库、小山塘水库，更是发展罗非鱼精养的好地区。"九五"以来，在福建省委、省政府"培育水产支柱产业""建设海洋经济强省"等一系列重大战略决策指引下，全省各级渔业行政主管部门抓住发展罗非鱼养殖的契机，利用"菜篮子"工程等渔业建设资金重点发展罗非鱼养殖。全省各级水产技术人员进行联合科技攻关，实现了罗非鱼制种、高产养殖等技术突破，成功解决了罗非鱼池塘连片、山区小水库大面积生产的难题，极大地推进了全省的罗非鱼养殖生产的发展。

1. 产业布局政策　福建省处于罗非鱼养殖的分水岭，由于地理条件相差较大，罗非鱼苗种场主要集中分布在漳州、厦门、泉州等市。2011 年，福建省人民政府颁布了《福建省"十二五"渔业发展规划（2011—2015 年）》，规划致力于福建省优势渔业的发展。在"十二五"规划中，明确提出以市场需求为导向，加大培育鳗鲡、大黄鱼、白对虾、罗非鱼、海带、紫菜、牡蛎、花蛤、鲍鱼等一批优势品种养殖产业带。充分发挥地方养殖品种区位资源优势，实施"一市一品""一县一品""一镇一品"和"一条鱼"工程，加快优势水产品产业带建设。综合运用现代高科技、管理方法，提升养殖业机械化、自动化水平，力争建设一批规模大、水平高的陆基工厂化水产养殖产区，打造一批优势水产品知名品牌。

2. 产业成长政策

（1）建设标准化产业基地　2010 年，为了进一步改善渔业生产条件，提高防灾减灾能力，福建省颁布实施《福建省标准化水产养殖池塘建设项目专项资金管理办法》，通过建设和改造标准化水产养殖池塘，提升生产规模化、组织化程度，引导和鼓励渔民使用新品种、应用新技术，实施标准化生产，提升健康养殖水平。通过开发罗非鱼高效优质养殖模式，提高了池塘养殖效益水平，同时为池塘健康养殖和稳产技术提供了示范。目前已在福清市建立了多个 133.33hm^2 以上的连片化、规模化、集约化罗非鱼生产基地。

（2）优化繁育与养殖　福建省的罗非鱼制种技术曾经全国领先。通过引进我国台湾地区先进的罗非鱼制种技术，利用台湾的纯种亲本、先进的杂交技术和种苗培育方法，生产质量稳定、可靠的单雄性罗非鱼苗种，经过全省性的养殖示范对比，具有很好的生长优势，同时还培育成功红罗非鱼种苗供应全国。福建省还通过科技攻关，掌握了利用低剂量激素生产单雄性罗非鱼的制种技术，并在厦门、漳州等地建立了群众性的苗种生产基地。在厦门、广州和海南建立了近 200hm^2 的高标准苗种繁育基地，并配有罗非鱼原种保种场，在厦门 16.67hm^2 的基地拥有 92℃的高温温泉基地，可实行常年性的苗种生产。

2011 年，福建省政府启动了种业创新与产业化工程项目《罗非鱼优良品种培育、推广及产业化关键技术的集成与创新》，加强了罗非鱼品种改良与优质苗种的培育技术研究，开展以提高商品规格，消除土腥异味，控制药物残留为重点的罗非鱼高效健康养殖的技术研究与示范。完成池塘主养罗非鱼、小山塘水库主养罗非鱼和罗非鱼水库网箱优质养殖技术操作规范的制定，完成病害快速诊断、水质调控、无公害脆化专用配合饲料研制等罗非鱼产业配套关键技术的创新与集成。省政府计划在 3 年内斥资 1 450 万元用于支持罗非鱼产业，引进新吉富罗非鱼优良新品种，开展扩繁与进一步选育，建立保种、提纯复壮、扩繁、苗种生产的完整技术体系，建设 1 个新吉富罗非鱼保种与选育基地，3 个标准化罗非鱼苗种场，与养殖户合作进行罗非鱼优质养殖技术示范与推广基地建设，总结出一套适合福建自然条件的罗非鱼优质养殖模式及其相关的配套技术。

（3）开展技术培训与推广　福建省的"种业创新与产业化工程"中以体系研发中心，以岗位专家的科技研发创新为主体，以综合试验站为技术依托，开展罗非鱼养殖新技术、新模式的示范推广，开展罗非鱼养殖技术指导、培训，提供技术指导手册与多媒体资料，提高罗非鱼养殖人员技术水平，提高福建省罗非鱼良种覆盖率。针对漳州市持续高温容易引发罗非鱼养殖大面积链球菌病流行，省淡水水产研究所有关专家抵达漳州，调查了解罗非鱼养殖生长情况，并指导开展病害防治工作，切实帮助养殖户解决生产中遇到的困难。

（4）实施税收扶持　根据《中华人民共和国企业所得税法》及其实施条例，福建省对罗非鱼产业进行税收扶持：对海水养殖、内陆养殖，减半（即按 12.5%）征收企业所得税；根据《中华人民共和国城镇土地使用税暂行条例》，直接用于农林牧渔业的生产用地，免缴城镇土地使用税等税收优惠政策。

3. 产业组织政策　2006 年中央人民政府颁布实施了《中华人民共和国农民专业合作社法》，2011 年，福建省人民政府出台了《关于扶持农民专业合作社示范社建设的若干意见》和《关于印发福建省"十二五"农民专业合作组织发展专项规划的通知》，进一步加强组织领导，对农民专业合作社进行大力扶持，促进全市农民专业合作社规范化发展。对专业合作社加大财政扶持力度、落实税收优惠政策、优化金融信贷服务和落实用地用电政策。

2011 年颁布实施《福建省水产产业化龙头企业评审认定管理办法》，2012 年实施《关于福建省贯彻落实国务院支持农业产业化龙头企业发展的实施意见》，对符合条件的农产品加工龙头企业项目，优先纳入省级技改专项资金补助范围，并积极帮助争取中央预算内投资有关专项资金扶持。明确指出现代农业发展、农业综合开发等涉农专项资金要优先支持省级以上重点龙头企业。全面落实国家扶持农产品加工业发展、企业开展技术创新推广等方面的各项税收优惠政策。每年由省农业产业化工作领导小组筛选一批大型农产品加工项目优先列入省重点建设项目。

（五）云南省

云南省具有丰富的渔业水域资源，全省有渔业水域面积 28.456 万 hm²，养殖水域以池坝塘及水库湖泊为主。2011 年，云南省颁布的《云南省农业和农村经济发展"十二五"规划（2011—2015 年）》中致力于引进罗非鱼等水产优良品种，进行示范推广。随着罗非鱼产业化的推进，云南部分地区罗非鱼养殖正在逐步实现产业化，育种、养殖、加工到销售体系逐步建立，已发展成为云南渔业的重要支柱。

1. 产业布局政策　云南省罗非鱼主产区主要分布在普洱、西双版纳、德宏、曲靖、文山等 5 个州市，面积和产量约占全省的 90% 以上。云南省加快转变发展方式，着力提高特色水产养殖的综合生产能力，启动了"三个百万"工程，以罗非鱼、鲟鱼规模化养殖和精深加工为突破口，建设万吨级水产养殖基地县。建成罗平、景洪等 20 个罗非鱼基地县，在思茅、西双版纳、德宏等 3 个州市和漫湾、大朝山、小湾、万峰湖、百色枢纽富宁库区等电站库区打造罗非鱼优势产业带。

2. 产业成长政策

（1）建设标准化产业基地　西双版纳州具备优越的气候和水域条件，是云南省发展罗非鱼产业的重点地区。罗非鱼标准化养殖推广，是西双版纳州委、州政府列为全州 20 个重点督察项目之一，全州开展 1 万亩标准化罗非鱼原料基地建设，在苗种、饲料、用药等方面严格执行国家标准。2009 年，景洪市成立了罗非鱼标准化养殖项目技术实施小组，大力推广罗非鱼标准化养殖。勐腊县水产技术部门严格按照《西双版纳州罗非鱼标准化养殖规程》，加大罗非鱼标准化养殖技术推广力度，全面推广池塘标准化养殖，从苗种、技术等方面给予大力扶持，使广大养殖户掌握塘间管理、罗非鱼养殖、鱼病防治等基本养殖技术。

（2）加大财政投入力度　2009 年，西双版纳州被列为云南省优质水产养殖示范基地，为了推进罗非鱼生产、加工、出口产业化，从整体上提升加工出口的罗非鱼品质，为引进罗非鱼加工龙头企业奠定良好的原料基础，州财政安排 100 万元经费支持罗非鱼标准化养殖，其中，80 万元用于养殖户的良种补贴、20 万元作为州县水产部门推广罗非鱼标准化养殖技术的工作经费。

2011 年，西双版纳州人民政府颁布了《西双版纳州罗非鱼加工项目建设商议会纪要》及《西双版纳州农业局关于印发西双版纳州 2011 年罗非鱼标准化养殖项目实施方案的通知》，景洪市水产技术推广站组织专人，按照每 $667m^2$ 60 元补助标准，将罗非鱼标准化养殖补助资金兑现给标准化养殖户。

2011 年，罗平县县委、县政府对全县渔业水产进行了强有力的领导和指导，鼓励农民、科技人员和企业以土地、养殖水面、技术、资金等各种生产要素参股，积极协调金融部门加大对罗非鱼产业的信贷投入，制订了《加快渔业发展的意见》，每年安排县级扶持资金 50 万元，用于扶持渔民大力发展罗非鱼养殖。

（3）开展技术培训与推广　2008 年，国家罗非鱼产业技术体系昆明综合试验站开展了大量试验示范工作，试验站针对云南省内不同养殖区域气候、地形等特点，重点进行养殖品种筛选、养殖模式研究以及病害防控等多项工作。结合电站库区网箱养殖特点进行的大网箱套小网箱养殖模式、罗非鱼套养名贵鱼类丝尾鳠养殖、稻田养殖等养殖模式在部分库区得到推广。

2009 年，勐腊县水产技术部门开展罗非鱼标准化养殖技术推广和培训，不定期举办"罗非鱼标准化养殖技术培训班"，就当前罗非鱼产业化发展中普遍存在的水产品质量安全问题和罗非鱼标准化健康养殖技术进行了广泛交流，养殖户通过系统学习西双版纳州罗非鱼标准化养殖规程，进一步提升了健康养殖技能和质量安全意识。

（4）加强罗非鱼质量安全管理　景洪市认真贯彻执行《中华人民共和国食品安全法》、《农产品质量安全法》和《国务院关于加强食品等产品安全监督管理的特别规定》，实施"池塘到餐桌"的全过程质量管理。对与罗非鱼质量安全有关的各个环节，即水域环境、苗种生产、养殖、捕捞等过程和各个过程中的投入品进行严格的质量控制，从源头上确保水产品质量安全，使罗非鱼的质量安全生产控制技术涵盖整个罗非鱼生产过程。

3. 产业组织政策　2005 年，云南省人民政府出台了《云南省人民政府关于加快发展农民专业合作组织的意见》，各地均认真贯彻落实，促进了云南省农民专业合作组织发展。例如，罗平县在鲁布革乡成立万峰湖水产专业合作经济组织——水产协会。通过协会内部章程的约束，把千家万户的养殖户组织起来，与龙头企业平等对接，与市场直接连接，与外部建立畅通的市场信息，避免供求失衡和内部的恶性竞争，规避市场风险，同时又将协会中的中共党员组织起来，建立了协会党支部。在县乡党委、政府的领导下，水产协会在技术培训交流、生产物资采购、产业规范发展、稳定社会秩序等方面发挥了积极作用。协会建立严格的管理制度，对养殖基地（农户）进行统一管理，统一苗种、统一饲料、统一技术规程、统一指导、统一收购、统一加工、统一销售，开展定单式规模化养殖，解决了渔民的后顾之忧。

2011年，云南省人民政府颁布《关于推进农业产业化发展扶持农业龙头企业的意见》，推进农业产业化进程，扶持农业龙头企业的发展。例如，罗平县县委、县政府加大招商引资力度，重点扶持通过招商引资组建的中外合资水产品深加工龙头企业——云南新海丰食品有限公司，为企业发展创造宽松的外部环境，加快产业化经营步伐。公司立足资源优势、区位优势、交通优势，在城郊轻工业园区征地4hm²，高标准规划，高起点建设全省一流、全国领先的罗非鱼产品深加工出口创汇工厂。依托龙头企业打造市场占有率高的名牌产品，带动种苗、加工、流通、渔药、饲料等配套产业的发展，形成"养殖、加工、流通"三位一体、互相促进的发展新格局。

第二节　产业政策存在问题

罗非鱼产业政策的制定日趋科学和民主，政策执行更具效率。然而从2008年开始，我国罗非鱼产业不断受到自然灾害、暴发性病害、国外金融危机、贸易技术壁垒以及自身发展格局缺陷等因素的困扰，罗非鱼产业接连受到重创，在产量不断增高的情况下，价格和利润的不稳定性增强，甚至越来越低。究其原因，罗非鱼产业政策存在的问题也是不容忽视的。国内罗非鱼行业相关政策体系还不健全，鼓励政策大于监管政策，罗非鱼产业发展缺乏整体规划，宏观调控能力较弱。在市场机制发展不完善时，政府应该提供良好的政策环境和完善的法律制度来弥补市场机制的不足，明确产权和维持市场纪律。本节从产业布局政策、产业成长政策和产业组织政策三方面阐述罗非鱼产业政策存在的问题。

一、产业布局政策存在问题

产业布局政策的制定是为了发展一个地区的优势产业，跟市场及产业发展所需的各种自然、历史及人文因素有关，政府进行产业布局时必须考虑这些因素。但在实际的政策制定中，有些地区发展罗非鱼优势产区并没有经过实际的调研，而且制定产业布局规划时，政府所以项目形式提供资源的分配，并不是很合理，使得各个乡镇之间的产业基地存在很大差异，造成了不同地区的罗非鱼养殖的发展差异。

二、产业成长政策存在问题

（一）缺少全国统一的罗非鱼产业政策

到目前为止，我国还没有出台一部完整的指导整个罗非鱼产业发展的全国性的罗非鱼产业政策，也没有建立真正统一、有实权并能长效发挥管理作用的组织机构。发展罗非鱼产业少不了具有权威的、站在全国高度的罗非鱼产业成长政策、组织政策和布局政策的宏观调节和指导。罗非鱼作为国家和南方几省重要的水产养殖品种之一，虽然国家和各地方都不断纷纷出台政策对罗非鱼产业进行政策扶持，但是由于缺乏统一规划，以致罗非鱼各主要生产地各自为政，相互竞争和挤压，内讧现象不断，整个罗非鱼产业链利润越来越低。

（二）罗非鱼产业政策扶持力度不够

大部分罗非鱼养殖池塘基础设施差、越冬设施不完善、部分池塘严重老化，效能低下，抗御自然风险的能力很弱，稳产高产可靠性差，养殖户分散，投入能力受到自身积累限制，对养殖基础设施改造投入能力弱，规模效益很难发挥。与罗非鱼产业有关的科研和技术推广机构基本上还是处于各自独立的状态，宏观调控能力较弱，产业链尚未有机连接起来。

（三）罗非鱼产业缺乏风险防范机制

大多数企业和养殖户缺乏市场需求预测能力，受市场规律的影响，当苗种价格和罗非鱼市场销售价格较高时，一些中小企业盲目扩大生产规模，而当罗非鱼市场行情不好时，企业和养殖户缺乏相应的应对措施，政府也没有良好的政策机制对罗非鱼生产进行一定的引导。许多养殖户不根据当地的实际情况、养殖条件来选择适宜的养殖品种、确定适当的放养密度，结果不仅投入成本增加，也造成水质难以控制、病害发生频繁，使养殖彻底失败，不得不放弃罗非鱼养殖。关键在于没有建立合理有效的风险防范机制，不论是自然灾害风险还是国际贸易市场风险的预测，现在还没有能力完全把握和防范，信息滞后，即使有保险政策的积极支持，仍不能解决这些风险对罗非鱼产业的重创。

（四）罗非鱼产业投融资政策不完善

我国罗非鱼产业融资来源不稳定，融资时间过长，融资渠道分散。银行类金融机构适合罗非鱼产业的信贷产品较少，对罗非鱼产业的信贷投放力度不足，相关配套金融服务多处于试行阶段。由于多数养殖户养殖规模小、设备差、人才少，非银行类金融机构多不愿给予支持。政府在一定程度上偏重于鼓励实力雄厚的企业上市融资，忽视了对小养殖户的政策扶持，绝大多数养殖户生产资金（通常主要有苗种费和饲料费）是从本地养殖大户、协会、商会或饲料生产者处赊账而获，小养殖户缺乏生产资金服务保障体系。我国的渔业补贴政策在一定程度上是积极有效的，但同时也存在补贴总量不足、渔业补贴结构不合理、补贴种类不齐全和补贴核算指标体系不规范等问题。

（五）罗非鱼产品质量安全形势依然严峻

虽然我国罗非鱼产业发展迅速，产品质量不断提高，但罗非鱼养殖中不合格饲料应用与药物滥用现象仍然存在，水产品药残超标事件屡屡出现，部分渔业水域环境质量下降，导致罗非鱼被污染的概率增加，一些苗种成活率低、生长速度慢、易生病。

三、产业组织政策存在问题

产业的发展离不开产业内部的产业组织，产业组织实体主要有企业、个体农户、农民专业合作组织。产业组织的发展需要良好的产业组织政策来支持。在市场经济中企业是产业组织的主要形式，但由于企业特有的逐利倾向，在市场交易中必然会出现不公平现象，由于农民的分散性使其与企业的谈判中始终处于劣势。农户在与企业交易的过程中没有发言权，只是被动地接受企业提出的一切要求，自身的权益难以维护。农民专业合作组织作为多个农户的结合体，拥有比单个农户较强的谈判能力，它代表了广大农户的利益，虽然近几年来国家大力支持农民专业合作组织的成立来提高农民的维权能力，但各地的发展情况不同。在实际的运行过程中会逐渐被行政化或被企业渗透成为企业的附属。就主产区来说，罗非鱼作为当地的主导产业，几乎成了每个养殖户都参与的产业，同时当地政府也引进了许多大型龙头企业来带动该产业的发展，但实际上养殖户由于分散没有形成良好组织，在与企业的交易中始终没有得到应有的收益，虽然政府在制定产业政策的时候会提及大力扶持农民专业合作组织的建立，然而这些只是停留在政策层面，更多的政策则是偏向于对龙头企业的扶持与优惠，使得产业组织政策的应有效力失去作用，不利于产业的发展。

由于罗非鱼产业政策制定上存在上述问题，致使我国罗非鱼产业发展缺乏符合罗非鱼产业特点和产业发展规律的长远发展规划，缺乏长期稳定的投入渠道和可靠的投资保障，缺乏合理的产业组织政策和布局政策，不能有效地发挥政策对罗非鱼产业发展的激励作用，对罗非鱼产业长远发展有一定的影响。

第三节　产业政策发展趋势

针对罗非鱼产业发展中存在的问题，应继续实施优化对罗非鱼产业的扶持政策，创造有利于提高罗非鱼产业国际竞争力的国内环境，通过优胜劣汰的市场竞争过程，形成强有力的市场竞争结构，从而促进罗非鱼产业的健康快速发展。

一、罗非鱼产业布局政策发展趋势

产业布局要从全局的角度出发，根据地方资源特色，确立罗非鱼产业的地位，科学规划罗非鱼区域布局。要加强政府的组织管理和指导，确定罗非鱼产业优化布局的总体思路，找准罗非鱼产业优化布局的重点方向，强化罗非鱼产业优化布局的体制机制保障，加强罗非鱼产业布局基础设施的建设。加大对罗非鱼产业布局的资源优化、结构升级等重点问题的调控，完善产业政策体系和产业链各环节的利益机制，积极规划和实施罗非鱼主体功能区的资源优化方案，形成罗非鱼标准化养殖产业布局。

二、罗非鱼产业成长政策发展趋势

因地制宜制定地方罗非鱼产业发展规划，强化罗非鱼产业涉及的亲本引进、苗种繁育、成鱼养殖、保鲜加工、物流运输、技术推广等宏观调控能力。通过罗非鱼良种选育与繁殖，应用现代渔业新技术、经营新理念，不断培育出具有市场竞争力和自主知识产权的罗非鱼良种，扩大罗非鱼良种覆盖率，提高罗非鱼苗种质量。充分发挥政府推进产业技术进步的职能，组织资助科研机构与企业密切合作，共同组成技术开发联合体，建立以企业为主体的技术创新体系，完善中小企业社会化服务体系，强化标准化生产，加快罗非鱼产业发展方式转变。

今后一段时间罗非鱼加工业仍是我国罗非鱼产业发展的主要方向，要把产品质量安全贯彻落实到每一个生产环节，建立企业的罗非鱼产品质量安全全程跟踪系统，扶持企业副产物综合利用技术的开发，强化渔民水产品质量安全意识。改进加工技术，提高产品品质，开发保鲜技术，为欧美市场提供深受消费者欢迎的高附加值产品。发展国际市场的同时还要积极开拓国内市场，通过宣传罗非鱼的营养性和推广各种罗非鱼的烹饪方式，改变国内的罗非鱼消费习惯，加强罗非鱼产品品牌建设，减轻国际市场竞争压力。

三、罗非鱼产业组织政策发展趋势

加强政策的倾斜力度，对科技含量高、出口竞争力强的企业给予在产业发展政策方面的优惠，同时给予龙头企业特别是民营龙头企业，在财税政策、工商注册管理、企业融资等方面的扶持，建立相应的科研基金，鼓励和支持龙头企业自己研发新技术，推动企业自身研发能力和创新力的提高。

加强罗非鱼行业协会和专业合作社的组织化建设，根据《农民专业合作社法》的"民办、民管、民受益"三项基本原则，鼓励和扶持罗非鱼龙头企业、养殖大户与渔民共同建立专业合作社，支持养殖渔业村或者渔业乡组建大型的罗非鱼专业合作社。引导具有专业技术优势的罗非鱼行业协会，为广大渔民提供多元化的服务，逐步建立以罗非鱼产品为纽带、多环节相互联系的合作组织网络体系。建立严格的规章制度和惩罚机制，使罗非鱼合作组织和行业协会的发展走上法制化、规范化、正规化的道路。

第四节　战略思考及政策建议

中国罗非鱼产业的不断发展与长期以来政府在政策上的支持密不可分，政府在推动产业发展中所起的作用主要是引导、扶持、保护、协调和服务。因此，要加强领导，转变观念，促进罗非鱼产业结构的合理调整，引导罗非鱼产业积极向健康可持续模式转变。围绕"优质、高效、高产、生态、安全"的可持续发展理念，制定实施国家层面的罗非鱼长期发展规划，建立起以财政投入为导向，农民和农业企业投入为主体，银行信贷投入为支撑，其他投入为补充的筹措资金的农业投资机制。行政主管部门要从实际出发，重点抓罗非鱼基础设施建设、苗种繁育、水产品质量安全和检测，加大对罗非鱼产业的科技投入，以罗非鱼为对象建立水产品全链可追溯跟踪系统，加强罗非鱼产业链的整合与品牌培育，建立高标准、高新技术支撑、规模化的外向型罗非鱼出口生产示范基地，形成"育苗、养殖、饲料、加工、销售"各环节紧密合作的产业联盟。

除此之外，要调整政府行为和财政支农的方向、内容和形式。重点支持科研、防病治病、农民培训、农业政策咨询、信息服务、农产品检验检疫、市场推广和促销、自然灾害补贴、农民失业或转业补贴、农业保险补助等，为农民提供产前、产中和产后服务。向产前延伸，大力发展农村信息咨询业、农村金融保险业、技术培训指导、生产资料供应等服务业；向产中深化，运用高新科学技术，高起点、成规模对罗非鱼产品进行系列开发，多层次加工利用，实现罗非鱼产品多层次增值和劳动力的多层次就业；向产后延伸，要把农村产业的链条伸向大中城市，打破城乡壁垒，实现生产要素跨区域流动和优化组合，推进农村大产业与国际市场的对接，把初级产品开发转为主导产业开发。

一、罗非鱼产业布局政策建议

优化罗非鱼产业布局，首先应发挥政府的主导作用，加强管理、统筹全局，从自身优势出发，结合市场发展的要求，合理规划布局，实现人力资源、金融资本、生态环境、民生需求的有机统一。制定系统的罗非鱼产业发展规划和优势水产品区域布局规划，强化罗非鱼产业涉及的亲本引进、苗种繁育、成鱼养殖、保鲜加工、物流运输、技术推广等宏观调控能力。

（一）积极发挥政府引导作用，组织协调产业布局

政府应积极引导，顺应市场经济的发展，以市场需求为导向，大力推动罗非鱼发展战略的实施，将布局凌乱、层次偏低的罗非鱼养殖进行重新规划布局。同时，政府要加强对各罗非鱼产业基地的组织协调和管理能力，统筹布局罗非鱼产业集群，加大对罗非鱼产业布局的资源优化、结构升级等重点问题的调控。

（二）建立优化产业布局的基础设施支撑体系

建立基础设施支撑体系是优化罗非鱼产业布局的先决条件，罗非鱼产业布局大多是基于交通、水源等基础设施而建设的，依托良好的配套设施，才能更好地完善罗非鱼生产基地的功能，顺利进行罗非鱼标准化繁育与养殖。

（三）完善产业布局的市场机制

市场经济条件下容易引发市场失灵、竞争过度等问题，需要对经济环境进行规范化，完善市场经济对资源配置的调节作用，为建立公平有序的市场经济环境做准备。通过培育要素市场，建立规范化的市场经济环境，发挥政府宏观调控的能力，完善产业布局的市场机制。

二、罗非鱼产业成长政策建议

从生产战略来看，未来中国罗非鱼增产的着力点应在重点产区、关键举措上，立足于发挥区域比较优势，充分挖掘各地区罗非鱼增产潜力，在努力提高区域发展水平的基础上，实现全国罗非鱼总体生产水平的增长。中国未来罗非鱼增产目标的实现既要重视广东、广西、海南等传统优势产区，又要重视和扶持其他有条件养殖罗非鱼的新兴优势产区，这些地区以资源禀赋为基础，以市场需求为导向，适合现阶段市场经济体制，具有很强的市场竞争力。

（一）改善罗非鱼生产条件

政府斥资改善罗非鱼生产条件，主要目的在于提供罗非鱼健康养殖、生产的基础。政策内容包括罗非鱼生产基地建设、养殖规模扩大、池塘改造等。从健康的养殖模式抓起，大力提倡健康、生态、环保的养殖方式，坚决摒弃肥水养殖罗非鱼的方式，这种方式养出来的鱼，对国内的罗非鱼消费者会产生不良的影响，更不能作为原料提供给出口加工厂。采用国家级或省级良种场提供的优质苗种，对养殖场药物、保健品、水质改良剂的投放要严禁使用禁用的药物，同时提倡养殖场建立详细的记录和生产日志，建立可溯源的基本信息档案。通过改变养殖方法、改进加工技术的方式，生产符合国际质量标准的罗非鱼加工产品，使罗非鱼产品的品质和规格满足国际市场

需求。

（二）优化苗种繁育

通过罗非鱼良种选育、保存、培育与繁殖，应用现代渔业新技术、经营新理念、运行新方式，不断培育出具有市场竞争力和具有自主知识产权的罗非鱼新品种，迅速扩大罗非鱼良种覆盖率，提高罗非鱼苗种自给率，大幅度降低苗种生产成本，实现罗非鱼产业的健康可持续发展。通过推进实施罗非鱼良种工程，严格规范罗非鱼制种环节，提高集约化养殖水平以及良种研发能力，可以有效提高罗非鱼苗种质量以及产量，降低养殖户的养殖风险。

（三）加大科技投入与推广

构建"以市场为导向、以企业为主体、以科技为支撑、产学研相结合、育繁推一体化"的罗非鱼科技创新体系，把提高科技创新能力作为做大做强罗非鱼产业的支撑，加大对罗非鱼产业科技投入，加强产业科技成果的推广和普及，培养一批具有国际先进水平的科技人才和优秀团队，提高科技成果的利用率和转化率。针对罗非鱼产业可持续发展的瓶颈，良种培育、健康生态养殖模式的优化、病害防控技术、饲料营养和投饵技术、加工储运、质量安全控制技术等组织联合攻关，提升罗非鱼科学养殖技术水平，建立健全罗非鱼产业技术推广体系，充分发挥科技支撑作用，提高罗非鱼产业的竞争力。

（四）完善罗非鱼质量认证管理体系

规范罗非鱼健康养殖技术和饲料加工技术，加大无公害食品生产技术的执行力度，不仅要在加工环节有严格的质量控制，而且要加强养殖环节的质量控制，做好罗非鱼养殖用药记录，确保严格按照无公害水产品生产技术规范要求从事生产，保证罗非鱼产品质量，并使罗非鱼水产品像其他商品一样具有标识、标签、生产日期、用药记录等可追溯资料。严格监控罗非鱼产业链各个环节，加快建立罗非鱼质量认证管理体系，逐步建立罗非鱼产品质量安全可追踪体系，推行罗非鱼产品质量安全可追溯制度，巩固我国罗非鱼产品在国际市场中的主导地位。

（五）完善罗非鱼产业投融资政策体系

加大财政对罗非鱼产业的扶持力度，增加政府投入。针对目前罗非鱼养殖业中存在的池塘设施老化、底泥淤积、养殖污染、病害问题严重，越冬基础设施缺乏，靠渔农自身和社会融资来大量增加投入有一定难度，必须依靠政府财政投资来调节，加快罗非鱼标准化池塘养殖设施的改造步伐，加强罗非鱼越冬基础设施建设，推进罗非鱼养殖向规模化、集约化、标准化发展，提高罗非鱼养殖业抗御自然灾害的能力，确保渔农收入稳定增长。

实行积极的财政政策，采取多种措施激活民间投资，拓宽融资渠道，同时要积极发挥金融机构对微观经济提供资金支持的作用，对罗非鱼深加工和运销等方面的生产和经营性项目应给予贷款贴息。政府部门不仅可以直接对罗非鱼生产企业提供生产性财政补贴，还可通过减免罗非鱼加工企业部分税收或进行相关转移支付来达到降低罗非鱼市场价格的目的。鼓励银行类金融机构和非银行类金融机构对罗非鱼产业的投资，创新银行信贷产品，探索研究适合罗非鱼产业发展的新型信贷产品。建立健全罗非鱼产业投融资配套服务体系，搭建交易平台，达到资源的合理配置。

（六）提高罗非鱼产品附加值含量

在产品结构方面，首先可以发展我国鲜罗非鱼流通，发挥罗非鱼在价格和质量上的较大优势，虽然在地域空间方面存在限制，但若可以进行物流渠道扩展，此产品仍大有可为。其次在我国大宗出口的冻罗非鱼片和冻全鱼产品方面加强产品多样化建设并加大科技含量力度。我国罗非鱼贸易还处于统销方式为主导的粗放型数量增长时期，一方面统销方式会减弱产品细分类别，造成质量降低；另一方面简单生产加工门槛低，国际竞争激烈。我国应向罗非鱼产品多元化、优质化发展，并通过进一步细分产品与市场的策略提升罗非鱼产品的附加值，促进外延型数量增长向精细加工阶段转移，同时领先占据国际深加工罗非鱼市场，获取更多利益。

（七）完善罗非鱼产品物流市场建设

政府扶持政策要从目前的重视生产环节，向流通环节和终端市场转变，首先要对物流企业出台相应的鼓励政策，引进国内外知名的配送企业，建立现代化的物流配送系统，便于罗非鱼区域间流通，促进专业化分工，推进产业成长。其次要帮助中小型企业寻找信誉好、销量广的终端批发和零售企业，建立长期稳定的营销网络，搭建洽谈和销售平台，使生产和销售能够有效对接。通过完善罗非鱼产品批发市场建设（如批发市场内外交通水电等基础设施建设、冷冻储藏设施建设、渔获物集散场所建设等），为鲜活罗非鱼出货提供便利条件，以促进罗非鱼商品化程度的提高。

（八）加强国内外市场的开发

罗非鱼国内市场和国际市场，如欧洲、非洲，消费潜力巨大，对罗非鱼产业今后的发展具有很强的带动作用。我们国家应该从政策上鼓励各企业和地区积极拓展国内外市场，使我们的罗非鱼产业不断发展壮大，强化国际竞争力。目前大部分销量源于接单加工，这种情况一方面使得我国罗非鱼企业没有贸易主动性，另一方面使得产业升级难度加大。在产业建设中国际市场营销渠道的建设尤为重要，在实际操作中，我国要逐渐将产品被收购的现状改变为推出去叫卖，如在罗非鱼进口国开展产品展销会，最终由我国企业建立直接的销售渠道进行供给。对美国、墨西哥等大量进口国应不断巩固，对欧洲国家或新兴罗非鱼消费国则以产品普及为主，注重差异化营销经营理念。在国内市场方面，则主要靠细分消费者市场以供应适合各年龄段及各消费偏好群体的特点进行产品加工与供给。操作中可先对国内消费市场进行调研，然后对活鱼和快捷的鱼片产品进行不同市场的销售，同时可采用网络营销和传统营销相结合的方式进行。

三、罗非鱼产业组织政策建议

（一）打造龙头企业与品牌效应

扶持培育大型罗非鱼行业龙头企业，对罗非鱼龙头企业在贷款、贷款贴息、科研立项、技改资金等方面给予各种政策的扶持，使其不断发展壮大，可以推进龙头企业上市融资，形成具有国际竞争力的企业群体。实施龙头加工企业带动战略，扶持、发展、壮大一批具有竞争力的水产加工流通企业，加快我国罗非鱼加工企业的产业化、规模化建设。建立以市场为导向，以产品为龙头，以农户为基础、以龙头企业为媒介的产业链模式，把一家一户的小生产纳入社会化大生产轨道，建立产前、产中及产后完善产业链条，实现产销有机衔接，形成利益共同体，共同面对市场。

创立自我品牌，促进价值链向"微笑曲线"两边延伸，是解决我国罗非鱼产业结构优化的瓶颈问题的重要途径。优先扶持龙头企业进行品牌建设，进行产品差异化建设，在国际市场中逐渐形成品牌效应的同时达到产业结构优化升级的目的。创建罗非鱼中国品牌和地区精品品牌，不断提高产品规格和质量，应对世贸组织的技术壁垒，扩大市场占有份额。

（二）加快开展罗非鱼协会工作

领头羊的角色可以由行业协会来担任，由行业协会来规范企业行为。政府要加强对罗非鱼产业行业协会的扶持，强化行业协会职能，为协会独立有效运作提供基础。发挥行业协会的凝聚和指挥力度，辅助进行某些出口政策的引导和实施。作为独立于政府部门与罗非鱼加工企业的第三机构，行业协会不仅仅起到桥梁纽带的作用，更有利于促进双方的沟通与具体政策的颁布与实施。争取省、市对协会在经费上进行支持，帮助协会开展好前期工作，落实协会的办公场地和专职工作人员，制订完善工作制度，制订工作计划，掌握罗非鱼产业各环节的概况，使协会真正能够有责任、有能力为该市罗非鱼产业服务。加强信息平台建设，及时发布各类市场信息，在生产技术、产品质量、价格信息、订单生产等方面互相交流、互帮互助，统一对外竞争。充分发挥行业协会的功能，规范企业行为，减少企业之间因不正当竞争造成的损失，减少企业之间的内耗，防止恶性竞争，努力增强罗非鱼产品在国际市场的竞争力。

（三）推广罗非鱼"龙头企业＋合作社＋农户"的产业化组织形式

加快罗非鱼专业合作经济组织建设，是提高罗非鱼主体的市场谈判地位、谋取罗非鱼产品的高价提供有效的组织保证。以罗非鱼产品龙头企业为主体，积极探寻"罗非鱼龙头企业＋合作社＋农户"的订单运行机制，充分发挥龙头企业的辐射带动功能，确保罗非鱼经营主体能够分享来自流通环节的经营利润，为罗非鱼产品谋取高价提供有效的运行机制。把生产、加工、营销紧密地联系起来，通过延长产业链来提高农户经营的附加价值，通过各种专业合作社等中介组织为农户提供产前、产中、产后服务，使农户根据价格信息来自觉调节和安排生产经营活动，帮助农户避免、抵御自然风险和市场风险，提高农户经营的效益，促使农户走专业化、规模化、商品化和企业化经营的道路。

综上，坚持"政府引导、企业推动、科技支撑、市场运作"的方式才能有效地促进罗非鱼产业协调成长，因此政府要充分发挥引导、监督、协调等作用，转变政府职能，制定并完善相应政策，才能对产业进行有效调控，保证罗非鱼产业可持续发展。政府要做到规章制度明确，加强政策实施的监管力度，在政策实施过程中要注意各项政策间的协调配合，尤其是产业政策和财政政策的组合，以弹性较大的市场为杠杆，进一步培育产业的内生动力，达到良好的政策执行绩效。政府及相关组织机构可以通过灵活的经济杠杆鼓励引进、吸收、开发与罗非鱼相关的生物技术和信息技术，在适宜地区发展罗非鱼的工厂化育种，同时要积极邀请科研技术人员开展座谈、讲座、交流会、培训班、科普大会等，促进科研院校和企业的沟通和合作，使罗非鱼的优良品种能够及时提供给企业，围绕罗非鱼产业的关键性技术问题，充分调动企业内部资源和引入外部智力因素，制定相应的操作规范，建立合理有效的、便于实施的标准化生产流通体系，对于中国罗非鱼的优质高效、增产增收意义重大，有利于构建合理的区域布局，提升产业整体竞争力。

主产区周边地区可以加大市场体系的建设力度，形成各种级别的罗非鱼集散地，着力打造仓储和运输能力；主销区要充分挖掘区域内的文化和经济底蕴，加大宣传力度，提高消费者认知，拉动需求。非自然资源优势区可做大做强产业链其他环节，非罗非鱼主产区要认真评估自身的资源优势，在产业的其他链条中寻找增值点。各地区政府可以结合自身特点，根据市场变化和产业发展的要求，及时建立完善的产业政策支撑体系，充分打造罗非鱼经济，提高区域的竞争能力。各级政府和主管部门还要特别关注政策的落实和实施，只有具备了科学严谨的组织结构、执行程序和控制系统，把握政策实施力度和重点，才能保证实现政策目标。

需要说明的是，本章所列政策之间存在越来越紧密的相互联系，在制定或完善时必须统筹考虑，要用系统思维与战略思维来指导。中国罗非鱼产业发展迅速，面临的环境、趋势以及自身发展问题都比较复杂，相关产业政策的制定也处于发展阶段，还在不断完善与创新之中。本章仅仅是在调研、搜集、归纳相关材料基础上加以简单分析，目的是起到抛砖引玉和推动政策研究的点滴作用。

第九章　中国罗非鱼产业可持续
发展的战略选择

第一节　战略意义

罗非鱼（Tilapia）作为联合国粮农组织（FAO）向全世界推广养殖的优良品种之一，其养殖地区已遍布100多个国家和地区，涵盖亚洲、拉丁美洲、加勒比海、中东和非洲，即使在德国、比利时、西班牙、加拿大、韩国、日本和美国等发达国家也存在罗非鱼养殖。人工养殖罗非鱼已取代了野生罗非鱼，成为罗非鱼市场的主流产品，是养殖产量增长最快的淡水鱼类之一。随着世界渔业资源日益衰退，海洋与内陆捕捞水产品产量急速减少。与此同时，国际市场对水产品的需求量则越来越大。在众多的养殖品中，罗非鱼以其肉质厚、无肌间刺，便于加工保鲜，加工鱼片出肉率较高（平均33%），加工后的鱼片非常接近（西方习惯的）鳕鱼鱼片，整鱼适合世界各地的各种烹饪方法，罗非鱼肉没有宗教上的食用禁忌，并且含有多种不饱和脂肪酸、肉质细嫩、符合人类追求健康食品的要求，是公认的健康食品。而且罗非鱼食性广、抗病力强、生长快、繁殖力强、环境适应性强，适宜广泛养殖，在国际上被称为"21世纪之鱼"。近年来，随着我国罗非鱼产量逐年增长，以及国际市场对罗非鱼需求量的不断扩大，罗非鱼出口量快速增加，已成为我国第一位的出口鱼类。罗非鱼在水产品国际贸易中已跃居第3位，而在全球淡水鱼类贸易中占第2位，仅次于鲑鳟鱼。据统计，2011年全球罗非鱼产量475.05万t，中国占144.11万t，占全世界总产量的30.3%，已连续多年成为世界罗非鱼生产第一大国。2012年我国罗非鱼产品出口到88个国家和地区，出口量及出口额分别超过30多万t及10多亿美元。罗非鱼是我国最具国际竞争实力的品种之一，也是最具产业化发展条件的品种。2008年，在我国现代农业产业技术体系建设专项中的5个水产品种中，罗非鱼被单独列出作为一个专项，也被农业部列入全国优势农产品区域规划的水产品种以及农业部区域布局规划的出口优势产品之一。目前我国广东、广西、海南、福建、山东、云南等全国各地罗非鱼养殖都得到了迅速发展，并带动种苗、饲料、加工、贸易等相关产业的迅速发展，逐步走上了产业化发展的道路。罗非鱼产业对农业经济、解决"三农"问题发挥着重要作用，有着广泛的社会影响力。

经过20多年的发展，目前我国罗非鱼的养殖技术日臻成熟，已经形成了池塘养殖、工厂化养殖、网箱养殖等多种养殖模式，单养与混养共同发展，良种选育、优良种苗生产、专用饲料加工与应用、养殖产品加工等相关产业并举的局面，可以说，中国是世界上罗非鱼养殖技术水平最高的国家。随着罗非鱼国际市场的进一步扩大，世界罗非鱼产业迅猛发展，未来几年产量将会猛增。由于养殖条件上的优势，中国依然是世界上主要的罗非鱼生产国家，产业发展的空间仍然巨大。但随着水产养殖业可持续发展战略的日益深入以及人们生活水平的不断提高，水产品的质量安全问题已引起了社会的广泛关注，消费者对食品安全的要求也越来越高。罗非鱼产品的质量安全问题时有发生，一些发达国家也纷纷提高进口产品的质量检测指标，即所谓的"绿色壁垒"来提高进口的门槛，从而使得我国罗非鱼生产过程中存在的问题也日渐突出，成为制约我国罗非鱼产业化健康持续发展的主要因素。尽管我国罗非鱼出口量和出口额都有所增加，但受各种因素影响，传统出口市场总体疲软。如不采取有效措施，罗非鱼产品在新的国际竞争和挑战环境下，难以跨越发达国家设立的技术屏障、绿色屏障等重重贸易壁垒，势必造成罗非鱼整个产业巨大的经济损失。通过科技创新来提升罗非鱼产业发展质量，培育产业可持续发展的原创性动力，创造新的增长点。实施创新战略，把增强自主创新能力作为发展科学技术的战略基点，把增强自主创新能力作为调整产业结构、实现增长方式转变发展平台，提高罗非鱼可持续发展能力、推动产业由大变强，对实现我国罗非鱼产业可持续发展战略具有深远的意义。

第二节　战略定位

中国作为全球最大的罗非鱼生产国和出口国，罗非鱼产业的可持续发展战略必须同时兼顾中国罗非鱼在世界的重要地位和在国内的长远发展，即中国罗非鱼可持续发展的战略目标为：统筹发展、深挖技术、提高我国罗非鱼产量、产值、出口市场竞争力。

中国罗非鱼产业已经形成了从良种选育、苗种繁育、养殖、加工、销售、饲料生产相配套的产业体系，养殖规模不断扩大，养殖模式不断丰富，养殖品种结构不断优化，为农村经济发展、增加农民收入、创造就业机会做出了重要贡献。但在罗非鱼养殖产量迅速增长的同时，罗非鱼产品的质量并没有明显的提高，随着国际市场对罗非鱼产品质量要求的逐步提高，我国现有很多的罗非鱼养殖、加工模式生产出的产品质量已经不能适应国际市场的需求，产品质量问题时有发生；国内现有的淡水鱼市场已经趋于饱和，而新开发的国际市场消费量又有限；加之罗非鱼的精深加工及产业化等关键技术领域与国际市场还存在一定差距，罗非鱼产品的主要进口国美国、墨西哥等对罗非鱼产品的要求越来越高，我国罗非鱼产业进一步发展仍面临巨大的压力。同时我国罗非鱼也存在国际市场同档产品竞争激烈，随着近年来越南巴沙鱼提升为国家战略产业，养殖规模的不断扩大，开始分蚀我国罗非鱼的出口市场。虽然国际市场的需求量扩大，我国罗非鱼出口量逐年攀升，却出现了量增价减，外销市场的过度集中，导致中国罗非鱼产业在国际贸易竞争当中丧失话语权。受全球经济萧条、金融危机、贸易壁垒以及企业成本上升的影响，国内、外市场的低迷，加工出口企业间的无序竞争，让我国罗非鱼产业一直受制于卖方市场。价格低廉是我国罗非鱼出口的最大优势，冻罗非鱼片是中国罗非鱼出口量最大的产品形态。我国罗非鱼的这种简单、初级、低价的销售模式，完全是一种粗放型出口模式，出口产品的技术性不强，生产的进入门槛低，属于出口产品可替代且出口市场相对集中的外贸模式。罗非鱼产业粗放型的出口导向发展模式已难以维系，生存空间日趋狭窄，利润空间越来越小。由于罗非鱼的加工方式和运营模式千篇一律。出口产品以冻全鱼和冻鱼片为主，价格受市场影响大，利润低，甚至出现了出口价格低于成本价格的现象。受贸易壁垒和罗非鱼综合利用率低的影响，导致出口导向型罗非鱼企业举步维艰。

世界水产资源衰退的趋势将长期存在，未来国际水产品新增需求将主要依靠发展养殖业来提供，罗非鱼养殖业仍有很大的市场需求和发展空间。为了推动我国罗非鱼产业走出现有的困境，只有按照科学发展观，提升产业素质，加强科研投入，开发和推广罗非鱼产品标准化生产技术，生产"无公害""绿色"或者"有机"的优质罗非鱼产品，才能保持罗非鱼产业的健康可持续发展，为实现资源节约和环境友好型的水产养殖、建设和谐社会做出应有的贡献。

因此，我们要紧紧围绕国际和国内市场为中心，积极开拓国内市场、实现内外销双轮驱动是目前我国罗非鱼产业可持续发展的重要战略目标：

（1）转变观念打通国内外流通渠道。加快从"以生产为核心"向"以营销为核心"转变，从单纯注重产品质量向品牌与形象兼顾转变，从订单式加工向根据市场需求设计研发转变，逐步开拓国内国际新兴市场，实现我国罗非鱼产业品牌转型升级；

（2）要认真研究国内消费市场。针对国内消费需求特点，开拓新兴消费群体；

（3）要积极构建多元化销售渠道，实现"多管齐下"，建立创新性营销模式。加强与代理商或经销商合作，收集与反馈市场信息，树立与维护产品形象。自主开发销售渠道。有实力的企业可以考虑建立自己的销售网点，建立直营店或加盟店，大力开发二、三级市场，实现销售渠道扁平化运作。利用新兴网络营销渠道逐步开拓国内市场。

（4）继续在全球范围内开拓罗非鱼出口市场，在保持北美、西欧等发达国家市场的基础上，开拓非洲、东欧、中亚等国家也是出口产业可持续发展的一种战略选择。

第三节　战略重点

中国罗非鱼产业规模大，产量高，出口额巨大，但中国的罗非鱼要实现健康、快速和可持续发展的产业化发展道路还任重而道远。纵观我国罗非鱼产业发展历程，许多以前存在尚未解决的重大问题依然困扰着我国罗非鱼产业的发展。目前存在的问题主要有：①良种覆盖率低，优良性状退化问题严重；②养殖成本过高、养殖户积极性受挫；③链球菌病频发，养殖户经济损失惨重；④加工出口竞争激烈，国际贸易壁垒高筑。

罗非鱼产业要得到可持续发展，不仅要优化养殖模式、提高罗非鱼产量及质量、保证出口，还要延伸罗非鱼产业链，提高产品的附加值。同时还要解决罗非鱼良种育种问题，更重要的是战胜罗非鱼病害尤其是给我国罗非鱼养殖业带来重大损失的罗非鱼链球菌病的防控问题。这些问题如果不加以合理快速地解决，将很不利于罗非鱼产业的可持续发展。因此建议：①提升良种覆盖率，实现良种规模化生产，整合苗种资源，打造苗种龙头企业，加强管理、提高苗种行业集中度，并用利用金融手段、提高苗种龙头企业实力。②改变传统罗非鱼养殖方式，创新养殖模式，提升以往粗放的罗非鱼养殖技术，控制各项养殖成本和放养密度，管理好养殖水质，向着健康生态养殖模式发展。③罗非鱼链球菌病及其他疾病的防控策略应强调"养重于防，防重于治，养防结合"的重要方针。从改善和优化养殖环境、提高饲料质量、增强鱼体自身抵抗力入手，同时加强管理、切断病原传播途径，结合科学使用疫苗等方面进行罗非鱼疾病的综合防控策略。其中最关键和最重要的是把科学合理使用罗非鱼链球菌及其他疾病疫苗作为疾病预防的首选方法。即，以"开发和合理使用高效疫苗，加强和提高科学管理水平，充分改善和优化养殖环境，带动和促进罗非鱼产业升级"作为罗非鱼链球菌疾病的重要战略重点。④在加工环节采用横向规模化和纵向一体化的发展战略，大力实施综合开发和深度开发，积极调整产品结构和市场结构，扩大产销规模，强化品牌意识、质量意识和成本意识，实现经济效益、社会效益和生态效益的和谐统一。⑤在产品销售环节开拓新兴市场，打通国内外流通渠道，改变企业只需按照国外经销商或中间商的订单进行加工生产，无需进行海外营销，对国外流通渠道缺乏控制能力的现状；加快从"以生产为核心"向"以营销为核心"转变，从单纯注重产品数量向质量与品牌形象兼顾转变，从订单式加工向根据市场需求设计研发转变，逐步开拓国内国际新兴市场，实现我国罗非鱼产业品牌转型升级。同时认真研究国内消费市场。针对国内消费需求特点，开拓新兴消费群体。再次，要积极构建多元化销售渠道，实现"多管齐下"，建立创新性营销模式。⑥健全社会服务体系，改变以往对于罗非鱼生产企业的服务机构少、服务范围小、服务水平低的显示情况，努力形成完整的服务支持体系，使得罗非鱼产业发展处于有利环境，解除罗非鱼产业可持续发展制约因素。

探讨中国罗非鱼产业的可持续发展，我们以科技进步为支撑，以资源为依托，以国内外市场为导向，以增加渔民收入为目标，站在整个产业链的高度，统筹规划和布局，然后再在各个环节确立发展重点，围绕"优质、高效、高产、生态、安全"的可持续发展理念，推广普及规范、健康的养殖技术，为实现渔业增效、渔民增收做贡献。

第四节　战略选择

目前，我国罗非鱼产业正处于一个历史转型期，综合分析我国罗非鱼产业发展的内、外部环境，优势和劣势同在，机会与威胁并存，及时抓住机遇，利用自身优势是罗非鱼产业可持续发展最合适的战略选择，即机会优越型战略。因此应充分发挥我国罗非鱼养殖自然资源丰富、罗非鱼产业科研成果众多等优势，并借鉴国内外已取得的成功经验，实现罗非鱼产业结构调整，创新养殖品种与养殖模式，开创新产品，开拓国际、国内市场，进一步促进我国罗非鱼产业可持续健康快速发展，做大做强罗非鱼产业化战略，特提出以下建议：

（1）加强罗非鱼种业建设、提高良种覆盖率。品种是养殖生产的生物基础之一，一般认为，在其他条件相同的情况下，使用优良的品种可增产 20%～30%。近年来，我国水产原良种开发、保护和选育得到了广泛重视，水产原良种繁育及生产能力、良种覆盖率逐年提高。农业部颁布实施了《水产苗种管理办法》，要求全国水产养殖的良种苗种必须来自国家和省级原良种场，或者由国家级、省级原良种场提供的原种良种，由苗种场繁育，并成立了一批原良种质量监测机构，制定了《水产原种、良种种质检测规范》，这些为保证我国水产良种规划的实施起到重要作用。罗非鱼育种的总目标是高产、稳产、优质和低耗。随着渔业生产的发展，对品种的要求既要丰产又要稳产；既要高产又要优质；既要能适应本地区的自然条件，又要适应该地区的饲养管理水平。同时随着工厂化养殖设施的应用与普及，育种目标也需要随之改变。育种的方法包括选择育种、杂交育种、诱变育种、单倍体育种、多倍体育种、细胞工程育种等。以转基因为核心的生物技术迅速兴起，使农作物优良品种的定向培育成为可能，并且更为精准、快速和可控，成为转变农业发展方式的主要引擎。推进转基因生物育种技术产业化是保障我国农产品持续供给、粮食长期自给自足的必然选择。转基因应用于水产良种培育国内外也已有成功的例子，如转生长激素基因鱼可显著缩短养殖周期、提高养殖效益。转基因技术为水产良种培育提供了新的途径。

建立现代化、工业化、规模化的现代育种体系是罗非鱼种业跨越式发展的必然趋势。大规模的集成创新是大势所趋，如何在罗非鱼种业中融合生物技术、信息技术与现代化控制手段，实现种业科技的跨越式发展，培育出优良品种，推动我国罗非鱼养殖业健康快速发展。

（2）实施科技兴渔战略，改善罗非鱼产业发展的政策环境，加快创新主体的多元化。实行健康养殖的标准化生产，大力发展罗非鱼产业合作组织，着力培育一批规模适度、效益良好、科技含量高的罗非鱼产业示范区，发展集约化生产，提高生产效率，加快新技术向现实生产力的转化。进一步扩大罗非鱼产业技术的创新主体，让众多创新主体的合力加快罗非鱼产业的可持续健康发展。

（3）加快罗非鱼精深加工的科研和开发。尽管近年来我国罗非鱼产业加工出口一直保持稳定增长的态势，但国际市场经济不景气及国内竞争激烈等多种不利因素在一定程度上制约了该产业的进一步发展。现如今，在国外市场需求不振、贸易保护主义抬头，而国内扩大内需政策出台、罗非鱼产业发展潜力不断释放的大背景下，应加大罗非鱼精深加工的科研支持力度，不断开发适应国内和国际市场急需的罗非鱼加工制品，不但要巩固和发展原有的出口品种，还要开发适应欧美及世界不同地区、不同消费群体对罗非鱼深加工产品的消费要求。加强宣传，不断提高罗非鱼产品的文化内涵和产品形象，扩大影响，促进销售，提高罗非鱼深加工的附加值，推动产业发展。因此，开拓国际、国内市场，两手抓，两手都要硬。同时，在出口商品鱼的同时，鼓励对罗非鱼苗种、饲料、养殖、加工、质量控制技术的对外输出，提升我国罗非鱼产业在世界罗非鱼产业中的影响力。

（4）加强交流合作，促进观念转变。目前罗非鱼养殖户或小型企业基本上是按照自己的方法和思路在饲养和管理罗非鱼，缺乏与地区和省市之间更多养殖户或企业的信息交流和互动，导致很多市场信息、疾病信息及其他相关信息滞后，带来不必要的经济损失。因此，需要他们通过各种方式加强交流合作，转变养殖、管理和市场运作观念，力促预警信息的采集工作顺畅，信息处理及时准确、预警处置反应及时快捷。

（5）充分发挥行业协会的作用。我国罗非鱼产业行业协会虽在一些省市已建立，但有的只是徒有其名，并没有发挥其最大的作用。有的虽然在本地区罗非鱼产业发展上做出了重要贡献，但并未与全国其他地区的罗非鱼行业协会合作。在全球信息化的今天，这样的形式显然是不能满足市场需要的。因此如果能将协会真正和其他各省市的协会联合起来，互通信息，协调行动，共同建立和运作罗非鱼产业发展的预警机制的话，罗非鱼产业的良性可持续发展就不是纸上谈兵了。

（6）建立和完善罗非鱼产业发展预警体系的社会化服务机制。预警机制最终的目标是防患于未然，减少灾害或经济损失。因此，必须让欲建立或已建立的罗非鱼产业发展预警机制更好地服务于广大罗非鱼养殖户及其相关行业从业者，这就需要组织和处置相关信息的工作人员或单位有一套成熟的、高效的、行之有效的预警信息采集、处理和处置方案，及时将相关信息和处理意见和步骤反馈给相关从业者，迅速采取行动，将可能的灾害或损失降到最低。

（7）大力开拓我国内销市场。在有关政府部门的关注下，要在抓生产的同时抓罗非鱼内地市场，要提高国内市场的消费量来保持产业稳定发展，避免增产不增收的现象发生，解决罗非鱼只依赖出口的后顾之忧。鼓励反季节蓄养，平衡市场供给，避免集中上市，延长销售季节。鼓励产品南鱼北流，平衡区域供给，避免集中在主产区销售，扩大销售区域。罗非鱼在内地市场的消费逐步升温，国内大城市许多超市也安排鲜活或者冷冻罗非鱼销售，沿海城市酒店逐步形成用大规格（3～5 kg/尾）的罗非鱼制作菜肴。罗非鱼内销市场有很大的前景，但也有很长的路要走。罗非鱼产业必须执行市场需求发展方向，罗非鱼的内销市场将进一步向家庭速食、快餐店、西餐店等方向发展。内销市场开发关键是推出更多的产品形式，注重加工生产出适合国内消费的罗非鱼产品。

（8）立足科技创新，增加科研投入，研发高效疫苗，提高养殖管理水平，优化养殖生态环境，建立健全监督体系，落实重大疫病预警机制，真正做到"养重于防，防重于治，养防结合"，将疾病杜绝在未病之前。因此，主要的策略如下：①鼓励研制具有自主知识产权的新疫苗和生物制品，构建较为完整的疫苗和生物制品研发体系，培养具有高度创新意识的人才团队，推动具有竞争力的企业形成，带动水产科学及罗非鱼产业升级；②加强"产学研"发展体系建设，将科研机构和企业紧密结合，形成既促进科研机构科技成果转化又推动企业技术创新的组织形式和运行机制，使之长期坚持并发扬光大；③加大疫苗生产企业战略投资，鼓励民间投资和国家投资相结合，重点推动国内具有一定竞争力的生物制品大型企业建立水产疫苗和生物制品的分公司，这样既能提供技术人员，又有资金保障，有利于水产疫苗和生物制品生产的平稳推进；④政府扶持战略，作为发展较晚的水产疫苗和生物制品产业，国家应该加大政策和资金的扶持力度，使研究和生产在合理有序的环境中成长壮大；⑤鼓励开展广大水产养殖户要进行长期的罗非鱼关键技术技能培训，通过宣传科学养殖理念来增强他们保护水体生态环境的意识，将罗非鱼养殖模式由现在的不合理逐渐过渡到规范合理，降低罗非鱼因水体环境差和管理水平低而引发疾病的几率。这样才能使免疫防控的成效最大化。再有，根据目前我国对重大动物疫病的宏观调控政策，对养殖的罗非鱼应尽可能实行疫苗免疫，对发生重大疫病的地区的养殖户应进行合理的补偿，可采取"中央政府＋个人"不同比例补偿的方式进行，这样既可增强抗击疾病的能力和信心，还可降低因疾病而带来的对整个罗非鱼产业的致命性打击的风险。只有让广大养殖户有利可图，对罗非鱼产业未来有信心，我国的罗非鱼产业及出口创汇才能可持续发展。

参考文献

艾红.2004.欧洲罗非鱼市场报道［J］.南方水产（8）：8-9.

白洋.2010.罗非鱼下脚料提取鱼油工艺及市场讨论［J］.广西轻工业，142（9）：1-2.

别必雄.2006.农民合作经济组织与农业产业化的深化发展研究［D］.武汉：华中师范大学.

曹雨真.2003.中国传媒产业政策分析与研究［D］.成都：四川大学.

陈德寿.2008.罗非鱼养殖品种与模式选择效果分析［J］.海洋与渔业（1）：14-15.

陈军.2011.罗非鱼下脚料酶解液美拉德反应制备肉类风味物工艺研究［J］.广西轻工业，149（4）：38-
39，43.

陈蓝荪.2006.世界罗非鱼捕捞和养殖的动态特征研究［J］.上海水产大学学报（4）：477-482.

陈蓝荪.2011.中国罗非鱼产业可持续发展的政策建议（上）［J］.科学养鱼（11）：1-4.

陈蓝荪.2012.中国罗非鱼产业可持续发展的政策建议（下）［J］.科学养鱼（1）：1-5.

陈立侨，李二超.2006.我国水产动物营养与饲料研究概况及发展方向（上）［J］.科学养鱼：2-3.

陈胜军，李来好，杨贤庆，等.2007.我国罗非鱼产业现状分析及提高罗非鱼出口竞争力的措施［J］.南
方水产，3（1）：75-80.

成长玉.2011.响应面法优化罗非鱼下脚料硫酸软骨素提取工艺的研究［J］.食品科技，36（3）：213-
217，223.

储霞玲，曹俊明，白雪娜，等.2012.2011年广东罗非鱼产业发展现状分析［J］.广东农业科学，8：
12-14.

储霞玲，曹俊明，万忠，等.2010.2009年广东罗非鱼产业发展现状分析［J］.广东农业科学，8：
270-272.

崔和，肖乐.2013.2012年我国罗非鱼生产与贸易状况及2013年展望［J］.中国水产，1：36-37.

邸刚.2002.关于我国罗非鱼产业化发展的探讨［J］.中国渔业经济，4：17-18.

丁长琴.2012.中国有机农业发展保障体系研究［D］.合肥：中国科学技术大学.

丁新等.2011.罗非鱼鱼鳞胶原提取工艺研究［J］.食品工业（2）：17-19.

董在杰，何杰，朱健，等.2008.60个家系吉富品系罗非鱼初期阶段的生长比较［J］.淡水渔业，38
（3）：32-34.

段志霞，毕建国.2010.我国渔业补贴政策及其改革探索［J］.生态经济，10：203-207.

樊旭兵.2011.中国罗非鱼：21世纪中国献给世界的鱼［J］.水产前沿（2）：50-52.

方松，赵红萍.2010.埃及渔业现状、问题及建议［J］.中国渔业经济（3）：71-75.

福建省财政厅.2010.《福建省标准化水产养殖池塘建设项目专项资金管理办法》［Z］.

福建省人民政府.2011.《关于印发福建省"十二五"农民专业合作组织发展专项规划的通知》［Z］.

福建省人民政府.2011.《福建省"十二五"渔业发展规划（2011—2015年）》［Z］.

福建省人民政府.2011.《福建省水产产业化龙头企业评审认定管理办法》［Z］.

福建省人民政府.2011.《关于扶持农民专业合作社示范社建设的若干意见》［Z］.

福建省人民政府.2012.《关于福建省贯彻落实国务院支持农业产业化龙头企业发展的实施意见》[Z].

福建省人民政府.2011.《罗非鱼优良品种培育、推广及产业化关键技术的集成与创新》[Z].

广东省海洋与渔业局科技与合作交流处.2010.菲律宾渔业 [J].海洋与渔业 (5)：52-54.

广东省海洋与渔业局科技与合作交流处.2011.马来西亚渔业 [J].海洋与渔业 (5)：52-54.

广东省廉江市恒联水产养殖专业合作社六举措促全市渔业发展.http://www.lianjiang.gov.cn/recview.asp? infonum=84287.

广东省茂名市政府.2004.《加快建设茂名市罗非鱼"金三角"产业基地建设的实施方案》[Z].

广东省茂名市政府.2005.《茂名市罗非鱼产业"十一五"规划》[Z].

广东省茂名市政府.2010.《茂名市罗非鱼加工企业贷款贴息资金管理办法》[Z].

广东省农业厅.2003.《关于加快发展农民专业合作经济组织意见的通知》[Z].

广东省人民政府.2011.《广东省现代渔业发展"十二五"规划（2011—2015年）》[Z].

广西壮族自治区人民政府.2009.《关于印发广西罗非鱼产业化发展继续扶持方案的通知》[Z].

广西壮族自治区人民政府.2011.《广西罗非鱼产业发展"十二五"规划（2011—2015年）》[Z].

广西壮族自治区人民政府.2004.《广西养殖业优势产品（品种）区域布局规划（2004—2007年）》[Z].

广西壮族自治区人民政府.2003.《广西壮族自治区人民政府关于研究罗非鱼产业化有关问题协调会议纪要的通知》[Z].

广西壮族自治区人民政府.2004.《自治区人民政府关于进一步加快罗非鱼产业化发展的意见》[Z].

国外渔业博览：埃及渔业 http://www.jsof.gov.cn/art/2007/5/14/art_107_7088.html.

海南省海洋与渔业厅.2003.《关于扶持开展罗非鱼养殖出口示范基地的通知》[Z].

海南省人民政府.2011.《海南省"十二五"渔业发展规划（2011—2015年）》[Z].

海南省人民政府.2006.《海南省罗非鱼产业化行动计划》[Z].

郝向举.2012.全球罗非鱼的生产与消费 [J].中国水产,436 (3)：43-44.

贺艳辉,袁永明,张红燕,等.2012.我国罗非鱼的高效养殖模式 [J].江苏农业科学,40 (12)：249-251.

胡爱英.2007.水产设施技术的发展与展望 [J].现代渔业信息,22 (8)：15-20.

胡振珠.2010.罗非鱼骨粉制备氨基酸螯合钙及其抗氧化性研究.食品科学,31 (20)：141-145.

黄卉等.2009.响应面法优化罗非鱼油微胶囊壁材的研究.食品工业科技,30 (12)：225-227.

黄小晶.2002.农业产业政策理论与实证探析 [D].广州：暨南大学.

简伟业.2008.茂名罗非鱼产业发展对策探讨 [J].南方论刊 (5)：22-24.

江山,赖慧真,周兵,等.1984.紫金彩鲷 Oreochromis aureus (Steindachner) 杂交的配合力测定及其杂种同福寿鱼主要经济性状的比较 [J].淡水渔业 (6)：5-11.

蒋高中,孙斐,李群,等.2012.福建罗非鱼苗种业发展现状、问题与对策 [J].中国渔业经济 (3)：117-121.

金麟根,李娟.2003.关于建立政府支持型渔业保险体制的构想 [J].中国渔业经济 (6)：35-37.

李晨虹,李思发.1996.不同品系尼罗罗非鱼致死低温的研究 [J].水产科技情报,23 (5)：195-198.

李鸿鸣,孙效文.2002.应用大规模家系选育技术促进辽宁海水养殖业的可持续发展 [J].沈阳农业大学学报,4 (1)：7-10.

李季芳.2010.美国水产品供应链管理的经验与启示 [J].中国流通经济 (11)：57-60.

李家乐,李思发,韩风进.1997.甲基睾丸酮诱导吉富品系尼罗非鲫雄性的研究 [J].水产学报,21：107-110.

李家乐,李思发.1999.吉富品系尼罗罗非鱼耐盐性研究 [J].浙江海洋学院学报：自然科学版,18 (2)：

107 - 111.

李家乐，周志金 . 2000. 中国大陆奥利亚罗非鱼的引进和研究 [J] . 浙江海洋学院学报：自然科学版，19 (3)：261 - 265.

李金秋 . 2006. 罗非鱼养殖业存在问题与未来发展 [J] . 江西水产科技 (2)：19 - 24.

李丽敏 . 2011. 中国蓝莓产业发展研究 [D] . 长春：吉林农业大学 .

李琳，权锡鉴 . 2011. 鲜活水产品流通模式演进机理研究 [J] . 中国渔业经济 (6)：54 - 59.

李秋燕，刘华楠，吴凯 . 2010. 我国罗非鱼出口欧盟市场的特征、障碍分析及对策 [J] . 山西农业科学，38 (8)：84 - 87.

李思发，蔡完其 . 2008. 全国水产原良种审定委员会审定品种——"新吉富"罗非鱼品种特点和养成技术要点 [J] . 科学养鱼 (5)：21 - 22.

李思发，蔡完其 . 1995. 我国尼罗罗非鱼和奥利亚罗非鱼养殖群体的遗传渐渗 [J] . 水产学报，19 (2)：105 - 111.

李思发，李晨虹 . 1997. 吉富等品系尼罗罗非鱼的起捕率差异 [J] . 水产科技情报，24 (3)：108 - 113.

李思发，李家乐 . 1998. 养殖新品种简介吉富品系尼罗罗非鱼 [J] . 中国水产 (4)：36 - 37.

李思发 . 2003. 我国罗非鱼产业的发展前景和瓶颈问题 [J] . 科学养鱼 (9)：3 - 5.

李思发 . 1999. 中国大陆罗非鱼养殖业发展对策 [J] . 中国渔业经济研究 (1)：13 - 15.

李思发 . 2001. 吉富品系尼罗罗非鱼引进史 [J] . 中国水产 (10)：52 - 53.

李晓红，金兆国，卢凤君，等 . 2011. 我国鲜活水产品流通组织模式现状及特征分析 [J] . 安徽农业科学 (7) .

李晓钟，王斌 . 2010. 我国罗非鱼产业国际市场势力实证分析——以美国市场为例 [J] . 农业经济问题，8：70 - 75.

李秀娟 . 2010. 超微粉碎罗非鱼骨粉制作曲奇饼干配方的研究 [J] . 食品研究与开发，31 (7)：118 -120.

李学军，李思发 . 2005. 不同盐度下尼罗罗非鱼、萨罗罗非鱼和以色列红罗非鱼幼鱼生长、成活率及肥满系数的差异 [J] . 中国水产科学，12 (3)：245 - 251.

李永成，等 . 2011. 利用罗非鱼加工废弃物生产鱼鲜酱油的研究 [J] . 中国酿造，229 (4)：84 - 86.

刘峰，谢新民，郑艳红 . 2006. 罗非鱼优良品系—吉富罗非鱼的育成始末 [J] . 水产科技情报，33 (1)：8 -12.

刘家顺 . 2006. 中国林业产业政策研究 [D] . 哈尔滨：东北林业大学 .

刘永坚，田丽霞，罗智 . 2005. 我国今后水产动物营养研究与饲料开发的战略思考 [J] . 水产科技：6 - 9.

楼允东 . 1999. 鱼类育种学 [M] . 北京：中国农业出版社 .

卢迈新，朱华平，黄樟翰，等 . 2011. 罗非鱼优质高产使用技术手册 [M] . 广东省科学技术厅 .

吕磷 . 2011. 产业政策演变研究 [D] . 南京：南京财经大学 .

吕业坚，黄玉玲 . 2011. 广西罗非鱼产业发展战略研究 [J] . 广西农学报 (4)：46 - 50.

马田荐 . 2003. 红罗非鱼及其养殖技术 [J] . 渔业致富指南，20：23 - 24.

麦康森 . 2010. 我国水产动物营养与饲料的研究和发展方向 [J] . 饲料工业，31：1 - 9.

欧宗东 . 2005. 南美白对虾与罗非鱼混养模式的研究 [J] . 渔业现代化，3：25 - 28.

彭燕等 . 2011. 罗非鱼下脚料蛋白深度水解的工艺优化 [J] . 广东农业科学，6：116 - 118.

秦刚等 . 2010. 罗非鱼下脚料鱼糜系列功能性产品的开发 [J] . 肉类研究，137 (7)：78 - 81.

邱松山，姜翠翠 . 2010. 罗非鱼加工中废弃物的综合利用 [J] . 科学养鱼，8：69 - 70.

邱松山 . 2010. 罗非鱼加工中废弃物的综合利用探讨 [J] . 食品与发酵科技，46 (3)：26 - 28.

邱志超 . 2010. 醋酸浸泡蒸煮联合处理对干制罗非鱼质量的影响 [J] . 现代食品科技，26 (6)：577 -581.

任泽林，周文豪．2001．我国水产动物营养与饲料的发展概况及展望［J］．饲料广角，8：1-4.

茹长云，高印顺．2005．有关涉农财政税收政策存在问题的探讨［J］．石家庄铁道学院学报（3）：80-83.

单航宇，杨弘．2010．罗非鱼行业协会发展现状及问题探讨［J］．中国渔业经济，28（6）：33-37.

宋红梅，白俊杰，叶星，等．2008．橙色莫桑比克罗非鱼微卫星遗传多样性分析及其与尼罗罗非鱼差异位点的筛选［J］．中国水产科学，15（3）：400-406.

宋芹等．2011．酶法制取罗非鱼鱼鳞胶原蛋白寡肽的工艺［J］．食品研究与开发，32（4）：39-43.

唐瞻杨．2011．广西罗非鱼产业化发展现状的研究［D］．南宁：广西大学．

田磊．2012．百洋股份—中国罗非鱼产业旗舰［J］．股市动态分析，8：84.

童建辉．2006．中国罗非鱼发展前景及风险控制［M］．中国农业出版社．

汪玉祥．2008．宝路吉富罗非鱼选育技术及在生产上的应用［J］．渔业致富指南（5）：51-52.

王斌，李晓钟．2010．罗非鱼出口比较优势与贸易结构耦合性分析［J］．世界农业，2：34-37.

王楚松，夏德全，胡玫，等．1989．奥尼（$S. nilotica \female \times S. aurea \male$）杂种优势的利用的研究［J］．淡水渔业（6）：13-15.

王凤祥．2011．罗非鱼酶解液热反应制备鱼味香精的工艺研究．中国酿造，232（7）：97-100.

王慧芝，车斌，陈国平．2010．中国罗非鱼出口现状及应对措施［J］．山西农业科学，38（8）：81-83.

王剑，韩兴勇．2007．渔业产业政策对产业结构的影响——以舟山渔民转产转业为例［J］．中国渔业经济，03：16-18.

王玉华．2011．风味罗非鱼皮加工工艺的研究［J］．肉类工业，364（8）：33-36.

吴崇伯．2004．印度尼西亚渔业发展概况及政策措施［J］．世界农业（10）：20-21.

吴建文．2006．中国制药产业政策研究［D］．上海：复旦大学．

吴靖娜，等．2010．酶解罗非鱼鱼皮胶制备降血压肽的研究［J］．福建水产（1）：66-69.

吴婷婷．1996．奥尼杂交罗非鱼的形成和生产［J］．科学养鱼（2）：13.

吴仲庆．2000．水产生物遗传育种擘（第三版）［M］．厦门：厦门大学出版社．

西双版纳州人民政府．2009．《西双版纳州罗非鱼标准化养殖规程》［Z］．

西双版纳州人民政府．2011．《西双版纳州罗非鱼加工项目建设商议会纪要》［Z］．

夏德全．2000．中国罗非鱼养殖现状及发展前景［J］．科学养鱼（5）：1，21.

徐皓，倪琦，刘晃．2007．我国水产养殖设施模式发展研究［J］．渔业现代化，34（6）：1-6.

徐立表，王晓梅．2012．进入壁垒与我国罗非鱼加工业发展［J］．中国渔业经济，30（2）：131-134.

许明强，唐浩．2009．产业政策研究若干基本问题的反思［J］．社会科学家（2）：61-65.

许统绪．1984．罗非鱼越冬设备及方法［J］．渔业机械仪器（6）：3-4.

薛佳，等．2011．罗非鱼加工下脚料速酿低盐优质鱼露的研究［J］．中国调味品，36（4）：41-47.

杨弘，卢迈新．2012．罗非鱼安全生产技术指南［M］．中国农业出版社．

杨弘，祝璟琳，单航宇．2011．我国罗非鱼产业化发展和思考［J］．海洋与渔业：水产前言（11）：47-50.

杨弘．2010．罗非鱼产业发展趋势与建议［J］．山东科技报（3）：1-2.

杨弘．2010．我国罗非鱼产业现状及产业技术体系建设［J］．中国水产（9）：6-10.

杨淞，叶星，卢迈新，等．2006．橙色莫桑比克罗非鱼和荷那龙罗非鱼的 AFLP 分析［J］．中国海洋大学学报，36（6）：937-940.

杨贤庆．2009．罗非鱼皮胶原蛋白的提取条件优化及性质．食品科学，30（16）：106-110.

杨洋．2012．黑龙江垦区产业布局规划研究［D］．哈尔滨：东北农业大学．

杨永铨，张海明，陈远生．2012．WY$\female$-YY$\male$型罗非鱼新品种选育和生物学研究［J］．淡水渔业（5）：73-74.

杨永铨，张中英，林克宏，等.1980.应用三系配套途径产生遗传上全雄莫桑比克罗非鱼［J］.遗传学报，7（3）：241-246.

姚国成.2008.广东省罗非鱼养殖现状及健康养殖模式［J］.海洋与渔业（1）：6-8.

叶卫.2008.罗非鱼种质资源现状和发展趋势［J］.海洋与渔业（1）：9-10.

叶勇，常清秀，陈栋燕.2011.中日水产品流通结构比较分析［J］.中国渔业经济（1）：129-135.

叶元土，林仕梅，罗莉.2002.水产动物营养与饲料的技术发展趋势分析［J］.饲料工业，23：37-40.

尹金辉.2007.中国财政支持渔业发展分析以及政策思考［J］.农业经济问题，11：91-94.

尹义坤.2010.中国粮食产业政策研究［D］.哈尔滨：东北林业大学.

远全义，朱晓仙，张孟庆.2008.罗非鱼种越冬管理技术［J］.河北渔业（4）：31-32.

苑德顺.2010.罗非鱼鱼骨胶原提取工艺研究［J］.齐鲁渔业，27（6）：14-16.

云南省人民政府.2011.《关于推进农业产业化发展扶持农业龙头企业的意见》［Z］.

云南省人民政府.2011.《云南省农业和农村经济发展"十二五"规划（2011—2015年)》［Z］.

云南省人民政府.2005.《云南省人民政府关于加快发展农民专业合作组织的意见》［Z］.

曾凡美.2011.中国罗非鱼加工步入"深"时代［J］.海洋与渔业，4：20-22.

张锋等.2008.利用罗非鱼头与谷制备鱼香风味物的研究［J］.食品科技，8：111-114.

张红燕，贺艳辉，龚赟翀，等.2012.中国罗非鱼出口贸易结构与国际竞争力分析［J］.湖南农业科学，15：109-112.

张继军，陈钟，刘燕燕.2010.中国罗非鱼出口特征与行业发展对策分析［J］.中国水产，4：67-70.

张巧.2011.利用罗非鱼加工废弃物生产固体鱼鲜调味品的研究［J］.中国调味品，36（9）：80-82.

张志翔.2011.罗非鱼下脚料双酶法提取呈味物质的研究［J］.中国调味品，36（4）：18-21.

张中英，杨永铨，林克宏.1983.鱼类性别的人工控制研究介绍［J］.动物学杂志（5）：55-57.

赵荣兴，徐吟梅.2004.近年罗非鱼（Tilapia）世界市场的概况［J］.现代渔业信息，19（8）：24-26.

赵永锋，胡海彦，蒋高中，等.2012.我国大宗淡水鱼的发展现状及趋势研究［J］.中国渔业经济，33（5）：1-4.

郑建明，张继平，李国军.2011.沿海养殖渔业产业组织化模式研究［J］.东方行政论坛，12：211-214.

郑建忠.2011.无公害罗非鱼养殖技术［J］.福建农业（10）：40.

郑杰.2012.广西渔业发展现状与对策研究［D］.南宁：广西大学.

郑俊彦.2011.我国罗非鱼产业链发展现状及对策探析［J］.中国渔业经济，29（5）：75-79.

郑升阳.2005.试论工厂化养殖设施综合利用的现状及改进措施［J］.宁德师专学报，17（3）：272-276.

郑咸雅.2003.尼罗罗非鱼前景看好［J］.渔业致富指南（1）：9.

中国水产流通与加工协会罗非鱼分会.2005.我国罗非鱼的产业现状与竞争力分析［Z］.2005年关于行业现状的发展报告.

中华人民共和国国务院.2012.《关于支持农业产业化龙头企业发展的意见》［Z］.

中华人民共和国农业部.2011.《全国农业和农村经济发展第十二个五年规划》［Z］.

中华人民共和国农业部.2011.《全国优势农产品区域布局规划（2008—2015年)》［Z］.

中华人民共和国农业部.2011.《全国渔业发展"十二五"规划》［Z］.

中华人民共和国农业部.2006.《全国渔业发展"十一五"规划》［Z］.

中华人民共和国人民政府.2006.《中华人民共和国农民专业合作社法》［Z］.

钟建兴.1997.红罗非鱼生物学特性及养殖技术［J］.福建水产（2）：60-62.

钟金香.2009.墨西哥渔业概况及发展前景［J］.海洋与渔业（6）：52-53.

周维.2012.湘潭市产业布局优化与提升研究［D］.长沙：湖南师范大学.

朱华平，黄樟翰，卢迈新，等.2009. 大规格罗非鱼养殖技术 [J]. 现代农业科学，16（2）：107-109.

朱华平，卢迈新，黄樟翰.2008. 罗非鱼健康养殖使用新技术 [M]. 北京：海洋出版社.

朱华平，卢迈新，黄樟翰，等.2009. 我国罗非鱼加工的现状、产业化发展的优势和提高出口竞争力的措施 [J]. 水产科技，5：11-14.

祝世京.2012. 金融支持农业产业化：广东茂名案例 [J]. 南方论刊，5：12-15.

Bresnahan T，Schmalensee R. 1987. The Empirical Renaissance in Industrial Economics：An Overview [J]. Journal of Industrial Economics，35：371-378.

Cnaani A，Hallerman M，Ron E M，et al. 2003. Detection of a chromosomal region with two quantitative trait loci，affecting cold tolerance and fish size，in an F_2 tilapia hybrid [J]. Aquaculture，223：117-128.

Hussain M G，Mcandrew B J，Penman D J，et al. 1994. Estimating gene-centromere recombination frequencies in gynogenetic diploids of *Oreochromis niloticus*，using allozymes，skin colour and a putative sex-determing locus（SDS-2）[M]. Chapman and Hall，London.

Khattab Y A，Abdel-Tawwab M，Ahmad M H. 2004. Effect of protein level and stocking density on growth performance，survival rate，feed utilization and body composition of Nile tilapia fry（*Oreochromis niloticus* L.）[R]. Proceedings of the 6th International Symposium on Tilapia in Aquaculture：264-276.

Lee W J，Kocher T D. 1998. Microsatellite mapping of the prolactin locus in the tilapia genome [J]，Animal Genetics，29：698-699.

Liao I C，Chen L P. 1983. Status and protects of tilapia culture in Taiwan. Pages in L. Fishelson and Z Varon. Editots. International Symposium oft Tilapia in Aquaculture [C]. Tel Aviv University，Tel Aviv，Israel：88-596.

Lim C，Yildirim-Aksoy M，Li M H，et al. 2009. Influence of dietary levels of lipid and vitamin E on growth and resistance of Nile tilapia to *Streptococcus iniae* challenge [J]. Aquaculture，298：76-82.

Mair G C，Abucay J S，Beardmore J A，et al. 1995. Growth performance trials of genetically male tilapia（GMT）derived from YY-male in *Oreochromis niloticus* L.：On station comparisons with mixed sex and sex reversed male populations [J]. Aquaculture，137：313-322.

Moen T，Agresli J J，Cnaani A，el al. 2004. A genome scan of a four-way tilapia cross supports the existence of a quantitative trait locus for cold tolerance on linkage group 23 [J]. Aquaculture Research，35（9）：893-904.

National Aquaculture Sector Overview - Indonesia [R]. FAO Fisheries & Aquaculture Department.

Pullin R S V. 1991. The genetic improvement of farmed tilapia（GIFT）project：The story so far [J]. NACA，The ICLARM Quarterly，14（2）：3-6.

Qiang J，Yang H，Wang H，et al. 2012. Growth and IGF-I response of juvenile Nile tilapia（Oreochromis niloticus）to changes in water temperature and dietary protein level [J]. Journal of Thermal Biology，37：686-695.

Scott A G，Penman D J，Beantmore J A，et al. 1989. The 'YY'-supermale in *Oreochromis niloticus*（L.）and its potential in Aquaculture [J]. Aquaculture，78：237-251.

Shirak A，Pahi Y，Cnaani A，et al. 2002. Association between loci with deleterious alleles and distorted sex ratios in an inbred line of tilapia（*Oreochromis aureus*）[J]. Journal of Heredity，93（4）：270-276.

Teoh C Y，Turchini G M，Ng W K. 2011. Genetically improved farmed Nile tilapia and red hybrid tilapia showed differences in fatty acid metabolism when fed diets with added fish oil or a vegetable oil blend [J]. Aquaculture，316（1）：144-154.